启真 · 新 新知

知识与文明

Knowledge and Civilization

[加] 巴里 · 艾伦 著

刘梁剑 译

ZHEJIANG UNIVERSITY PRESS
浙江大学出版社

谨以此书纪念

格兰特·沃特莫（Grant Whatmough）

（1921—1999）

建筑师

如果你能梦想——别让梦想成为你的主宰，
如果你能思考——别让思想成为你的目标……

——拉迪亚德·吉卜林（Rudyard Kipling）

我们最终还是依靠
我们创造的东西

——歌德：《浮士德》

中译本作者序

在本书中，我以不同于西方古典传统的进路考察知识。我认为，西方哲学对于语言学问题已沉湎过久，而把知识问题框定为语言问题更是误入歧途。这样做不可能产生令人满意的知识理论，因为知识远非真理或语言所能穷尽。与此相应，我没有强调真理观念。理解知识的基本概念是人化物（artifact），而不是句子的逻辑品质。这样一种对知识的理解在西方思想中处于非常边缘的位置。不过，我希望这一点不会妨碍中国读者考虑我的论点的价值。

写作《知识与文明》的时候，我还没有研究中国哲学，而中国读者马上就可以看出，我的视角是完全西方化的。对此我深表遗憾，虽然这对于我来说似乎无法避免。在写这本书的过程中，我没有考虑到中国视角，不然的话，我可能就不会写它了。为了弥补这样的忽略，我希望日后有机会专门写一本书讨论中国哲学中的知识观念。

已故的理查德·罗蒂是我在普林斯顿大学的博士生导师，他曾非常平易可亲地答应为本书作序。2007 年，我从中国回到加拿大不久，罗蒂便离开了我们。他是伟大的教师、重要的哲学家和热心慷慨的人。当然，他并不赞同本书对知识的一些看法。我在第二部分第三章解释了我们之间的分歧。

2006 年，我在上海华东师范大学中国现代思想文化研究所度过了数月时光。非常感谢我在中国遇到的各位老师和同学。尤其要感谢翁海贞，她首先推动本书的翻译并找到了一家热心肠的出版社。感谢刘梁剑慨然应允翻译本书。最后，还要感谢我在中国遇到的众多学者，感谢他们的盛情款待，感谢他们邀请我跟他们的同事和学生讨论我的工作。他们是杨国荣（上海）、陈亚军（南京）、陈嘉映（北京）、陈德荣（武汉）、刘辛（成都）、徐向东（北京）、徐英瑾（上海）、方向红（南京）、潘德荣（上海）、刘哲（北京）和周濂（北京）。

巴里·艾伦

麦克马斯特大学

序

理查德·罗蒂

有些哲学书只是沿着大家熟悉的套路往前挪一小步，而有些哲学书 1
则另辟蹊径。读者如果像我一样偏好后一类哲学书，那么，他会喜爱这本书的。在知识这个词被广为接受的意义上，这本书对知识无所贡献。想对知识有所贡献，那就得致力于展现大家以前接受的诸种信念、直觉、理论或事实如何可能相互贯通。这一类型的书——哲学书中的绝大多数——有正当的理由为自己对知识的贡献而感到自豪。

最有趣、最激动人心的哲学书则是另一番情形。它们敦促我们对正在讨论的很多东西重加描述，敦促我们放弃先前讨论问题的方式。培根的《工具论》是这样一本书，又比如尼采的《道德的谱系》、柏拉图的《菲德罗篇》、霍布斯的《利维坦》、库恩的《科学结构的革命》，以及克里普克的《命名与必然性》。对于这一类书，大多数读者嗤之以鼻，以为不过是贩卖一些无意义的、悖谬不堪的东西。有时候，这样的判断很公正。不过，有时候这些书会慢慢流行开来。然后，它们成了经典——标志着思想转折点的书。

一本这样的书如果流行开来，读者会开始用作者建议的新术语重新描述正在发生的事情。作者的建议被视作思想、道德或社会进步的强大引擎。倘若从来没有人写过这一类书——它们雄心勃勃，同时也是危险之物，它们挑起争端的能耐甚过建设——那么，进步就不会如此迅速，而理智的生活也早已黯然失色。唯有冒险的悖谬方能带来激进的重描。

2 这一类型的哲学书常常引来猜疑的目光，因为哲学是一门学院学科，它的成员理当在时下的学科共识所划定的界线内守身如玉。人们期待他们写出来的书能够精密吻合同仁的期待。不过，偶尔会有这样的哲学书，它对正在进行的哲学事业无所贡献，虽然它成功地变换了我们讨论问题的方式，如同新鲜的建筑设计或艺术流派。相反，它敦促我们另择新址，着手建设新类型的大厦。

艾伦认为，哲学家使用“知识”一词的方式很不幸，它需要改变。杜威所说的“认识论工业”不会喜欢这样的建议。在那块葡萄园里做工的人统一在一个信念之下：我们通过决定命题何者为真何者为假来获得知识。他们认为，毕达哥拉斯定理更是知识的榜样，它胜过发明熔炼，或发明长弓、扬抑抑格的六韵步诗或耐久的颜料。甚至自柏拉图以降，讨论知识和意见的差异就是讨论命题的辩护。

艾伦邀请大家像杜威那样用猜疑的目光审视柏拉图的《泰阿泰德篇》和亚里士多德的《后分析篇》。它们图谋，让知识跟手艺人的独创性脱钩，然后把它跟推理论证（reasoned argument）等同起来。当代对古希腊逻各斯中心主义表示不信任的人，大多数是希望看到诗歌在它与哲学的传统争论中胜出。相形之下，杜威和艾伦则从另一个角度切入同样的问题。他们要向埃斯库罗斯、欧几里得、莱克格斯、代达罗斯献上同样的赞歌——他们都为人类生活的改善制作了独创性的新装置。艾伦认为，杜威对传统的批评还不够激进。不过我猜想，杜威可能已经欣然接受艾伦的责难并且拍手欢呼艾伦的努力：把柏拉图、亚里士多德和认识论工业从手艺人、建筑师和工程师那里夺走的东西还回去。

从艾伦的观点看，为想像的文学从论证的哲学手中夺取殊出地位而发起的十字军东征不过是逻各斯中心主义者内部的争吵而已——这些人都以为，运用语词的能力乃是人性的鲜明标志。艾伦希望大家把语词看做诸种人化物（artifact）之一，它较之其他种类的人化物并不天然具有优先性或优越性。他提醒我们，让我们成为人的，是那些构

成我们环境之大部分的人化物，而这些人化物绝大多数不是话语的产
物，更不必说是论证的产物了。大的突破不是推论出来的。逻各斯中心 3
主义者随大突破之后而至，他们帮忙运转公共关系，同时图谋窃取一些
信用。

什么是知识的范式（paradigm）？这就像对认识论工业是否在错误地使用知识一词的追问，仿佛只是一个言辞问题。不过，艾伦坚持认为哲学家误解了知识的本性，并以此作为迫使我们思考文明之含义的修辞杠杆。如果我们从功能的角度把知识界定为“使文明成为可能的东西”，那么，艾伦的建议即“知识的范式是人化物卓越的作为”就显得非常有道理。因为，构想一种新的方法，它既包括旧的用法，同时又能够为预想的人化物真正完成工作创造必要条件——这比起拼凑一个有说服力的论证来，显然能够更好地扮演文明的推动者这一角色。当然，某些有力的证据（比如，毕达哥拉斯、杰斐逊、达尔文等人的东西）本身就是卓越的人化物成就，但它们只是一个更大的属中的一个种。

艾伦所征引的文献范围相当广泛。这本书最令人印象深刻的特点之一，便是它引作例子的材料非常丰富——从神秘传统的研究一直到人类进化不同阶段的争论。同样令人印象深刻的是，他迫使我们远远超出各位反逻各斯中心主义先驱所阐明的基础。艾伦认为，无论是培根，还是尼采、杜威、库恩或福柯，他们在反对逻各斯中心主义把知识解释为得到辩护的真信念方面所做的工作都还不够充分。

这本书很可能被视为——至少初看起来如此——追随库恩和福柯等人所开启的改变，即改变我们对科学与文化其他部分之间的关系的理解。在学院哲学内部，过去50年间“科学哲学”的改变颇为惊人。这门分支学科开始只是经验主义认识论的一个门类和可能的替代者。如今，它深深渗入社会与政治历史，已经变成了某种让它的实证主义奠基者难以辨认的东西。以为对科学真理的无私追求可以同工程、战争、金钱、媒体和政治截然分开的观点已经寿终正寝。读过布鲁诺·拉图尔和伊恩·哈金的读者，可能不会像那些在赖欣巴哈或波普尔的影响下成长

起来的人那样对艾伦的书大惊小怪。

尽管像布鲁诺·拉图尔、伊恩·哈金这样的作者已经为艾伦的新
4 观点准备了基础，但还是会有一些读者认为他走得太快太远。或许有人认为他的书毫无用处，而不是成果斐然或哪怕满纸荒唐。不过，即使那些发现自己不能全盘接受艾伦打破旧习的观点的人，也会欣赏他的思路的原创性以及他发展思路的技巧。而另一些读者将拿起他的思想并付诸实施。如果这样的读者足够多，那么，人们将认为《知识与文明》有功于知识——在艾伦自己所给出的知识一词的意义上，它是卓越的人化物成就。

目　　录

第三部分 知识、进化与文明

导　言

一无所知的人一无所爱。一无所能的人一无所解。一无所解的人一无所用。但是，有所知的人有所爱、有所见、有所解。

——帕拉赛尔苏斯（Paracelsus）

哲学在手工业的庇护下发端。在泰勒斯、阿那克西曼德这样的思想 1
家出现之前，有知之士的典范是代达罗斯（Daedalus），一位建筑师。古希腊理性主义达到顶点的时候，哲学才获得殊出的地位。和古埃及以及其他地方的作者或祭师不同，哲学家的工作不是把自己的传统系统化，而是颠覆它的最高价值，用某种更“理性”的东西取而代之。在哲学家看来，处于庇护之下的是手工业。最上乘的知识是最纯粹的哲学**理论**（*theoria*），它全然无用，却绝妙为真。

在哲学出现之前，有影响力的是另一种知识观。苏格拉底的父辈、历史学家希罗多德认为，对实用知识的理性主义蔑视以前没有过。他还说，这是一种外来的看法。[1]在荷马那里，“看的惊讶”（*thauma idesthai*）——

---

[1]“学习做买卖的人……人们对他们的评价低于其他人，而那些远离手艺的人则被尊为贵人……所有希腊人、尤其是拉栖代梦人（Lacedaemonian）都这么想。这种看法是外来的。”希罗多德：《波斯战争》（*Persian Wars*），2，167，载英德拉·卡吉斯·麦克尤恩（Indra Kagis McEwan）：《苏格拉底的先辈》（*Socrates' Ancestor*）（麻省剑桥：麻省理工出版社，1993 年），第 146 页，注 5。关于理性主义和古希腊哲学的兴起，参见 G. E. R. 劳埃德（G. E. R. Lloyd）：《去神秘化的心智》（*Demystifying Mentalities*）（剑桥：剑桥大学出版社，1990 年），第一、二章。伯里克利统治时期的雅典，除了哲学家之外，（转下页）

柏拉图和亚里士多德后来认为这种惊讶是哲学的起源——总是修饰一件做工精细的人化物。❶按照神话，我们最好、最有效的知识来自普罗米修斯的赐予，他是一位城市英雄，一位文明的英雄。对于农家女夏娃（Eve）来说，知识与其说是一件礼物倒不如说是一种诱惑，它把人
2 从花园引向荒野。相形之下，必有一死的人类从普罗米修斯那里收到的知识把他们送进城市。

普罗米修斯将以往神话人物的传统学识集于一身，所以荷马的同时代人、诗人赫西奥德（Hesiod）说，普罗米修斯“对任何事情都比任何人知道得更多”。他带给人类的礼物（按照埃斯库罗斯的列举）包括建筑学、天文学、驯服的动物、数学、医学、冶金学、解谕的技艺，以及盲目的希望这件吊诡的礼物。希腊人赞赏普罗米修斯的知识是因为它的墨提斯（metis），或者说，机智。墨提斯的例证，乃是代达罗斯独创的作品（*daídala*），还有雅典娜的智慧，“狡黠，技术高超，不可思议，所有的一切同时具足”❷。正是她发明了船，并且教会阿耳戈斯号的造船工人水线测量法。墨提斯的概念主题是有效的作为能力，尤其是在不确定的条件下。它的武器是思想与感知而非残忍的暴力：罗网，诱饵，圈

（接上页）依然很尊敬艺术家，而到了希腊化时期，哲学家的偏见在相当大的程度上被遗忘了，技术性的艺术品当时还是亚里山大博物馆的学问经典的一部分。帕梅拉·O. 朗（Pamela O. Long）：《公开、保密、原创者：从古代到文艺复兴的技艺与知识文化》（*Openness, Secrecy, Authorship: Technical Arts and the Culture of Knowledge from Antiquity to the Renaissance*）[巴尔的摩：约翰·霍普金斯（Johns Hopkins）大学出版社，2001 年]，第 19，25—26 页。诺伯特·维纳（Norbert Wiener）认为：“就在伯里克利统治希腊的柏拉图时期，工匠和哲学家之间的交流程度之低在文明时代可能是空前绝后的。克利特人尊重代达罗斯的独创性的古老传统很多世纪以来已经日趋凋零……就其思考方式而言，代达罗斯与其说是柏拉图的同时代人，倒不如说是瓦特的同时代人。”《发明创造》（*Invention*）（麻省剑桥：麻省理工出版社，1993 年），第 8，57 页。

❶“我们出自荷马的世界，在这个世界里，对金属、森林和织物的感受让人沉醉，设计、制造、使用、爱慕和享用的物品带来的感觉让人兴高采烈。”塞缪尔·弗罗曼（Samuel Florman）：《工程的生存乐趣》（*The Existential Pleasures of Engineering*）[纽约：圣马丁（St. Maitin）出版社，1994 年]，第 109 页。

❷马塞尔·德蒂安（Marcel Detienne）、让－保罗·韦尔南（Jean-Paul Vernant）：《希腊文化与社会中的机智》（*Cunning Intelligence in Greek Culture and Society*），珍妮特·罗埃德（Janet Lloyd）译 [苏塞克斯（Sussex）：收获者（Harvester），1978 年]，第 206 页；赫西奥德：《神谱》（*Theogeny*），559（引自德蒂安、韦尔南，第 58 页）。

套，陷阱，错误；任何经由绞结、编织、谋划、安排或设计的东西，包括链条和不可思议的镣铐。这种知识之所以受到赞赏，是因为它的才能、智慧、深谋远虑、精明、诡计、足智多谋、见机行事和技巧——用来处理瞬息万变的不期然而至之事的一切过人能力。❶

对哲学真理的玄思备受称赞，但它却是这种更古老的知识文化的反题。亚里士多德并没有为远古的传统说话："越能够玄思的存在就越是幸福，不是因偶性，而是因玄思的性质，因为玄思本身就是荣耀的。"❷普罗米修斯不惜触怒宙斯，为的可不是这个！我们的哲学家在为**一心想发迹**的理性主义者说话呢。这些理性主义者要把古老的文化一笔勾销，然后用自己的主义取而代之。皮埃尔·哈多特（Pierre Hadot），这位敏锐的古代哲学研究者认为，"当苏格拉底宣称他知道一件事情——即，他一无所知——他是在批判传统的知识概念"；而对于柏拉图来说，任何一位"堪当从事哲学的人""必然在他让城邦受益之前就已经命丧黄泉"。另一位学者这样概括哲学家的意图："在5世纪，尤其是在4世纪……我们看到理性，这位城邦之子，转身回到城邦，散布一种批判性的考察，而且在相当大的程度上，转身**反对**城邦。"❸古典哲学中没有普罗米修斯的因子，哲学家中没有代达罗斯（或浮士德），他们对作为知识（performative knowledge）的轻蔑评价——派生的、机械的东西，缺乏终极的

❶德蒂安、韦尔南：《希腊文化与社会中的机智》，第11，20，115，140—141，215，234，300页。

❷亚里士多德：《尼各马可伦理学》，1178b。这里及下面对亚里士多德的引用均出自《亚里士多德基本著作》（*The Basic Works of Aristotle*），理查德·麦克科恩（Richard McKeon）编［纽约：兰登书屋（Random House），1941年］。

❸皮埃尔·哈多特：《什么是古代哲学?》（*What is Ancient Philosophy*?）麦克尔·蔡斯（Michael Chase）译（麻省剑桥：哈佛大学出版社，2002年），第27页；柏拉图：《理想国》，496c（哈多特，第94页）。皮埃尔·维达－纳奎特（Pierre Vidal-Naquet）："希腊合理性和城邦"（Greek Rationality and the City），载《黑猎手》（*The Black Hunter*），A. 斯泽格迪－马斯扎克（A. Szegedy-Maszak）译［巴尔的摩（Baltimore）：约翰·霍普金斯大学出版社，1986年］，第260—261页。斯多噶学派用城市观念，尤其是它的文雅或城市特质（*asteion*）作为普遍秩序的隐喻。参见马尔肯·斯科菲尔德（Malcohn Schofield）：《斯多噶学派的城市观念》（*The Stoic Idea of the City*），第二版（芝加哥：芝加哥大学出版社，1999年）。

真理和价值——让他们同自己的整个文明的技艺与技术基础格格不入。

---

3 关于知识的一些假设如同一个有不同化身的主题贯穿于大多数哲学论述之中。我把这个主题叫做**认识论偏见**（epistemological bias）。对命题、尤其是命题真理的偏好就是这样一种偏见。知识——或者说，哲学上最重要的知识——必须为真，既然一个命题，像逻辑所理解的那样，只是承认真假评价的东西，知识（或者说，值得哲学注意的知识）必须是命题式的——知道某某**是真的**。以我之见，知识所包含的东西超过了命题，超过了关于得到辩护的陈述的推论知识，超过了语言所能说的任何东西。知识运行在人化物（artifact）的范围之内，它的领地正是最广泛意义上的技术文化。

还有一种推论偏见（discursive bias）。知识必须解释自身、必须为自己辩护，因此必须以推论的方式表述为论证、计算、分类、定义、测量、证据、陈述、理论。我认为，这同样是逻各斯中心主义，同样是理性主义，同样是对默然行事的知识的滑稽模仿。

另外还有一种分析偏见（analytic bias）。知识是一个概念分子，可以通过分析归约为简单的元素。无论何时，无论何地，纯水中的氢氧比例永远相同。认识论者也想对纯知识作相类似的分析。这种偏见主要的理论表达是认为知识是某种形式的信念基础上的**追加**（belief-*plus*），比如，信念加上真理、许可或者和知识对象的因果联系。很多理论讨论如何把信念升华为知识，但几乎没有一种理论质疑信念基础上的**追加**这一进路，或者质疑知识容许无尽“分析”这一看法。在我看来，知识并不是信念加上任何东西。“信念”并不比知识**简单**，它也不是一种天赋的心智能力，我们可以用它来对知识进行恰如其分的“分析”。

这本书为了把哲学从根本的理性主义偏见（在西方理性主义的根源处）中恢复过来而作。我的知识理论采取了一个新方向，它离开认识论的教科书问题而指向一种技术与文明的生态学哲学。第一部分第一章主要讨论背景，且为随后的论证设定步骤。我花了很多笔墨讨论我所说的认识论偏见，并且调查了认识论所遭遇的其他批评。对认识论表示不满已经形成一个传统，从黑格尔、海德格尔到杜威、蒯因，外加女性主义和知识社会学。

第一部分第二章引入我对知识理论的替代进路。直言之，我的论点是，知识的单元——知识由此开始得到实现，或者由此开始存在——是一种人化物（artifact），且不管它是何种人化物。知识的善即让它比错误或无知更可取的东西，是人化物卓越的作为（superlative artifactual performance）。 4

第二部分的各章节讨论三位哲学家的后现代知识观：弗里德里希·尼采、米歇尔·福柯和理查德·罗蒂。我的意图是敦促哲学家们认识到这一必要性：理解知识的终极境域不是语言游戏、历史或政治，而是人化物及其生态。

第三部分把进化和文明（civilization）的概念引入讨论。照我的理解，文明意味着城市生活（urbanism）（或城市）和城市特质（urbanity）（或者说，历史上的城市和全球城市文化的传统与精神气质）。虽然知识比城市古老，但它已经被城市的历史（即，被文明）所改变，而如今，它已经不能脱离某种文明的城市基础设施。

“知识是什么?”我们不应当以天真的方式思考这个问题。在形而上学的语言中，追问“某某是什么”就是追问它的本质（essence）或本性（nature）。但知识不是一个具有本质的实体。它不是任何居于自身，或为了自身的东西。知识是一种人化物；它只有依靠我们的行动才可能存在。这并不意味着，在知识与其对立面如错误、无知或信念之间没有实在，即有效的差异。知识具有轮船、桥梁与核电站所具有的那种实在

性。虽然这些东西由我们所造，而且它们离开我们就没有本源的存在，但是，像这样一些复杂的人化物可能会阻碍我们，而我们对它们的理解也可能会是致命的错误。

不可能把知识同典范性知识的善分离开来。有些东西只**存在**于卓越的场合之中，知识就是其中的一种（技艺是另一种）。知识是一种成就；没有平庸的例子。知识的例子必须是典范性的，因而也就超越了严肃的怀疑。知识带来人化物作为能力的提升，这让它成为渴望之物且值得培育之物。知识不是让我们更“可靠”，而是让我们**凭借人化物**可以更可靠地达到卓越的作为、更富有创造性地达到有效的作为。

一个明显为真的命题（二加二等于四，雪是白的）不是一个好的知
5 识例证。知识代表着某种成功而非例行公事；它是典范性的、卓越的，否则它就不成其为知识。照我的看法，知识之所系乃是人化物卓越的作为。在间接与回溯的意义上，我们也把行动者的状态或能力（由作为所明证）称为知识，但第一位的是人化物及**其**作为。我指的是一切人化物，其中一个类型是预测、计算和符号系统。总结在真陈述或理论之中的语言的、逻辑的知识只能算是这一种类型的典范。它不是最上乘、最真的知识，同时它也对认识论者的片面关注无所助益。认识论把它当成了文明人的唯一游戏。

“理智中的东西无不首先达乎感觉”——这是亚里士多德学派的认识论座右铭。这种经验主义的洞见在于，我们只知道影响到我们的东西。但触发知识的影响并不像亚里士多德所想像的那样告诉我们存在着某种非物质的理智。[1]知识是我们用从我们的神经系统引出的反应所构成的东西，这些反应更多的不是对“事实”或“存在者”之序的镜像反

[1]亚里士多德：《论灵魂》(*De Anima*)，429a。

映，而是对我们自己（我们的进化和生态）的揭示。人类的感觉和理智是数百万年来进化的产物。进化没有预定的方向，没有预先的设计。没有“纯粹”的理智，而自我同一的“存在者”则是理性主义的错觉。

古典哲学提出了以下观点：最值得认知的知识是立足于超越任何特定立场的观看；认知事物的如其所是，而不是事物对他者的作用。这一观点今天仍有人维护。然而，否认下面一点将是没有道理的：我们所想所感的任何东西都是遗传学的结果。我们的感官是进化的人化物，是我们把它们做成了现在的样子。感知和**被感知**，认知和**被认知**——一切都是人化物，没有一个存在者或真理可以脱离地球进化的偶然环境。

“进化认识论”通常用基因适应和生存价值来解释知识。我发现了一些相反的理由，它们让我相信，人类获得知识的独门决窍在进化和人类突变的早期生存中没有发挥作用。获得知识这样一种能力是进化过程中出现的一个“拱肩”(spandrel)：一个副产品或副作用，而不是一个原因或轨道。知识并非生存竞争中自然选择的产物；相反，只是在获得进化的稳固性之后约 50000 年，人类这个物种才首次发现、偏好并培育知识。

在我看来，文明（civilization)、城市（cities)、城市生活（urbanism)和城市化（urbanization）所指称和描述的乃是相互重叠的人化物和历史。它们的出现戏剧性地改变了知识在人类生态中的位置。城市成了一 **6**
个新的母体，滋养技术文化，且极大扩展了城市所庇护的技艺与知识的协同配合。城市还属于我们人类最持久的人化物之列。其复杂性无与伦比，尤其是自从我们试图让它们跟其他极其复杂的人化物如交通网络与核电站一起工作。

一座城市不仅仅是一件人化物和知识的成就；城市生活改变了知识的实践、总体气质和体系。在城市出现之前，知识的历史通过猎人—采集者和农夫而运行；城市一旦出现，这些路径便趋于枯竭。未来的一切知识成就从城市的甲壳中出现。因此，虽然知识的文化先于城市，但它已经被城市无可挽回地改变了。如果没有城市，知识的文化，还有我们人类都将无法生存。

以往文明在我们生态的边缘处兴衰起落。人类过去丝毫没有同城市秩序一起灭绝这样的威胁。今天，最偏远的人们也很少独立于城市中心及其人化物。人类已经成为地球均衡的一股势力，这靠的不是人口的数量；相反，这是因为人类成员的主流是城里人。正是通过生态的城市化，我们制造了文明史上某种独一无二的东西：一个没有人可以脱身、没有人可以存活的城市秩序。

每一章的开头一段解释该章在整个论证中的位置。第一章篇幅最长，包含了很多专业基础知识。知识、真理、怀疑论、确定性诸观念主导了哲学讨论，在20世纪尤为如此。我对这些观念提出了批评。我也有选择地考察了其他对认识论表示不满的思想，涉及社会学、女性主义、诠释学和实用主义。

读者如果对这些学究气的争论不感兴趣，可以快速浏览或者索性跳到第二章。这一章陈述了一种知识观，全书的其他部分就是对此观点的展开。第二部分讨论三位思想家的后现代知识观，读者同样可以自由选择浏览、跳过或细读。第三部分引入进化和文明的主题。这一部分的讨论是跨学科的、实验性的，至少对于哲学来说是如此。话题很广泛，包括人类进化、语言的起源、技艺和技术，还有农业和城市生活。

有些哲学家认为，哲学应当是纯粹的。他们抛弃我关于进化、农业
7 和城市生活等事实的论证，认为它们“不过是猜测”罢了。我更愿意把它们看成是猜想、理由充足的跨学科猜想——我用这个词是为了向卡尔·波普尔和他的信念致敬：

> 哲学流派的退化……是以下错误信念的结果：即使没有**产生于哲学之外的问题**逼迫他/她进行哲学思考，一个人也可以

> 进行哲学思考……真正的哲学问题永远扎根于哲学之外的迫切问题……认为处理事实问题的东西属于科学而非哲学，这样的看法不仅书生气，而且显然是一种认识论、因而也就是一种哲学独断论的结果。❶

对于本书，“迫切的问题”（或迫切的问题之一）是，知识没有长在树上，尽管《圣经》上是这么说的。我们需要知识，仅有这一点不足以保证知识存在。或许有一天，我们感到需要知识，结果却没有知识。我们或许可以说服自己不去适应我们的人化物。每一种文明最后固然都会崩溃，随着时间的推移代价可能会更高。我们变化，环境变化，这样的进程不可逆转。“崩溃”隐含着崩溃之后回到某处，回到人类生存的较低水平。问题在于，文明崩溃之后，人类是否**可以**回到较低的水平，或者，历史上最发达的文明系统的崩溃是否未必带着人类生态同归于尽。知识的价值，城市的文雅，这是悬系着我们在地球上的未来的同一问题的两个方面。正因为此，阐明知识对于我们文明人的生活具有重要性，这对于哲学来说似乎值得一做。

---

❶卡尔·波普尔：《猜想与反驳》（*Conjectures and Refutation*），第三版［伦敦：劳特利奇（Routledge），2002 年］，第 95，98 页。

第一部分

知识

要知道，而不要被蒙蔽。为什么？

——尼采

第一章
何为认识论？

我跟一位哲学家坐在花园里。“我知道，那是一棵树”，他指着我们身旁的一棵树不停地念叨。有人走过来，听到了这句话。我就对人家说：“这家伙没有发疯。我们不过是思考哲学。”

——维特根斯坦

本章探讨认识论与其偏见，以及认识论所引发的诸种不满。我们的 11
的讨论将会涉及知识理论中几个为教科书所关注的主题，其中包括怀疑论、确定性和真理的符合论。我将证明，问题出在人们关于知识的某些预设上。我试图推翻这些预设。当然，很早就有人对知识论表示不满了。本章也将论及从社会学、女性主义、诠释学、实用主义等角度对认识论所进行的各种批评，并比较我与这些批评之间的同异之处。我们的讨论所牵涉的背景很广，有些还是非常特殊的领域。本书以这样的讨论开篇，旨在表明对知识进行哲学思考的习见进路很难令人满意。

教科书往往把“认识论”定义为关于知识论的哲学分支。它“研究 12
知识是什么，以及知识如何形成”❶。一位素有德望的学者系统列举了

---

❶巴里·斯特劳德（Barry Stroud）：《哲学怀疑论的意义》（*The Significance of Philosophical Scepticism*）（牛津：牛津大学出版社，1984 年），第 211 页。

认识论所关心的问题[1]：

1. **知识**。如何界定知识？知识和意见、真信念之间有何区别？
2. **证据**。我们的知识大部分来自推导，或者说，源于证据。我们是否有直接明了而无须推导的知识？
3. **标准**。我们如何判断我们**是否**知道？知识如何被证明？何为判定知识的标准？
4. **基础**。每一条知识都可以回溯到某种类似于笛卡尔的“我思”（cogito）那样的直接明了之物吗？或者，知识无须基础而足以自持？或者，知识的基础可以无穷追溯，如同无限的乌龟塔？
5. **真理**。知识必须为真，但是，何谓真理？如何界定真理？如何建立真理？

我们可以期许一种“知识理论”探讨所有这些核心问题，或者其中的大部分。但接下来呢？这样一种理论有何用处？值得注意的是，即使最耽于玄思的思者（柏拉图）也认为，认识论的关键在于我们可以期许从它**产出**东西，也就是更多更好的玄思。柏拉图观察到，“每个人灵魂里都有把握真理的能力和用以看到真理的器官”。他进而主张，关于真理的理论知识（epistemē）是最上乘的知识，同时也是哲学唯一感兴趣的知识。认知并非易事。它需要训练，甚至还得诉诸转变。“为了让眼睛离开黑暗转向光明，我们得把整个身体转过来。同样，整个灵魂必须转离流变不居的世界，直到它的眼睛有能耐凝视实在，凝视我们称之为善的最光明者。”有没有办法使得哲学的生活更像是经正确训练之后的“技术性”结果而非一次性事件？“或许有这样一种技艺……它不是要在灵魂的眼中放入视力，因为灵魂的眼睛本身已经有视力。相反，它是要

---

[1] 罗德里克·齐硕姆（Roderick Chisholm）：《知识论》（*Theory of Knowledge*），第二版［新泽西州英格伍德市科利弗地区（Englewood Cliffs）：普润第斯－霍尔（Prentice-Hall）出版有限公司，1977 年］，第 1—4 页。引文在次序和表述上有所调整。

确保灵魂的眼睛转向该看的方向而非错误的方向。”❶

认识论的要义，在于宣称自己是最上乘知识的权威。“正是灵魂渴望认知。因此，灵魂必须首先检讨自身的特性，以便认识自己，判断自己是否有能力进行这种探究，是否有一双可以如此观看的眼睛。”（普罗提诺）“对知识的彻底考量包括两个方面：首先是理解获得知识的必要条件，其次是理解运用知识于一切事务，从而使它们由此得到恰当指导的方法。”（罗吉尔·培根）洛克则将一个关于眼睛的比喻引入“理解”论：“理解如同眼睛。尽管眼睛使我们看到、感知到其他所有事物，可它却没有注意到自己…… [理解] 要成为自己的目标，这需要技艺，并要为之承受痛苦。”但是，“不管在研究道路上遭遇哪些困难，不管什么东西使我们对自身一无所知，我相信，我们会给自己的心灵洒下亮光，我们会用自己的理解获取一切，这亮光与获取不但十分宜人，而且在指引思想探究其他事物的方向上将带给我们巨大的优势”。❷ 13

因此，诚如理查德·罗蒂所言，“对知识论的渴望是一种对限制的渴望——渴望发现可以坚持的‘基础’、不得偏离的框架、主动施予的对象，以及无可否认的表征……对限制与对抗的渴望。”认识论包含了“对某些不可改变的结构的追求，这些结构必然涵括知识、生活和文化，由认识论研究的特有表象所建立”。❸罗蒂认为，这种认识论方案有一个错误的前提：将知识视为模拟的表象。只有当人们把认识理解为对

---

❶柏拉图：《理想国》，518c—d。本书所引柏拉图文字依据伊迪思·汉密尔顿（Edith Hamilton）、亨廷顿·凯恩斯（Huntington Cairns）合编：《柏拉图对话录》（*The Collected Dialogues*）（普林斯顿：普林斯顿大学出版社，1961 年）。

❷普罗提诺（Plotinus）：《九章集》（*Enneads*），V. 1。见埃尔默·奥布赖恩（Elmer O'Brien）编译：《普罗提诺精粹》（*The Essential Plotinus*），第二版 [印第安纳波利斯（Indianapolis）：哈克特（Hackett），1986 年]；罗吉尔·培根（Roger Bacon）：《大著作》（*The Opus Majus of Roger Bacon*），R. 伯克（R. Burke）译 [纽约：拉塞尔与拉塞尔（Russell and Russell），1962 年]，I. i；约翰·洛克（John Lock）：《人类理解论》（*Essay Concerning Human Understanding*），P. N. 尼迪奇（P. N. Nidditch）编（牛津：牛津大学出版社，1975 年），I. i. 1。

❸理查德·罗蒂：《哲学与自然之镜》（*Philosophy and the Mirror of Nature*）（普林斯顿：普林斯顿大学出版社，1979 年），第 163 页。

事物本性的准视觉式镜像反映的时候，才会产生由镜像学会更多东西来促进知识的认识论方案。因此，对柏拉图主义知识观的怀疑必然同时引发对“知识论”要义或价值的怀疑。

然而，存在某种叫做**知识**的明了之物这一看法并不是哲学的发明。前哲学的传统（且不限于希腊）已经有这样的看法了：神话里，它化身为普罗米修斯、雅典娜、代达罗斯等神祇；语言上，则体现在“metis”（狡猾）和“thauma idesthai”（看到奇事）等语词中。古希腊的哲学家发动了一场反对其自身传统（mythos，神话）的论辩，试图依据他们的理性主义信念（logos，逻各斯）重新理解知识能够做什么。从此以后，一种偏见一直固守在有关知识的哲学理论之中。我们期许哲学把自已从认
14 识论的理性主义中唤醒，正如我们期许哲学所由之诞生的苏格拉底式的自我审问（socratic self-interrogation）永远不会失去它对于我们的力量。如果我们没有湮没在所知之中，没有在自以为知中失去所知，那么，我们就需要一种知识观念：一种现实主义的、在哲学上充分的观念。无论是宗教还是科学，都无法提供这样一种观念。

第一节　认识论偏见

一、命题偏见

对认识论而言，知识（或者说，哲学感兴趣的知识）必须为真。用一位专家的话来说，“知识的种类很多，但我们只关心那种关于某物为真的知识。”[1]另一位专家则主张，“任何严肃对待知识的认识论必须严肃对待真信

❶基思·莱勒（Keith Lehrer）：《知识论》（*Theory of Knowledge*）[科罗拉多州博尔德（Boulder，Colo.）：韦斯特维尤出版社（Westview Press），1990年]，第3页。

念。”[1]知识必须为真，这一说法似乎并无害处。不过，它隐含了这样的意思：认知的核心与基本单位，是某种可能为真的东西——这乃是**命题**（proposition）的功能性定义。因此，不符合逻辑命题格式的知识不值一顾。

一些哲学家认为，命题（陈述，思想）不可能脱离理论和语汇整体，而这些嵌入其中并构成语境的理论或语言游戏（并非孤立的命题）乃是知识的适当单位。但是，既然这一意义上的“理论”不过是一系列句子，语言游戏亦不过是受制于规则的生活形式，那么，这种“语言整体主义”并不能对认识论的语言化偏见构成根本性挑战。另一种反对意见则说，柏拉图——我把柏拉图称为认识论工程之父——对于真理的命题式知识鲜有兴趣。知识论所当拓展和完善的，不是真命题的储备，而是我们理解的深度。[2]在柏拉图那里，从正确的信念（right belief，orthē doxa）上升到理论知识（epistemē），不是靠增加知其为真的命题。**认知**意味着拥有解释性叙述和推论式理解（discursive understanding，aitias logismos）。[3]

这一点对于柏拉图来说似乎是首要之事。形式论或理念论的出现，只是作为一种对推论式理解（或者说，可以通过理性论述而知道的东西）的可能解释。与此相似，“善的理念”至多是一种尝试性理论，它试图解决对形式的认知如何与理性论述相关联，而这一问题一直是认知的必要条件。善的形式构成了可知事物（noumena）之可知性的原因。不是说由于 15
善这样一种理念的存在使得事物可知，而是说，正是由于善的形式参与了

[1]阿尔文·戈德曼（Alvin Goldman）：《认识论与认识》（*Epistemology and Cognition*）（麻省剑桥：哈佛大学出版社，1986 年），第 162 页。

[2]朱利叶斯·莫拉夫西克（Julius Moravcsik）：“柏拉图哲学中的理解与知识”（Understanding and Knowledge in Plato's Philosophy），载《哲学新编》（*Neue Hefte fuer Philosophie*），15/16，1979 年，第 53—69 页。琳达·特林考斯·扎克泽普斯基（Linda Trinkaus Zagzebski）力图重新主张柏拉图的这一知识论立场。参见其著《心的诸种美德》（Virtues of the Mind）（剑桥：剑桥大学出版社，1996 年）。

[3]柏拉图：《美诺篇》（*Meno*），98a。这里引用了盖尔·法恩（Gail Fine）“《理想国》卷 V—VII 中的知识与信念”（Knowledge and Belief in Republic V—VII），载《认识论》（*Epistemology*），斯蒂芬·埃弗森（Stephen Everson）编：《古代思想指南》（*Companions to Ancient Thought*）（剑桥：剑桥大学出版社，1990 年），卷 1，尤其是第 94—96，114—115 页。

理性系统整体，每个事物才有可能从它对整体（即，善）的贡献得到理解。正是这种从系统出发的理解推动哲学家达到知识成就的最高水平。

命题偏见？皮埃尔·哈多特写道，在苏格拉底那里，“知识不是一系列命题或某种抽象的理论，而是选择、决定与自主行事的确定性。知识不仅仅是简单地知道什么，而是知道应当如何行动，从而也知道如何生活”。这样的知识不是由可以完全记下、展示出来供人选择的真命题所构成的体系。整个古代都保留了柏拉图主义的知识观。波菲里（Porphyry）这位公元3世纪的新柏拉图主义者曾论证说：“理论（theoria），或者说将我们引向幸福的玄思，并不像人们所猜想的那样在于推理的累积或所获知识的总量。理论不是以那种方式一点一点搭建起来的。它不是靠推理的量而取得进步的。”❶

这听起来不像是命题偏见。诚然，在一定意义上，它的确不是。但是，命题偏见归根结底是一种求真理的偏见：假定最上乘知识的益处在于它所含真理的价值。虽然自哲学在中世纪获得新生以来，思想潮流走上了另一条道路，但是，柏拉图主义者和其他古代思想家确实可以无须知识的“命题”理论而考虑真理的益处。虽然像这样一个类似于命题（*lekta*）的概念在斯多噶逻辑学中有着重要的位置，但是，命题只是到了中世纪才成为哲学逻辑的固定工具。主要通过西塞罗（Cicero）对斯多噶哲学的解释，中世纪思想继承了一些后经典时期的观念。比如，心与世界的分离，精神“把握”的概念，意向性的精神表达区别于“外在”事物，以及可思可说的“命题”（*lekta*）概念，等等。一直以来，哲学往往把知识视为对真理的认知，而把真理视为命题或逻辑陈述同事实与实在之间的符合。❷

---

❶皮埃尔·哈多特：《什么是古代哲学?》(*What is Ancient Philosophy*?)，Michael Chase 译（麻省剑桥：哈佛大学出版社，2002 年），第 33 页；波菲里（Porphyry）：《论节制》(*On Abstinence*)，I. 29，第 1—6 页（载《什么是古代哲学?》，第 158 页）。

❷参见朱莉娅·安娜丝（Julia Annas）：“斯多噶学派的认识论”（Stoic Epistemology），载埃弗森（Everson）编：《认识论》(*Epistemology*)；以及，杰勒德·维贝克（Gerard Verbeke）：《中世纪思想中的斯多噶主义》(*The Presence of Stoicism in Medieval Thought*)［华盛顿特区：美国天主教大学出版社（Catholic University of America Press），1983 年］。

但是，**真理**怎么会是一种偏见？知识真的必须为真吗？如果知道你自以为知道的东西是假的，那你当然应该放弃自己的信念而不再说自己知道。但是，这表明了什么？它并不表明知识必须为真；它只表明，任何为假的东西不得视为知识。知识当然不得为假。但是，**真**与**假**并不像**白**与**非白**一般非此即彼；真与假的关系类似于**热**与**冷**的关系，或此或彼的居间情形是可能的。❶

一些哲学家相信，塔斯尔基的真理语义论以优雅的论证解决了知识的真理问题。❷论证的基础在于塔斯尔基（Tarski）所谓的 T 约定，其简化的定义为：❸ 16

(T) 句子“p”（在语言 L 中）为真当且仅当 p

我们且考虑以下推论：

(1) S 知道 p，

(2) 故 p。

这似乎是有效的。如果 S 的确**知道** p，那么，我们应当能够推出 p。不过，如果结合 T 约定，那么（2）就意味着：

(3)“p”为真。

---

❶我们通常在逻辑上把**假**界定为**非真**。不过，如果把它作为方便的约定，并以此证明您的鼻子或一个烂泥坑在某种有趣的意义上为**假**，那将是荒唐之举。

❷吉尔伯·特哈曼（Gilbert Harman）：《思想》（*Thought*）（新泽西州普林斯顿：普林斯顿大学出版社，1973 年），第 114—115 页。

❸参见阿尔弗雷德·塔尔斯基（Alfred Tarski）：“形式化语言中的真理概念”（The Concept of Truth in Formalized Languages），载《逻辑，语义学，元数学》（*Logic*，*Semantics*，*Metamathematics*），J. H. 伍杰（J. H. Woodger）译（牛津：牛津大学出版社，1956 年）。

也就是说，知识必定为真，因为：若S知道p，则“p”为真。然而，上述推理的第一步，即由（1）推出（2）显得十分勉强。正是由T约定我们清楚地看到，确定某人是否知道p并不比确定“p”是否为真来得容易。所以，没有人能够知道（1）这样的前提，除非他已经知道（2）这样的前提［或者它的T约定对等式（3）］。因此之故，上述形式上似乎有效的推理实际上很勉强，甚至是不讲理的，它丝毫没有证明：真理是知识的条件。

如果知识必须为真，那么，知道必须意味着知道某物为真。某物为真，不是因为它得到了保证，是合理的，或者是正当的——这些可能是不同的要求；某物必定为真，仅仅是因为它是**知识**，如此而已。但是，**必定为真**的东西不可能是错的。只有对那些不会弄错的东西，你才可能负责任地断定其**必然为真**。然而，犯错的机会从来就没有减少过，而任何一种怀疑我们的不可错性的理由就是怀疑知识以真理为条件的理由。知识不可能比它由之获得意义与价值的环境更为封闭、完善和固定。环境就是关系，就是关系的生态或系统，而且它是恒常变化的。知识的一个尺度，就是它能够面对变化而不损其功效。这种面对新鲜事物的技巧与巧妙应变，使得知识的功效不同于正统、信仰、公式、规则、习惯或
17 基因的硬连线。因此，为了保持那种赋予它价值的特质，知识的实践或文化需要皮尔士（Peirce）称之为**“痛悔的易错主义”**（contrite fallibilism）的伦理态度。

认识论者可能回应说，认识论之所以只讨论支持命题的各种关系，这就像几何学只讨论空间关系、算术只讨论数量关系。“知识”一词碰巧同时涵括了“关于如何做的知识”（knowledge-how），即技艺，以及“关于是什么的知识”（knowledge-that），但是，认识论讨论后者，讨论给予命题以理论、认知、辩护和推理支持的各种关系。因“空间偏见”而惩罚几何学显得很荒谬。那么，为什么要因为“认识论偏见”而批评认识论者呢？真命题是他们所指定的主题，信念基础上的**追加**（belief-*plus*），即信念再加上别的东西是文明人唯一的游

戏。❶

有必要指出，我的要点不在于把“关于是什么的知识”归结为“关于如何做的知识”。这一习见的区分并非中立的概念分析。对它的运用将会回避某些问题实质。我不喜欢这一区分，也不会在我的理论中用到它。其中一个原因，在于许许多多所谓的关于如何做的知识其实不是知识，因为它恰恰没有承诺卓越。比如，知道如何用匙子吃饭，或者，知道如何使用电梯。另外一个原因，则在于这一二分法是不严密和自我崩溃的典型，因为，用来“知道一个命题”的知识本身不是“关于是什么的知识”。知道命题的只是那些能够很好地以言行事的人：在论辩中为命题辩护，辨别证据，回应反驳，如此等等。知道能够运用某个命题，知道某命题为真，这两者之间不能画等号。进而言之，按照命题与技艺之间的界线把知识划入最高级别，这只是一个古老的偏见。它要求给予真理知识以殊出的地位并对其细加研究。最后，这一区分把以下两种东西的品质混淆在一起：一是对知识（卓越的人化物）的表达，二是被加以表达的灵巧性。后者是作为的，是“技术性的”，而不仅仅是逻辑或语言的。一个命题可能表达知识，也可能不表达知识，但没有一种知识其**自身**就是命题。命题式表达所表达的知识一般是作为的，是被判定为卓越的人化物。

命题来自哪里？命题是人化物。我们必须先知道如何使用这些人化物，然后才能用它们来制作出任何可以成为知识的东西。只有依靠更为基本的（物质）人化物所产生的更为基本的相互作用，我们才可能**使用**命题、**使用**逻辑。一个陈述成其为知识所需具备的品质不限于符号性或推理性。一个成功的命题表达了知识（如果它能做到的话），这就好像一座成功的桥梁表达了知识。它是同样的善、同样的价值，是以同样的方式——通过人化物卓越的作为——所证明的同样的知识。认识论紧紧 18

❶这个论证是罗蒂对我说的。他不是为认识论辩护，而是试图证明，我对他所理解的事业的批评并不中肯。

抓住命题，仿佛它是最好最重要最卓越的知识，因为人们设想它提供了“真正的逻各斯”。这正是偏见。

二、分析偏见

认识论的命题偏见立足于两种确信：一是确信知识关乎真理，二是确信认知者理性的精神“状态”。这通常意味着，知识由命题组成，是某种形式的信念基础上的**追加**。这些预设除了明显的逻各斯中心主义倾向之外，还有一种分析偏见。知识被视为某种概念分子结构。你可以把它拆开，然后再一起装回去，可以分析它的构成要素及其相互关系，可以把知识化约为分析性的公式。

信念基础上的**追加这一**假设并不比知识为真的要求更为可靠。❶二者都是典型的陈词滥调。“知识当然必须为**真**!”不，并非如此，虽然知识不得为假。“如果我知道什么，我当然必须相信它!”不，也不是这样，不是因为知道所以才相信。信念是我们如果缺乏知识就必须依赖的东西。只有那些**缺乏**知识的人才会相信上帝。任何一个人，如果他**相信**雪是白的，并不能增加他关于雪的知识。热带的居民因为曾听某位传教士这么说过，所以可能相信雪是白的。但是，加拿大巴芬岛（Baffin Island）的因纽特人（Inuit）并不“相信雪是白的”。他们知道雪是白的——不是作为确证的信念，不是作为“命题”“态度”，而是作为运动性的、适应的、作为的和生态学的知识，在人化物、实践、语言和神话之中得到表达。

何为信念？休谟已经注意到，这个概念很难界定。❷他给出了一个似乎不合情理的解释：信念是生动的关于存在的知觉。相信上帝和不信

❶蒂莫西·威廉森（Timothy Williamson）考察了何以人们往往想当然地认为信念在概念上先行于知识而鲜加论证。见其所著《知识及其限度》（*Knowledge and Its Limits*）（牛津：牛津大学出版社，2000年），第2页。

❷大卫·休谟（David Hume）：《人性论》（*Treatise of Human Nature*），L. A. 塞尔比-比格（L. A. Selby-Bigge）编，第二版，P. H. 尼迪奇（P. H. Nidditch）修订（牛津：牛津大学出版社，1978年），I. 3. 7。

上帝之间的差别在于，相信上帝的人在想像上帝观念的时候，心中的印象更为活泼。另外一些学者则用理由和推理来解释信念。“我们面对外界刺激时所采取的态度，只要它能够成为理由或满足理由的需要，就可以算作信念。”[1]据此观点，信念是对于命题真值的（通常是有意识的、理性的）精神态度，这种态度凭借理由获得辩护，且这种态度因其满意又可以成为对待其他命题的其他态度的理由。在这里，信念和知识之间的断裂很明白。信念是命题式的（相信 p 为真），而许多知识则是非命题式的；信念由其他命题用推论的方式表达出来，知识则只是部分地、偶然地采用这一表达方式。知识不是借助于理性辩护的命题态度。它是 19
通过教养获得的一种能力，其特点在于运用人化物来作为。

知识同意见或信念之间的差异，并不像柏拉图或笛卡尔所说的那样是推理的确定性或严谨性方面的差异。知识所导致的差异在于效果，在于持久一贯的更佳作为。我们坚持某种信念，是因为相信或信仰，而不是基于知识，有时甚至还不顾知识地反对。恰恰因为不是知识，信念才会依靠一个由其他信念组成的信念网络捍卫自己的正确性。信念网络赋予信念某种程度的隔离，使它有能力对抗经验，靠自己的集体权威站稳脚跟。知识则是另一番情形。它不需要用推论辩护。它的善或价值并不依靠说服或辩证法。既然结果——卓越的作为——已经为自身说话，所以也就没有什么需要“辩护”。

美国实用主义的基本观念之一，便是认为信念不是精神表象而是行动规则。[2]皮尔士认为，“思想的全部功能在于产生行动的习惯”，这正是他所给出的信念定义。不过，既然信念又是可以为真或用真理加以评

---

[1]罗伯特·布兰德姆（Robert Brandom）：《使其明晰：推理，表象与推论承诺》（*Making It Explicit: Reasoning, Representing, and Discursive Commitment*）（麻省剑桥：哈佛大学出版社，1994 年），第 5 页。

[2]苏格兰哲学家亚里山大·贝恩（Alexander Bain）把信念定义为“人们据以准备行动的东西”。C. S. 皮尔士（C. S. Peirce）则把重点放在规则和行动的习惯，他说，“从这一定义出发，实用主义几乎是必然的结论。”参见《皮尔士论文集》（*The Collected Papers of Charles Sanders Peirce*）查尔斯·哈茨霍恩（Charles Hartshorne）、保罗·外斯（Paul Weiss）编（麻省剑桥：哈佛大学出版社，1935 年），卷 5，第 7 页。

价的东西（皮尔士坚持称之为同义反复），这一实用主义定义导致的后果乃是把行动和习惯变成逻各斯中心主义的命题，而不是对信念的去命题化或反表象主义说明。❶

把实用主义的信念观同信念基础上的追加的知识观结合起来，这便假定知识既有规则性又有习惯性。不过，在习惯反应不充分的时候发挥作用正是知识的特色。在规则与公式的界限处，习惯碰壁了，世界变得不可测度，此时知识的价值便得以实现。认知——认知将来，认知干扰以及如何消除干扰——不是去推论，不是去应用公式，也不是去依赖习惯。习惯与公式之间的张力达到即将崩裂的临界点，而知识的作用却发挥得像往常一样好，甚至超过以往任何时候。信念是不得已而求其次的东西。在知识严重匮乏的情形之下，我们也许（如威廉·詹姆斯所言）有权拥有信念，但是，一旦我们具备知识，知识就失去了信念的性质。❷

三、推论偏见

命题式的信念基础上的追加的认识论提供了一种完全推理式的知识概念。“只有当我们指明和明确表述时，当我们用语词或其他符号给出
20 一个陈述时，知识……才得以呈现……只有被明晰说出来、因而也是概

---

❶皮尔士：“怎样使我们的观念明晰”（How to Make our Ideas Clear），载《论文集》，卷5，第256页；以及“信念的固定”（The Fixation of Belief），同上，第232页。

❷人种学虽然对于很多语言哲学理论［如戴维森（Davison）的理论］来说不可或缺，但它对信念概念来说一无用处。罗德尼·尼达姆（Rodney Needham）力主清除人种学。在他看来，“有信念”并不“构成人类本性的类同之处”；信念这一概念“并没有把一个普遍的心理学词汇包纳进来的逻辑主张”，关于“信念”的人种学报告“必须彻底抛弃”。参见其著《信念、语言和经验》（*Belief, Language and Experience*）［牛津：布莱克韦尔（Blackwell），1972年］，第148、151、193页。按照史蒂文·斯蒂克（Steven Stich）的看法，信念是“民间心理学”的臆想之物。见其著《从心理学到认知科学：反对信念的案例》（*From Psychology to Cognitive Science: The Case Against Belief*）（麻省剑桥：麻省理工学院出版社，1983年）。在《相信的意志及其他通俗哲学论文》（*The Will to Believe and Other Essays in Popular Philosophy*）［纽约：多弗（Dover），1956年］一书中，威廉·詹姆斯（Willam James）为“有权相信”的观念辩护。

念式的确定表达才是知识。”[1]知识是逻辑清楚的陈述束或陈述链，且必须为理由所证明。基思·莱勒认为，知识实际上“归约为无法驳倒的辩护。”齐硕姆则表示，知识论所做的事情除此之外别无其他。“我们可以说，知识论的主题是**信念的辩护**，或者更确切地说，对**相信**的辩护。”[2]其他认识论者的主张与此相似：

> 认识论的核心观念是辩护：不是对行动的实践辩护，甚至也不是证明信念的方便、慷慨或仁慈之类的辩护；它是一种认知辩护，要求区分属于知识的信念和充其量不过是幸运的猜想之类的东西。

> 知识论的最终任务是回答：“什么是知识？”但为了回答这个问题，首先必须回答：“在什么条件下信念是有正当理由的？”

> 认识论的宗旨是形成为认知（Erkenntnisse）辩护的方法。认识论必须详细说明，看起来像是知识的东西怎么能够获得辩护，也就是说，它怎样才能被证明是真正的知识。[3]

一位理论家甚至主张，这种推理性不但是知识的本质，而且还是真正的

---

[1]鲁道夫·卡尔纳普（Rudolf Carnap）：《世界的逻辑构造》（*The Logical Structure of the World*）及《哲学中的伪问题》（*Pseudoproblems in Philosophy*），罗尔夫·A. 乔治（Rolf A. George）译（贝克莱：加利福尼亚大学出版社，1967 年），§181。

[2]基思·莱勒：《知识论》，第 149 页；齐硕姆：《知识论》，第 5 页。齐硕姆在后期著作中似乎改变了他的看法。比如，他说，“相信的基本形式不是接受命题，而是将**所有物**归属于自己。”载其著《第一个人》（*The First Person*）[布赖顿（Brighton）：收获者，1981 年]，第 1 页。

[3]欧内斯特·索萨（Ernest Sosa）：《正确认识知识》（*Knowledge in Perspective*）（剑桥：剑桥大学出版社），1991 年，第 192 页；罗德里克·弗思（Roderick Firth），载《价值与道德》（*Values and Morals*）[多德雷赫特（Dordrecht）：赖德尔（Reidel），1978 年] 阿尔文·戈德曼、金在权（Jaegwon Kim）编，第 216 页；卡尔纳普：《哲学中的伪问题》，第 305 页。

智慧明达的本质：

> 提出主张，能够为主张辩护，用自己的主张为其他论断和行动辩护，这些并非仅仅是人们能够运用语言所做的一系列事情中的一件而已。它们跟人们会玩的其他游戏并不居于同等的地位。只有先有它们，交谈、因而思想，以及普遍意义上的明智明达才有可能。[1]

为什么对辩护的关心这一当务之急最好还是留给神学？除了获得其他自以为知者的容忍之外，“信念”的“获得辩护”还有什么意义呢？对于皈依者来说，它是一种权威的价值，它把集体的团结置于知识的成
21 就之上。智慧（sapiens）胜过逻各斯（logos），知识胜过语词。知识的价值超出了无可辩驳的论述所给出的辩护。许许多多知识从来没有用推理的方式明晰地表达出来，没有表现为陈述、计算或理论。大量关于是什么的知识或其他推理式的知识并不能帮助我们用好一根针，跳好一支舞，或者成为一名优秀的外科医生。[2]在很大程度上，试图把非推理式的知识用语言表达出来是没有意义的。一系列为真的句子并不能给予我们画家的绘画知识、临床医生的病症知识或者工程师的设计知识。[3]如

[1] 罗伯特·布兰德姆：《表达理由》（*Articulating Reasons*）（麻省剑桥：哈佛大学出版社，2000 年），第 14—15 页。

[2] “我怀疑很多哲学家是不是花了很多的时间做机械修理的活儿。看起来，他们似乎从没有跟小孩呆在家里，否则，他们就不会提出这样的假设：不使用语言，我们无法思考，无法拥有意义或经验……运动员、舞蹈家、标枪手、弓箭手、汽车司机的身体运动感如何解释？他们不是必须知道自己身在何处、必须无言地思考平衡与调速吗？”埃伦·迪萨纳雅克（Ellen Dissanayake）：《人类美学》（*Homo Aestheticus*）（西雅图：华盛顿大学出版社，1995 年），第 218—219 页。

[3] 詹姆士·埃尔金（James Elkins）颇为雄辩地论述了艺术家无法用言语表达的知识：“画家学习物质材料，而不是学习语词。一个长年累月呆在工作室里的人积累了大量几乎无法传达的知识：蜡笔的不同粉状，不同大理石的木质感，陶釉不同彩虹色之间的微妙差异，等等。这类知识很难传授，当然也没有清楚地写在书本上……但它是一种知识。”《绘画是什么》（*What Painting Is*）（伦敦：劳特利奇，2000 年），第 22—23 页。

果某君想用陈述来断定知识的权威，他当然得用到逻辑、言语、辩证的辩护。但是，试图把对知识的地方性要求提升为全球通行的条件则缺乏根据。

“可靠主义”（reliablism）的认识论对辩证法和辩护有同样的抱怨。根据可靠主义的观点，知识是可靠的认知能力的产物，而所谓“可靠”乃是指可靠为**真**，或者说，“遵彼真理之路”（truth-tracking）。认知者无须说明自己是**如何**知道。以证据应对怀疑者，从而为认知辩护——以此为认知的条件，这是未经辩护的，同时也是多余的（如果不是一种“偏见”的话）。这最后一点是可靠主义与其他任何“外在主义”知识理论的共同点。这些论述强烈主张限制辩护之于认知的重要性。在它们看来，重要的是一种能够解释信念具备必然真理性的心灵—世界关系。哪里存在这种关系，哪里就有知识，除此之外无他。至于认知者是否理解这些关系为什么是合理或可信的，则并非要紧之事。对认知过程的认定毋需诉诸辩证的、明晰表达的理由，亦毋庸对怀疑者作出回应。

批评者发现，可靠主义所面临的一个问题，在于很难规定，一种必定输出知识的可靠程序究竟是怎样的。如果把这一程序宽泛地规定为“推理”或“感知”，那么它们无一是充分可靠的。某些推理或某些感知是知识，而另一些则不是。但是，一种狭隘的规定又会导致琐碎的危险，从而纯粹只是把某种高度专门化的程序的产物约定为“知识”。[1]此外，可靠性是一个概然正确（probable correctness）的问题，它是相对于由相近事例所组成的参照系而言的；但是，评估命题之概然性的正确参照系并不存在。可靠主义或许忽视了以下内容：知识不仅应该正确，而且（诚如柏拉图所想到的那样）应该可以理解，后者要求一种把知识明

---

[1]理查德·费尔德曼（Richard Feldman）：“可靠性与辩护”（Reliability and Justification），载《一元论者》（*The Monist*），第68期，1985年，第159—174页；理查德·福利（Richard Foley）：“可靠主义错在哪里？”（What's Wrong with Reliablism?），载《一元论者》，第68期，1985年，第193—197页。

晰表述为推理的能力。[1]

以上批评意见似是而非，但我不打算说服那些批评者，因为我对可
22 靠主义的批评基于不同的理由。可靠主义的命题偏见显而易见。唯一一种可以算作知识的能力在于产生真信念或真表象。知识是信念基础上的追加的因果关系，“遵彼真理之路”是它的运作机制。对可靠主义有利的一点是它的外在主义。外在主义固然有助于减轻推论偏见，但是，如果一种外在主义理论只是采取可靠主义那样的形式稍稍离开陈旧的偏见，那么，它所做的不过是再次肯定了认识论观念的其他原则。

可靠主义似乎暗暗假定，真理的价值、可靠的接近真理的价值解释了知识的价值。我们需要知识，因为我们需要一个可信的对真理的论断。当然，知识的一些表达为真。解释、预言、诊断、描述（我们考虑所有这些符号一人化物的样式）或许可能提升为知识，因此，人们可以恰当地通过它们期许真理性。这并不意味着可以期望它们“符合实在”；这只表示，所说的东西应当站得住脚，经得起反驳，遇到挑战时能够证明自己。这一看法将在下一章展开。关于真理，利害攸关的**善**或**价值**在于：陈述要站得住脚。凡是自称为知识权威的陈述都应如此。当然，这同时也表明，在说明知识价值的诸种善中，真理只是非常特殊的一种。

第二节　怀疑论与确定性

人们常说，知识的哲学问题首先是怀疑论的问题。实际上，能否经受激进的怀疑论的拷问（比如笛卡尔在《第一哲学沉思录》中提出的一些问题），这关系到认识论工程的成败。如果你正在做梦，那么，任何看起来证明了事物之实在性的经验从认识论上说都是无效的，都不能算

---

[1] 罗伯特·布兰德姆：《使其明晰》，第 211—212、214—215 页。亦可参见《表达理由》，第三章。

作知识。怀疑论者问道，你怎么知道你不是在做梦（或者，你的大脑没有进水；或者，一分钟之前宇宙不曾存在完全是出于错误的记忆）？如果不能回答这样的问题，那就完全没有权利断定有关某物的知识。知识之为知识，需要确定性。知道必须**知道**自己知道。用一位认识论者的话来说，“在严格的意义上，知识概念包括以下内容：它是一个判断，这种判断不仅声称陈述真理，同时它还确信对这一声称的辩护，并且面对质疑确实能够作出辩护。”❶

不喜欢“确定性”的认识论者已经找到很多进路反驳这样的论证。理查德·罗蒂等学者则认为，认识论的怀疑论是理智上的伪问题。迈克尔·威廉斯（Michael Williams）对于罗蒂这种挫敌锐气的进路抱有同情。他批评了怀疑论的标准形式，即他所谓的“认识论的实在论” 23
（epistemological realism）。这里的“实在论”针对的不是知识的对象，而是认识论的术语。认识论的实在论者相信，信念如何得到辩护这一问题是有意义的。无须考虑**何种**信念，亦无须考虑向谁辩护或从何角度辩护。“一种关于辩护的理论应当适用于一切命题。”❷

认识论的实在论对**认识论**采取了一种形而上学的“实在论”（即柏拉图主义）：认识论是关于实在知识的实在知识。黑格尔嘲笑说，这是把知识理解为某种置于枪棒之上的东西了。威廉斯认为，决定严肃对待怀疑论，相当于以某种形式接受了认识论的实在论。如何解释**我们自以为知的东西**都可能为假（一个梦）这样的观点？反怀疑论的论证构建了

---

❶埃德蒙·胡塞尔（Edmund Husserl）：《逻辑研究》（*Logical Investigations*），J. N. 芬德利（J. N. Findley）译（纽约：人文科学出版社，1970 年），第 1 卷，第 110 页。卡尔纳普说，逻辑实证论者（纽拉特）[Neurath] 除外）“认为哲学的任务在于将所有知识还原到一个确凿的基础”。《鲁道夫·卡尔纳普的哲学》（*The Philosophy of Rudolf Carnap*），保罗·希尔普（Paul Schilpp）编 [伊利诺斯州拉萨尔（La Salle）：开放法院 [Open Count]，1963 年），第 50 页。阿尔文·戈德曼则说：“在任何严格的意义上，一个不知道命题的人可能犯错误——如果可以在某种适当的意义上说‘可能’的话。即使目标命题实际上为真，如果一个人对命题的信念可能已经为假，那么这一信念就不是知识。”《认识论与认知》，第 76 页。

❷阿尔文·戈德曼：《认识论与认知》，第 30 页。

一个系统的知识“结构与内容”观，以此检验任一时刻知识同所有可能的证据资源之间的关系。怀疑论对知识的思考激发了诸如初级与次级、基本与衍生、所与与建构之类的区分，仿佛命题或知识的对象能够很自然地依其内在的可知性程度加以分类，根本不依赖于展开辩护的真实世界情境。

“客观性”或“关于世界”是否界定了其“认识地位”可能得以整体考察的一组信念？我们没有一条原则来确定信念个体——没有一条正确的途径可以计算信念的数量，或者说出某人有什么或有多少信念。威廉斯怀疑，诸如“我们的信念体系”、“我们关于外部世界的信念”之类的表述是否有意义。“我们是否有理由设想：这里存在一个真正的总体，而不仅仅是一个由多少不相关的事例组成的松散集合？”他追随维特根斯坦，以为我们不是非得这样想不可：**必定**有**一种**使知识成其为知识的性质。“知识”是某种家族相似，而不是某种实在的本质。辩护遇到的限制“数量大，种类多”，随情境而变，且情境“或许不可能化约为规则”。对于情境的敏感性“无处不在”，也就是说，“相关的证据随情境而变”，“内容本身决不能决定认识论状态。”任何命题，如果使其从一个完全情境化的陈述运用中抽离，那么，它不可能仅依其自身而找到一个认识状态，比如，已得到辩护，已知，已证明，抑或不言而喻。[1]

我赞同威廉斯对于怀疑论假设的诊断。不过，我得出的结论有所不同。威廉斯揭露了怀疑论知识论进路的“认识论的实在论”。使我感到
24 吃惊的是，他自己的立场残留着认识论偏见：一切知识（或一切与知识相关者）都是命题式的关于是什么的知识，而且必须为真；知识完全是一个关于论断、所说的东西或论述的问题。知识是**在情境中**得到辩护的真信念。

[1] 迈克尔·威廉斯（Michael Williams）：《不自然的怀疑：认识论的实在论及其怀疑论的基础》（*Unnatural Doubts: Epistemological Realism and the Basis of Scepticism*）（牛津：布莱克韦尔，1991 年），第 102、113、117、133 页。

威廉斯认为，以知识观念为理论主题，这跟把怀疑论当回事的情形一样，其前提是一种站不住脚的认识论的实在论：

> 如果我们不再认为认识论约束无所不在且居于根本的位置；如果我们开始看到，约束的多样复杂意味着各种特定学科（更不必说日常的、非系列的事实论述）事实上是无法还原的；如果我们开始怀疑以下看法：对“我们的力量与才能”的评估不依赖于我们在世界中必须做的任何事情，也不依赖于我们在世界中的位置；那么，我们就不会紧紧抓住以“人类知识”为理论对象的想法。❶

或许，一个为了严肃对待怀疑论的人不得不成为一名“认识论的实在论者”，但是，一个将知识认真地作为哲学主题的人并非如此。威廉斯混淆了认识论（或者说理性主义的知识理论）和知识。西方早期哲学就已经意识到知识与各种对立面如神话、偶然为真的信念之间的重要差异。这一点是完全正确的。古典哲学的错误在于，用玄思解释知识的价值，把知识视为某种唯有最上等人、城邦的贵族和哲学家才有资格享用的东西。

威廉斯引出了这样的问题：知识究竟是“实在”的还是“唯名”的。他没有解释，知识为什么不可能两者都不是，为什么不可能是其他东西。认识论的实在论可以这样理解：它把知识视为实在的种类，视为实在之物，视为具有自己本性的自在之物。威廉斯认为，我们或许可以这样看：“知识”可能只是一个词，它的背后并没有某种知识本身，某种可以用它的统一性来约束我们用“知识”一词所进行的游戏的知识本身。信念缺乏主题上的整体性，这是他反对“知识”统一性的首要论据。没有一个任何信念都会最终关涉的主题，比如像“世界”那样的东

---

❶迈克尔·威廉斯（Michael Williams）：《不自然的怀疑：认识论的实在论及其怀疑论的基础》（*Unnatural Doubts: Epistemological Realism and the Basis of Scepticism*）（牛津：布莱克韦尔，1991年），第106页。

西；信念也没有共同的证据来源，比如像“感觉”那样的东西；也没有可以定义的信念总体，比如像“我们的实在体系”那样的东西。信念无论是在主题上还是在辩护的情境上都是彼此异质的。对此，我将试图阐明：根据信念缺乏主题的整体性来反对知识的整体性或理论自洽性，这样的论证隐含怎样的偏见。

我决不认为知识是一个自然种类。知识的统一，既不在于一切事例所共有的内在结构，也不在于仅仅由一个约定的名字所带来的名义上的
25 统一。知识的统一在于共同的成就，也就是说，卓越的人化物作为。知识的任何一个个案都是这样的个案，若非如此则不能算作知识。正是知识的成就让知识与众不同，使它区别于信念、意见、错误，如此等等。知识既不是形而上学意义上的“实在”之物，因为它作为人化物离开我们便没有实在性；知识也并非仅为名义之物，因为它依赖于成绩和真实的效用，而不仅仅是话语的约定。辨别认知的标准不是它的来源而是它所完成的作为。

我们必须知道我们知道吗？威廉斯的回答是否定的。他在很大程度上接受了外在主义理论。某种信念是否满足了知识（不管是怎样的知识）的元理论条件，我们很少有（如果曾经有过的话）这样的第二序知识。但是，如果你不知道知识的条件得到了满足，又为什么先声称自己知道呢？如果你在**负责任**地声称你知道，那么，你为什么**不**同时声称你知道知识的条件得到了满足？如果“知道我们知道”不就是**知道**，它又会是什么呢？如果存在不确定性，它怎么可能是知识呢？如果你不确定，为什么要声称知道呢？对不确定的知识的声称在道德上可能是错误的，即使所声称的知识是真的。

什么是确定性？它可以被理解为对某种行事方式或某种意见选择的强烈的偏见感。偏见是美学的，它对于我们心灵的力量可以追溯到神经系统和进化过程中的偶然因素。一个人看到别人的错误和过失会感到不快。别人的错误和过失对于他来说不啻于运动知觉上的袭击。逻辑不能证明这些感情的合理性，正如它不能证明“脸色发青”的投射比“发

抖”的投射更为合理，因为（正如下一章将要证明的那样）逻辑、推理、推论与方法全都是情感与美学偏见的精致形式。知识的确定性是某种类似于美学与运动知觉意义上的偏见：喜欢事情是这样而不是那样。确定性不是搞独断，不是拒绝接受怀疑。确定性是付诸行动的；它是对行动的偏见、对一种而非另一种行事方式的偏见。它的基础不在理性或逻辑之中，而在伴随着有效作为现实的乐观主义之中。就此而言，知识从来不是没有确定性。

认识论的怀疑论复制了所有常见的认识论偏见，没有这些偏见它就不可能得到阐明。这种怀疑论所质疑的知识是命题式的，因为它必得为真，“真理”被理解为相符合的表象而不是詹姆斯和罗蒂所说的褒扬，知识本身被视为信念基础上的追加，信念的心理要求提供了任何版本的怀疑论假设（梦、魔鬼，等等）所不可或缺的主观表象或纯粹的概念世 26
界。除了这些对知识的假设之外，通常的怀疑论论证无关宏旨。不仅仅与实在论、而且与认识论中更深层的理性主义断绝关系，我们告别怀疑论，但与此同时我们既没有失去哲学，又没有失去对知识的哲学追问。

正是对人化物的信心使我们确信知识的实在，即知识的有效性与价值。同一位怀疑论者争辩“雪是白的”或“二加二等于四”是不是真理纯属无聊。请拿一座桥、一艘在海上航行的船或一次外科手术作为知识的例子。请拿典范性的东西作为知识的例子。很显然，认识论的怀疑论依靠这样的虚构——“日常知识”。其实，根本没有这东西。怀疑论所质疑的可能不过是一种无足轻重的人化物，就像本章题铭中维特根斯坦所讽刺的东西一样。在关系到知识之证据及实在性的试验中，不存在有待于辩护的信念。知识的作为为自己说话。如果一座创新的大桥投入使用并经受住考验，如果以精湛的技术完成手术而病人得以康复，那么，我们仅此就足以确信**它们的价值**。把它们称为**知识**的作品就是承认了它们的价值，这跟镜子或模仿毫不沾边。可能只有那些不欣赏已有成就的人还对典范性的知识心存“疑虑”。

第三节　真理与符合

我对认识论的上述反驳可能说服不了那些相信真理为思想与实在之符合（adaequatio intellectus ad rem）的人们。符合论是哲学上最为古老的真理观。真知识是关于真理的知识：忠实的代理人与模仿者，**如其所是**地揭示实在，没有偏见与错解。为了完成对认识论的批评，我们且来讨论这一经典的真理观。我认为，问题出在哲学对真理有某种错误的期许。大多数时候，只有形而上学家和认识论者才抱有这种期许，虽然他们也把自己包裹在常识和“直觉”之下。我对他们所持真理观的批评应当不会冒犯常识。本节的论证是批评性的而不是建设性的，因此也就没有陈述另一种真理观。作为对这里所提出的批评的补充，下一章将阐述真理性的可靠性（truthfulness）及其对知识价值的贡献。

亚里士多德给出了真理的经典定义：“把存在的说成存在，把不存
27 在的说成不存在，这就是真。”[1]这一看似无懈可击甚至略显陈腐的定义包含了两个假设。首先，真理是**存在**（ontos）**与言说**（logos）的等同。在这一点上可以考虑柏拉图对错误的阐述：“把差异说成相同，或者把不存在的说成存在。”[2]其次，使真成立的等同是不对称的。通常，若 x 与 y 等同（比如，相同的色彩），则 y 与 x 等同。这是对称的。但是，若 x 对于 y 为真，则并非 y 对于 x 为真。虽然真理是某种等同，但这种等同是不对称的。亚里士多德解释说，一个关于人的真命题“绝不能是这个人存在的原因，而这个人存在这个事实，看来才是这个命题

---

[1]亚里士多德：《形而上学》，1011b。拙著《哲学中的真理》（*Truth in Philosophy*）（麻省剑桥：哈佛大学出版社，1993 年）第七章从另一个角度发展了这一部分的论证。迈克尔·海姆斯（Michael Hymers）曾对我的论证提出批评。参见其论文“存在与为真”（Being and Being True），载《唯心主义研究》（*Idealistic Studies*）29，1999 年，第 33—51 页。

[2]柏拉图：《智者篇》，263b。

之所以为真的原因，因为命题的真或假取决于这个人存在或不存在这一事实”❶。

我把这种真理观称为**本体—逻辑学**（onto-logic），因为它把真论述的**逻辑**可能性根基于实体的**本体论**可能性之上，正是实体的存在（存在与同一性）使得论述为真。从巴门尼德到亚里士多德，希腊哲学形成了一种以接纳、被动与玄思的透明性为特征的本体—逻辑学。庸俗的兴趣与需求被瞬间克服，而事物按其自我同一的存在如其所是地展现自身。存在者要能够这样做、能够展现自身，它首先得成为为其自身的某物。用形而上学的话语来说，它必须“与其自身同一”。自我同一这一条件（a = a）并非微不足道。这意味着，**存在者**是第一位的。也就是说，**首先**有存在（自然，宇宙）的秩序，**然后**才有真理的决断，或者说，对存在的言说。确认存在是第一位这一点，意味着对我们的知识、感知，甚至我们自身存在的**漠视**。存在者的存在、存在者之所是（其本性或自我同一）是自在的，它们先于任何属于我们这一方的感知——更不必说检验、测量或证实。

我们说一个存在者“与其自身同一”，这时我们究竟表达什么意思？我们说，这个存在者自我等同，与其自身等同。那么，等同又是什么呢？如果两样事物在某种意义上是等同的，那么，很显然它们必须是可以通约的。比如，如果两样事物在颜色上等同，那么，它们必须都是带色的，从而是可以通约的，也就是说，在颜色上具有可比性。可通约性意味着事物具有可比性——不是说它们**被**比较，而是它们**可以被**、**可能被**比较。既然可通约性是等同成为可能的条件之一，**为同或为异**（being same or different）的本体论可能性取决于**可以进行比较**（being comparable）的可能性。

什么是**比较的可能性**？是否**可能**比较实际上无法进行比较的事物？下面一点似乎再清楚不过了：如果离开现实的人类实践，比较绝不可

---

❶亚里士多德：《范畴篇》，14b。

能。在两样不可比的事物**可能**相比较之前，进行比较必定是现实的人类
28 实践。这里的**可能**必然蕴含了**现实**，即偶然的实在，而偶然的实在则意味着，等同、同一和自我同一乃是偶然作为所致的人化物。本体一逻辑学恰恰忽视了这一点。真理对于自我同一来说是不充分的。理由很简单：没有东西是在真理的意义上“与自我同一”。完全离开我们的偶然存在，就不可能有“是其所是”的“存在者”，也不可能有可望与我们所宣告的东西相对应的东西。

也许有人会说，这样一来，发明新的比较就是不可能的了，因为不可能对某物进行第一次的测量或比较。在我们进行第一次尝试或开始一种测量实践之前，从新的角度对事物进行比较必须是**可能**的。甚至在我们开始尝试之前，有一点必须为真：我们所意向的维度是**可以**被测的。

这样的论证似是而非。不存在第一次比较或第一次测量，正如不存在第一个语词，也不存在第一个属于某一门类的生物。成为一个语词，就是成为一种相对之物；语词不是一个一个地出现，而是作为一个整体出现。小孩说出的“第一个词”（发出的声音第一次意味着语言学上的某种东西）是往回追溯时的虚构。生物学范畴亦是如此：一个生物体是否归属于某个特定的物种（甚至更广的科或门）并不取决于某种在这类生物中的第一个生物体上“充分呈现”的东西。每一生物体都依赖于它与无数其他生物体的关系，依赖于它在进化谱系（历史与将来）中的位置。测量和比较也是同样的情形。测量不是某种充分呈现在一个瞬间动作之中的东西；相反，它完全取决于知识与实践的历史关系与文化传统。例如，确定对放射性进行第一次测量的日期之所以可能（正如确定最古的原始人类之所以可能），是由于在重构的日期**之后**所发生的事情。测量的“可能性”一直是实践的人化物，不可能先于对首次测量的回溯性想像而存在。

哲学家或许会反驳说：“难道我们无法想像一个可能世界，那里仅有一物？比如，仅有一个原子？即使那里没有其他任何与其相同或相异的东西，难道它不能与自身等同吗?”不能，我们确实无法“想像”。上

面的描述读起来**似乎**有意义，不过我们没有办法更加具体地想像所描述的东西，因为它不可能存在。公度性（commensurability）是同一（identity）的一个条件，因为它是相同（sameness）的条件，而所谓同一就是与自我相同。但是，任何东西都没有内在的公度性，也就是说，没有东西可以离开测量单位或测量实践而天然地具有被测量（或可测量）的性
质。[1]**公度性**离不开现实的实践活动。这正是为什么满足本体—逻辑条 29
件是对真理的荒唐期待。依其本性等待我们与之符合的自我同一之物全然不存在。同一、相同、差异，这些都是我们生活与实践偶然的人工副产品。

即使从未现实地加以比较的事物也可能相同或相异，只要有一种相关的实践，它使得我们可以有意义地设想：我们已经比较了这些未经比较的事物，且它们可能是同一的。这样的反事实设想之所以有意义，只是因为这些事物事实上是相区分、被测量并被比较的。但是，如果设想在完全没有人类存在的情形下一物依然可能在某一方面与另一物相同或相异，这无异于设想在完全没有人类存在的情形下钻石依旧比沙砾值钱。离开感知、概念、经济、实践和人类的偶然存在，那就不再有其他决定相同、同一、差异和真理的东西。

“人类出现之前是何种情形？那时当然有一个世界，那里有各种东西，它们有些相近或相同，有些则相异。为什么要否认这样一个世界？”因为事物之所是、同一、相同、差异、事物之是**此**或是**彼**，这些都带着人化物的特质。我们可以认为，在出现人类之前可能已经存在某些事物，不过，这一看法，这一**理论**，正是我们所创造出来称之为证据

---

[1]“测量预设理论。没有一种测量与理论无涉，没有一种操作可以用非理论的术语加以满意地描述。”卡尔·波普尔（Karl Popper）：《猜想与反驳》（*Conjectures and Refutations*），第三版（伦敦：劳特利奇，2002 年），第 82 页。“无论是在硬科学中还是在软科学中，所有测量……构建了一种可测度性，这种可测度性在测量标度确立之前并不存在。”布鲁诺·拉图尔（Bruno Latour）：《我们从未进入现代》（*We Have Never Been Modern*），凯瑟琳·波特（Catherine Porter）译（麻省剑桥：哈佛大学出版社，1993 年），第 113 页。

的人化物（artifact）。玄思史前诚然有趣，但我们切不可以其为人类本性之镜背后所投来的一瞥。

“不过，倘若打一开始就没有人类，仍旧会有一个漠然存在的物理世界。将来的情形同样如此。所有物种面临灭绝。但人类的终结并非世界的终结！人类灭绝之后，许多物种仍将继续存活下去。仍然会有一个客观的物理世界，氧气依然远比黄金平常，二加二依然等于四。”倘若您喜欢这样的论证，那您应当相信魔法。它假定，真理的真实性赋予它一种内在的可信性，这种可信性同偏见与追求真理的偶然的生活形式完全无关。仿佛语言有一种远程行为的魔力，它允许我们发布指令，**必须是如何**如何，无论**人类**在世与否。如果氧气远比黄金平常**为真**，那么氧气**就是**远比黄金平常——即使人类不存在。

然而，语言并没有形而上学的魔法。语言之所指是我们的人为之物。在终结处，在人类的终结处，句子及其所指都将不复存在，此时无物为真。把上面的假说彻底想一想。假如没有人类存在——且不管它是尚未进化出来还是业已灭绝——那么，也就不存在一个非真实的反事实陈述所需的“真理条件”。这样的反事实陈述显然是人为之物；在没有人类的情形下，它们不存在，它们由实践加以规定的真理条件也不存
30 在。在以反事实的方式排除人类存在的情形下，一个命题仍可能为真，这就相当于说，在真实事物不存在的情形下仍可能存在真理。❶

任何我们必须与之打交道的事物，它们的同一性或差异性不是直接给定的，而是在一个无穷无尽的过程中经由中间环节而获得。这种中间环节不是**精神**（Geist）或超验自我的工作，而是生物体与生态的工作，后者本身完全是仍在继续的演化行程的中间成果。人类生命的终结即为

---

❶“如果没有理智，那么，人仍然不是石头。但是，在此情形下，‘人不是石头’这一命题不为真，因为这时根本没有命题。”William Ockham，*Questions in libros Physicorum*，q. 115。M. M. Adams 在 *William Ockham*（Notre Dame，Ind.：University of Notre Dame Press，1987）一书中引用了这一说法（第412页）。Adams 评论说：“它适用于模态词‘真’，同时也适用于其他模态词如‘假’、‘可能’、‘必然’，‘不可能’同样成立。”

世界的终结，在此之外——**无物存在**。随着人类的灭绝——**无物存在**。人类的生存与活动创造了世界，除此之外——**无物存在**。如果你愿意，不妨踢一下石子；如果你觉得有帮助，拍一下桌子也无妨。不过，这些都不能证明，人类缺席之际**存在**着诸如石子或星星之类的东西。

这不就是一种形而上的唯心论吗？非也。且依我之见，它的实在论色彩还相当浓呢。关于知识的实在论究竟应当何所谓，且留待下一章细说。前面曾说到，我的论证决不冒犯常识。不过现在看来，我的论证可能会部分违背我们关于演化思想的常识。这也正是我批评本体一逻辑的结果：认真对待演化。常识可能不会把观念和感知视为上古之世旷日持久的演化过程的产物，虽然这无疑是实情。常识可能更接近于笛卡尔《沉思录》开头的立场，即，感觉（尤其是视觉）如同通往存在本身的窗户。

两位同达尔文角力的最杰出哲学家——尼采和威廉·詹姆士——都援引了一个现在看来似乎依然正确的结论：演化否定了诸如“自在”、“自我同一”或“实体”之类的观念。[1]在一个**由演化而来**且**正在演化**的宇宙之中，找不到静态、永恒或实体性的自我同一。真正的“自然律”是仍在进行中的演化过程的产物。像一切生物一样，我们看到我们所看到的。我们永远不可能远离自身（我们的演化），从而最终看到“存在者”的“如其所是”。神经学告诉我们，思想与感知可能只是生态演化的偶然结果。因此，不可能有超验且毫无偏见的模拟认知。

我的意思当然不是说没有真理，或者真理是任意或无关紧要的。我在批评西方形而上学中的一个主题。我之所以这样做，乃是因为本体一逻辑的假设跟我从认识论出发重建知识概念的计划正相反对。我们暂且先打住，等到下一章再回到真理这个话题。

---

[1]“在达尔文主义者看来，物自体就像一个自相矛盾的概念一样错误。”迈克尔·鲁斯(Michael Ruse)：《认真对待达尔文》(*Taking Darwin seriously*)（牛津：布莱克韦尔，1986年），第194页。

第四节　批评与不满

31 认识论几乎从一开始便受到各种批评。实际上，从第欧根尼到维柯、黑格尔、海德格尔，已经形成了一个对认识论感到不满的传统。实用主义者、社会学家和女权主义者同样不满于认识论。虽然不可能逐一讨论所有论争，我还是希望简要介绍这些是非之争的若干要点。

一、实证主义

黑格尔说，认识论包含了某些荒唐的东西。他是第一位这么说的现代大哲。他的矛头直指康德。在康德那里，认识论意识到自己有别于自然科学。康德的体系被称为**批判**哲学，因为它要甄定人类知识的范围，划定界线，确定我们可以期望获得知识的领地。黑格尔说，这样一种理论“在常识看来似是而非”。在开始探求知识之前，我们必须仔细检查武器装备，确保它们胜任发现真理的工作。这个办法似乎暗中把认识理解为“我们努力掌握真理的一个工具、方法或手段，就好像人们可以带着刀剑棍棒去寻求真理似的”。问题在于，这种考察本身就是我们试图加以考察的认识官能在起作用。黑格尔祭起了他有名的反证法：“考察认识能力意味着认识它们；但是，我们不可能问，在认识活动之前如何学会认识，在寻得真理之前如何学会理解真理。这就好像某位经院哲学家的陈旧故事：他在学会游泳之前是不会下水的。因此，既然考察认识能力本身就是认识活动，它在康德那里不可能达到它的目标，因为它已经在那儿了。”[1]

实用主义对此有一个回应。认识论恰恰**是一种**经验理论。[2]蒯因所

---

[1]黑格尔：《哲学史讲演录》(*Lectures on History of Philosophy*)，E. S. 霍尔丹 (Haldane)、F. H. 西姆森 (Simson) 译 (纽约：人文出版社，1974 年)，第三卷，第 428—429 页。

[2]蒯因 (W. V. Quine)，“自然化的认识论 (Epistemology Naturalized)”，载《本体论相对性及其他》(*Ontological Relativity and Other Essays*) (纽约：哥伦比亚大学出版社，1969 年)。

说的“自然化”的认识论是一种探究“从感觉触发到科学陈述”之联结
的起因的经验理论。[1]蒯因说，这一“自然主义”解释（如果我们接受
它的话）不是要代替或批判认识论，而是要“把认识论理解为经验心理
学。科学本身告诉我们，我们关于世界的信息以身体表面的疼痛感为限，
认识论的问题因此就成了科学内部的问题，即，我们作为动物的人类怎么
能够从这些有限的信息到达科学。”[2]如果能够用大量经验细节来给出一个 32
神经—心理—认知的充分描述，那也就实现了“自然化”的认识论。

在蒯因看来，解释问题的术语很清楚。科学是认知，而认知是神经学。他说：“我们获取关于外部对象的信息的唯一通道在于：来自外部对象的作用力引发我们身体表面的疼痛感——这是一个科学的事实或理论。因此，在我们的感觉材料与我们关于外部世界的知识之间有一条巨大的鸿沟，需要大胆的推理在两者之间架起桥梁。”[3]蒯因的论证重复了常见的对两类知识的认识论区分：一类是感觉材料，它们从认识论上说是先在的、给予的；另一类是“关于外部世界的知识”，它们由建构而来，是第二序的、脆弱的。如果科学本身（即，“关于外部世界的知识”）发现了感知的神经学条件，那我们也就可以假定它发现了上述区分。同时，科学也就驳倒了那种质疑从刺激到对象的怀疑论，因为它的自然化的认识论学说阐明了我们获得客观真理的神经能力。

蒯因的想法大致如此。这样一种理论的前景并不光明。我们需要弄清楚如何把个别的刺激加工成系统知识的机制。这个巨大的物理过程还得关联到从所与的“感觉材料”合理过渡到“关于外部世界的知识”的逻辑“步骤”。蒯因似乎认为，我们可以指望神经学恰好揭示出以另一种方式描述出来的科学理论的材料或证据。[4]对于蒯因来说，大脑的设

---

❶蒯因：《真之追求》(*Pursuit of Truth*)，修订版（麻省剑桥：哈佛大学出版社，1992年），第41页。
❷蒯因：《理论与事物》(*Theories and Things*)（麻省剑桥：哈佛大学出版社，1981年），第71页。
❸引自斯特劳德（Stroud）：《怀疑论的意义》(*Significance of Scepticism*)，第216页。
❹威廉斯：《不自然的怀疑》，第258—259、262页。

计似乎应当反映出科学语法的要义，正如乔姆斯基（Chomsky）期望大脑的设计反映出语言语法的要义。[1]

蒯因所谓的自然主义说白了就是实证主义：全盘接受科学主义的语言；无论是在哲学上，还是在认识论、方法论上，它都是最好的；它是唯一有机会接近真理的语言。关于知识的哲学概念，即 epistemē 必须付诸使用——和一个物理学术语相当，无论显得如何武断——从而把认识论改造成一门科学。科学是实证主义者唯一无条件尊重的话语。知识变得神圣而玄奥。科学不过是感觉集合同句子集合之间的抽象逻辑关系——如果不是科学，句子集合不过就是句子集合。然而，有一样东西没有进入蒯因的视野，那就是实践：句子集合正是在实践中得到理解，正是在实践中加以计算与实验，正是在实践中获得了“意义”。

实证主义发展了启蒙神话的一个方面，即，复兴了对科学的社会秩
33 序的柏拉图式理解。从培根、边沁（Bentham），一直到孔多塞（Condorcet）和孔德（Comte），这些思想家的“实证主义”表现为迫切要求科学在社会统治中的作用。他们赞成由合作达成合理性更甚于赞成实验活动所体现的个人主义。他们反对伏尔泰怀疑论的、自由的启蒙文化所颂扬的自由与宽容。在大法官（Lord High Chancellor）那里，这是思想体系；在圆形监狱那里，这是建筑；在孔德那里，这是行政上的狂妄自大。

法国大革命引发的骚乱旷日持久，这让孔德深信，用中世纪的办法来驾驭现代城市大众是行不通的。和武器的统治力相比，无形无象的知识力量更胜一筹。“我们今天还远远没有看到论证力量的重要性。”“论证一旦找到，精神的失常瞬间消失。”这是因为，知识“迫使人顺从”。

---

[1]这两种期望都将落空。“真正深入洞察大脑组织的逻辑是极其困难的。这几乎确凿无疑地反映出这样一种实情：设计大脑的逻辑完全不同于那种在最精巧的行为或认知过程中表现出来的逻辑。”特伦斯·迪肯（Terence Deacon）：《符号物种：语言和大脑的共同演化》（*The Symbolic Species: The Co-Evolution of Language and Brain*）［纽约：诺顿（Norton），1997 年］，第 287 页。杰拉尔德·埃德尔曼（Gerald Edelman）用当代知识反驳神经网络“传输信息”的看法。他说，没有证据表明，人类的神经系统中存在着信息编码。“大脑的运行并没有依靠某种像软件一样的东西。”《晴空，旺火》（*Bright Air, Brilliant Fire*），［纽约：基典（Basic Books），1992 年］，第 27、30 页。

“没有一个人会愚蠢到自觉地站到事物本性的对立面的地步。”实用主义的宗旨就是利用知识的力量谋求社会秩序。“真正科学的唯一旨趣，在于建立理智的秩序。这种秩序是其他一切秩序的基础。”❶

人们或许认为，孔德和卡尔纳普是两种不同的人。❷卡尔纳普等逻辑实证主义者对于孔德所热衷的社会问题基本上保持缄默。他们显然更多地受到了马赫（Mach）而非孔德的影响。他们采用了一套充满了技术分析的话语，对任何无法用形式方法处理的问题不屑一顾。因此，哲学感兴趣的绝大多数话题被明令弃绝。残留的荒地上，有蒯因这样的逻辑学家在劳作，他们于衰败的风景情有独钟。然而，甚至大部分逻辑实证主义者重复了孔德的命题。他们认为，裁判知识的标准是同已有的知识协调一致，所谓的精确科学是最上乘、最重要的知识。孔德也许会热烈赞成蒯因的如下观点：哲学就是科学哲学。

即使在鲁道夫·卡尔纳普这样严谨的实证主义者那里，也可以看到古典实证主义的预设。《世界的逻辑构造》（*Der Logische Aufbau der Welt*）（1928 年）一书的主要目的，便是证明结构主义认识论进路的优点，尤其是它的客观性概念：“即使一切知识的主观源泉在于经验的内容及其关联，建构的系统将证明，我们依然有可能最终找到一个主体间的客观世界。它可以用概念加以把握，并且对于所有观察者来说是同一个世

---

❶格特鲁德·伦齐特（Gertrud Lenzer）编：《奥古斯特·孔德与实证主义：基本作品》（*Auguste Comte and Positivism: The Essential Writings*）[纽约：哈珀 & 罗出版社（Harper & Row），1975 年]，第 45、212 页。

❷在《十九世纪的欧洲实证主义》（*European Positivism in the Nineteenth Century*）[纽约州伊萨卡（Ithaca）：康奈尔大学出版社，1963 年] 一书中，W. M. 西蒙（W. M. Simon）只看到了孔德和逻辑实证主义之间的非连续性。其原因在于：一方面，他对逻辑实证主义观念的理解主要来自 A. J. 艾耶尔（A. J. Ayer）；另一方面，他所看到的连续性限于文献所记载的来自孔德著作的影响——孔德的实用主义文字而非实用主义精神。不过，西蒙倒是证明了孔德实证主义的驳杂：民族主义、情感、理智、分析、综合、文学。一种纯粹的、区别于孔德的奇思妙想的“逻辑”实证主义观念是他的第一代传人的发明。拙文“卡尔纳普的思想背景：孔德，海德格尔，尼采”（Carnap's Contexts: Comte, Heidegger, Nietzsche）讨论了卡尔纳普和实证主义传统的关系。参见卡洛斯 G. 普拉多（Carlos G. Prado）编：《裂室：分析哲学与大陆哲学》（*A House Divided: Analytic and Continental Philosophy*）[布法罗（Buffalo），纽约：人文书局（Humanity Books）]，2003 年。

界。”[1]但是，即便如此，其意义何在？假使他有法子把科学的概念硬塞
34 进他乐于称之为“客观性”的逻辑形式里头，又能怎么样呢？这种“理性的重构”对于科学，对于科学家，对于更宽泛的文化有什么意义呢？

卡尔纳普昔日的同事奥托·纽拉特（Otto Neurath）曾经对上述问题作出回答，而他的回答其实就是孔德所给出的答案。[2]要让科学改道而行，使它在解决重大的经济、治国等问题上发挥威力，那么，科学接受实证主义的规驯实属必要。或许这也是卡尔纳普的梦想。他曾说，纽拉特给他留下了很深的印象，因为他“强调我们的哲学活动关联着世界上正在展开的伟大历史运动：哲学促进人们以科学的方式思维，从而促进人们更好地理解世界上发生的一切，举凡自然与社会无出其外；这种理解反过来于人类自身的改进有所助益”。当然，卡尔纳普不愿意把这一目标明确集中地作为其哲学工作的动力或基本原则。

“（维也纳）学派的所有成员都对社会进步与政治进步抱有浓厚的兴趣。我们大多数人，包括我自己，是社会主义者。但是，我们会把哲学工作同政治目标分开。在我们看来，逻辑，包括应用逻辑，知识理论，语言分析，以及科学方法论，它们如同科学本身，应该中立于实践性的目标，无论它们是个人的道德目标，还是社会的政治目标。”他进一步说，纽拉特“强烈批评这种中立主义，认为它无疑给予社会进步的敌人以慰藉与支持。我们反过来坚持说，实践性观点尤其是政治观点的侵入将亵渎哲学方法的纯洁性”[3]。纽拉特所见甚是。卡尔纳普所谓的“纯洁性”有何意义？它怎么就成了哲学的目标？哲学怎么能够如此纯洁，

---

[1]卡尔纳普：《世界的逻辑构造》，第二章。

[2]马克思·沃托弗斯基（Marx Wartofsky）认为，“纽拉特的计划本质上是柏拉图式的”，也就是说，“让科学或合理性为社会变革服务”；他同时也看到了纽拉特与孔德之间的联系。参见“实证主义和政治：作为一场社会运动的维也纳学派”（Positivism and Politics: The Vienna Circle As a Social Movement），萨侯特拉·萨卡尔（Sahotra Sarkar）编：《逻辑经验主义基本著作》（*Basic Works of Logical Empiricism*）[纽约：加兰（Garland），1996 年]，第 6 卷，第 55 页。

[3]卡尔纳普：“思想自传”（Intellectual Autobiography），载《卡尔纳普的哲学》（*Philosophy of Rudolph Carnap*），第 23—24 页。

以至于它根本不知道自己有何用处?

且回到我的问题。对世界的“逻辑重构”,其意义何在?一个同情的回答是,卡尔纳普希望“在科学的帮助下,找到科学究竟在说什么。”[1]但是,这样做意欲何为?尤其是当我们发现,科学所说的其实是对“我的经验”的自发的心理评论。卡尔纳普解释说:“举凡有意义的断言,无论其所关涉者为遥远的物体抑或复杂的科学概念,必然**可以转译成**言说我自身经验内容的陈述。”[2]即便如此,难道这不会只不过是逻辑学家的绝活——如同只手系鞋带?有了这手绝活又能怎么样呢?

将科学化约为自发的心理评论,其用意并不在于证成“我的经验”是终极实在。这里的要点在于:首先说明科学可以转译成一种严格控制的语言(转译过程碰巧是自发的心理活动),继而证明科学的“客观性”完全依赖于逻辑建构,依赖于它在形式系统中的位置。认识论所系心者**无非如此**。“什么是真实的存在”,这是一个没有意义的问题。如果 35
卡尔纳普有办法用“我的经验”之外的东西建构起他所追求的逻辑形式,从而不让这个逻辑形式系统停留在假设或定义的层面,那么,他可能已经那样做了——或者,两种办法他都会采用,从而让两种结果并行不悖(他的确这样做了)。重要的不在于建构所用的基本材料的“本体论”性格,而在于建构本身。重要的是,“任何事物的实在性仅在于它被置于某一系统之中的可能性。”[3]建构(Aufbau)所要达到的结果已经

---

[1] J. A. 科法(J. A. Coffa)。参见琳达·韦塞尔(Linda Wessels)编:《从康德到卡尔纳普的语义学传统》(*The Semantic Tradition from Kant to Carnap*)(剑桥:剑桥大学出版社,1991年),第215页。

[2] 卡尔纳普:“论上帝与灵魂”(Von Gott und Seele)。引自科法:《从康德到卡尔纳普的语义学传统》,第227页。

[3] 卡尔纳普:《哲学和逻辑语义学》(*Philosophy and Logical Syntax*)[伦敦:基根-帕尔(Kegan Paul),特伦奇(Trench),特鲁布内(Trubner),1935年],第20页。卡尔纳普在《思想自传》中写道:“我已经在《世界的逻辑构造》一书中表明,相反我们有可能采取一种物理主义的基础……而且有可能选择此一种或彼一种基础。”(第51页)至于“什么是真实的存在”这个问题,它“假定对象不仅作为某种建构的形式而存在,而且作为‘对象自身’而存在。这标识了关于真实存在这一问题的形而上学特征”(《世界的逻辑构造》,第256页)。

被描述为“科学客观性概念，它试图让客观意义完全脱离于指物”——也就是说，脱离于任何不可化约的个体、任何只有个体而非形式系统所能实现的东西。卡尔纳普在前言中对逻辑实证主义称赞有加：逻辑实证主义作为一种“新的哲学类型”，“它是在同具体科学工作的密切关联中兴起的……每一种具体科学都是在**单一**的科学整体中的特定位置上开展其工作。”一种与纽拉特非常接近的情愫：“只有整个群体或一代人，而不是某一个体才能够真正构想符合目的的新观念。同样，思维方式也是一个集体性事件。”——不过他补充说，这是一个每一步都可控的事件。❶

卡尔纳普似乎并非不知道孔德有关“精神力量”的雄心。当然，他追随20 世纪思想界流行的语言化运动，用语言来解释“精神”。为了取代传统哲学，他设想了一项精确的新计划——卡尔纳普称之为“语言规划”。孔德应该会喜欢这项计划的！弗里德曼相信，“卡尔纳普试图把传统哲学转变为一项新的语言规划，其旨趣在于为哲学学科带来和平与进步，这如同他‘建构一门适合于国际交流的辅助语言’的努力是为了对全人类的和平与进步有所助益。”❷此外，卡尔纳普曾解释说，虽然“逻

---

❶这一段的引文分别出自卡尔纳普：《思想自传》，第 16 页；迈克尔·弗里德曼（Michael Friedman）：《重估逻辑实证主义》（*Reconsidering Logical Positivism*）（剑桥：剑桥大学出版社，1999 年），第 103 页；卡尔纳普：《世界的逻辑结构》，x vi；以及奥托·纽拉特，载南希·卡特赖特（Nancy Cartwright）等著：《奥托·纽拉特：在科学与政治学之间的哲学》（*Otto Neurath：Philosophy between Science and Politics*）（剑桥：剑桥大学出版社，1996 年）；第 182 页。卡尔纳普说：“科学要言说客观的东西，任何属于物质而非属于结构的东西（即，任何可以通过具体的实指定义来给出的东西）最终可以分析为主观之物。”（§16）企图消除“知识的一切个体性要素”，这种错误正是迈克尔·波兰尼（Michael Polanyi）的《默会之维》（*The Tacit Dimension*）所要证明的。[纽约州花园市：道布尔迪（Doubleday），1966 年] 据诺伯特·威纳的观察，“主要是那些对机械的思想方式有着特殊理智与精神偏好的人”推动了匿名的工业科学；而且，“一种对个体、因而往往也就是对人类的不信任主宰、或者至少是严重感染了”这种匿名的工业科学。参见其著《发明创造》（麻省剑桥：麻省理工出版社，1993 年），第 83 页。

❷弗里德曼：《逻辑实证主义》（*Logical Positivism*），第 232 页。关于语言规划，参见卡尔纳普：“思想自传”，第 67—71 页。大多数维也纳学派成员对“规划”抱有好感，但最系统、最有影响力的要数纽拉特。“纽拉特的思与行不时让人目眩，其中的一以贯之之道则是：正如现代社会的社会、经济前景有待规划，科学的未来亦是如此。”乔治·赖施（George Reisch）：“规划科学：纽拉特与《统一科学百科全书》”（Planning Science：Neurath and the *Encyclopedia of Unified Science*），载《逻辑经验主义基本著作》，第 6 卷，第 153 页。

辑经验主义的理论命题”在技术上是中立的，也就是说，以无涉于道德或政治计划逻辑分析为基础，但是，逻辑实证主义的确有，或希望有“直接的社会效果”。他支持并强调如下观点：“严谨的科学方法可以用于调查人、群体和社会，从而有助于那种使社会秩序形态日趋理性成为可能的态度。”[1]这些柔和的观点表达了孔德式的信念：通过与精确科学的密切联系，实证主义掌握了某种关于秩序的知识，并且已经肩负着管理社会重建工作的使命。

从培根、孔德到卡尔纳普、蒯因，实证主义者把科学想像为一种共 36
同体的事业，它生产归共同体所有的产品，由能够且应当在共同体内部颁布实施的规则来管理，它的善不在于带给个人的好处（个人的幸福或启蒙），而在于一种共同体的善，一种为共同体所拥有的知识。实证哲学的卓越工作，是发明了一套审核科学书籍的会计学方法。科学之要务——科学成其为科学的品质，它的认识论成就，它的“客观性”——就在公正的实证主义者的优质簿记之中。实证主义者假惺惺地尊重科学，但他们真正尊重的不是知识的成就，而是关于秩序的理念：依其之见，科学凭借他们的优质簿记必须促进秩序。

如果把孔德的学说比作西班牙甜雪利酒（oloroso），那么蒯因的学说就好比萨克干葡萄酒。不过，蒯因的本体论相对主义（ontological relativism）可是实证论理性主义最为醉人的样式。实证主义者如同街灯下寻钥匙的醉汉，他并没有丢了钥匙，只是这儿的光线如此迷人。不能由他们所规定的“标准符号”（这儿的光线如此迷人）加以描述的东西不受“支持”，不**允许**存在，**甚至不能成为知识**。蒯因宣布，“为科学或哲学着想，我们最好放弃知识这一概念，因为它很糟糕”；它“不符合科学与哲学的融贯性及精确性标准”。因此，正如哈贝马斯所看到的那样，对实证主义来说“知识本身的意义变成非理性的了——以严格知识

---

[1]卡尔纳普：“回应与说明”（Replies and Expositions），载《卡尔纳普的哲学》，第865—866页。

的名义”❶。

二、知识社会学

奥古斯特·孔德的实证主义留下了两重遗产，追随者将他思想中的两条线索分离开来并加以独立的发展。其一，以“科学哲学”取代认识论；其二，则是代之以“知识社会学”。我们把马克思视为赫拉克利特式的黑格尔主义者，却很少想到他同时也是实证主义者。在马克思那条富有影响的社会决定论陈述中，我们听到的是孔德而不是黑格尔：“不是人类意识决定人类存在，而是人类存在决定人类意识。”把“意识”换成“知识”，我们就得到了知识社会学的指导理念。用诺贝特·埃利亚斯（Norbert Elias）的话来说：“从来不曾有一种知识，它的结构与发
37 展是完全自律的，同运用、生产它的人类群体的结构没有关系。”孔德对这条原则感到非常自豪，给它取了个名字叫相对主义。“任何事物都是相对的；这是唯一的绝对原则。”❷

1925 年，马克斯·舍勒（Max Scheler）在一部著作中创造了“知识

---

❶W. V. 蒯因：《本质》（*Quiddities*）（麻省剑桥：哈佛大学出版社，1987 年），第 109 页；J. 哈贝马斯（Habermas）：《知识与兴趣》（*Knowledge and Human Interests*），杰里米·夏皮罗（Jeremy Shapiro）译（波士顿：培根出版社，1971 年），第 69 页。把实证主义比作醉汉，这在唐纳德·麦克洛斯基（Donald McCloskey）的论著中屡见不鲜。参见其著《经济学中的知识与说明》（*Knowledge and Persuasion in Economics*）（剑桥：剑桥大学出版社，1994 年）。人们通常并不把蒯因视为实证主义者，而是认为他已经从内部超越了逻辑实证主义。这个看法在有限的意义上是对的。不过，在我所解释的更宽泛意义上，蒯因显然仍然是实证主义者。弗里德曼也认为，人们夸大了逻辑实证主义与被认为克服了逻辑实证主义的（蒯因、库恩等）“后实证主义”科学哲学之间的差异（《逻辑实证主义》，第 13、14、19 页）。

❷孔德：《基本作品》，第 4 页；卡尔·马克思：《〈政治经济学批判〉导言》，载《马克思－恩格斯读本》（*The Marx-Engels Reader*），第二版，罗伯特·塔克（Robert Tucker）编（纽约：诺顿，1978 年），第 4 页；诺贝特·埃利亚斯：“知识社会学：新视野”，《社会学》，第 5 期（1971 年）：第 365 页。“很难想像社会学中比这更普遍深入的发展了。”E. 多伊尔·麦卡锡（E. Doyle McCarthy）：《作为文化的知识：新知识社会学》（*Knowledge As Culture: The New Sociology of Knowledge*）（纽约：劳特利奇，1996 年），第 15 页。此处及这一节的写作要感谢莱斯泽克·科拉科斯基（Leszek Kolakowski）的编著《理性的异化：实证主义思想史》（*The Alienation of Reason: A History of Positivist Thought*），诺伯特·古特曼（Norbert Guterman）译（纽约州花园市：道布尔迪，1968 年）。

社会学”（Wissensoziologie）一词。不过，他所论证的，是此在（Dasein）的社会决定性，而非观念本性或观念内容（Sosein）的社会决定性。卡尔·曼海姆（Karl Mannheim）的大作《意识形态与乌托邦》（*Ideology and Utopia*）（1936 年）采取了更为大胆的立场，以为社会环境是知识主体及客观二者的条件，它既决定了我们想知道什么，又决定了我们所获知识的有效性（真理）。知识“在很多关节点上受到理论之外因素的影响”。影响由观念的产生一直渗透到观众的形式与内容。每个观念“包含了某一群体的经验结晶”[1]。社会学家认为，哲学家对知识的迷恋基于一个素朴的观念：认知者是一个自律的理性自我，它不知何故超越于社会环境。用曼海姆昔日同事诺贝特·埃利亚斯的话来说：“细加观察不难发现，知识的这个‘我’，经典认识论的**哲学人**，是从未经历过孩童时代的成人。”[2]一个有成效的知识理论必然使我们犯难，“只要我们的认识论——打一开始就是如此——不承认认知活动的社会品格，不承认个体化的运思活动只是一种例外事件”。因此，社会学的任务是“系统阐明：一个人怎么看待历史，以及他怎么从所予事实来理解整体境况，这些都依附于他在社会中所居的位置”。[3]

曼海姆所批评者，我曾名之曰分析偏见：它假定，一个分析性的公

---

[1]卡尔·曼海姆：《意识形态与乌托邦：知识社会学导论》，L. 沃思（L. Wirth）、E. 希尔思（E. Shils）译［伦敦：劳特利奇 & 基根－帕尔（Kegan Paul），1936 年］，第 22、267 页。C. 赖特·米尔斯（C. Wright Mills）强调了杜威与曼海姆之间的相同点；参见“知识社会学的方法论后果”（Methodological Consequences of the Sociology of Knowledge），载《权力、政治与人民：论文集》（*Power, Politics and People: Collected Essays*）（牛津：牛津大学出版社，1963 年）。

[2]诺贝特·埃利亚斯：《论文明、权力和知识：著作选》（*On Civilization, Power, and Knowledge: Selected Writings*），斯蒂芬·门内尔（Stephen Mennell）、约翰·古兹布洛姆（Johan Goudsblom）（芝加哥：芝加哥大学出版社，1998 年），第 285 页。曼海姆和伊莱亚斯重新发现了孔德在批评康德时已经指出的东西。“康德的问题在于，他把心灵想得过于孤立了。我们的概念不仅是‘人类现象’，而且还是由‘集体进化’而来的‘社会现象’。”实证主义哲学更好地抓住了知识的相对性，因为它知道“人类的集体智力”随着时间而变化，而康德只是盯着唯我且不变的**个体**智力。玛丽·皮克林（Mary Pickering）：《奥古斯特·孔德：思想传记》（*Auguste Comte: An Intellectual Biography*）（剑桥：剑桥大学出版社，1993 年），第 1 卷，第 295 页。

[3]曼海姆：《意识形态与乌托邦》，第 32、125 页。

式（可能以“得到辩护的真信念”为模式）可以清楚地说明知识——亘古如斯，放诸四海而皆准，无滞于情境而适合于任何人。他批评以知识为“普遍有效，即，可通达至一切人”的设想。对于诸如起源与有效性，或发现与确证之类的分野，他也深不以为然，认为这些净化知识之社会根源的做法劳而无功。他的观点与迈克尔·威廉斯相仿。不存在一种可据以立马评估一切知识之“辩护”的“认识论情境”。以曼海姆的术语言之，没有一方未经尘染的“有效性净土”（sphere of validity），那里有可以衡定所有论断的普遍真理标准。每种辩护的情境都不一样，都渗透着为数众多的社会条件以及人类历史性生存的总体。[1]

认识论另有一个与社会学相左的偏见，即，“仿佛知识出自纯粹的
38 理论玄思”。像孔德、马赫以及同时代人杜威、海德格尔一样，曼海姆嘲讽那样的知识观：知识“这一思想活动，唯有蜕尽其人类起源的痕迹才算完美”。知识的追求和教养“并非由玄思的冲动所推引”，方法论也不可能彻底根除社会的角度。有效的论断“不可能完全形式化，而只能从特定情境的角度加以说明”。这并不是说，知识是不可能的，或知识是骗人的。视觉亦有一定角度，但这并不导致我们看不见东西。我们没有费心寻求一种超越一切特定立场的眼光，相反，我们学会理解立场与视角之间的关系。这正是知识社会学应当做的事。“把一种视角转译成另一种视角”，而“那种涵括性最强、处理经验材料最富成效的视角”，其殊出的可信性得以保留，则“客观性即在其中矣”。[2]

柏拉图、培根、笛卡尔、洛克和康德认为，我们可以通过加深了解我们的认知能力的途径来改进知识。曼海姆有一个相似的目标。当然，他所系心的，显然在于社会而非个体心灵。像孔德一样，他期望知识社会学对政府管理有所助益。在公共商谈中，应当允许社会管理者识别并压制其意识形态及视角偏好，从而使政府“在思想上有一种新的模式，

[1]曼海姆：《意识形态与乌托邦》，第 5、166、167、168、287 页。
[2]同上，第 31、283、298、301 页。

以控制先前无法控制的因素”。哪里有意识形态，哪里就应当有实证主义的语言规划。曼海姆感到，我们无法“掌控”达尔文所说的生存竞争，除非我们“能够比现在更好地理解它的盲目行程，能够比现在更好地把社会学知识应用于生活实践”。❶这正是他实证主义的核心，也是他跟孔德、卡尔纳普之间的精神纽带。社会不可能秩序井然，除非实证主义的理性原则掌握了知识。

在知识社会学后期的发展中，彼得·伯格（Peter Berger）和托马斯·勒克曼（Thomas Luckman）的《实在的社会建构》以退为进，颇有煽动性地宣告，社会因素决定真理、决定知识的有效性。他们捡起已经在社会学中居于支配地位的原则，即，把“有效性”观念抛到一边，从根本上拒绝知识与事物本身之间的习见区分。“知识社会学必须关心社会上任何被称为‘知识’者，而无须考虑这种‘知识’（从任何标准看）是否最终有效。”因此，他们强调“共同知识”（common knowledge），一种“关于制度秩序的基本知识”，它包括关于社会世界“路人皆知”的 39
知识；它由“准则、道德、格言式的智慧金块、价值与信仰、神话等”所组成，没有它我们一天也过不下去。❷

大卫·布卢尔（David Bloor）所谓的知识社会学强纲领包括以下主题：其一，涂尔干（Durkheim）的观点，即，人们用社会意象来思考知识；其二，数学和逻辑所系心的，不是柏拉图主义的崇高对象，而是某种道德义务；其三，客观性是一种社会现象。布卢尔援引涂尔干的看法：“最初的逻辑范畴是社会范畴；事物的最初分类是人的分类，事物被融入人的分类之中。正因为人是分群的，并且以群的方式理解自身，他们才会在观念里把其他事物分群。刚开始，这两种分群模式相互融合，彼此间界线模糊。”我们似乎有理由好奇，这种理论究竟有多大的解

---

❶曼海姆：《意识形态与乌托邦》，第5页；伊莱亚斯，“知识社会学”，第160页。

❷彼得·伯格（Peter Berger）、托马斯·勒克曼（Thomas Luckman）：《实在的社会建构：论知识社会学》（*The Social Construction of Reality: A Treatise in the Sociology of Knowledge*）（纽约州花园市：道布尔迪，1966年），第3、46、65页。

释力。从社会群体的意象中引出可用来区分事物的概念——如果首先不是用所谓后起的区分事物的概念来获得对群的感知，这如何可能？❶

布卢尔认为，有关知识的哲学理论“实际上是社会意识形态的反映”。由于没有经过科学的社会学的检验，“认识论将只是隐蔽的宣传”。由于缺乏严谨的社会学家法，知识理论“完全听任它们不得不由之出发的社会基本隐喻的摆布”。不知何故，社会学竟能免于此弊。冷静的理论家应当用社会学“经试验证明而卓有成效的线路与已有技术”来取代哲学认识论的幻想。不过，布卢尔对社会学提出要求说，“社会—科学的方法”(social-scientific method) 要赢获一种不是具体的社会意象的知识理论。这似乎显得破坏了对称性与自反性。一种一贯对称和彻底自反的理论会把它对认识论的批判应用于自身，或者会解释它如何躲过那些对认识论造成损害的东西。❷

史蒂夫·富勒 (Steve Fuller) 的“社会认识论”又用福柯的考古学加固布卢尔的知识社会学强纲领。富勒认为，如果细观“知识生产的真实社会历史”，就会发现有必要责成认识论者“重新调整他们规范性的知识理论的体与用。”富勒重返培根和孔德的豪言壮语，想像了一种关于科学的社会科学，一种可以更有效管理研究活动的关于理论的社会学理论。“社会认识论者将是理想的认知政策制定者：如果某种知识生产是可欲的，那他就能够设计一种框架，以划定可能（或有效）产出此种
40 知识的劳动。”社会认识论者要管理的“知识”是什么呢?——一个语言人化物（一个“文本”），由知识生产的经济来保证并在其中流通。“认知”就是享用人们在参与知识过程时“社会所与的地位”。“知识生产者

---

❶埃米尔·涂尔干 (Emile Durkheim)、马赛尔·莫斯 (Marcel Mauss)：《原始分类》(*Primitive Classification*)，罗德尼·尼达姆 (Rodney Needham) 译（芝加哥：芝加哥大学出版社，1963 年)，第 82—83 页；及尼达姆所作的序，x x vii。

❷戴维·布卢尔：《知识与社会喻象》(*Knowledge and Social Imagery*) [伦敦：劳特利奇与基根－帕尔 (Routledge & Kegan Paul)，1976 年]，第 45、141、65、70、72 页。布鲁诺·拉图尔也批评了布卢尔学说不完全对称：他的知识社会学“之所以不对称，不是因为它像认识论那样分离了意识形态与科学，而是因为它悬置自然，完全由‘社会’来承担解释重任。”《我们从未进入现代》，第 94 页。

‘拥有知识’，如果他的生产同伴**或者**拿自己的资源随其研究之后（即使出于反驳的目的），**或者**引用其研究作为自己研究工作的背景材料。生产者继续‘拥有知识’，只要其追随者的投入**给他们**以回报。因此，‘拥有知识’最终是**可信性**问题。”或者说，是一次声誉良好的商谈。这也是福柯的观点（参见第二部分第二章）。❶

人们所说的“新知识社会学”于这门学科的根本观念——知识由社会决定（孔德、马克思、涂尔干、曼海姆）——之外补充以“新”的观念[部分受到福柯与女性主义的启发，部分受到人类学家克利福德·格尔茨（Clifford Geertz）与马歇尔·萨林斯（Marshall Sahlins）的启发]，即，知识本身构成社会秩序。知识不仅仅是社会力量的产物，知识本身就是一种组建社会秩序的力量。“社会与物质存在不可能和人们的集体精神生活分开。物质存在并不**先行**于知识。”❷那么，依照这种新知识社会学，什么是知识？这方面的见解就不怎么新颖了。仍旧是伯格和勒克曼的观点：“从民间信仰、生活技巧与生活法门到宗教观念与集体意见，一切都可以算作知识。”知识“指称任何一个、每一个为某一社会群体或人类社会所接受的观念的集合，人们接受这些观念，认为它们是真实的。”❸

社会认识论或知识社会学的想法是一种认识论异端，它们保留了某些认识论偏见。过程、程序和制度形式优先于结果、效用和业绩。从马克思开始，对这一领域有所贡献的学者都赞同康德知识是“建构的”说法。康德认为，如果经验代表知识，如果它客观有效，那它就是一个

---

❶史蒂夫·富勒：《社会认识论》（*Social Epistemology*）[布卢明顿（Bloomington）：印第安纳大学出版社，1988年]，第51、xi、3、xi—xii、30页。相近的观点可参见弗利茨·马克卢普（Fritz Machlup）：《知识：其创造、分配与经济意义》（*Knowledge：Its Creation，Distribution and Economic Significance*），第1卷：《知识与知识生产》（*Knowledge and Knowledge Production*）（新泽西州普林斯顿：普林斯顿大学出版社，1980年）。富勒还重新发现了孔德，后者说，在实证主义社会学那里，“科学发现在某种程度上变成了对理性预见的怀疑”，并希望有快就有可能“使发现的艺术服从于那种引导个别天才的本能努力的理性理论”（《基本作品》，第261页）。

❷麦卡锡：《作为文化的知识》，第20—21页。

❸同上，第22、2、17—18页。

“先验的”过程“**制作**”（构成，建构）的产物，认识论能够把这一过程重构出来。康德鼓励了知识是建构的信念，这恰恰使得下面一点成为可能：拒绝康德的先验学说，赞同知识的社会或历史建构。马克思、狄尔泰（Dilthey）、曼海姆等人就是这样做的。[1]

自然化的认识论和社会学化的认识论，这是孔德的双重遗产在20世纪的表现：反形而上学的科学主义和宏大的社会学理论（sociological Grand Theory）。曼海姆虽然没有蒯因的科学主义，但他却有社会学的雄心。主张社会决定知识的学派总是期待一种大胆的新理论，而这样的新
41 理论似乎也总是呼之欲出。我们常常看到，人们追问这种社会学的真正话题明明是，什么可以算作知识，或者，人们所持的何种信仰属于知识之域，属于知识之所说所谓；但是，这些理论总是明目张胆地干脆置知识于不顾，却转而讨论其他他们错误地坚持称之为知识的东西。一种漠视知识与信仰间差异的理论不可能是一种知识理论。如果方法论上的严谨要求这样一种立场：不屑于评价、知道或关心社会学家所描述者究竟是知识还是错误，是知识还是信念，那么他或她所说的肯定与知识了不相干。

三、女性主义知识理论

据说，“如果以前女性经验具有和男性经验进入哲学的同等权利”，那么，哲学“将是另一番面貌”。哪些概念看起来有问题，以及它们的问题究竟出在哪里——这方面的结论将会有所差异。[2]比如，教科书中很多关于认识论的问题将不会出现，而一种不一样的知识概念将会形成。大多数女性主义者认为认识论一无是处。其中一位的观点如下：“主流的专业哲学家炮制了认识论，它是男人们神秘玄奥的人化物之一……

---

[1]关于康德及实证主义者的“社会建构主义”的根源，可参见伊恩·哈金（Ian Hacking）：《何者之社会建构?》(*The Social Construction of What?*)（麻省剑桥：哈佛大学出版社，1999年）。

[2]编者导言，见莫文娜·格里菲思（Morwenna Griffiths）、玛格丽特·惠特福德（Margaret Whitford）编：《哲学中的女性主义视角》(*Feminist Perspectives in Philosophy*)（布卢明顿：印第安纳大学出版社，1988年），第9页。

它大体上是白种人中的男人们的人化物，结果，它是从这些男人们的观点出发表述出来的东西，但是，却被尊为‘绝对真理’之源，告诉我们应当如何如何认知表现世界。”❶

认识论是有性别，而它自己对此却无所知。“主流认识论，在它最为中立的意义上，遮蔽了以下事实：它起源并扎根于特定的利益——白种人中的男人们的特权群体的利益。”它自以为是地想以普适的嗓门说话，结果听起来不过是雄性之音。苏珊·博尔多（Susan Bordo）解释说，这里的“雄性”“不是生物学范畴，而是一个认识类型，一种认识论姿态”。它以**超脱**（detachment）为特征：“超脱于情感生活，超脱于特定时间场域，超脱于个人的癖好、成见与利益，最为核心的则是超脱于客体本身。”不受立场之囿，古典的理想，结果并不是那么不受立场之囿。“不动感情的研究者，这一理想是古典主义、种族主义的神话，更是男权主义的神话。”❷认识论工程，以它对确定性、普遍性、纯粹性和总体性的坚持，或许不过是男性的病症：分离的焦虑，对控制的迷恋，对污染的恐惧。 42

对于上述“男性主义”思想的很多方面，赫德森（Hudson）和贾科（Jacot）表示赞同。当然，他们是性心理学家而非女性主义者。在他们看来，差异不在于天生的偏好或能力，而在于动机。换言之，差异在于大多数男性——也包括极少数女性——热衷于什么。他们说，“男性”

❶洛林·科德（Lorraine Code）：《她能够知道什么？女性主义理论和知识建构》（*What Can She Know? Feminist Theory and the Construction of Knowledge*）（纽约州伊萨卡：康奈尔大学出版社，1991 年），第 ix 页。

❷同上，第 x 页；苏珊·博尔多：“思想的笛卡尔式男权主义化”（The Catesian Masculinization of Thought），载桑德拉·哈丁（Sandra Harding）、琼·奥巴尔（Jean O'Barr）编：《性与科学研究》（*Sex and Scientific Inquiry*）（芝加哥：芝加哥大学出版社，1987 年），第 259 页；艾莉森·贾格尔（Alison Jagger）：“爱与知识：女性主义认识论中的情感”（Love and Knowledge: Emotion in Feminist Epistemology），载艾莉森·贾格尔、苏珊·博尔多编：《性别/身体/知识：对存在与认知的女性主义重构》（*Gender/Body/Knowlesge: Feminist Reconstructions of Being and Knowing*）（纽约州新不伦瑞克（New Brunswick）：拉特格斯（Rutgers）大学出版社，1989 年），第 156、158 页。吉纳维芙·罗伊德（Genevieve Lloyd）说，哲学所礼赞的“理性”是**男性**的理想，而不是全体人类的理想。《理性的男人：西方哲学中的“男性”和“女性”》（*The Man of Reason: “Male” and “Female” in Western Philosophy*）（明尼阿波利斯（Minneapolis）：明尼苏达（Minnesota）大学出版社，1984 年）。

想像最自然、最有影响的形式是热衷于其间的各式抽象；男性太容易像对人那样爱物，又像对物那样待人。这样的男性往往喜欢科学与技术，他们对客观性的热情可以在那里得到奖赏。因此，这些领域不是简单地被男人主宰而是由有某种特定心智倾向的男人主宰：

> 虽然从表面看来科学与哲学思想的样式多种多样，但是，它们基础性的要务却寥寥无几。吸引“男”人的显然是充满纯粹、清洁和力量以及弥漫着神话的戏剧。把这些关注点统一起来，便总会有处理秩序观念的要务：结构，以及起界定、限制作用的边界。尤为特殊的则是以人为主题的情形，这时，男性想像的过程一而再、再而三地回到二元对立与分裂，以及依靠理性的力量来解决这些对立与分裂的任务。❶

女性主义者挑战认识论的知识概念——知识客观、超越而公正——以及它的对认知者的理解——自律，自我本位，孤立。他们深化了后实证主义科学哲学［库恩、费耶阿本德（Feyerabend）等］的不满，提出了一些类似于知识社会学的强烈主张。当然，对性别的关注是他们的独特之处。“最宽泛意义上的女性主义认识论的特征在于相信，性别是一个与知识研究相关的范畴。换言之，社会与政治因素对于知识来说很要紧。它们以认识论的方式发挥重要作用，即，它们影响到什么东西可以用来支持论断。”❷

虽然女性主义的知识理论不止一种，它们在讨论中还是分享了贯穿了共同的主题。认识论错在何处，大家对此似乎意见一致。鲜有女性主义哲学家是某种理性主义者或基础主义者。女性主义哲学家倾向于强调

---

❶利亚姆·赫德森（Liam Hudson）、伯娜丁·贾科（Bernadine Jacot）：《男性的思考方式》（*The Way Men Think*）［纽黑文（New Haven）：耶鲁大学出版社，1991 年］，第 82、94、117 页。

❷亚历山德拉·塔尼西尼（Alessandra Tanesini）：《女性主义认识论导论》（*An Introduction to Feminist Epistemology*）（牛津：布莱克韦尔，1999 年），第 38 页。

说，早期经验、情感、种族主义，阶级，（当然）还有性别是受到主流认识论压制的知识矢量。女性主义认识论中的一些论证与知识社会学家尤其是曼海姆的有关论证相仿。它们都坚持从社会的角度看知识，都嘲 43
笑认识论在理解知识的时候所表现的政治幼稚病。曼海姆感兴趣于知识理论如何展开带有倾向性的区分（诸如起源与有效性的对峙），这些区分似乎使得知识社会学不可能成立或毫无意义。女性主义批评家感兴趣的则是，认识论如何将蛮横的性别偏见奉若神明，认为它是达到人人赞成的客观性的最为必要的前提。[1]

据说，“通过承认它所采用、所感兴趣的立场，通过将研究者的社会—政治身份给予**认识论上的**重视”，女性主义知识理论或许可以提高客观性而减少偏见。曼海姆的知识社会学也有类似的主张。[2]女性主义者号召人们拥抱知识的片面性与破碎性——“知识总是骗人的，不过，尽管如此，它还是必要的”[3]——这同样可以在曼海姆的社会学中听到回音。实际上，如果不是为了“女性主义”这个词，写下下面这段话的将是他而非唐娜·哈拉韦（Donna Haraway）：“唯有片面的视角方才客观的视见……女性主义的客观性关乎特定的场所及情境化的知识，而非关乎超越性及主客分裂。”以社会学的术语言之，“唯有彻底意识到每一观点的有限范围，我们才可能踏上追寻整体理解之路。”[4]

---

[1]关于女性主义和知识社会学，参见麦卡锡：《作为文化的知识》，第五章。
[2]科德：《她能够知道什么?》，第316页。
[3]米歇勒·勒·杜芙（Michèle Le Doeuff）：“女人与哲学”（Women and Philosophy），载托丽尔·莫瓦（Toril Moi）编.《法国女性主义思想》（*French Feminist Thought*）（牛津：布莱克韦尔，1987年），第198页。
[4]唐娜·哈拉韦：“情境化的知识：女性主义中的科学问题与片面视角的殊出地位”（Situated Knowledge：The Science Question in Feminism and the Privilege of Partial Perspective），载安德鲁·菲恩伯格（Andrew Feenberg）、阿拉斯泰尔·汉内（Alastair Hannay）编：《技术与知识政治学》（*Technology and the Politics of Knowledge*）（布卢明顿：印第安纳大学出版社，1995年），第181页；曼海姆：《意识形态与乌托邦》，第105页。海伦·朗吉诺（Helen Longino）定义了一个与曼海姆相近的公式：女性主义的客观性是“主体（个体或集体）偏好最大限度的最小化。”“女性主义和科学哲学”（Feminism and the Philosophy of Science），《社会哲学杂志》（*Journal of Social Philosophy*），1990年，第21期：第152页。

从对传统的批评转向女性主义的替代方案，则其多样性显而易见。20 世纪末，女性主义知识理论的三大系已清晰可辨：女性主义经验论(包括自然化认识论的女性主义版本)，立场理论，以及后现代论说。[1]不难发现，这些进路大多带有认识论偏见的残余。女性主义批评家已经指出，女性主义认识论“将科学理解为理论主导”，这是一种命题偏见；同时，女性主义认识论持一种实证主义观点，认为存在着科学的统一或科学的共同内核，赞成只有“讲证据的理论”适用于一切科学。[2]立场理论（standpoint theory）主张，女性视角在认识论上享有殊出的地位。女性视角似乎比其他任何视角更加接近真理。其中一个说法为：“女人(或者说女性主义者，无论男女）群体较之男性群体更容易获得公允客观的研究结果。”[3]按照大多数的说法，女人有此殊出地位，不是因为她们是女人，而是因为她们是受压迫者。受压状态提供了一种出色的眼光。之所以偏爱受压者的视角，是“因为受压者似乎有望更充分、更一贯、更客观、更灵活地说明世界”。受压者的观点比“主流群体”的看
44 法“更值得信赖”，更“符合真理”，因为“主流群体”对世界的理解“形成于他们维持掌控的需要……可靠的知识来自下层”。[4]

诚然，受压者的立场或许有助于推进知识的某些方面，不过，在认识论上如此无所不能的优越性似乎令人难以置信。[5]以为女性的本质超越种族与阶级的差异，以为知识可以根基于经验，这些看来成问题的假设女性主义者自己也要反对的。我再补充一点：认为有**殊出地位**的视角，这一观点并非没有困难。一旦承认视见都是从特定视角出发的视见，那就没有一个立场可以主张自己有殊出地位，因为自己是超越任何

[1] 塔尼西尼：《女性主义认识论导论》，第 86 页。
[2] 同上，第 109—110 页。
[3] 桑德拉·哈丁：“女性主义理论之分析范畴的不稳定性”(The Instability of the Analytical Categories of Feminist Theory)，载《性与科学研究》，第 289—290 页。
[4] 哈拉韦：“情境化的知识”，第 181、182 页；希拉里·罗斯（Hilary Rose）：《爱，权力与知识：科学的女性主义变迁》(*Love, Power, and Knowledge: Toward a Feminist Transformation of the Sciences*)（布卢明顿：印第安纳大学出版社，1994 年），第 32 页。
[5] 塔尼西尼：《女性主义认识论导论》，第 268 页。

特定立场的立场。立场只要有一个就会有很多个，其中没有一个是唯一为真或唯一客观。如果说受压者的立场更接近于**真**，那这里的“真”何所谓？当然，命题偏见很明显。如果这一进路把知识奠基于经验之上，那么，知识的真理将是试图通过参照某个有殊出地位的视角而获得担保的真理。

人们还不甚明了，后现代女性主义究竟会提供另一种知识理论，还是把知识理论视为危害女性主义的可恶遗产而加以全盘否定。一位这方面的理论家解释说，她对于女性主义问题的后现代进路“不是试图阐明一种用来代替启蒙理想的‘认识论’，而是试图解释人类得以理解共同世界的推论过程。”这一知识进路（“关于知识的后现代商谈理论”）受到了福柯的启发，同时也继承了我批评的推论偏见。（第二部分第二章）❶

我不明白，一种女性主义知识理论何以不能让自己避免认识论偏见——当然，我不是说它**应当**避免。“认识论偏见”是我爱用的一个词，不过我的论证与其他人常用的方法并无二致。我只是想说，女性主义试图超越以往对知识的思考方式，但它在质疑这种思考方式之时本该走得更远。我会跟女性主义者一起嘲弄认识论，而且希望我所解释的知识概念不会重新迷失于女性主义者所批评的道路。我当然不认为知识与性别无关；人化物，知识的单元，经常带着性别的烙印，由它们所推动的知识亦是如此。性别的差异在决定研究方向、探究行为和成果应用等方面无疑起着重要的作用。❷

---

❶苏珊·赫克曼（Susan Hekman）：《性别与知识：后现代女性主义诸要素》（*Gender and Knowledge: Elements of a Postmodern Feminism*）（剑桥：政治出版社，1990年），第9、189页；关于福柯的影响，参见苏珊·赫克曼编：《米歇尔·福柯的女性主义阐释》（*Feminist Interpretations of Michel Foucault*）（大学城：宾夕法尼亚州立大学出版社，1996年）。

❷关于科技研发的男性烙印，参见丹尼尔·萨威茨（Daniel Sarewitz）：《幻觉的边境：科学，技术和进步政治学》（*Frontiers of Illusion: Science, Technology, and the Politics of Progress*）[费城（Philadelphia）：天普（Temple）大学出版社，1996年]，第42—48页；哈丽雅特·朱克曼（Harriet Zuckerman）、J. R. 科尔（J. R. Cole）、J. T. 布鲁尔（J. T. Bruer）：《外围：科学共同体中的女性》（*The Outer Circle: Women in the Scientific Community*）（纽约：W. W. 诺顿，1991年）。

然而，我并不认为性别（或性别化的知识）必定十恶不赦或应当加以克服。福柯公布了关于“性经验”的最新研究。（第二部分第二章）即便如此，或许男人和女人的差异在于，他们在整个人类进化过程中有不同的劳动分工和不同的性别化人化物，而任何人类社会或许有望加强
45 这些差异并用它们加强团结。[1]我担心，现代人的自我断定会打断这些模式。倘若果真如此，我不知道世界会不会因此变得更加美好。

在转而讨论海德格尔与杜威之前，我想简述一下从后殖民文化研究发出的不满。后殖民文化研究的洞见，在于现代性和殖民之间的关联。来自殖民地的启蒙理性批判有助于克服东西失衡的状态。缺乏这样一种批判的后现代主义依然属于欧洲中心主义。在一位后殖民文化的批评家看来，后殖民状态是“为‘另一种认识论’创造条件”。他预见新的“广义认识论”将“从殖民地历史、记忆与经验的创伤中”浮现出来。这些关于知识的大胆新见推进了一种认识论意义上的去殖民化运动，从而克服“将处于现代理性与合理性概念参量之外的知识低级化”。认识论的后殖民“他者”将是一种关于如下知识的概念和文化：这种知识“既不打算主宰别人也不打算屈服于别人”，它“永远处于边缘，破碎不全，有待完成”，而且，“因为它永远处于边缘，破碎不全，所以它不属于特定的种族”。[2]

---

[1]“性别不仅告诉我们谁是谁，而且界定谁属于何时、何地，以及使用何种工具、何种语言；性别划分空间、时间和技巧。”伊万·伊里奇（Ivan Illich）：《性别》（*Gender*）（纽约：帕西奥（Patheon），1982年），第99页。“一个行为的女性特征或男性特征在生物学上远远不是任意的……人种学的证据表明，这些范畴的使用事实上的的确确有直接的生物学根源。”赫德森、贾科：《男性的思考方式》，第13页。根据灵长类动物学家艾莉森·乔利（Alison Jolly）的研究，“其他灵长类动物也关心性别。母亲们及群体同伴会检查并用手指拨弄新生儿的生殖器，不同性别的新生儿被不同的方式加以对待。”《露西的遗产：人类进化中的性与智力》（*Lucy's Legacy: Sex and Intelligence in Human Evolution*）（麻省剑桥：哈佛大学出版社，1999年），第345—346页。

[2]沃尔特·D. 米尼奥罗（Walter D. Mignolo）：《地方历史/全球设计。殖民，低级知识与广义运思》（*Local Histories/ Global Designs. Coloniality, Subaltern Knowledges, and Border Thinking*）（新泽西州普林斯顿：普林斯顿大学出版社，2000年），第85、37、67、68页。

在反对认识论的中立设想、批评知识的普遍有效不受空间及对象的限制等方面，后殖民主义的论证与女性主义类似。认识论一边否定、抹杀其性别特征，一边从现代殖民权力的中心出发阐明问题。这一点儿也不奇怪，一种后殖民“真知”（gnosis）的倡导者会采取那种我们在知识社会学中常常看到的立场：避免知识的哲学概念，拒绝知识与信仰或**意见**（doxa）之别，特定社会或特定受众称之为知识的任何东西都可以算作知识。知识社会学因此变成了知识之外的任何东西的社会学。后殖民“真知”据说囊括“普遍知识，包括意见与理论知识（epistemē）”。❶但是，“普遍知识”并不包括意见，它排除意见，它让自己跟意见区别开来，而任何无视于这一区别的理论不可能是一种知识理论。

形而上学的真理观已经解构，似乎不再有任何东西具有知识的“殊出地位”，剩下来的似乎只有阐明论断时所据之立场的赤裸权力。但是，如果认为，一旦发现真理没有长期以来所许诺的基础，人们便揭露 46
了知识面具之下偶被赋予特权的话语和社会权力密码，那么，我们实在是太把古典的（本体—逻辑）真理当回事了。对于知识来说，本体—逻辑真理从来没有那么重要。哲学家们对于知识争吵不休，但他们的言论从来没有很好地描述知识，描述如此这般丰富多彩地展现于他们自身所处的社会之中的知识——它们与本体—逻辑的充足性毫无关系，它们完全系于根植于人化物成就的品质之上的文明差异。

四、从认识论到基础本体论

很不幸，在海德格尔那里没有黑格尔式的令人愉快的推演法。对他的介绍需要回到他的“本体论差异”。这种差异可不像颜色或尺寸上的差异，也不是一物与另一物之间的逻辑差异（$a \neq b$）。它只是**存在**（being，das Sein）与**存在者**（beings，das Seiende）之间的差异。在海德格

---

❶沃尔特·D. 米尼奥罗（Walter D. Mignolo）：《地方历史/全球设计。殖民，低级知识与广义运思》（*Local Histories/ Global Designs. Coloniality, Subaltern Knowledges, and Border Thinking*）（新泽西州普林斯顿：普林斯顿大学出版社，2000年），第11页。

尔看来，一切哲学根本问题取决于这一差异如何得到思考。

在其早期作品（包括《存在与时间》）中，他对哲学家所谓的意向性采取了一种整体主义的观点。意向性是一种指向、关于或“意指”某物的特性。一幅画有意向性：它是**关于甘地**的。一个陈述有意向性：它是**关于这座城市**。精神状态——思想，意愿，感知，心境，等等——有意向性。思考是思**及**……感知就是感知**到**……希望或愿望就是希望去……愿望去……海德格尔想说的是，凡此种种意向性构成一个总体，一个立刻向着以人之存在（此在，Dasein）为中心的意向性敞开的世界整体。任何瞬间同一个实体的意向性关系——感知，论断，行动，等等——都仅仅作为由此种关系所组成的环境整体——此在的“在一世界一之中”——里面的一个瞬间而发生或存在。一个人的思想可以**及于高山或小狗**，这是因为**世界**对于我们的思想和行动来说是全盘**给出**。在感知、论断或形式知识之先，有一种向此所与世界的原始敞开（revelation，das Entbergen)，它敞开我们只能作为赠礼来接受的存在。无法解释世界为什么必须存在。为什么有某物——不管是何物——而不是无？我们不知道该说什么。存在，本体论的差异，超乎理性，超乎因果，超乎“为什么”。

47 在海德格尔那里，**此在**（Dasein）是将其存在**据为己有**的实体，其存在是**我的存在**或**我们的存在**。这样的存在与任何其他实体——比如，自然科学所揭示者（现成事物，Vorhandene)，或日常生活中的人化物（上手事物，Zuhandene）——的存在具有本体论层次的差异。此在不仅仅是一种可以由经验感觉其特别之处的实体（一个不同于鱼或鸟的物种)。除了存在者层次的实体差异之外，还有存在层次的差异。因为，海德格尔说，在一切实体中，唯有我们把自己的存在当作自己的事情。对于我们来说，去存在（生存）就是处于操劳、投入与争议之中。

海德格尔把**我们**（与现成事物或上手事物之间）的本体论层次的差异和存在与存在者之间的本体论差异关联起来。我们的**去存在**（to be）——这是它跟其他实体的存在之间的本体论差异——是相同的事件，是相同的“偶然存在”，正如偶有其他任何事物一样。“存在者可通达（zugänglich）之际”，也就是说，可以由某种意向性关系所用之际，“存在在其自身中原始地**在那里**”。[1]唯一**有**的世界是那个给予我们、让我们去操劳的世界。去存在——作为一个存在者而存在——就是去操劳此在所操心者。正是存在者的**存在**让此存在者被看见——或被忽视。正是存在者的**存在**才使得某物为思想和行动所用。我们的存在，其差异性，和**此在**，**其**差异性，是相同的。不是相同的事物——完全不是**事物**（实体）；相反，它们是相同的时间，相同的历史，以及同样难解的“偶然存在”（happening to be，das Ereignis）。

有三个文本，其写作跨度相隔 40 年，它们多方面展现了海德格尔这一向度的运思努力。1927 年（《存在与时间》面世的年份），他在一次讲座中论及所与（the given）的所与性。传统的错误，不在于将“所与的神话”揽入怀抱，而在于把所与的东西误解为某种最高实体，诸如柏拉图的理念或无须更正的感知。当然有**某物**被给予，必得如此，但它不是一个存在者，完全不是一个实体。被给予的**别有某物**（something else），不一样的某物；不是一个存在者，而是一切存在者的存在：

> 别有某物，它实际上不**是**［一个存在者］……它必须被给
> 予，否则我们无法让存在者作为存在者而通达我们并让我们自
> 己与它们相称；某物肯定不**存在**，但它必须被给予，否则我们
> 无法经验或领会任何存在者。我们能够如其所是地抓住存在
> 者，只是因为我们领会像“**存在**”这样的某物……［存在］本
> 身也许不再能被叫作存在者……［它］的出现，不是像一个存 48
> 在者出现在其他存在者之间，但是……仍然必须被给予，而事

[1]马丁·海德格尔：《逻辑的形而上学基础》（*The Metaphysical Foundations of Logic*），迈克尔·海姆（Michael Heim）译（布卢明顿：印第安纳大学出版社，1984 年），第 153 页；黑体为引者所加。为行文的统一，我在有些地方调整了已有的海德格尔译文。拙著《哲学中的真理》（*Truth in Philosophy*）第五章对海德格尔有专门探讨。

实上已经被给予，在［此在］对存在的领会中。❶

大约10年之后，海德格尔在“艺术作品的本源”（1936年）中写道：

此在的意向性行为永远向着存在者并为了存在者而敞开……凭借我们所有正确的表象我们可能毫无进展……除非存在者的无蔽状态（the unconcealedness of beings）已经向我们显露并把我们置入一种光明之域——一切存在者在其中为我们站立、又从其中退隐……唯有进入与出离这种被照亮的澄明之域，存在者才成其为存在者。唯有这种澄明准许并保证我们人通达非人的存在者。❷

又过了30年，在《时间与存在》（1968年）中他用简明的语言说道：

存在不**存在**。作为在场之解蔽的存在而“有”（There is）……给予只给出赠礼，而在给出中守持自身并抽身回撤。❸

因此，对于海德格尔来说，**所与**总是一次给予。它是本体论差异到来——总有某物——的另一种命名。所给予的不是一个实体，不是现成存在于某处的某物，而是一种**差异**，它为了存在者及其在场之故而从视野（可领会性）中回撤退返。人之存在给予存在者一种可以展现自身的

❶海德格尔：《现象学的基本问题》（*The Basic Problems of Phenomenology*），艾伯特·霍夫施塔特（Albert Hofstadter）译（布卢明顿：印第安纳大学出版社，1982年），第10—11页。
❷海德格尔：“艺术作品的本源”（The Origin of the Work of Art），载《基本著作》，戴维·法雷尔·克雷尔（David Farrell Krell）编（纽约：哈珀&罗出版社，1977年），第174—175页。
❸海德格尔：“时间与存在”（Time and Being），载《面向思的事情》（*Zur Sache des Denkens*），第二版（图宾根（Tü rbingen）：马克斯·尼迈耶（Max Niemeyer）出版社，1976年），第6、8页。

澄明之域。与此同时，这些存在者的**存在**，换言之，**我们的**贡献，从视野中抽身回撤，虽然它继承了我们之存在的偶然性与历史性。不过，有一件事海德格尔在后期著作中放弃了，那就是对认识论的反驳。很明显，有一段时间他对这一论争很看重。它出现在《存在与时间》，以及此前或稍后几年发表的演讲之中。后来我们就不再听到了。这一变化的原因可能不在于海德格尔开始怀疑自己的观点能否被正确理解，而在于他开始认为，提出批评没有意义，更好的办法是干脆尝试别的思路。

1925 年，海德格尔在马堡作讲座时批评说："知识理论的通常进路"给予科学认知以不合法的优先性。认识论困挠于"那种定义世界之存在的特有倾向，依此倾向，在世界中的此在首先在认知行为中展现自身。换言之，世界的存在方式以指向世界认知的特殊客观性为特征"。海德格尔抱怨说，建立在这种假设之上的知识理论"从一开始就是人化 49
物"，它未能"公正地对待源初事实"。像杜威一样，海德格尔以为认识论的形式认知癖或科学认知情结是一个错误。他们在下面一点上也是意见一致：克服这一形而上学偏见需要后退一步，把科学本身理解为一种实践。"正如实践有其自身特有的视见方式（'理论'），理论研究也并非没有它自己的实践。"海德格尔呼吁科学的生存论概念。这一主张可以在杜威那里找到共鸣，也可以视为库恩哲学的先声。所谓科学的生存论概念，"把科学领会为一种生存方式，并从而是一种在世方式，即，对存在者和存在进行揭示和开展的一种在世方式"❶。所与——我们"对

---

❶海德格尔：《时间概念的历史》(*History of the Concept of Time*)，西奥多·基西尔(Theodore Kisiel)译（布卢明顿：印第安纳大学出版社，1985 年），第 162—163 页；《基本问题》，第 304 页；《存在与时间》，约翰·麦夸里（John Macquarrie）、爱德华·罗宾逊（Edward Robinson）译（纽约：哈珀 & 罗出版社，1962 年），第 358、357 页；以下凡引此书，将仅用"SZ"标注德文版标准页码。关于海德格尔与 T. S. 库恩之间的相似性，可参见休伯特·德莱弗斯（Hubert Dreyfus）：《在－世界－之中》(*Being-in-the-World*)（麻省剑桥：麻省理工出版社，1991 年）。亦或参见查尔斯·吉农(Charles Guignon)：《海德格尔与知识问题》(*Heidegger and the Problem of Knowledge*)（印第安纳波利斯：哈克特出版社，1983 年）。

存在者最初的熟悉”——并非以**知识**的形式到来。关于真理的无须更正的形式化、理论化知识是后来的特殊化成果，是非形式、非理论的领会的精心之作。我们不必等科学认知来触及存在者本身。我们总是已经触及存在者本身。**我们的生存**也属于**它们的**偶然存在。我们之所以能够以科学的方式认识世界，只是因为我们在更加根本的意义上**在**世界**之中**、**属于**世界、深嵌于一个贯穿着我们的生存偶然性的世界。

当然，海德格尔的新术语并没有**解决**认识论所面临的怀疑论与客观性问题。它只是允许他对认知者与所知者重加描述，从而避免述及认识论问题。海德格尔意识到，他的套路让认识论看起来意义全无。“如果从一开始就主张此在卷入其世界之中，知识问题将不复存在。”当然，他并不是要回答怀疑论者，而是要变换主题。虽然拒绝认识论的进路，但他的做法却是要从认识论的遗忘中找回知识。像杜威——而不是维特根斯坦、德里达或罗蒂——一样，他所追求的，不是解构或摧毁，而是在一个更加现实主义的基础上进行重建工作。对认识论的传统关注让道于生存论的知识理论所提出的新问题：“任何时刻总是处于一种源初并非认知且不仅仅是认知的特定存在模式之中”的此在如何展开，并且开始认识“它已在其中的世界?”[1]这是一个真正属于“纯粹”哲学的问题。任何经验科学都无法解答它，也无法解释为什么指称、意向性、知识和真理是可能的。[2]在追问是什么（what is）方面，科学是权威。但是，意向性、知识、真理、指称等是本体论的问题：不是关于原因或基
50 质的样式，而是关于存在或生存、**我们的**生存、我们的**去存在**的样式。科学无法说明为什么对于存在者或世界的意向性关系是可能的，因为没有一种科学可以看到本体论差异，而正是本体论差异将此在传送到展开

---

[1]海德格尔：《时间概念的历史》，第161、162页；参见SZ. 61。

[2]希拉里·普特南（Hilary Putnam）亦曾论及此：“并没有可以科学方法加以描述、为一切特定意向性现象所共有的属性”；“用物理/计算关系与属性给出一个关于意向性关系与属性的有限经验定义，这是不可能的。”《表象与实在》（*Representation and Reality*）（麻省剑桥：麻省理工出版社），第2、79—80页。

的存在者世界，以及知识与真理。

在日常生活中，我们“知道”事物，最初不是把它们作为理论知识的命题对象，而是作为装备：在手头上的用具，日常生活中熟悉的人化物。科学态度的特别之处可能在于它跟日常关注不加思索的习惯决裂。木匠活不需要理论知识，而一名木匠作为一名木匠也不太可能获得这样的知识。不过，如果用具损坏，如果什么东西意外地发生故障，那么，连最最讲究实用的人也会被迫陷入反思，去注意事物躺在那儿看上去的样子，比如，损坏的用具。这正是海德格尔所理解的宣告理论态度隆重登场的格式塔转换（及示例）。在实验室中，在实验器材中，人们对事物的兴趣由它们的实用工具价值抽身回撤，同时允许存在者以为其自身、在其自身的姿态站立出来。海德格尔认为，这正是科学所做的工作。科学发现“具有**独特的当前化**的性质”(SZ. 363)。不管它在起源上如何具有实验性，科学认知最终还是以玄思为特征，是一种异于日常生活的自我克制，它从功利的操劳中“解放”(Entshränken) 出来，仅仅只为了观看何物存在。“从一切制作、操控等等抽手不干之际，[我们的] 操劳……同只以其纯粹外观（eidos）存在于世界中的存在者照面……这种观望…… [等于] 放弃所有操控和利用。”(SZ. 61)

我们由用具损坏之际意图的打断而习得这种态度，然后，我们把它带入实验室，在那里我们制定了新的意图，即，设法让事物如其所是地展现。海德格尔耐心地使科学知识——如果我们有科学知识的话——成为认识论传统所说的那个样子。❶海德格尔用了一个柏拉图也会赞赏的公式将科学认知（theoria）定义为“非寻视式的单单观看”(SZ. 69)。探究在玄思中臻于极至，这时“现成的东西在纯粹的外观中显现自身”(SZ. 138)。使科学脱颖而出的，是“一种为了认知本身的认知……有待

❶约瑟夫·劳斯（Joseph Rouse）认为，海德格尔“向以理论为主导的传统科学观作了太多的让步”。他“对理论态度的所谓现象学描述……未加批判地从传统引入了理论主导偏见”。《知识与权力》(Knowledge and Power)（纽约州伊萨卡：康奈尔大学出版社，1987 年），第 79 页。

揭示的东西应当只从它自身出发而显现，应当在其可能的纯粹本性与特有存在样态中显现”。科学认知并不设立实体，“而是把它们**解放**出来，从而有可能加以讯问，并且‘客观地’确定其特性”[1]。科学的任务，在于“面对包含在它课题中的存在者，并且……把它们无所掩蔽地在其存在的源始性中带向领会”（SZ. 395）。

51 或许我们可以说，在海德格尔这里既有符合论又有库恩的视角。只是因为我们总已经掌握了一个由科学装备与范式所组成的共同可理解的、但却偶然的人类世界，才可能有对仅仅是在场的东西的“纯粹发现”。有些概念同在其自身或为其自身的存在者相合：“解释可以从有待解释的存在者自身汲取属于此存在者的概念方式，但也可以迫使此存在者进入另一些与之相反的概念。”（SZ. 150）在下述情形之下，才会有“属于此存在者的概念方式”：存在者被确定为其自身、自我同一；在我们展开存在者之真理之际，我们发现它的自我同一性。

这也不是后来遭抛弃的“早期”观点。在《形而上学导论》（1935年）一书中，海德格尔写道：“认识意味着：能够站在真理之中。真理是存在者的展现。与此相应，认识便是能够站在存在者的展现之中并承载之。”1954年，海德格尔又写道：“即使在理论——由某些根本原因所致——必须成为直接观看的对立面的地方，比如现代原子物理学，理论依然要求原子向着官能感知展示自身，即使基本粒子的自我展示只能采取非常间接、要求诸多技术中介参与其间的方式。”[2]科学所获得的知识是从柏拉图至笛卡尔的认识论所欲的真理，此时存在者如其所是，在正确的方法论条件下显现。海德格尔的目的当然不是（反驳怀疑论者）证明这种认知对于我们来说是可能的，甚至也不是证明期望这种品质的

---

[1] 海德格尔：《基本问题》，第320页。黑体为引者所加。

[2] 海德格尔：《形而上学导论》（*Introduction to Metaphysics*），拉尔夫·曼海姆（Ralph Manheim）译（纽黑文：耶鲁大学出版社，1959年），第21页；“科学与反思”（Science and Reflection），载《技术的追问及其他》（*The Questions Concerning Technology and Other Essays*），威廉姆·洛维特（William Lovitt）译（纽约：哈珀&罗出版社，1977年），第173页。

知识是一种错误或混淆。在他看来，这种可能性不言而喻，而他能够用本体论差异及人之存在来“解释”它。

人之存在和世界的存在其实是对同一回事情的两种描述。“世界”并不是作为其结构与内容与我们的存在了不相干的物自身（thing-in-itself）而存在。不过，海德格尔的真理观和科学观表明，他屈身于我在前面曾批评过的本体—逻辑学。他认为，知识“通过观察现成事物而决定它的本性，”这时认知者“同只以其纯粹外观（eidos）存在于世界中的存在者照面”（SZ. 61）。这样的事情从未发生过。我们从来没有以**其**纯粹外观看到事物，从来没有看到向自身、为自身的事物，如同在镜中看到它们一般。我们从未能抽身远离自身（我们自身的进化）从而让物自身进入视野，因为，在进化中任何东西都没有自身同一或彻底的自我存在。有机体，神经系统，生态系统，这些赋予人类思想与感知的 52
东西出自完全偶然的进化过程，这一过程排除了柏拉图和海德格尔称之为 theoria 的东西所具有的超然的无私。在一个不断生成的进化世界中，没有东西足以获得彻底的本体论差异，因为，诚如尼采所言，“无**物存在**”。

五、杜威的实用主义

海德格尔不太可能读过杜威。德国学界素不重视美国哲学家。而且，有足够的理由认为海德格尔也是持这种态度。❶至于杜威，据说曾有人送了他一本《存在与时间》，他后来说，它读起来就仿佛是读他自己的《经验与自然》（*Experience and Nature*）的施瓦本方言（Swabish）——海德格尔的母语——译本。当然，这只是一种精神上的惺惺之情。如果把他们加以比较，就会发现彼此之间鲜有共同之处。

皮尔士认为，哲学家未能真正理解 17 世纪关于知识的一个大发

---

❶参见汉斯·乔阿斯（Hans Joas）：“美国实用主义与德国思想：一部误解史”（American Pragmatism and German Thought：A History of Misunderstandings），载《实用主义和社会理论》（*Pragmatism and Social Theory*）（芝加哥：芝加哥大学出版社，1993 年）。

现。正是这一信念孕育了实用主义。新科学在哲学上的意味深长之处，不在于某种理论，比如物质主义或机械主义，而在于把实验接纳为知识的一种途径、一种方法，甚至是更可取的方法。这正是实用主义啧啧称赞之处。在现代哲学家之中，实用主义的先驱不是洛克或休谟那样的玄思型经验主义者，而是知识的实验主义者：伽利略、培根、波义耳、胡克、牛顿、富兰克林、法拉第，赫尔姆霍茨，等等。

在其一生的大多数时间里，皮尔士以实验主义者的方式进行工作。他认为，哲学早就应该重建知识观了。哲学家一直疏于学习在实验科学中展现的认知。笛卡尔、洛克等现代思想家想像知识的方式大概同柏拉图、亚里士多德差不多。认知就是要获得清晰明了的观念，从而能够在当下确定且通透地揭示先行的实在。洛克的经验主义成分并不比亚里士多德多一些，后者的座右铭——思想中的东西无不首先出现于感觉——或许也是前者的座右铭。不过，经验主义还没有沾上**实验**的边。实验是新科学真正的新颖之处。经验不过是自觉的意识。实验则要求控制下的介入，设计好的观测，并且要求有意识地改变正常的感知状态。实用知
53 识的对象是有意建构出来的人化物，而知识乃是我们通过实验测试人化物的性能之时所测试的东西。

实用主义者强调实验知识的三大特性。首先，实验知识要求公开的行动，有意的变化，介入其中而不是耽于玄思；再者，这些操作由正接受测试的观念所直接引导；最后，探究的结果——实验知识——不是自足的，不是玄思型的而是工具性的，可以在经验管理中发挥效用。一个科学概念就是一组操作，而不是某一存在者的本质。何为力的本质？何为物质的本质？对于这样的问题，实验主义者是答不上来的。他/她所能做的，以及实用主义者赞之为知识的特有成就的东西，就是找到发现物质及其相应之力的特有方法。

杜威反对哲学对知识的迷恋，仿佛知识就是人之存在的巅峰，是我们所能做得最好的最要紧之事。“大脑首先是某种行为的器官，而非认

知世界的器官。”[1]这种认知（或“表象”）偏好迫使哲学一步一步脱离时代。与此相反，杜威希望哲学重新拾起它的教化功能，从而成为思想、审美及道德文化的领导者与革新家。作为重建工作的第一步，哲学应当放弃对确定性的古老追求，以实用主义的眼光看待哲学，视之为其所服务的更宽广之文化的无尽工程。

由此，杜威的实用主义将认知置于人类生活的实践领域。撇开细节与用语方面的差异不谈，海德格尔做了同样的工作。“理论”从事诸多实践活动，此中没有一项可以科学的实证主义逻辑加以充分重构。杜威也会赞同海德格尔对认识论的批判。他对以下看法了无好感：我们首先以理论的方式同现实可靠照面。海德格尔和杜威都反对赋予科学以认识论上的优先性。为什么数学，或者退一步，物理学，尤其是离现实最远的理论物理学，仍然是最招人爱的“知识”典范？形式知识无论是在起源上还是在价值上都不是第一位的。

不过，比起杜威，海德格尔对西方哲学中的玄思倾向多一些同情。他认为，可以对知识与真理进行不带先见的现象学描述，这实际上复活了以下看法：理论认知仅仅是观看，是不带实践偏见的玄思之所见。海德格尔提出了一种蛊惑人心的“旁观者知识理论”[2]。杜威对此坚决反对。此类知识理论将认知等同于视觉观看。放松身体，让心灵自由吸收知识对象，直接像镜子一样接收它们的印象——一个人没有比这种时候更像上帝的了。我们可以理解，这种观点如何产生于贵族理性主义与奴隶经济 54
的时代，但对于我们（意指现代社会），杜威说道：“兴趣已经从审美[即，玄思]转向实践，从看到一幅和谐的完整景图转向改造一幅不和谐

---

[1]约翰·杜威：“哲学亟待重整”（The Need of Recovery of Philosophy），引自科内尔·韦斯特（Cornel West）：《对哲学的美国式逃避：实用主义谱系学》（*The American Evasion of Philosophy: A Genealogy of Pragmatism*）（麦迪逊（Madison）：威斯康辛（Wisconsin）大学出版社，1989 年），第 89 页。（杜威的这部分内容没有在下面所引的杜威文献中重印。）

[2]关于“旁观者知识理论”，参见乔治·迪克尔（George Dicker）：《杜威的认知理论》（*Dewey's Theory of Knowing*）（费城：哲学专著（Philosophical Monographs）出版社，1976 年）。

的景图。”[1]倘若杜威曾经认真研读海德格尔，他一定已经看到重新登场的玄思主义魅影，以及它对自己所设想的更为彻底的现代文明的阻碍。[2]

那么，按照杜威的理解，何为知识？他自己有一个概述：“我曾经提倡一种作为‘工具’的知识概念。批评家给它添加了许多很奇怪的意思。它真正的内容很简单：通过对行动施加控制，知识是拓展直接经验的工具。”[3]这正是知识的**有用之处**。有知识之前，我们开始于偶然给予的经验——不管我们是否喜欢它，不过有一点可以肯定，那就是我们还没有办法控制它。然后，作为探究的实践—逻辑过程的成果，我们把不可控制的经验转化为知识的对象，也就是说，我们可以预测它们是否出现，或者控制它们出现的条件。

在杜威看来，探究活动是理解知识的最终语境。“只有反思性探究活动的结论才是可知的。”拥有知识也就是能够使用“经验事件，从而越来越有能力引导从事物中流溢出来的后果”。我们的知识“不是对现存之物作玄思式的调查，也不是分析已经过去或正在处理的东西，而是概观将来趋于更好、避免更坏的可能性”。就此而言，“我们很容易看到知识的贡献”。知识让我们“在处理现存状态时对未来可能性的指导作用”更加敏感。[4]有了知识，我们不再被动，而是能够计划、试验、操

---

[1]杜威：《哲学的改造》(*Reconstruction of Philosophy*)（波士顿：培根出版社，1957年），第66页。

[2]欣赏技术的杜威哲学不是海德格尔在“技术的追问”中所批判的哲学。在杜威看来，认知的兴趣，包括使用工具或技术、追求技术上关于如何做的知识，是一种特定的兴趣，它采用了一种专门化的注意。我们之所以去认知，是为了获得高超技艺的经验，为了那种当一切经验以令人满意的方式汇聚之时随之而来的愉悦。海德格尔当然也会讨厌这样的技术观，但毕竟不是他在讨论技术的论文中所批判的东西：发号施令的疯狂愿意。

[3]杜威：《作为经验的技艺》(*Art as Experience*)（纽约：G. P. 普特南之子出版社，1934年），第290页。

[4]杜威：《确定性的追求：后期作品》(*The Quest for Certainty*, *Later Works*)（伊利诺斯州卡尔邦代尔(Carbondale)：南伊利诺斯州立大学出版社，1988年），第4卷，第146页；“哲学的复苏”(Recovery of Philosophy)，载黛布拉·莫里斯(Debra Morris)、伊恩·夏皮罗(Ian Shapiro)编：《政治著作集》(*Political Writings*)（印第安纳波利斯：哈克特出版社，1993年），第1、5页；《经验与自然》(*Experience and Nature*)，第二版（伊利诺斯州拉萨尔：开放法院出版社，1929年），第22，126页。

作，可以**构建**对我们有益的东西，而不是等它们出现后再去追求。

知识有能力把一个有问题的状况转变为问题已经解决的状况。一个问题，即一系列动作中一次始料未及的中断，多多少少可以成功地加以处理。而且，我们做得越好，我们的行动就越加明智，知识的表现力也就越强。杜威的“工具主义”并不是说，有效性是知识的定义或标准。它是一个关于知识对象的本体论概念。“科学的**最终**对象是**指导下**的变化过程”——也就是说，工具。[1]科学知识的对象不是物自身，而是**关系**样式或**关系**模式，它们是外在的、工具性的，属于所经验之物。知识并不揭示本质，而是规定一种有趣的稳定性。通过知识的实践和文化，我们把经验融入由成功实践而来的满意之中，从而在充满惊涛骇浪的偶 55
然性大海中填筑起坚实的一贯性。

杜威也许会同意海德格尔说，知识与科学是特殊的行为，它们根植于我们实践性、生存性的在世界之中。在知识理论上，他们的分歧点首先在于自然科学的价值。海德格尔会接受杜威的以下论断：现代科学完成了柏拉图的哲学追求；科学知识是对存在者如其所是的观看，是存在者的真理。对于杜威来说，科学是强大工具的异质集合，而且，他或许会哀叹海德格尔思想保守。杜威认为，我们需要一种与不再是审美或玄思的现代科学相匹配的现代知识观，而海德格尔的后现代柏拉图主义显然没有提供这样的东西。

杜威感到，他的哲学与弗朗西斯·培根之间有着密切的联系。两位思想家都认为知识需要更好的管理，而且都建议对探究活动进行社会重组。杜威的“新复兴”计划旨在超越科学与道德或工程学与政治学之间的截然二分，让现代技术理性影响现代化不成功或不顺利的社会领域，诸如经济、道德、教育和政府管理。有迹象表明，杜威和孔德也有一些共同之处，尽管他很少直接引用孔德和实证主义。孔德的科学哲学研究历史上的方法论。唯有“把所有科学理论看作如此大量的逻辑事实……

[1]杜威：《经验与自然》，第133页；亦可参见第46、126页。

我们才能够达到关于逻辑规律的知识”[1]。这同杜威在科学成功的方法论历史之上建立探究逻辑的想法不谋而合。[2]和孔德一样，杜威也希望把知识更深地带入社会管理之中。孔德下面这段文字，想必杜威一定会赞赏不已：**“认知为了改进**（To know in order to improve），我们远古祖先的这一座右铭将同样是我们，以及我们的子子孙孙的箴言，它指明了知识分子持之以恒献身于社会的应尽职责。”[3]

杜威也会在很大程度上赞同厄恩斯特·马赫（Ernst Mach）的实证主义。胡塞尔、柏格森等人对马赫的攻击预示了杜威某些相近观念所遭遇的攻击，而他们受彼此仰慕者赞赏的观点也相同，其中包括放弃超越的世界，恢复知识的实践意义。马赫的读者已经可以看到，与之相当的有杜威关于知识对象的工具主义理论。像杜威一样，马赫希望，只要我们充分认识到科学概念仅具有实验意义，怀疑论与实在论之间无休止的
56 争论就会终结。科学概念可用来解释人所控制的实验的结果，而它们的“真值”也仅限于此。它们不是物自身的模式或图像。科学对象，比如科学概念，是一种新的建构与工具，而不是已经永远在那里的某样东西的复制品。

马赫和杜威还都会赞同知识生物学。对于马赫来说，科学只是对带有任何层次的生命特征的行为进行更有效的组织。从心理反射开始往上走，我们可以发现“生命体的物理、生物行为由内在认知，即思考所共

---

[1]孔德：《基本著作》，第 80 页。

[2]杜威：《逻辑：探究的理论》（*Logic: The Theory of Inquiry*）（纽约：亨利·霍尔特（Henry Holt）出版社，1938 年），第 17、21 页。孔德关于科学逻辑的进路亦为威廉姆·休厄尔（William Whewell）所赞同，《归纳科学的哲学》（*Philosophy of the Inductive Sciences*）第二版（1847 年）引用孔德之处甚多。杜威在研究生期间读过孔德，而且显然深受影响，虽然他很少讨论孔德或孔德思想。西德尼·胡克（Sidney Hook）的博士论文（哥伦比亚大学，杜威指导，后以《实用主义的形而上学》（*The Metaphysics of Pragmatism*）为题出版于 1927 年）就担忧杜威的一些论调听起来过于接近孔德或马赫：“除非实用主义也要经历曾经落在孔德实证主义及马赫现象主义——两种骄傲地公然反对形而上学的哲学——头上的同样命运，否则，实用主义必须分析，有一种方法——这意味着什么，而且必须考察，这种方法能够有效运用于其上的存在者的遗传特性。”（韦斯特：《对哲学的美国式逃避》，第 115 页）

[3]孔德：“哲学实证主义体系”（Système de politique positive），载《基本著作》，第 450 页。

同决定或补充”。知识的科学进路增强了认知行为。认知行为无所不在，尽管其有效性顺着生命的进化阶梯呈现出不断提升的态势。杜威后期重要哲学著作《逻辑：探究理论》（1938 年）表达了同样的观点。他认为，实验或实用逻辑是小心翼翼的自然主义“认知方法理论”。他解释说：“行为和形式从低等（复杂程度较低）到高等（复杂程度较高）”的连续性是“自然主义逻辑理论的首要条件。”[1]

与这一方法论（为达尔文、斯宾塞、孔德和马赫所共享的渐进主义）相应，杜威坚持“认知与改善环境的有意行为之间的连续性”。甚至最简单的生物学功能和结构也“为深思熟虑的探究准备道路……并预示其样式”。[2]杜威认为，从条件反射到技术文明之间的中介是内在需求所推动的觅食行为。认为知识始于内在需求、痛苦、匮乏和恐惧，这是典型的实证主义观点。这一点本书第二部分第一章将展开更充分的分析。杜威认为，推动生命体重新获得分配平衡的“机体紧张”同样驱使我们去界定问题并运用理智。人类知识虽然复杂，但本质上仍然是对刺激的生物（机体的，进化的）反应。认知是进化过程要求我们去做的事，是自然机体的自然功能。

要在海德格尔与杜威，或在修正版的柏拉图主义与美国式的实证主义之间作出选择可不是什么有趣的事情。海德格尔所津津乐道的是：实践的参与、前命题的参与，形式化的理论知识在生存论上是后起的，不是我们同存在与真理的初始接触。这些听起来仿佛是实用主义的声音，当然，结果例外：对实践预设的理论化最终表明是为了实现古老的符合。科学或许是一种实践活动，但它要如此所是地揭示存在者，避免视角偏差与功利偏见。前面反对本体一逻辑的论证使我怀疑，“本体论差异”也许并不像海德格尔所说的那样有约束力。如果，揭示存在者之自 57

---

[1]马赫，引自科拉科斯基编：《理性的异化》，第 118 页。杜威：《逻辑：探究的理论》，第 23 页；《民主与教育》（*Democracy and Education*）（纽约：自由出版社，1966 年），第 344 页。

[2]杜威：《逻辑：探究的理论》，第 25 页。

我同一的本体—逻辑真理，像前面所论证的那样站不住脚，那么，海德格尔的**所与**——本体论差异——看起来更像是一个错误，或许它不恰当地假定了真理所能成就的东西。[1]

在《人性与行为》（1922 年）一书中，杜威系统比较了知识与习惯。我们且看看他如何比较。虽然他明确说这两者不是一码事，但还是常常把它们合在一起。他不只是指出它们是不同的；知识特别突出之处在于：习惯受阻或无效的时候，知识就插手帮忙了。然而，在杜威看来，习惯是一个很宽泛的概念；它可以涵括“感官或运动器官的技巧，狡猾或技艺，以及客观物质”。它在行为系统中所完成的工作是“吸收客观能量，并最终实现为对环境的掌控”。他说，我们的习惯“会做感知、识别、想像、回忆、判断、设想和推理所做的一切”。然而，习惯“当然不能**认知**”。那是因为，习惯“不会停下来去思考、观察或回忆”。习惯“过于让自己适应环境，以至于不可能对环境进行调查或分析”；过分“囿于需求而不能沉潜于探究或想像”。习惯“只是顺其自然”。它“吸纳、设定或改变对象，却对其一无所知”。[2]

对于杜威来说，认知活动是实践的产物。去认识就是去享受探究行为的成功。探究开始于有意悬置习惯，进而寻求更好、更有效率、更富成效、更明智的习惯。在任何有问题的情形之下，习惯显然不够好，否则的话，只要“顺其自然”就行了，而问题也就不会有了。“习惯受阻，冲突出现，这时我们开始**知道**。”[3]像其他有机体一样，我们努力摆正自己，努力重新回到平衡状态。对于我们来说，这种努力是智能的，

---

[1]他在《存在与时间》中说道，“真理正当地与存在有一种源始联系”，“真理现象落入基础本体论的问题之内”（SZ. 213）。在他自备的《存在与时间》一书上，最后一句下面画了线，并有批注曰：“不唯［之内］，而且在中心。”德文第 15 版（图宾根：马克斯·尼迈耶出版社，1979 年）刊有海德格尔的批注。

[2]杜威：《人性与行为》（*Human Nature and Conduct*）（纽约：现代图书馆出版社，1930 年），第 18、167 页（着重号为引者所加）。

[3]同上，第 173 页。这看上去有点像海德格尔锤子损坏的例子。不同的是，海德格尔认为我们由此揭示了玄思的态度，而杜威则想说我们通过问题学会思考。

它就是探究活动，而知识，则既是它的工具又是它的产物。知识的用处与益处就在于完善永远不完善的习惯适应环境的过程。然而，甚至知识在某种意义上也是习惯（功能），或者至少是推动习惯。杜威称，知识乃“观察、回忆、预见以及判断的唯一主体”。“科学家和哲学家像木匠、物理学家和政治家一样，通过习惯认知，而不是通过‘意识’。”❶

我认为，杜威想说的是，**认知**（成功的探究）是独特之举，是非习
惯的实践活动，它在习惯捉襟见肘或举步维艰的时候拔刀相助。认知 58
（探究）活动所获成果的痕迹或记录作为已经学到手或**有待**学习的东西黏附于我们，这里显然包含了习惯的改进。不过，杜威认为，整个（探究、认知）过程如同自然功能，如同呼吸一般自动完成。面对机体失衡，有些动物四处逃窜，有些动物装腔作势，有些动物斗志昂扬，而我们人类则是思考、探究、认知。认知也许不是一种习惯，但它是一种本能。我们可以练习或规训它——逻辑和方法论所做的工作便是如此，但是，认知的基本功能是进化过程要求我们做的某种东西，一种适应或本能。

杜威强调知识的人化物品格。他说，知识的对象“是在人的指导之下的经验操作的产物，而不是在认知活动之先就自足存在的东西”；认知活动赋予事物“**原先**不属于它们的性质与潜能”。他的意思是说，它们的意义，即，起指示作用的品质——“靠了它们物理事件才得以展现其机械能特性”——“实现了迄今为止事物并不具备的特性、意义及意义关系”。❷当然，事物是否有用，是否有重要的工具意蕴，这显然依赖于关系与价值，而事物的价值如果离开人的兴趣或实践就无从谈起。离开我们，离开我们的身体，离开我们的需要和能力，锤子的样式就不可能有工具之用。但一种工具关系已经是人化的，已经是发明、建造和知识的结果。以为知识的有用性可以解释它为什么存在，这是一种幻觉，因为这一解释颠倒了真实的次序。正是有了知识，才会有那么多有用的

---

❶杜威：《确定性的追求》，第176—177页；《人性与行为》，第172页。
❷杜威：《确定性的追求》，第136—137页；《经验与自然》，第45、309页。

东西。**对有用性的感知**就已经是人化物了，已经是人化物的产物。资源、材料、各种使用价值是知识的**结果**，这些结果又复凝结为知识单元，我们围绕着它们实现知识的聚焦、扩展与创新。❶

杜威强调说："自然界有一种机制，其恒常性足以允许我们进行计算、推理和预测。"**自然界**有一种"机制"？"倘若没有创造发明，那也就不会有任何机械学理论。创造发明是第一步的……我们整个理论知识都是建立在对尚无理论之时的创造发明成果所进行的抽象之上。"加斯顿·巴切拉德（Gaston Bachelard）进而认为："机械学的简单化直觉相应于简单的机制；用撞球和钟摆进行的标准物理实验就是简单的机器；纯粹实体实际上是化学的**人化物**……自然界的真正秩序是我们用听任我们摆布的机械方法加入其中的秩序。"❷并不是**因**自然界所给予的工具潜能而有技术之用；相反，这些潜能本身关联于人化物，关联于技艺作品或知识作品。

59 杜威的"自然主义"实际上来自"自然界"的非自然赠品，因而明显带有人化物的品格。他似乎认为，知识是长在树上的东西。他假定，由**人化物**构成的环境（机械，工具关系）先行于探究活动的"认知"介入。用新达尔文主义的话来说，有一种"适合"于我们去认知的"环境"，或者说，有一个自然界，我们对它的"认知"是一种生物功能或本能，而非偶然的文化遗传（如第三部分第一章所证）。杜威把知识定义为

❶与此类似，我们也不能说，技术的起源在于：把一个问题看成技术性问题，看成可以通过技术或技术革新加以克服的问题，因为这已经预设了技术。参见雷切尔·劳顿（Rachel Lauden）："技术与科学中的认知变化"（Cognitive Change in Technology and Science），载雷切尔·劳顿编：《技术知识的本性》（*The Nature of Technological Knowledge*）（多德雷希特（Dordrecht）：D. 赖德尔（D. Reidel）出版社，1984年），第85页。

❷杜威：《确定性的追求》，第198页；戴维·派伊（David Pye）：《设计的本性与美学》（*The Nature and Aesthetics of Design*）［康涅狄格贝瑟尔（Bethel，Conn.）：卡姆本（Cambium）出版社，1978年］，第65页；加斯顿·巴切拉德（Gaston Bachelard）：《新科学精神》（*The New Scientific Spirit*），亚瑟·戈德哈默（Arthur Goldhammer）译（波士顿：培根出版社，1984年），第108页。研究欧洲早期现代性的著名历史学家彼得·伯克（Peter Burke）写道："早期现代欧洲的所谓思想革命——文艺复兴，科学革命，启蒙运动——不过是通过某种学院建制让某种通行或实用的知识及其合法性进入人们的视野（尤其是付梓印刷）。"《知识社会史》（*A Social History of Knowledge*）（剑桥：政治出版社，2000年），第14—15页。

探究活动的产物，不过他并不以为这是有意行为的成果，而是把它视为自然的过程或自然的功能。知识同化于生理操作、适应行为或本能——这一切都来自一个将人诱入歧途的信念，即“自然主义”的必要性。

何为认识论？认识论说的是：最上乘的知识（epistemē）来自逻各斯（logos）（理性、逻辑、话语），以及，我们可以通过多多认识内在于我们、内在于自然的合乎逻辑的东西而增进我们的知识。这正是认识论偏见的起源：最上乘知识是逻辑知识，是关于真理的知识，人们相信它，表现它，用推理的方式陈述它。孔德开启了19世纪、20世纪力图超越认识论的两条路径——知识社会学与科学哲学；除海德格尔之外，认识论的批评者都是某种意义上的实证主义者——甚至可能包括黑格尔。“绝对精神的形而上学家——对他来说世界永远是正确的——可以称其为一贯的实证主义者。”[1]蒯因和曼海姆像孔德那样通过定义新的“实证主义”的知识概念来安顿他们的方法论信念。用“女性主义信念”取代“方法论信念”，我们就有了女性主义认识论的政治实证主义。

为什么不干脆把知识界定为得到辩护的真信念（justified true belief）？当然不是因为所谓的葛梯尔问题，后者曾引发分析哲学家连篇累牍的论述。[2]“得到辩护的真信念”等于知识，这一公式必须放到一

---

[1]西奥多·阿多诺（Theodor Adorno）：《反对认识论》（*Against Epistemology*），威利斯·多明戈（Willis Domingo）译（牛津：布莱克韦尔，1982年），第44页。杜威也说，“黑格尔的体系可以视为对现代世俗实证精神的物质内容的一大胜利。”（《确定性的追求》，第51页）黑格尔可能读过一部孔德的早期作品。1824年，孔德以前的跟随者戴奇塔尔（d'Eichthal）访问柏林哲学界，黑格尔还可能跟他讨论过孔德的这部作品。

[2]在一篇广为征引的论文中，埃德蒙·葛梯尔（Edmund Gettier）似乎证明了：知识并不分析地等值于得到辩护的真信念；参见“知识是得到辩护的真信念吗？”（Is Knowledge Justified True Belief?），载《分析》（*Analysis*）23（1963年）。该论文引发了大量文献；参见罗斯（Ross）、利昂·加利斯（Leon Galis）编：《认知：知识分析论文集》（*Knowing: Essays in the Analysis of Knowledge*）（纽约：兰登书屋，1970）。然而，以知识为得到辩护的真信念，这一定义并不像人们通常所认为的那样“经典”。它并没有被广泛接受；坚持这一定义的哲学家主要是20世纪不太重要的思想家，如C. I. 刘易斯（C. I. Lewis）和A. J. 艾耶尔（A. J. Ayer）。实际上，这一定义是作为**被弃绝**的理论进入哲学讨论的（柏拉图《泰阿泰德篇》（*Theaetetus*））。

边，因为它高估了辩证法对于哲学的贡献，因为真理不是本质主义的，还因为知识不是信念基础上的**追加**（belief-*plus*）。知识体现在各种人化物的典范性表现之中。知识本身就是人化物，一件在人化物环境中相互作用的人化物所产生的人化物。我们所知道的，乃是一种功能，一种关于我们如何认知的功能，关于器具、方法、仪器、先行知识以及已进化的神经系统的功能，而“知识的对象”不是物自身，而是高度中介化的复杂人化物。

第二章 知识的技艺

技艺本身既不是纯粹的行动，也不是纯粹的知识。相反，它是一种完全渗透着知识的行动；或者反过来说，它是一种完全渗透着行动的知识。

——F. W. J. 谢林（F. W. J. Schelling）

技艺，如同知识，是创造性的、个人性的。你不能事先规定技艺或知识会把你带到何处。不然，你就是背叛了它们的自由。

——伯纳德·鲍桑葵（Bernard Bosanquet）

全书三个部分从三个向度研究知识。我们目前采取了分析、对话和争论的进路。到第二部分，我们将探讨三位后现代哲学家的知识观。第三部分则论证人类进化与文明史的新基础。本章提出前一章所缺的正面论证。我将论述自己所理解的人化物（artifact）、卓越作为能力（superlative performance）以及它们在知识理论中的位置，进而探讨作如是理解的知识对于真理、现实等哲学观念的意义。 61

人化物是知识的单元，是知识开始成形的源初实例。人化物聚焦知识——它们记录、检测、转译、展示并应用知识。人化物是知识的引力中心；它们把知识集中起来，使它有形有效而有器之用。一部知识 62

的历史将是一部人化物文化的历史，后者将是文化展现其效用的历史。没有人化物，文化就无关紧要了。重要的是，文化必须带来一种为人们所偏好、所选择的差异，而实际上，文化显然做到了这一点。文化如何展现其效用？通过人化物。我们的“知识”是由教化而得的能耐（capacity），一种引发、创造并增强含藏于人化物之中的卓越作为的能耐。❶

“能耐”在这里大致相当于亚里士多德以 hexis 命名的东西，即，那种经训练方能获得的能力（dunamus）的状态或条件。它不仅仅是行为倾向。它伴随着恰当的欲望、感情和动机。对于某些技艺（art，technē）来说，这种引发卓越作为的能耐就是**认知**，它由人化物在性质测试中的性能加以检验。重要的是，性能卓越并不意味着绝对的或独一无二的最好，而是说，**属于**最好的层次。和技艺一样，知识也只能在最好的范例中找到。只有性能卓越才是知识的必要条件。其他诸如习惯、公式或判断可以是知识的副产品（人化物），但它们并不表明知识成其为知识的品质。

人们所认识到的东西首先是人化物及其用处与性能。在这些最初的知识周围，围绕着其他知识与人化物，它们构成稠密程度不等的中介网络，将工具、材料、记录、标识、计算、描述、制度、经济等联系在一起。人化物如果离开应用它们、并在应用中累积的知识就会一无用处。唯有凭借人化物来生活，才能确保某些知识，某些关于人化物能在其间发挥效用的环境的知识。“知识的对象”是知识的人化物，是认知活动的人化物，而这种认知活动人类已经出色地培育了四千年之久。椭圆形轨道和开普勒的理论同为人化物。它们的几何学都是**我们的**几何学；它以那种方式安排感知以取悦我们。仅就此而言，“现实”是十足

❶“在一定意义上，文化的确只是一大群人的技术……是大多数人行事的**方式**。”菲利普·巴格比（Philip Bagby）：《文化与历史：文明比较研究绪论》（*Culture and History: Prolegomena to the Comparative Study of Civilization*）（拍克利：加州大学出版社，1963 年），第 120、124 页。

的人化物。

我无法想像任何非人化物。这是不是意味着，我的命题不过是“当所有奶牛都是黑的时候就是夜晚”这样的东西？取消了人化物与自然秩序的二分法，人化物这一概念的意义是否也就归于虚无？我并不这么认为。并没有证据表明，人化物的存在需要**已知**的非人化物的存在。因 63
此，人化物之外无物存在为什么就不可能？如果这**是**可能的，那么，人化物的存在就不依赖于某种不是（或不被认为是）人化物的东西的存在。当然，这一推理不符合自然哲学（比如亚里士多德的哲学）。如果我们认为，每一物理实体有其自身的本性或变化法则，而物理实体之间则有永恒秩序，那么，人化物就是次于自然界原始存在物的东西，因为它们没有物理实体所具有的那种本源性的法则。不过，有很多论据反对这种自然图景，而且它也跟我们在实践中所获得的关于宇宙万物的认知不相容。但是，除了这种形而上学（或者奥古斯丁的“一切秩序来自上帝”[*ominis ordo a deo*]），还有什么其他理由设想非人化的秩序呢？如果我们坚持我们的所知，那它就始终为人化物。对于我们的知识来说，不存在非人化物。知识本身就是一种人化物。它是人化物（包括现代人的神经系统）的产物，或者更确切地说，是一个处于不断变化之中的人化物生态的产物。

第一节　知识与人化物

什么是人化物？韦氏（Webster）词典解释为：“人类行为的特有产物。”它可以包括概念、语言、工具、建筑、城市，甚至还有肥沃的土壤。韦氏词典进一步说，人化物通常是手工做的。而任何造出来的东西最终是手工做的，或者更确切地说，是个体性或合作性作为（performance）的结果——人化物。从词源上讲，人化物“artifact”来源于拉丁语“arte”与“factum”，分别是“技巧”和“做”的意思，合起来，“arte-factum”就是有技巧地做（一次作为），及其结果（作品或产品）。当然，并非行为的一切结果都是有意或直接生产性的。行为不免带了无意产生、出乎意料、有时不希望看到的副作用，而这些同样是作为的人化物。汽车和烟雾都是人化物，而且出自同样的原因。它们作为具体作为的结果——人化物而出现。

受了希腊哲学对手工产品的分析的启发，R. G. 科林伍德主张，人化物的制作过程牵涉到“通过将制作者心中的计划所预想的形式施加于给定的原材料之上而改变之”。这一制作过程“由两个阶段组成。(1) 制订计划，这是一个创造过程。(2) 把计划施加到某种材料之上，这是一个加工过程。”[1]这种说法无法解释那些无心造成的后果（unintended consequences），而它们是彻头彻尾的人化物。尽管缺少统一性或有意赋予的形式，污染和垃圾如果不是人化物又是什么呢？科林伍德所说的那些
64 性质都不足以界定人化物，因为，用处与意向本身都是人化物。离开人化物系统，我们找不到事物的用处。有用处，或有意向，这已经需要具备并使用人化物，故而无法解释其起源。

考古学家米歇尔·布赖恩·希弗把人化物定义为“被生产或复制出来的现象，或者，其当下形式部分或全部由其他人为手段而来的现象”[2]。我更喜欢用“**作为**”(performance）而非“人为手段”(human means）一词，而且，我会把无意中产生的伴随后果包括进去，因为它

---

[1] R. G. 科林伍德（R. G. Collingwood）：《技艺的原则》(*Principles of Art*)（牛津：牛津大学出版社，1938 年），第 108、133 页。同样是追随希腊哲学，弗朗西斯·斯帕肖特（Francis Sparshott）把人化物定义为“其特有形式由行为者所给予的任何物质对象，而行为者的行为就是旨在给予该物质对象以那样一种形式”《技艺理论》(*The Theory of Arts*)（新泽西州普林斯顿：普林斯顿大学出版社，1982 年），第 152—153 页。据我所知，对人化物的概念讨论，最好的是乔治·格拉西亚（Jorge Gracia）：《本文理论》(*A Theory of Textuality*)［奥尔巴尼（Albany）：纽约州立大学出版社，1995 年］，第 44—51 页。

[2] 米歇尔·布赖恩·希弗（Michael Brian Schiffer）：《人类的物质生活：人化物，行为与交往》(*The Material Life of Human Beings: Artifact, Behavior, and Communication*)（伦敦：劳特利奇，1999 年），第 12 页。希弗告诫大家“摆脱语言学眼罩”，并批判“非言语行事最终改变或论证言语行事”的信念，对此我深表赞赏。但是，可惜的是，希弗认为，知识是“一个人的神经系统的生物化学特性”（第 19 页）。

们不折不扣同样有效地重新描述了同一行为。在我看来，人化物完全是个体性或合作性作为的结果，包括前面几个定义所描述的副作用和副产品。我应当不需要在“人化物”前面加一个限定词“人类”，因为不存在其他种类的人化物。自然界的历史似乎产生了许多跟我们的人化物相类似的东西，比如说，在织巢鸟，河狸，还有会使用工具的黑猩猩那里；但是，相似性是表面的，仅仅有类比的意义（参见第三部分第一章)。所有的生物体都会不断地重新创造它们的环境，后者或许可以称之为生物体之生命活动的人化物，虽然“人化物”在这里略微有点偏离原来的用法。在非人类的生物那里，所缺乏（或者说，明显变弱）的要素正是作为。非人类的“人化物”（鸟巢，堤坝，等等）的确是生命行为的**结果**，但是，其他任何物种的行为，不管它能把活儿干得多么漂亮（比如，鸟巢建筑)，都不是作为。作为不仅有意向性、深思熟虑、有目的性，而且它还是**动作**（action)，因而不可预测，不能化约为公式或算法，或者说，它不能理解为物种特有的常规行为。豪尔赫·奥特加·伊·加塞特说道：“作为性（performativeness)，这个记号最适合于描述那种东西：它内在于行为的本性，而且它是操作性的，它把自己付诸实施并加以实现。”❶

人化物和鸟巢或河狸所筑堤坝之间还有一个区别，那就是，人化物从来不是孤立的，从来不是一个一个地起作用。哪里有一件人化物，哪里就有很多人化物，社会意义上互补的动作构成一个完整的系统。布鲁诺·拉图尔看到，“一旦进入工程师和手艺人的领域，就不可能有无须中介的动作”❷。人化物的其他领域也是如此。只要知识被付诸实践的地方无不如此。人化物在一个彼此依赖的网络中互为前提、互为子母、

---

❶乔斯·奥特加－伊－加塞特（José Ortega y Gasset)：《何为知识?》(*What is Knowledge?*)，豪尔赫·加西亚－戈麦斯（Jorge García-Gómez）译（奥尔巴尼：纽约州立大学出版社，2002 年)，第 36 页。

❷布鲁诺·拉图尔：“论技术中介”（On Technical Mediation)，载《常识》(*Common Knowledge*) 3，no. 2（1994 年)，第 29 页。

互相合作、互相作用，这个网络目前正在实践中随着人类生态的全球化而日益扩展。人化物是一切作为的中介。[1]它们是纽结，是渠道，通过它们，人类的聪明才智得以利用周遭的力量；它们是纽带，通过它们，人类的神经系统与环境啮合一致。我们的所知，不是关于人化物，就是
65 关于人化物能做什么、已经做什么或将做什么。无论对于我们来说，还是对于知识、意识和经验来说，人化物遍地都是——一直到现代人（智人）的神经系统。神经系统本身是人类进化过程居先的实验所生产的人化物（在一个弱化的意义上）。

在现存的物种中，黑猩猩跟我们关系最近。它和我们之间最重要的区别，或许在于新生儿神经系统的未定性程度。并不是因为人脑比它们的大（绝对大小无关紧要），也不是因为人脑相对于身体显得特别大。神经元联结是神经组织具备适应能力的必要前提。人脑的特异之处在于：初生之顷几乎完全没有神经元联结。它们得以组织成形，靠的不是基因指导，而是与所处环境的互动，而环境免不了是人化的社会环境。由此我们可以有两点推断。其一，如果没有文化的庇护，新生儿凭其天赋不可能存活成人。其二，人类于斯出生、成长的人化环境在每一个体的感觉神经系统留下了痕迹。[2]

如果从进化的观点看，那么我们将看到另一番图景。使现代人（智人）明显不同于眼下其他物种的东西，同时也就是人这一类属的进化特性。以用火为例。有可靠证据表明，人类最初用火可以追溯到 50 万年

---

[1]“人类行为——确实无一例外——要求特定的人化物。……无尽变化的人化物不断互动……这正是人类的独特之处。”希弗：《人类的物质生活》，第 2 页。

[2]有关文化对于神经系统进化之意义的讨论，可参见克利福德·格尔茨：“文化概念对人类概念的影响”（The Impact of the Concept of Culture on the Concept of Man），载《文化的解释》（*The Interpretation of Cultures*）（纽约：基典出版社，1973 年）；默林·唐纳德（Merlin Donald）：《现代心灵的起源》（*Origins of the Modern Mind*）（麻省剑桥：哈佛大学出版社，1991 年），第九章；杰拉尔德·埃德尔曼（Gerald Edelman）：《晴空，旺火》（*Bright Air*，*Brilliant Fire*）（纽约：基典出版社，1992 年）；特伦斯·迪肯：《符号动物：语言和大脑的协同进化》（*The Symbolic Species*：*The Co-Evolution of Language and the Brain*）（纽约：诺顿出版社，1997 年）。

前的周口店人（中国）。❶其余还有直立人（Homo erectus）的用火遗址。直立人这一（最早走出非洲的）原始人类在地球上生活了很长时间，兴盛于180万年至30万年前的古代世界。用火需要有新的认知，包括认识燃料的性质，以及木头、水分和火之间的关系，而储备火种还得考虑到时间因素。亚历山大·马沙克认为：

> 一个生活在更新世中期［50万年前］的小孩，在用火的洞穴、掩体或露营地里长大，他看到并学到了其他生物所没有见过的事和没有学会的东西。一生中都会有火，或者与火有关的事物“输入”……对于一个儿童期的直立人来说，火自动成为他的现实的一部分：影响他对时间的感知，对时间的使用，对空间和距离的感知，对周围方向的感知，以及肌肉运动知觉在不同状态下的差异——冬天或夏天、白天或黑夜、下雨或不下雨……接着，火成了肌肉运动知觉的指引，时间的指引，几何学的指引，而且，所有这些指引作用都无须多费口舌。❷

因此，在现代人（智人）登上舞台之前，原始人类生态已经充满人

---

❶不少人断定，人类使用火的历史还要悠久。尤其是肯尼亚的契索旺加（Chesowanja）遗址，听说据考证已距今140万年。然而，由于一直存在的方法论困难，这些论断还没有被人们所普遍接受。参见迈克·巴贝蒂（Mike Barbetti）：“关于百万年前用火遗迹的考古学记录？”（Traces of Fire in the Archaeological Record Before One Million Years Ago?），载《人类进化杂志》（*Journal of Human Evolution*）15（1986年），第771—781页。曾对周口店人控制燃烧的证据表示怀疑的考古学家彼得·博古基（Peter Bogucki）说，“有关150万年至50万年前早期用火的材料已经成为古人类学家所面临的最强有力的挑战之一。”《人类社会的起源》（*The Origin of Human Society*）（牛津：布莱克韦尔，1999年），第54页。

❷亚历山大·马沙克（Alexander Marshack）：《文明之根：人类源初技艺、符号和记号的认识论开端》（*The Roots of Civilization：The Cognitive Beginning of Man's First Art，Symbol，and Notation*），修订版［纽约：莫耶·贝尔（Moyer Bell）出版社，1991年］，第112—114页。诺曼·克罗（Norman Crowe）说：“赋予人化物的秩序……成为一种范式，它影响了我们原古祖先如何思考自己，如何继续建构自己的世界，甚至包括如何看待自然界。”《自然和人造世界观》（*Nature and the Idea of a Man-Made World*）（麻省剑桥：麻省理工出版社，1995年），第33页。

化物。这使得现代人（智人）成为有别于其他物种的人化物。我们在物
66 种上的变化之所以得以保留并兴旺发达，部分要归功于200万年来祖祖辈辈流传的人化物所构成的文化。我们是他们的人化物所造成的结果，是他们的效力无意中产生的副产品。我们在一个已经充满人化物（包括工具、火、衣物、礼仪，或许还有某种形式的语言）的环境中进化，所有这些人化物长期以来由早先的原始人种使用着。人化物同进化中的神经可塑性共生共成。人化物网络越是庇护人类，神经系统对它的依赖性就越强，直到我们的神经系统——它的（也就是我们的）生存能力——的连贯性本身变成了参与进化过程的人化物。依照自然法则，现代人（智人）的神经系统的效力需要人化的外部环境使之实现。人化物完成了神经元回路的进化，但个体的发育仍然是敞开的；通过人化物的媒介作用，完全内在的神经样式开始同环境发生联系，于是后者既可以理解又具有因果效力。

我可以想像，认识论者听到这里已经按捺不住，他会质问："我**知道**二加二等于四，我**知道**现在是白昼，它们跟**人化物**之间到底有什么关联?"对于这个问题我是会回答的。不过，我也要抗议这里的两个例子，它们地地道道是过度分析理论化。以明显为真的（因而也就是琐碎的）断言为模范知识，这可不是一个天真无罪的举动。例子之所以重要，是因为知识像技艺一样，它的**存在**依赖于它最好的例子的**价值**。要成为知识，例子必须有典范性；琐碎的例子使相应的知识理论也变得琐碎平庸。

知识和技艺有很多共同点。"技艺"不是一种中性的东西，可以不论好与坏、美与丑、杰作与无力或不尽力的努力而全盘接受。像知识一样，技艺也是一种成功的形式；尝试成功而失败，这是对丑陋的共同诊断。❶技艺的成功是可感知的精妙创新。技艺作品是给人强烈美感的人化物——不管它是音乐、绘画，抑或是大楼或桥梁。这种成就，人们或

---

❶伯纳德·鲍桑葵（Bernard Bosanquet）：《关于美学的三次演讲》（*Three Lectures on Aesthetic*），拉尔夫·罗斯（Ralph Ross）编［印第安纳波利斯：鲍勃斯－梅里尔（Bobbs-Merrill）出版社，1963年］，演讲三。

许称之为“**美**”的东西，定义了技艺作品。其他任何东西都不是技艺。“坏的技艺”、“差的技艺”、“平庸的技艺”——这些表达都是不可能的，因为它们自相矛盾。[1]

在所有这些方面，技艺和知识有很多相同点。没有一种知识具有自我等同的认识论本质，也不存在可以界定知识之成就的唯一属性或特质（比如，真理或可靠性）——无论关于何种技艺，或处于何种语境之下。“知识的内容”没有封闭的、无须考虑历史演进的确定性。而且，它还可能是一个没有意义的概念，正如它对于技艺一样。技艺和知识在价值上也有相似性。技艺在感觉能力方面的权利正如我们在原创性、创新性、机械智能、感觉辨别力以及知识成就等方面的利害关系。技艺上 67
的成就不过像是一个社会对于创造性和复杂知识的承诺。一个漠视技艺的社会，或者说，一个草率地赞美琐碎平庸的社会，也会漠视那些有助于社会繁荣的资源。[2]技艺与知识并肩站立。我们的知识开始于我们能够用人化物作为——做得很棒很好——的时候，而技艺的实践培育了我们对美的感受能力。没有这种能力，知识之成就将是无法想像的。[3]

技艺需要知识，与此同时，技艺又是知识的例证。技艺性，卓越作为，仍然是对知识的最好检验。作为知识之例证的东西必须是某种成功的形式，某种卓越的作为。认识论者或许主张，我们知道二加二是等于四，但是，是否任何**知识**都可以置于此主张之后，这只能用更有挑战性的例子

---

[1]我赞同黑格尔的想法：如果不是因为美的技艺，那我们就不可能把自然描述为美。“只有作为精神中的美的反映、作为不完美不完善的美的模型、作为其实体包含于精神本身之中的模型，自然美才出现。”《美学：美术演讲录》(*Aesthetics: Lectures on Fine Art*)，T. M. 诺克斯（T. M. Knox）译［牛津：克拉伦登（Clarendon）出版社，1975年］，第一卷，第2页。

[2]“与技艺的颠覆挽手同行的，是社会联系的解构和创造力的丧失。”皮埃尔·弗兰卡斯特尔（Pierre Francastel）：《十九世纪的技艺与技术》(*Art and Technology in the Nineteenth Century*)，兰德尔·彻里（Randall Cherry）译［纽约：区域图书（Zone Books），2000年］，第283页。

[3]“在一个提倡美学动机的主导性的环境里，人们不断地发现或开发材料重要的科学特性，以及制造、应用材料的重要技术途径。”西里尔·斯坦利·史密斯（Cyril Stanley Smith）：《追寻结构》(*A Search for Structure*)（麻省剑桥：麻省理工出版社，1981年），第195页。

加以确证。为了衡量知识，我们衡量成功、效力和作为。知识不仅仅是**可靠**的作为。要是那样的话，标准就降低了，知识和习惯就没有区别了。(还有什么比习惯更可靠的呢?）知识由作为典范来例证。真正知道——不仅仅是学习一个公式，或形成一个信念——就是能够在一系列人化物中达到成效斐然的作为。要看到知识，我们必须看到作为，看到实在的例子。

前面曾提到，我不同意划分关于如何做的知识和关于是什么的知识，而我现在所说的决不仅仅是为了确认这种二分法的一边，即关于如何做的知识。知识首先便是一种关于人化物之卓越作为的能耐。知识的作为与表达包括了好的判断、观察、描述、预测、解释，诸如此类。这些是知识的逻辑表达、语言表达和话语表达，是“关于是什么的知识（命题知识）”（knowing-that *p*）的逻辑表达、语言表达和话语表达。我们且作一个精细的区分：知识的命题表达，命题知识的表达。知识的表达可以是命题，但知识“本身”决不是命题。命题性，或者说逻辑形式，是表达的性质，而不是知识的性质。表达可能可以、也可能不可以确证知识的能耐。“关于是什么的知识”不是一种**知识**；它是一种**表达**，一种**人化物**。

把知识区分为关于如何做的知识和关于是什么的知识，这是混淆了两个层面的东西：一是知识的中介与表达，二是知识的等级与种类。像任何作为一样，一个陈述或断言**可能可以**表达知识，但也可能不可以，这得看它留给人的印象有多深刻，或者说，它在多大程度上站得住脚。知识就是那种成就。要获得知识，并不只是睁眼看看，或者做一些张三李四都能做
68 的事。也不是任何“如何去做”的能力就是知识。很多所谓的“知道如何做”根本算不上知识。为了表达知识，一个动作及其人化物必须承诺卓越。哪里不可能有优雅、创新或典范性作为，哪里就没有知识，即使某人知道如何去做。设想一下，我们用你抽屉里的东西组装一台收音机。这时，如果我用回形针做成了天线，那么，这就是一项知识成就。以平常的方式使用回形针就不是。平常人们“知道如何”使用它，但那种使用不过是正确使用，严格说来根本算不上知识。理由很简单：它没有承诺卓越。

和技艺一样，成功的认知（知识）看起来也是因情形而异，并不要求哲学来定标准。成功，定义知识的成功，是审美的而非功利的。这样的成功对于人类来说之所以可能，是因为我们的神经系统碰巧——由于偶然的进化——让我们特别偏好某种秩序（如我们所看到的），即使这种偏好我们很难从逻辑上加以“确证”。不妨考虑一下纳尔逊·古德曼那个有名的“**绿蓝**”(grue) 问题。按照定义，某物为**绿蓝**，当且仅当：它在 t 时刻前被检验时为绿，**或**在 t 时刻后被检验时为蓝。[1]假定 t 就是此刻，那么，任何人迄今为止所看到的每一块翡翠都既是绿的又是绿蓝的。这显然意味着，归纳证据同样支持以下两个不同的预测：其一，下一块（t 时刻后）翡翠将是绿的；其二，下一块（t 时刻后）翡翠将是蓝的（即，绿蓝，像其他所有的一样）。古德曼由此发现了一个“归纳新谜”。如果说，以上两个预测有完全相同的归纳支持，为什么期待下一块翡翠为绿而非为蓝是合理的，或者说正确的？

几十年的讨论表明，用逻辑（归纳或演绎）不足以“确证”对绿而非蓝的偏好。告诉我们绿蓝悖论有问题的并不是逻辑。设想绿蓝，用绿蓝这些东西思考，我们感觉到，这里有问题。它是一种审美错误，一种审美错乱。在古德曼之前，没有人想到把绿和绿蓝对立起来。一旦发明这一对立，我们就发现一种对于绿的几乎是压倒性的偏好。这种偏好是一种感觉，正因为此，它可以被称之为审美的偏好，属于美学的范畴，属于对美的觉知。偏好绿而非绿蓝，这个例子说明了感觉的创造力与指导力。当然，这并不是为什么绿是正确选择的理由。相反，它说明，对逻辑确证的要求是不适当的。逻辑不能确证这种感觉，因为我们所谓的“逻辑”不过是此类偏好与感觉的改良、规范或转译。而且，我们不能说感觉没有权威，因为，我们在行动时可以感觉到，感觉不是任意的。它是**偶然的**，但这只是说它由（偶然的）生命进化过程所赋予，我们在

---

[1]纳尔逊·古德曼（Nelson Goodman）：《事实、虚构和预测》（*Fact, Fiction, and Forecast*），第三版（印第安纳波利斯：哈克特，1979 年），第 74 页。

69 行动时可以感觉到，这一点使它站到了任意的对立面。嘲笑感觉，等于拒绝了我们由进化而来、与环境进行有意义的互动的能力。❶技艺和知识以同样的方式扎根于美学：对所感觉到的差异的前逻辑的偏好和前语言的敏感；对作为可能性的审美领会——作为可能性以神经系统在个体发育过程中与人化生态的互动为条件。

有些知识特别适合用陈述或理论来表达。有一类知识，它所涉及的差异只有语言使用者能够注意和评价，实际上，这些差异可以看成是语言运用所滋生的人化物。话语对于这类知识显然特别管用。一种非语言的才智显然不太可能知道（预测）**过了至日**（即夏至日或冬至日）要发生的事情，或者知道（推理）某某可以**取悦小舅子**。然而，这样的知识是不能自持的。它更像是用语言去认知语言所能认知的东西。能够让一个命题表达知识的任何东西同样能够让许多其他东西表达知识，而且是以同样的方式。倘若本无机械发明，那也就不会有机械学理论。只有一种机械化程度很高的文化才可能产生牛顿理论，正如热动力学是蒸汽机技术的人化物一样。这些都是经常用到的例子。考虑一下海洋学和轮船之间的关系。无法想像，在一个不使用轮船的世界里，还可能有跟我们的海洋知识相类似的知识。与此相似——只是少一点戏剧性——每一种人化物情境（包括人化物的使用，照料，教学，传统，等等）将语言使用者引向某种关于推论式差异的推论式知识，这些推论式差异存在于那个人化物（常常是非推论式的）工作于其间、却为话语所渗透的世界。❷

---

❶“感官感觉……是神经组织自然发生的属性。这种神经组织可以一代一代不断进化，以便对关系到生命体的重要环境因素作出反应。”感觉“进化了，因为它们规定了神经系统的动态组织，从而能够安排经验的优先次序，辨别出那些真正影响到生命的存活的环境事件或周边情境”。维克多·S. 约翰斯顿（Victor S. Johnston）：《我们为何感觉：人类情感科学》（*Why We Feel: The Science of Human Emotions*）［麻省剑桥：珀尔修斯（Perseus）出版社，1999 年］，第 74，127 页。

❷科学探究的典型方式是跟随实际的设计，而很少激发有关形式的新观念。戴维·比林顿（David Billington）考察了工程学在开拓科学新基础方面的作用。《塔与桥：结构工程学的新技艺》（*The Tower and the Bridge: The New Art of Structural Engineering*）（普林斯顿：普林斯顿大学出版社，1983 年）。

我不需要设定标准，以识别人化物的卓越作为。首先，这做不到。可以用分析的办法重复发现的单元，在每次知识事例中重复出现的公分母，由它们构成卓越的作为与卓越的人化物——这样的单元或公分母并不存在。成功的模式多种多样，各不相同且无穷无尽，其中包括效率、优雅、创新、可靠性、精致和敏感。没有规则或公式可以用来探测知识的成就，而无须顾及背景、情境或个人的感知特性。此外，让人印象深刻的知识范例常常会改变知识在其中发挥作用的世界，重新改造世界以适应知识范例，而不是被动地去适应先前给定的事物性质。它们是不可预测的，因为它们改变了我们对可能性的理解。就拿衣扣来说，只有当它已经被发明出来摆在眼前了，人们才会觉得：显然应当如此。❶新知识蕴含了某种人们从未见过的东西，而设定标准以识别某种从未见过的东西是不可能的。

标准在任何时候都显得多余。一般说来，对于任何一个问题，那 70
些感觉到问题存在并渴求知识有所作为的人们，总是能一眼看出知识的成就。并不要求我们事先就能够知道有关卓越的桥或船的有趣细节，以便评价某特定的桥或船是否属于卓越的行列。知识不是可由标准加以详尽规定的程式，只有认识论的分析偏见才会鼓励哲学家把这一点视为值得追求的理论目标。倘若我们正确地关注人化物和作为，就不应当担心方法或逻辑。没有两个神经系统遵循相同的过程，建立相同的联结，或者以完全相同的方式看待或理解相同的事物。为什么人们在追求知识的时候应当服从相同的规则呢？重要的事情不在于你服从什么规则，而在于你的行动的结果。对于知识来说，唯一重要的是作为而非程序。

知识的单元是人化物，我这么说的意思是，**我们所知道的**首先是**人化物**。知识的进化就是对**其**质量与作为的评定。知识首先摆在外面，存

---

❶林恩·怀特（Lynn White）：“发明的技艺”（The Art of Invention），载其著《神赐的机器：论西方文化中的物力论》（*Machina Ex Deo: Essays in the Dynamism of Western Culture*）（麻省剑桥：麻省理工出版社，1968 年），第 130 页。

在于建成的环境、效果或人化物之中。只有在第二序、回溯性的意义上知识才是内在于我们，是内在的状态、观念或精神表象。认识论以为第一序的东西——精神状态——是第二序的。知识理论应当界定的特性是人化物的特性（首先是材料），而非表象。当然，**其**作为也总是**我们的**作为。然而，我们之所以称赞设计与设计者（及其精神表象），正是因为**人化物**及**其**作为。精神状态和个人主体性是第二序的。它们诚然是图景的一部分——离开有意识的人类生活就不会有知识——但是，在精神“表象”知识之先，我们已经在人化物中达到它。

为了把这一知识观同认知科学的某些关怀关联起来，我们不妨来看看认知科学最终必须解释的东西。把一个过程或能力称为认知，唯一的理由是**知识作为**中的假说作用（hypothetical role）。因此，这很大程度上取决于怎么理解知识。我并不认为认知科学家已经知道关于知识所必需知道的一切（既然他们自以为知道的一些东西不过是半吊子的认识论）。作为思想部件的假说运作正常，或者，把“信息”记录下来并加以处理——这些对于知识来说都是不充分的。假说过程能够被称为认知过程，最终的辩护来自人化物的作为。神经过程，因此可能还有“认
71 知”过程，显然构成了作为的一部分因果关联背景，但它们本身并不直接参与作为在其中实现自身效果的物质媒介。知识关注的，不仅是认知过程，而且还有有效的**作为**。它注重**后果**，跟人化物、环境及行为者配合互动。仅靠表象做不到这一点。[1]

在我看来，认知（knowing）不同于学习（learning）。学习是个体的成就，而知识则是人化物的成就。不妨设想一个小孩学习系鞋带。如

---

[1]关于行事与后果，参见希弗：《人类的物质生活》，第28页。关于假说的心灵状态和知识之间的差异，加塞特说得很好：“有一个根本性的混淆，它已经把整个哲学史压垮了，在认识论领域尤其如此。如果问人类为什么能认知，那么，得到的回答就是展现人类用以认知的理智机制。所谓的机制因而就被等同于认知。但是，认知一样东西显然不同于去看它、记它，或者说由于它而进行可以恰当地称为抽象、比较或推理的理智操作活动。所有这些是我偶然拥有的‘能力’或装置，然后我利用它们去认知，但它们不是认知本身。”《何为知识?》，第85—86页。

果愿意的话我们还可以设想他得克服不寻常的障碍（比如瘫痪）才能做到。即使如此，结果也不是**人化物**卓越的作为。它是学习的成就，个体的成就，但其结果（系上带子的鞋）不是卓越的人化物。虽然没有学习就没有知识，但学习不能与作为相比。学习不是获得知识。知识只能被完成而不能被吸收，它部分建立在那些已经被吸收的东西之上——建立在学习、技能、习惯等之上。没有习惯我们没法活，而且有些习惯无疑比另一些习惯好些，但它们不是知识。知识首先关注人化物的作为。

是不是只要一睁开眼睛就可以知道现在是白天？这不是很简单吗，日常知识，没有不平凡，没有“卓越”？这里当然有日常的关于如何做的知识，有日常人化物的日常运用，不过，那是对技艺和知识已经完成的东西的运用，而不是一种培育技艺或知识的成就，人们必须以两种方式对待知识：成就知识，或靠知识成就为生。这就像栽苹果与吃苹果之间的区别。一个人只要早晨一起床就参与了文化和知识系统。想想所有用到的或以之为前提的人化物吧！床头的闹钟，或者早晨的咖啡，它们汇聚了多少线索。经由无数中介的人化物（其中有很多你“知道如何”使用）凝结着丰富的知识体系，离开它我们没有办法过日子。

大多数人参与知识的主要方式如下：作为使用者，依靠其他人的成就。对某些人化物不熟悉是因为无知。但克服无知的东西不是知识，而是学会使用知识已经取得的成就，还有习惯、学习、技巧、性情、能力、资源，以及知识实践所留下来的传统。早期智人（比如克鲁马努人）跟我们比起来无知极了，但他们并不笨，也不是没有知识，而且可能有比我们更敏锐的感知。

不妨设想：一件人化物或一个人有卓越的作为，但此人或许并没有真正的知识？卓越的作为或许暗中依赖于错误或非知识？肯定不会，倘 72
若卓越的作为能够持久。知识是一种成功，是运用人化物的作为；它是那种**价值**，是在并非侥幸成功的作为中实现的**善**。要把某种东西称为知识，我们必须说明，什么使得它值得期待、值得培育，而其中首要的一点就在于，它提高了人们在人化环境中操作的效率。人化环境本身也是知识的一项成就，人们设法让它依循知识来运行。我们培育的知识越多，我们的环境就越发呈现出这样的特性；环境越是有这样的特性，知识也就越发有效。这就是为什么如今知识有着空前的价值：更加复杂、更加相互依赖的人化物以前所未有的深度介入人类环境，而人类环境也从来没有像今天这样同人化物的作为休戚相关。

或许有人会这么想，“也许知识不能被分析成与情境无关的必要条件与充分条件，但是，谁有资格说什么是知识？以谁眼中的成功为准？谁来判断知识的‘成就’？”简短的回答是：由知识成就的传统来判断知识。[1]不过，我不想这么简略，还想就那些使知识的成就突显出来的作为维度多说几句。任何人化物至少可以从四个作为维度加以评价：

1. 相应于使用、使用者及使用环境的适当性（approriateness）。它效率高吗？管用吗？承受得起吗？
2. 设计质量，即，显著的设计成就，比如，不仅有效，而且起作用的方式是别人从未想到过的。这是**卓越**与**有用**之间的差异。设计的质量不只是功能上有用或有效，而且是那些改写有用或有效标准的卓越成就，它们为合适人化物的追求敞开新的可选方案。
3. 多产性：人化物扩展到邻近的理论与实践领域，产生丰富的创

[1] 爱德华·W. 康斯坦特（Edward W. Constant）和雷切尔·劳登（Rachel Lauden）的论文对这一简短的回答作了辩护。他们的论文载于雷切尔·劳登编：《技术知识的本性》（*The Nature of Technological Knowledge*）［荷兰多德雷赫特（Dordrecht）：D. 赖德尔（D. Reidel）出版社，1984 年］。康斯坦特写道：“技术实践由明确的实践者共同体…… ［及］技术实践传统所支配。这些共同体和传统是技术认知的中心……其中最主要的一点被称为技术程序。”（第 28—29 页）在劳登看来，“最初由实践者及其直接所属的共同体对新技术方案进行评估。只有他们能够知道新方案是否改善了先前的方案，或者鉴定新方案的行事是否胜过以前的技术。”（第 98 页）

造，或带来创新的灵感。“多产”的人化物，它们的应用不限于最初引进它们的那一个领域，相反，它们在差异很大的不同领域有着广泛而且往往始料未及的应用；这样的例子有集成电路，分马力电动马达，等等。❶帆船的例子内容更加丰富，也更加复杂。在船的身上汇聚了一大群五花八门的知识、人化物、技术和 73
文化。稍加例举就包括绘图法、地理学、海洋学、欧洲殖民活动，还有麦尔维尔的小说《白鲸》(*Moby Dick*)。达尔文的进化论也是人化物多产性的好例子，不过它是一个非“技术”的例子。它经得起反驳；深刻转变了我们的感知，以及我们对于何者可知、如何可知的理解；改变了生物学各领域，以及其他学科的技艺状态。

4. 共生性，即，人化物有助于增强人所建构的环境的一致性。共生性最强的人化物是那些我们不愿意（或不能够）离开它们而生活的东西，比如，火、刀片、纺织品、五谷杂粮、金属、轮子、拱形结构、制陶术、写作，还有艺术品。

这些内容我曾经跟学生讨论过，他们质疑断头台或机关枪这样一些不健康的人化物。可以不管它们的所作所为而视之为知识的“卓越”成就吗？我们且来看两个可以不断追加的人化物序列：

A

断头台

机关枪

原子弹

生物武器

---

❶关于电动马达的多产性，参见诺伯特·威纳：《创造发明》（麻省剑桥：麻省理工出版社，1993 年），第 92—94 页。

圆形监狱

奥斯维辛集中营

B

帆船

写作

活字印刷

轮子

拱形结构

青霉素

74 B序列中的人化物从我所辨别的任何维度上说都是成就。至于A序列中的人化物，我们可以争论它们的高效率、可承受性、有效性，还可能包括设计的质量。或许，某些东西在某些意义上是成就。人化物卓越的作为不是一种非此即彼的特性。我想，比较明显的是，A序列中的人化物缺乏多产性。最终不可能靠它们建设生活。然而，军事研究设计无疑是一个由相对多产的人化物创新所组成的领域，不管它对资源的利用有多么可疑。最明显的是，A序列中的东西缺乏共生性。它们破坏，而不是促进（也**不可能**促进）试图靠它们来建设的生活形式。

奥斯维辛是对知识的嘲弄，令人胆寒。相应于使用和使用者的适当性？的确如此，除了它的使用是为了拆除欧洲文明的大厦。相应于经济节俭方面的成就？在某种意义上的确如此。所谓的“高效率”大屠杀，这已经属于人们控诉纳粹罪恶的“陈词滥调”。庞大的德国政府曾经为集中营杀人的高效率感到自豪。他们很骄傲，因为使用了瓦斯和火葬场——这比起大屠杀刚开始几个月的集中枪杀来说，其效率不知要高出多少倍。但是，官僚是管理者，不是知识的爱好者，在这个例子中，作为只有在自杀的意义上才是一次成就。在集中营的建造上，没有显著的工程设计成就，而列入纳粹党卫军名单的工程师都是最安全的庸才。[1]多产？非也。奥斯维辛通往绝境。曾有许多铁轨通到奥斯维辛的大门，但现在它只是偏远的遗迹，默默控诉着第三帝国的虚无主义。它似乎对集中营的知识文化作出了诊断：纳粹奴隶所建的法本化学工业公司（IG Farben）布纳橡胶厂（buna factory）以难以想像的生命为代价，却从来没有生产出一丁点儿合成橡胶。在集中营，知识反对自身。知识的力量被用来摧毁知识所需要的条件，在通电栅栏的两边都是如此。正如在道德文明上，奥斯维辛在技术上也是一次突然的、反动的连续性中断。一切权力或多或少以人化物或技术为中介，但权力的残暴并不能赋予知识或技术以效力，也不能标识知识的成就。

如何看待圣水、护身符、魔杖、咒语之类的人化物？这些东西没有人们所相信或所声称的用途。魔杖、圣饼和护身符不能行它们所承诺之
事，因为没有东西能做那样的事。叽哩咕噜念叨咒语，抚摸神物，这样 75
的言行与敌方丧命或婴儿出世之间不存在有效关联。这里诚然有人化物。但它们是**知识的单元**吗？

魔法有时候会令人奇怪地运用有效的技术知识来达到它的荒唐目的。有这样一个例子：公元9世纪前后，地中海东部的列万特（Levant）地区用金属板印刷术制造魔法书来避邪。当时的欧洲还没有印

---

[1]关于纳粹统治下的工程，参见杰弗雷·赫夫（Jeffrey Herf）：《现代主义的反动：魏玛与第三帝国的技术、文化和政治》（*Reactionary Modernism: Technology, Culture, and Politics in Weimar and the Third Reich*）（剑桥：剑桥大学出版社，1984年），第八章；关于工程师与纳粹党卫军，第213—214页。"德国工程师……他们对于技术现实的知识屈从于纳粹意识形态的要求……奥斯威辛是希特勒帝国中理性的缺乏而非理性的过剩明证。"（第204，234页）马克斯·韦伯把官僚定义为"对知识基础实行控制"。但我认为，这里的重点在"控制"而不在"知识"。或许可以更确切地说，"**通过控制**知识基础来实行控制"。关于韦伯，可参见彼得·伯克（Peter Burke）：《知识社会史》（*A Social History of Knowledge*）（剑桥：政治出版社，2000年），第118—119页。

刷术，或者虽有印刷术却只限于粗糙的木块而没有办法精密记录细节，而远东的工匠却已经在蚀刻金属板，其精确程度在古腾堡（Gutenberg）之前无与伦比。“在一个黑白印刷的样本上，每英寸有十一二行文字，其中每个字母的大小始终保持在百分之一二英寸。”令人诧异的是，当时人们仅仅知道将金属板印刷应用于避邪用魔法书。学者们对此几乎一无所知。“整个技术完全局限于低层社会的亚文化圈，结果，上流社会阶层的饱学之士甚至不认识那个表示印版的字，即 tarsh。”❶

究竟怎样看待护身符、魔杖和咒语呢？它们很好地例证了人化物及其相关的技术（与知识）如何碰巧无能得可笑？这种非理性的迷信同**知识**有何关系？然而，正如我们刚刚看到的，知识以不同的方式与魔法相混合。如果把炼金术也考虑进来，这一点就更真实了。炼金士也许是狂想家，但他们的确是当时最好的实践化学家。❷而且，即便是最骇人听闻的魔法也可能含有有效知识的蛛丝马迹。这一点足以让人好奇，所以有必要在结束这部分讨论之前离开主题说几句。

有一个古老的观念，实际上它在中世纪——从马可洛比乌斯到托名亚里士多德的伪作《秘密之秘密》（*Secret of Secrets*）——就为人们所熟知：魔法文字出了名的晦涩乃是一个诡计，以确保强有力的知识一直保

---

❶理查德·W·布利特（Richard W. Bulliet）：“决定论和前工业化技术”（Determinism and Preindustrial Technology），载梅里特·罗·史密斯（Merritt Roe Smith）、里奥·马克思（Leo Marx）编：《技术推动历史?》（*Does Technology Drive History*?）（麻省剑桥：麻省理工，1994 年），第 206、207 页。欧洲最早的雕版印刷出现在 1446 年（史密斯：《追寻结构》，第 207 页）。关于礼仪人化物与实践在技术人类学中的位置，参见威廉·H·沃克（William H. Walker）：“自然外世界中的礼仪技术”（Ritual Technology in an Extranatural World），载迈克尔·布赖恩（Michael Brian）编：《技术的人类学视角》（*Anthropological Perspectives on Technology*）［阿尔伯克基（Albuquerque）：新墨西哥大学出版社，2001 年］，第 87—106 页。

❷威廉·纽曼（William Neuman）描绘了这门高贵技艺的一位技术精湛的实践者。参见其著《地狱之火：乔治·斯塔基的生活，一位科学革命时期的美国炼金士》（*Gehennical Fire: The Lives of George Starkey, an American Alchemist in the Scientific Revolution*）（麻省剑桥：哈佛大学出版社，1994 年）。

持为受人崇拜的秘密。❶这个观念在历史实践上自有其基础。希腊魔法纸莎草纸——学者们用这个名字指称从公元前2世纪到公元5世纪希腊罗马化时期古埃及的魔法书总和——显然包含了玄妙的药物秘码。那些手抄本上有许多类似下面这段文字的配方：

> 避孕药，天下无双：取苦涩的野豌豆子若干，数目与希望避孕的年数相当。将野豌豆子浸泡于正在行经的妇女的月经里。就浸泡在她自己的阴道内。取活青蛙一只，将野豌豆子扔进它的嘴里让它吞下，在抓到青蛙的原地放走青蛙。取天仙子的种子一颗，浸入马奶中；取奶牛的鼻液，及大麦麦粒若干，一起放入小鹿皮中，在小鹿皮外面再包扎以红布，月亏期间带着它护身，因为在克洛诺斯（kronos）或赫耳墨斯（Hermes）的祭日月亮是黄道十二宫中阴性的符号。再用骡子的耳屎跟大麦麦粒混合。❷ 76

---

❶马可洛比乌斯（Macrobius）：《西庇阿之梦评论》（*Commentary on the Dream of Scipio*），W. H. 斯塔尔（W. H. Stahl）译（纽约：哥伦比亚大学出版社，1952年），I. ii. 第17—18页。这种对晦涩的解释也见于《秘义集成》（*Hermetic Corpus*），布赖恩·科彭哈弗（Brian Copenhaver）译（剑桥：剑桥大学出版社，1992年），X VI. 1，虽然这个文本直到1463年前后经菲西奥诺（Ficiono）的翻译才为欧洲人所知。关于《秘密的秘密》，参见查尔斯·施密特（Charles Schmitt）："拉丁中世纪的亚里士多德伪作"（Pseudo-Aristotle in the Latin Middle Ages），载J. 克拉伊（J. Kraye）等编：《中世纪的亚里士多德伪作》（*Pseudo-Aristotle in the Middle Ages*）［伦敦：沃伯格协会（Warburg Institute），1986年］，第4—5页。这一著作深刻影响了罗杰·培根（Roger Bacon），他曾编辑过该文本并作了一篇评论；参见斯图尔特·伊斯顿（Stewart Easton）：《罗杰·培根及其对普遍方法的追求》（*Roger Bacon and His Search for a Universal Method*）（纽约：哥伦比亚大学出版社，1952年），第24页。詹姆士·埃尔金认为，"油画方法一直是部分保秘的，如同炼金术的方子。"《绘画是什么》（伦敦：劳特利奇，2000年），第170页。南太平洋文化对航海知识严加保密——用一位汤加（Tonga）航海家的话来说，它是"只有我和神知道的秘密"。戴维·刘易斯（David Lewis）是研究南太洋文化首屈一指的人种学家之一，他写道："如果我们希望对太平洋航海家的观点有任何洞见，就必须正确评价，他们的实践技艺在多大程度上受着精神信仰的包围，而且打那以后他们的信念没有丝毫提高。"《我们是航海家：古代太平洋地区寻找陆地的技艺》（*We, the Navigators: The Ancient Art of Landfinding in the Pacific*），第二版（火奴鲁鲁：夏威夷大学出版社，1994年），第277页。

❷汉斯·戴特·贝茨（Hans Dieter Betz）编：《希腊魔法纸莎草纸译本》（*The Greek Magical Papyri in Translation*）（芝加哥：芝加哥大学出版社，1986年），X X X VII，第322—332页；第277页（公元4世纪）。

显然，这些文字“初看起来”“散发着十足的迷信气息”。令人迷惑的是，明智的经验信息居然可以编成这样一张配方。不仅如此，或者说更有甚者，魔法虽然充满了欺骗与轻信，但有足够的证据表明，捏造出来的魔法效力可能在一定程度上根基于作为能力。学者们发现，这些魔法文字“无论是在细节上还是在用语上，都和赫耳墨斯（Hermetics）、狄欧斯科里德（Dioscorides）、盖伦（Galen）等学者”有相应之处。这表明，这些纸莎草纸“另有‘僧侣’的血统——一种同样弥漫于海密梯克作品的优越感——但在［纸莎草纸］这里，‘所揭示的东西’是作为秘码给出的，这可能是某一无名的埃及僧团为教育内部其他成员之用”❶。

有一个文本是抄录者给自己做的药物秘码笔记，原样列出：

蛇头：水蛭

蛇血：赤铁矿

狒狒的眼泪：莳萝汁

猪尾巴：向日葵

巨人血：野莴苣

---

❶约翰·斯卡伯勒（John Scarborough）：“古典时期的秘义文本”（Hermetic Texts in Classical Antiquity），载英格丽德·默克尔（Ingrid Merkel）、阿伦·德布斯（Allen Debus）编：《秘义主义与文艺复兴》（*Hermeticism and the Renaissance*）［华盛顿特区：弗洛格·莎士比亚（Floger Shakespeare）图书馆，1988年］，第33页。以前曾有人认为，这些魔法书，以及秘义文集，是古希腊人而非埃及人的作品。现在看来，这种看法不成立。参见加思·福登（Garth Fowden）：《埃及的赫耳墨斯：对后期异教思想的史学研究》（*The Egyptian Hermes：A Historical Approach to the Late Pagan Mind*）（剑桥：剑桥大学出版社，1986年）。贝茨认为，很多希腊魔法纸莎草纸文本“极有可能”出自底比斯（Thebes）的古代寺庙。他指出，“希腊魔法纸莎草纸到处渗透着埃及宗教的强烈影响”，认为“有些文本完全是表象埃及的宗教”；而在其他文本里，“埃及因素被希腊宗教概念所转化”（《希腊魔法纸莎草纸》，X l ii，X l V）。埃及学者埃里克·霍尔农（Erik Hornung）则认为，赫耳墨斯的医药神阿斯克勒庇俄斯（Asclepius）“立身于一个古老的埃及传统，这个传统开始于Ipuwer的劝诫、Neferti的预言以及其他相近的中王朝（the Middle Kingdom）文本”《埃及秘学》（*The Secret Lore of Egypt*），戴维·洛顿（David Lorton）译（纽约州伊萨卡：康奈尔大学出版社，2001年），第51—52页。

太阳神的精液：白藜芦

蹄兔血：真正的蹄兔血[1]

另一位抄录者写道：

开［门］［符咒］：取雄鳄鱼（它意味着水池草）的肚脐、圣甲虫的蛋、狒狒（它意味着百合花的芳香）的心。[2]

这些文本告诉我们，人们关注某些人化物，本希望可以通过它们完成一些感兴趣的事，但实际上却无法实现——围绕这些人化物，可能聚集着某些有效作为的残余物。编码是一种聚焦点，围绕它可能汇聚药物学实验——还可能是有效的实验，当然它们远不如档案或教学法中后起的方法可靠。魔法的图符、护身符、咒语，还有炼金士的装备、著述、 77
图表和程序，所有这一切都形成知识单元，围绕着它们的某些知识（还有许多信仰）得以培育。当然，上述情形并不理想。我想说的只是，这些实践中的人化物对我关于知识单元的论断并不完全构成反例。护身符可以是一个知识单元，虽然不是非常好的知识单元（用我们的眼光看），且不足以实现信徒对它的期盼。那种轻信赋予人化物原本没有的力量，这并不能反驳我的论断：人化物是知识单元。

欧洲这些玄奥技艺的精神特质颇类似于冰河时期的欧洲洞穴壁画，即用作档案保存和教学——如果我们假定那些壁画是用来引发令人难忘

[1]《希腊魔法纸莎草纸》，X II，第401—444页；第167—168页。斯卡伯勒对最后一项的解释："很有可能是岩兔（Procavia capensis），有时也叫它兔子（coney）。""古典时期的秘义文本"，第43页，注释148。Iamblichus认为，对埃及人来说，使用秘码是为了保护高级知识免遭庸俗化。《毕达哥拉斯式的生活（公元3世纪）》（*Pythagorean Way of Life*）（3rd Century C. E.）；参见帕梅拉·O. 朗：《公开，保密，原创者：从古代到文艺复兴的技艺与知识文化》（巴尔的摩：约翰·霍普金斯大学出版社，2001年），第55—58页。

[2]《希腊魔法纸莎草纸》，X III，第1065页；第195页。

的仪式性回忆，以纪念第一次取得骄人的技术成就的人类社会。[1]魔法的戏剧性，它在那些信仰者身上激发出来的情感，这些都是使人难忘的重要教学手段。在一个识字人口有限、散布各处的文明中心尚无印刷术的时代，胡扯乱诌、瞎搞乱弄或许是保存星星点点有效知识的好窍门，或者，至少是保存这类知识的理念、它的可能性与价值的好窍门。这一点且待下一章再讲。

第二节 知识与真理

何为真理？殊为难解，虽然我不知道为什么。首先，真理是一种价值，陈述的逻辑价值。再者，它是一种经济价值，跟货币相当。真理如同货币，存在在于交换，在于流通。哲学家自娱自乐，追问没有人类之时是否**仍然真**的还有星星云彩或二加二等于四。我们或许同样可以质疑那时卵石是不是**仍然贱**于钻石。我在前一章曾批评古典哲学的本体—逻辑真理观，论证离开实践体系没有什么可以判别真假（或同异）。离开我们施加给施指动作（首先是言语）的逻辑—语言秩序，真值没有现实性或不复存在。二三亿年之后，二加二等于四不再为真。当然，也不再为假。没有说话者，“命题”不存在，且无物**有**真值，无物**为**真或**为**假。没有真理是永恒的。死亡战胜逻辑，这一点让各地理性主义者深感沮丧。

---

[1]参见约翰·法伊弗（John Pfeiffer）：《创造性大爆炸：艺术与宗教的起源探究》（*The Creative Explosion: An Inquiry into the Origins of Art and Religion*）（纽约州伊萨卡：康奈尔大学出版社，1982 年）。法伊弗很好地说明了，为什么可以相信很多冰河期的洞穴壁画的仪式性用途，以及它们是为了戏剧性的效果而设计的。因此，我曾经打算把肖维岩洞壁画的照片复制下来。乔万特岩洞壁画是 1994 年激动人心的发现，属于世界上现存最古老的绘画作品了。这部书最初的手稿用了这些照片。不过，在本书即将付梓之际，因为洞穴发现者发起的诉讼，法国法院已经禁止出版洞穴内部的照片。因此，我只能怂恿有兴趣的读者从下面这本书中找到那些卓绝的照片。让－马里·肖维（Jean-Marie Chauvet）等编：《艺术的黎明，肖维岩洞：世界上已知最古老的绘画》（*Dawn of Art, The Chauvet Cave: The Oldest Known Paintings in the World*），保罗·G. 巴恩（Paul G. Bahn）译（纽约：哈里－艾布拉姆斯（Harry Abrams），1996 年）。

真理是逻辑真值，一种话语（logos）体系中的价值。而且，真理是一种交换价值，在对话的商业交往中实现。**为**真/假就是评估能否成为真理，后者有一种**通过**真/假检验的流通能力。不过，在这两个方面，错误也是一样的：错误也是一种在语言游戏中实现的逻辑真值。真理有什么不同？真理为什么可能更有价值？是什么东西使它更为可取？为了回答这些问题我们需要看一些好的范例，而且，既然真理只存在于交换之中，那么真理的好处必然根源于它们在运用语言方面的可贵特性。我把这一特性称为道德可靠性（moral truthfulness）。它所要求的，不仅是命题的逻辑真理，也不仅是说话者对所说内容的真诚信念。可靠性得**站得住脚**。它不能被驳倒。正是**这种特性**——经得起反驳——使陈述和说话者具有道德可靠性。❶ 78

真理与错误之间的区别原本是一种道德性质而非纯逻辑性质，甚至也不是形而上性质。道德可靠性与形而上真理之间的差异回响着希伯来文与希腊文之间的一种差异。《圣经》里表示真理的词是“ehmet”，它同时还有“忠诚”、“信任”的意思。它指的是与他人关系的道德性质，

---

❶可以比较布鲁诺·拉图尔的观点：“一个陈述为真，如果它抗拒任何使它屈服或毁灭的企图。”“给赤裸的真理加衣”（Clothing the Naked Truth），载希拉里·劳森（Hilary Lawson）、莉萨·阿皮格纳内西（Lisa Appignanesi）编：《拆除真理：后现代世界中的实在》（*Dismantling Truth: Reality in the Post-Modern World*）[伦敦：韦登菲尔德（Weidenfeld）和尼科尔森（Nicolson），1989 年]，第 102 页。亦可参见伯纳德·威廉斯（Bernard Williams）：《真理与可靠》（*Truth and Truthfulness*）（新泽西州普林斯顿：普林斯顿大学出版社，2002 年），以及我对威廉斯的批评：“另一个新尼采”（Another New Nietzsche），载《历史与理论》（*History and Theory*）42（2003 年），第 363—377 页。关于道德可靠与逻辑真值的独立性，可参见戴维·辛普森（David Simpson）：“撒谎，说谎者和语言”（Lying, Liars and Language），载《哲学与现象学研究》（*Philosophy and Phenomenological Research*）52（1992 年），第 623—639 页；以及罗德里克·齐硕姆（Roderick Chisholm）、T. D. 菲恩（T. D. Feehan）：“欺骗的意向”（The Intent to Deceive），载《哲学杂志》（*Journal of Philosophy*）74（1977 年），第 152 页。在这一点上没有什么新东西，因为圣奥古斯丁已经说过：“某人相信某事为假，却说它是真的，这时，就他的自己的良心而言，他是说谎者。因为，说了自己不相信的东西，就是说了对自己良心来说为假的东西，即使所说的东西事实上为真。”《手册 18》（*Enchiridion* 18），见弗农·伯克（Vernon Bourke）编：《奥古斯丁基本著作》（*The Essential Augustine*），第二版（印第安纳波利斯：哈克特，1974 年），第 167 页。

尤其指没有欺诈、没有口是心非。[1]存在的形而上学与它无关。哲学家说，诗人撒谎，因为诗人没有如实地说话。而福音传道者说，真理不在撒旦之中（《约翰福音》8：44），但这并不是意味着撒旦的命题不符合现实；相反，魔鬼永远不可信，即使它在讲真话。

17 世纪，笛卡尔把“我思故我在”（cogito ergo sum）的无可辩驳（irrefutability）变成了真理的标准。哲学家建立这样的联系不是第一次。早于柏拉图一个世纪，巴门尼德就告诉真理的探索者，“用逻各斯来判断我所说的那些强有力的诘问（elenchos）”——这是说，判断它的真理、价值与善（aretē）。柏拉图也借了苏格拉底之口说，“真的东西永远驳不倒”。像笛卡尔一样，古代哲学家把无可辩驳关联于存在或实体，同时又假定后者可以解释前者。在逻辑上的无可辩驳的背后站着本体—逻辑存在。真理不是幸存者**建构起来**的，也不是幸存下来的**任何东西**，它是凭理性、凭本性**应当**幸存的东西，因为它**存在**，真正**存在**。**的的确确**为真的东西不能被**正确**地驳倒，不管诡辩的谬误可能引发几多混淆。[2]

与传统的理解不同，我认为无可辩驳的价值不在于它是其他东西的符

---

[1]马塞尔·埃克（Marcel Eck）：《谎言与真理》（*Lies and Truth*），B. 马奇兰（B. Marchland）译［伦敦：麦克米伦（Mcmillan），1970 年］，第 103 页。“如果说，希腊的真理观念是关于真命题，关于无矛盾、可证实的命题，那么，犹太－基督教的真理观念便包含了真诚、人际关系中没有欺诈或口是心非。”保罗·韦纳（Paul Veyne）：《希腊人相信他们的神话吗?》（*Did the Greeks Believe in Their Myths*?）P. 韦辛（P. Wissing）译（芝加哥：芝加哥大学出版社，1988 年），第 138 页。按照路易斯·雅各布斯（Louis Jacobs）的看法，犹太法典塔木德（Talmud）认为，尽管“真理很重要，但我们不应当把它变成偶像。真理是一种为社会利益而存在的价值，而且，在有些场合下，如果出于社会安康的考虑，我们可以把它搁到一边去”《犹太价值》（*Jewish Values*）（伦敦：瓦伦丁·米切尔（Valentine Mitchell），1960 年），第 129 页。

[2]巴门尼德，迪尔斯－克兰茨（Diels-Kranz），28B；柏拉图：《高尔吉亚》（*Gorgias*），473B。戴维·弗利（David Furley）说，“通过苏格拉底的诘问（elenchos），错误与欺骗，以及不可靠的冒牌货全都原形毕露，剩下来无可辩驳的东西就是形式本身……这么说吧，［形式］有一种能使它经受诘问而存活下来的德性（aretē）。”“真理作为幸免于逻辑反驳的东西”（Truth As What Survives the *Elenchus*：An Idea in Parmenides），载 P. 于比（P. Huby）、G. 希尔（G. Heal）编：《真理的标准》（*The Criterion of Truth*）（利物浦：利物浦大学出版社，1989 年），第 10—11 页。亦参见亚历山大·尼赫马斯（Alexander Nehamas）：“好辩，反逻辑，诡辩，辩证：柏拉图对哲学与诡辩的划分”（Eristic，Antilogic，Sophistic，Dialectic：Plato's Demarcation of Philosophy from Sophistry），载《哲学史季刊》（*History of Philosophy Quarterly*）7（1990 年），第 3—16 页。

号，而在于它是一种自足的特性与资源。在我看来，假定知识必须为真，这是一种偏见，它相当于假定最上乘或最重要的知识是命题体系。然而，79 如果关系到人们的陈述，尤其是在人们宣布自己的所知有权威性的时候，对可靠（即，无可辩驳）的期望是恰当的。对于推论性的专门技术这类人化物，比如诊断或预报来说，可靠是跟它们相配的善。而且，对于就是以宣布自己的所知具有权威性为作为方式的人化物来说，“可靠”更是有着跟它们最般配的特有意义。当这些推论式的人化物经受住考验的时候，它们正是以适合于知识的方式**作为**。那些宣布权威知识的人仅有真诚或善意，或者，他们彻底戒除了说谎，或者，他们的陈述有逻辑或形而上学的正确性，这些都是不够的。关键在于，他们在受到检验时能站得住脚，能够经受任何人提出的任何反驳。这一性质——作为可靠的善——使得真理明确区别于我在前面提到的其他逻辑价值与经济价值（包括错误）。

“讲真话”不等于道德上的可靠，后者还包含了一种克制自己“讲真话”的老练。你跟阿姨说，她腌的芥菜很好吃，而实际上你并不喜欢吃。你没有讲真话，但同时你也没有要求做知识权威。你当然应当知道你喜欢什么，但你并没有期望通过援引权威所说的话来说服别人接受你的要求。你善意的假话当然是谎言，虽然不是罪恶的谎言。这种司空见惯的把戏，伦理理性应当不会绝对禁止的。人们已经看到，欺骗“与其说是瘟疫，倒不如说是维持生命的空气的一部分”。体面有一个很重要的微妙之处：“有选择地讲真话，审时度势地欺骗。”❶

对于可靠来说，罪恶之处不在于一个陈述不再站得住脚，而在于某些人富有侵略性地把它作为已知的正确者来抬举，成功地援引其他人要躲避的权威。它用这样的滥用，而不仅仅因为不真诚或被驳倒，使一个人，而不仅仅是一个论断，失去道德可靠性。我认为，对认识权威的这一看法可以帮助我们的经验更好地理解现代职业，包括学者，研究人

---

❶戴维·纽伯格（David Nyberg）：《被掩饰的真理：日常生活中的讲真话与欺骗》（*The Varnished Truth: Truth Telling and Deceiving in Ordinary Life*）（芝加哥：芝加哥大学出版社，1993 年），第 25、161 页。

员，顾问，各行各业的专家，他们的专业知识不仅仅是专门化的，而且在知识的某一领域里拥有社会认同的特许权。[1]有两个例子可以说明可靠在他们那里的道德品格。

第一个例子是关于旧石器时代艺术在现代的发现。发现地点是位于西班牙北部比斯开湾（Bay of Bascay）的阿尔塔米拉（Altamira）。1876年，当地一位考古业余爱好者马赛利诺·德·桑图拉（Marcelino de Sautuola）发现了岩画。这一发现传到学术机构之后，当时法国学界的主流根本不接受桑图拉已经发现非凡古代艺术的论断——按照那位以发言人自居的埃米尔·卡泰哈克（Emile Cartailhac）的说法，那些岩画不
80 过是“拙劣画匠的粗劣玩笑”。卡泰哈克曾出版过一部受人尊重的伊比利亚史前史著作。[2]在没有亲身到洞窟考察的情况下，他就宣称自己知道那里的岩画是骗人的。这个观点他斗志昂扬地捍卫了很多年，并且不遗余力地诋毁桑图拉的论断。最后，他不得不收回自己的话，虽然那已是在桑图拉去世以后，而且，即便那个时候，他的态度也有欠诚恳，因为他把自己打扮成一位过分热心的怀疑者，而他实际上却在这件事上表现为一个不负责任的不可靠之徒。重要的不是卡泰哈克错了，而在于：他站在权威的立场上提出论断，仿佛权威就应该有更加正确的知识。

第二个例子要复杂得多，说来也话长。它涉及艾伯特·施佩尔（Albert Speer），德国建筑师，后来担任纳粹军需部长。他喜欢说的一句话是，作希特勒的密友，这是他的命。[3]在纽伦堡（Nuremberg）被判20

---

❶这种特许权威的培养已经被称做“专业知识的政治动员”。布赖恩·马丁（Brian Martin）编：《面对专家》（*Confronting the Experts*）（奥尔巴尼：纽约州立大学出版社，1996年），第4页。

❷有关事件的叙述，可参见保罗·巴恩（Paul Bahn）、琼·弗图特（Jean Vertut）著：《冰川时期的图像》（*Images of the Ice Age*）（纽约：档案事实（Facts on File）出版社，1988年），第20—25页；安东尼奥·贝尔特朗（Antonio Beltrún）编：《阿尔塔米拉洞窟》（*The Cave of Altanira*）（纽约：哈里·艾布拉姆斯，1999年）。

❸我的叙述引自吉塔·塞雷纳（Gitta Sereny）：《艾伯特·施佩尔：他跟真理的角力》（*Albert Speer: His Battle with Truth*）（纽约：文蒂奇，1996年），第388—401页。下文还有进一步的引述。

年徒刑后，他在战后柏林英占区内的施潘道（Spandau）监狱度过他的监禁生涯。获释（1966 年）后，在某种意义上他成了研究第三帝国、尤其是研究他自己本人的学者。像纽伦堡其他被告一样，施佩尔申辩说，自己并没有犯下正式起诉所说的罪行，其中包括一些他根本没有一丁点儿罪行的控告，比如，1939 年阴谋破坏和平，几乎要到 3 年之后他才进入政府部门。不过，施佩尔在法庭上说道："作为帝国的一名重要领导，我因此从 1942 年［当时他出任部长］开始分担总的责任……就我执行希特勒给我的命令而言，我对此负有责任。"❶而在纽伦堡以及获释之后，他一直矢口否认知道对犹太人的大屠杀。

施佩尔的自我辩护有一个关节点，它关系到一个重要情节：希特勒和希姆莱（Himmler）究竟是怎么散布他们对犹太人问题的"最后解决"。到 1943 年，有关犹太人的事开始为世人所知，而同盟国也已经宣布要着手反对与此相关的战争罪行。看起来，希特勒已经决定把罪恶的知识深入传播到纳粹党和纳粹军队。1943 年 10 月，纳粹党国家领导人与省党部头目大会在德军占领的波兰波森（Posen）市举行。希姆莱要向纳粹党头目们作演讲，向他们灌输"最后解决"（希姆莱还向纳粹党卫军高级军官和国防军将领作了演讲）。当时身为军需部长的施佩尔属于德国权势最盛的人之一。他也在波森大会上发了言。那天上午他驱车从柏林赶到大会，在中饭前讲了 50 分钟。希姆莱的演讲安排在下午晚些时候。现在的问题是，施佩尔有没有呆在那里听演讲，或者，像他自己声明的那样，他在希姆莱演讲之前就离开了。如果他在那儿，那么， **81**
他坚持说自己对大屠杀毫不知情就是在撒谎。

希姆莱从下午 5 点半讲到 7 点半。这场书面演讲的 17 页打印稿还留存于世。演讲稿上有这么一段文字：

---

❶艾伯特·施佩尔，引自达恩·范德尔·瓦特（Dan Van der Vat）：《好纳粹：艾伯特·施佩尔的生活和谎言》（*Good Nazi: The Life and Lies of Albert Speer*）［波士顿：霍顿·米夫林（Houghton Mifflin），1997 年］，第 269 页。

> “犹太人必须消灭”，这句话很短，说起来很容易，但是，对于那些必须把它付诸实践的人来说，这一要求是世界上最难最难的……我请求，今天我在这里讲的一切，你们只是听，但永远不要讲出去。我们，你们知道，被迫面对这样的问题：“妇女孩子怎么办?”对此，我也决定找到一个毫不含糊的解决方案。我并不认为，我有正当理由消灭——杀死或下命令杀死——犹太人男人，却让他们的孩子长大成人向我们的子孙复仇。让这些人从地球表面消失，但我们必须下这个很难下的决心。对于必须执行这一命令的组织［党卫军］来说，在我们给他们下达的命令中，这是最困难的……我想我可以说的是，这一命令已经被执行，同时却丝毫没有伤害我们战士和领导的心灵与精神。危险巨大，而且总是存在。以下两种选择之间的差异极小……或者残暴无情，不再尊重人类生命，或者，心慈手软，屈服于软弱，神经衰弱。(《好纳粹：艾伯特·施佩尔的生活和谎言》，第390—391页)

后来，他说到，政府中那些主张让犹太人服劳役的人在他看来是在阻碍“最后解决”。这时，希姆莱提到了施佩尔的名字：

> 当然，这跟党的同志施佩尔无关：这不是你干的。正是这种所谓的战争生产企业，党的同志施佩尔和我将在接下来几周内一起清理干净。(第392页)❶

那么，施佩尔当时在哪儿？与此相关的是美国历史学家埃里克·戈德哈根（Erich Goldhagen）1971年在杂志《中流》（*Midstream*）上发表

---

❶有关希姆莱在珀森的演讲的论述，参见彼得·帕德费尔德（Peter Padfield）：《纳粹党卫军帝国领导者希姆莱》（*Himmler Reichsfü hrer SS*）［伦敦：麦克米伦（Macmillan），1990年］，第465—473页。帕德费尔德猜测施佩尔在场。

的一篇文章。在文章的尾注中，下面这段文字出现在引号内，属于希姆莱的演讲词，大概出自档案馆手稿：

> 施佩尔不是一个支持犹太人而阻碍最后解决的人。他和我将把最后那些活在波兰土地上的犹太人从部队将领的手中拉走，把他们送上黄泉路，从而终结波兰犹太人的历史。（第 82
> 393 页）

施佩尔读了这篇文章，也读了尾注中这段看起来无可辩驳的“引文”。“对我来说”，他告诉传记作者吉塔·塞雷尼（Gitta Sereny），这“是灾难性的。你要知道，整整两天，我确确实实地怀疑自己是不是丧失了记忆。我老是在想：我疯了吗？我真的坐在那里听完演讲，然后却成功地把它挤出大脑，以至于现在真诚地不记得自己曾处在那一情境之下？……那是我很多很多年以来最为糟糕的两天”（第 394 页）。

施佩尔去国家档案馆查找希姆莱的手稿，结果发现，上面找不到戈德哈根引用的那段话。他把这件事告诉了塞雷尼。他不知道，塞雷尼已经读过戈德哈根的文章，并且还知道档案馆所藏手稿上没有那段引文，因为她自己已经去核查过了。在跟施佩尔会谈之前，她向戈德哈根说起过这一出入。“他告诉我，这是一个不幸的错误。‘在尾注里，’他告诉我，‘我只想进一步说明希姆莱的意思。《中流》杂志的编辑错把它放在引号里，而我也没有抽出时间把它改正过来’。”按照戈德哈根的看法，这无关紧要，因为，“如果你认真阅读希姆莱的演讲，你就会同意我的看法：他的确就是这个意思”。塞雷尼说，“在和戈德哈根通话后，过了几周我告诉施佩尔，我不能苟同戈德哈根的看法，那段话无论是放在引号内还是放在引号外，看起来都是 种相当大胆的戏剧性解释”（第 393—394 页）。

施佩尔继而告诉塞雷尼一些她还不知道的事情：有新的文献证据可以证实，他没有在波森听演讲。“纯属偶然，”他告诉她，“我跟一位老朋友聊天，沃尔特·罗兰特（Walter Rohland），希特勒时代的钢铁大王。我告诉他，我正为此苦恼，他马上说道，‘但你当时不在**那儿**。你不记得了吗？中午以前，你一作完演讲就和我一起离开了，然后我们开车去拉斯登堡（Rastenburg）看希特勒’。”（第394页）为此，施佩尔给塞雷尼看了一份正式的书面陈述，在誓言、证词的下面有罗兰特的签名。施佩尔还给她看了第二份书面陈述。那是从纳粹波森党部领导的行政助理那里搞来的，他说他记得自己看到施佩尔和罗兰特一起离开。

那么，当施佩尔说他不在波森，言下之意他对大屠杀一无所知的时候，他是真诚的吗？塞雷尼感到，某些重要的地方还不踏实。她没有让事情在施佩尔所希望的地方停留下来。她反复查阅和这件事有关的材料。她在书中所搜集到的证据表明，罗兰特之所以给施佩尔写书面陈述，只是出于一种厚爱，一名老纳粹对另一名老纳粹的厚爱，而不是因
83 为他确实记得和施佩尔一起开车走了，可能压根儿就没有那样的事。[1]塞雷尼找到第二份书面陈述的作者，并问他，“怎样他就自愿写出了这份有用的陈述”。“他哈哈大笑。‘自愿？’他反问道，‘我没有自愿做任何事情。施佩尔三天两头打电话，追着我要我说自己不知道的东西，最后我给了他他想要的东西’。”（第400页）

塞雷尼的结论如下：“施佩尔越是想办法洗刷令人尴尬的事实，我们便越来越明显地看到，他正在绝望地试图回避真相。施佩尔显然不可能不知道希姆莱的演说，不管他当时有没有坐在那里听。”（第401页）诚然，施佩尔不仅知道，像大多数德国人一样，针对犹太人将有某些可怕的事情发生；他本人就是种族清洗的监工。他的军需部指挥疏散居住在柏林23765所公寓里的75000户犹太人，并把他们重新分配在按种族划分的安置点。就像对待部里其他重要工作一样，施佩尔密切监督这项工作。战后有关他参与大屠杀的证据以物化形式呈现出来的时候，他图

[1]二战期间，罗兰特和施佩尔是亲密同事。施佩尔召集工业巨头为战争生产和经济出谋划策，罗兰特便是其中之一；罗兰特专攻坦克。在纽伦堡，罗兰特也是站在施佩尔一边为他作证（《好纳粹》，第278页）。

谋销毁有关文件却没有得逞。[1]他不惜捏造和销毁证据，这对于他用来自我保护的学者身份来说真是莫大的嘲弄。此外，就戈德哈根而言，即使他的看法是真的，即施佩尔具有他所否认的罪恶知识，这位历史学家研究历史的方式却让他的可靠性大打折扣。正是吉塔·塞雷尼从这一事件中挺身而出，她的作品所提供的教训告诉我们，呼吁真理的实践意义是什么。

我在第一章批评了古典哲学的“本体—逻辑”，它的典型表现就是所谓真理的符合论，也就是说，真理揭示物“自身”。现在我又概述了理解真理的成就及价值的另一种进路。不过，无可辩驳这一品质看起来似乎预设了知识在形而上学意义上为真，而这种本体—逻辑进路恰恰是我要否定的。此外，为什么一个论断站得住脚而另一个就不能？一个陈述经得起反驳而另一个陈述不能，这一值得注意的事实如何解释？难道我们非得预设胜出的陈述符合事实与现实吗？可靠的陈述之所以站得住脚，当然是因为它们得到了事物本身之现实的**支持**，这种实在正是它们与之相符的东西。

热衷于真理的本体—逻辑解释的人绝不限于巴门尼德、笛卡尔这样的形而上学家。比如，弗洛伊德也写道：“如果不通过与现实相符把知识从我们的观点中区分出来，那么，我们用硬纸板造的桥就会和用石头造的桥一样牢固，我们就可以给病人注射十克而不是一厘克吗啡，我们也可以用催泪气体而不是乙醚作麻醉剂。”[2]对此，我们的回答是，对于

---

[1]有一份记录军需部驱逐犹太人的半官方“日程”，保留在施佩尔的朋友暨以前的属下鲁道夫·沃尔特斯（Rudolf Wolters）手里。施佩尔得知，放在联邦档案馆的日程手稿是编辑过的复本，在删节部分里有关于他种族清洗的记录，他便和沃尔特斯密谋销毁这部分仍保留在沃尔特斯手里的原稿。但是，沃尔特斯慢慢疏离了施佩尔，并且安排在他死后将未删节的日程转交到档案馆。在临死之前，沃尔特斯把施佩尔想销毁对他不利的证据的事告诉了一位德国历史学家。在跟这位历史学家私人会面时施佩尔撒了谎，并且开始对沃尔特斯采取法律行动而未果。《好纳粹》，第272，340—341，359—360页。

[2]西格蒙德·弗洛伊德（Sigmund Freud）：《精神分析新引论》（*New Introductory Lectures on Psychoanalysis*）[哈芒斯沃斯（Harmondsworth）：佩利坎·弗洛伊德图书馆（Pelican Freud Library），1973年]，第二卷，第213页。

84 信念或概念，我们除了知道它们在多大程度上站得住脚之外，并不知道它们是否符合现实（或者为真）。我们不可能独立地辨别出与现实的符合、并把它关联到一个独立建立起来的有效性。因此，除了“符合”应当加以解释的作为特性之外，并不存在其他能够证明“符合”的东西。这就意味着，用“符合”来进行的所谓解释是空洞的。知识的有效性当然不是意外发生之事，但它并不能用“符合现实”来解释。我们之所以没有用硬纸板造桥，不是因为它们淋了雨会散架这一点**是真的**，而是因为它们淋了雨（加上其他原因）会散架。是真的，或者说，符合现实，并不是我们现在如此这般造桥的附加原因。❶

除了数学发现之外，恐怕没有一个严肃的论断永远站得住脚。很多屹立数百年而不倒的论断最终还是失去了它们的可信性。亚里士多德有很多论断（比如在宇宙论、气象学或生理学方面）现在已经站不住脚，我们能否因此说他是一个可恶的不可靠之徒？非也。诚然，他的很多论断现在已经得不到支持，但这并不表明它们站不住脚，因为它们不再参与竞争，不再受到检验，甚至不再被当作知识而认真地加以改进。它们

❶下降到形而上学，这不是偶然的。弗洛伊德就是以符合论为前提，来论证精神分析相对于其他心理理论具有殊胜的经验确证性。神经病引发的冲突“被成功解决，[患者] 的抵抗被克服，这只有在以下情况下才是可能的：[分析者] 对他的想法的预期**符合他心里的真正想法**。医生的猜测中的任何不精确的东西都不能参与到治疗过程；它们必须撤出来，代之以某些更精确的东西”。弗洛伊德认为，这“是分析与纯粹暗示疗法的根本区别之处，也正是这一点，不会有人因暗示而怀疑分析结果的是否成功”。对于持续有效的治疗来说，接受精神分析者对自己性格的正确（具有形而上学意义上的真）洞见是**前提**，至为**必要**。如果有这样成功的效果，那么精神分析的解释可以说“符合”病人的“真实情况”。《精神分析新引论》（哈芒斯沃斯：佩利坎·弗洛伊德图书馆，1973 年），第一卷，第 505—506 页，黑体为引者所加。这里的论证回避了一个实质问题，那就是，是否有持久的分析治疗。而且，这些治疗很多跟精神治疗法有理论冲突。此外还存在我曾指出的逻辑困难。弗洛伊德要求一种无须改进的正确性测试；否则，由改进所证明的一切不过是改进，而不是真理，而“符合论证”也就成了索然寡味的同义反复。或许，正是因为缺乏这样的测试（以及其他原因），弗洛伊德开始怀疑分析是否有助于对真理的追求，同时怀疑是否最终要停止一切分析。参见“分析中的建构”（Constructions in Analysis），以及“有限分析与无限分析”（Analysis Terminable and Interminable），载《标准版西格蒙德·弗洛伊德精神分析著作全集》（*The Standard Edition of the Complete Psychological Works of Sigmund Freud*）（伦敦：贺加斯（Hogarth）出版社，1954—1976 年），第 23 卷。

已经进入“明显错误”者之域，而所谓“明显错误”就是明显不适应于进化——在成功（即可靠性）意味着经受住反驳的尺度上。如果一个陈述明显为假，它就没有权威，同时也不再主张权威。它不会误导任何人，除了傻瓜和得到错误信息的人。

亚里士多德的一些重要论断站不住脚，这对于像帕拉赛尔苏斯、布鲁诺和伽利略这样一些激进的文艺复兴思想家来说很要紧，虽然这一点不是特别明朗。在他们那个时代，亚里士多德是一个权威，而谴责那些坚持亚里士多德论断的学者不可靠对于他们来说是最恰当不过的了。然而，既然亚里士多德不再有权威性，反驳他的思想就没有什么意义。不再被作为知识加以改进，不再相信它是权威，这样的观念也就不再会带来反面价值，即那种使我们对不可靠的知识论断憎恶不已的反面价值。一个人不可靠，不仅仅因为他的陈述如果加以检验将不再站得住脚，而且因为他提出这样的论断并援引权威人士气势汹汹地加以捍卫。

真理之所以有价值、更可取、值得关注，在于陈述可以让人依靠的作为品格。不过，与此同时，既然不是所有知识都是或都可以用陈述的推论形式来表达，真理作为一种价值显然太专门、太偏狭，不足以充分说明知识的善。价值关系另有它途；可靠的陈述是知识及其善的一个门类。如果我们关心真理，那是因为我们关心知识，因为我们关心能否保 85
持知识所给予我们的效力。

第三节　知识与实在

“实在”（reality）这个概念在哲学上众说纷纭。问一位柏拉图主义者何为实在，他的回答是：**真正的存在者**，即，存在且不变的东西。然而，这种静态、永恒的信念倒不是特别现实。事实上，凡是我们所知道的一切都与此相反。这一点并不奇怪。古希腊形而上学长期以来就谴责讲究实用的实在论，一贯偏爱玄思与无用。康德对柏拉图的扭转则是以民主的方式定义“实在”，也就是说，把实在定义为对所有感知者都是相同的东西。重要的差异不是存在于真实对象与表象对象之间，而是存在于客观判断与仅仅是私人性的判断之间。我判断为“真实”的东西应当是任何感知者以相同的材料所做成的东西。一个判断只有当它不再是**我**的判断，而是公共理性通过我而达到的判断的时候，它才是客观的。不过，与康德哲学不同的是，知识“符合”世界不是因为它和我们是同一个超验基础的两种有目的的显象，而是因为，数十万年以来“这个世界”（即，全球人类环境）已经被重新改造、重新调整，以便适应我们，以便我们计算，以便与知识人化物合作。遍布各地的人类所分享的，不是经验的**先天**范畴，而是进化而来的东西，是人类这一物种适应由人化物组成的生态系统所必需的东西。

在我看来，“实在”这一术语最好的哲学用法，就是用来表示生活提出意义问题的环境。这个术语没有绝对的含义，不表示任何内在、非相对的现实**本身**。实在是相对于生物体及其生态的现实，并不存在**唯一**的生态或环境。要详细说明某一环境，就得描述所有物种环环相扣的生活形式。因此，对于知识（或其他任何东西）来说，唯一要紧的“实在”是同现代人（智人）一起进化而来的全球环境。

环境不是牛顿力学意义上的空间，像一个空箱子那样自个儿孤立在那里等待生命。同时生命体也不是被动地接受环境，把环境作为自己在里头生老病死的给定母体。环境正如生命体一样是进化的产物。环境是由生态关系编成的织体，而生态关系则大部分（如果说不是全部的话）是那些定义生态关系的一切生命体的生命行为相互作用的结果。一个可行的生态或“小环境”不可能是找出来的，更不可能是偶然冒出来。它
86 是其间一切谋生存者的作品。没有居住者的小环境就像没有买家的价格。正是交换赋予价格这一经济学概念以现实性。同样，生命体系统决定了小环境；“空的小环境”（empty niche）是一个生态学矛盾。不存在这样一种“纯粹的物理力量”：它是完全给定的，某种生命形式在其中

竞争或死亡。生命体的环境以何种“实在力量”为条件，这由它自身来决定；而一种力量是否实在，则取决于生命体，尤其是它的体格大小。对于生活在水里的细菌来说，地心引力并不是现实的物理力量，而布朗运动则是。但对于我们、对于任何与我们体格大小相当的生命体来说，情形则恰恰相反。❶

如果说“实在”意味着现在的全球人类环境，那么，“实在论”又作何解释？这同样是一个混淆不清的词。**实在论**至少有三种意思。在形而上学的意义上它意味着柏拉图主义：种、形式、普遍者或理论实体的“真实存在”。实在论（现实主义）还指那种追求真实描写（“模仿”）的艺术。在常识中，实在论这个词意味着讲求实际的品性，不会因为经验不足、信念或痴心妄想而影响判断。这三种含义彼此之间、以及它们跟知识之间究竟有什么关系呢？

分析哲学家蛊惑人心，坚持认为实在论要用二值逻辑概念来讨论。二值指的是：两个古典逻辑真值（真或假），每个命题必有其一。这样一来，实在论的问题就变成了：命题是否可以**为真**，即使我们没有（或不能）证明它为真？在“实在论者”看来，一个命题为真（being-true），这就是它的本体—逻辑的真理创造者的存在（being）。用巴门尼德式的严格表达来说，真理创造者——不管我们的思想抑或知识——要么**存在**要么**不存在**。不过，按照塔尔斯基的真理语义学，用二值语句真值作为“解释”工具似乎有问题，因为它假设了一个二值平分的实在来使得语句为真或为假。塔尔斯基语义学让哲学感兴趣的一点在于，它把人们从以下观念中解放出来：一个与真理相应的现实**使**真理**为真**。正如戴维森所言：“T 语句的形式已经提示，一个理论可以刻画真理的特性

---

❶参见理查德·勒旺廷（Richard Lewontin）：《作为意识形态的生物学：DNA 学说》（*Biology As Ideology*：*The Doctrine of DNA*）［多伦多：阿纳斯（Anansi），1991 年］，第 83—92 页；《三螺旋：基因，生命体与环境》（*The Triple Helix*：*Gene*，*Organism*，*and Environment*）（麻省剑桥：哈佛大学出版社，2000 年）：“栖居环境并不先于生命体而存在，而是作为生命体自身特性的后果而存在。”（第 51 页）我们可以在实验室观察布朗运动，但这并没有把它变成我们环境的一部分。

而无须找到具有真理特性的句子与之分别符合的实体。”❶

为了理解知识的实在性，本体—逻辑真理并不是必需的。知识是实在的，不是因为它模仿了实在，而是因为它对表现于知识偏好中的实用的实在论作出了贡献。一个人的知识越高明，他的行动就越不容易受到过失、谬误或如意算盘的影响。那才是唯一要紧的“实在论”，无论是在哲学、科学上还是在日常生活中。要欣赏它的价值，我们只需要像默然欣赏作为有效
87 性一样，而不要把它混淆于“客观性”或“实在”之类的形而上学概念。

艺术现实主义与知识的实在论并非彼此不相干。冰河期的岩画所揭示的既是艺术的现实主义，同时又是知识的实在论。甚至，为了实在（即，有效）的知识，它们在某些地方还有意偏离了绘画层面的现实主义。很多幅这样的岩画在描画动物的蹄的时候，丝毫不理会是否偏离绘画整体的视角，而把蹄画成正面朝向观看者，仿佛是某处蹄迹似的。有人说这是一种原始的程式。实则不然。如果我们把岩画中的形象擦去，光光把脚留下，那么，猎手就可以看出，它很好地刻画了动物的足迹。如果取蹄的侧视图，那就不能揭示任何东西。❷之所以偏离模仿，显然不是因为原始艺术家没有能耐画得更好，唯一的原因我们只能猜想，艺术家渴望

---

❶唐纳德·戴维森（Donald Davison）：《真理与解释研究》（*Inquiries Concerning Truth and Interpretation*）（牛津：牛津大学出版社，1984年），第70页。这不是塔尔斯基自己的观点。他说，他“特别感兴趣的是，把握所谓**古典**的真理概念（‘真——与现实相符合’）所包含的意图”。阿尔弗雷德·塔尔斯基：“形式化语言中的真理概念”（The Concept of Truth in Formalized Languages），载《逻辑，语义学，元数学》（*Logic*，*Semantics*，*Metamathematics*），J. H. 伍杰（J. H. Woodger）译（牛津：牛津大学出版社，1956年），第153页。这也是卡尔·波普（Karl Popper）对塔尔斯基的解释。波普说，塔尔斯基“最伟大的成就……是重新恢复了［真理］符合论”。《猜想与反驳》（*Conjectures and Refutations*），第三版（伦敦：劳特利奇，2002年），第303页。

❷保罗·巴恩、琼·弗图特：《冰川时期的图像》，第60—61页。进一步证明史前艺术精确性的例子来自太平洋玻利尼西亚（Polynesia）群岛。戴维·刘易斯打算复原玻利尼西亚远洋航船，他有两类资料来源：18世纪随同库克（Cook）船长的西方海洋专家绘制的图纸，夏威夷三处刻画原始工艺的摩崖石刻。在篷帆的关键技术上，摩崖石刻比专家绘图提供了更多的信息。“夏威夷摩崖石刻描绘的篷帆……是出色的向导，它们刻画的比例看起来相当精确。”（《我们是航海家》，第66页）。皮埃尔·弗兰卡斯特尔看到，“在人类发展的每一阶段，绘图一直是保存知识的牢靠形式。野兽派大师马蒂斯（Matisse）的艺术所包含的知识不亚于桥梁建造所包含的知识。”（《十九世纪的技艺与技术》，第146—147页）

把有关所画动物的最现实的知识记录下来。[1]

有一个习见的看法认为，这些岩画是派巫术用场的，猎手艺术家把他们吃的东西画下来，希望由此（巫术）带给他们更好的打猎运气。在挖掘出来的不同遗址中，所画物种的范围不尽相同。驯鹿是冰河期最常见的狩猎对象，但它无论在岩画中还是在鹿茸雕或石雕中都最为少见，而像狮子、犀牛这样一些不太可能经常捕猎的动物倒是司空见惯。人像几乎没有，即使出现也不是猎手形象。旧石器时代艺术不画武器。常见的人物形象或男或女，或裸身，或披兽皮，其姿态表明他/她正在进行某种仪式。[2]

对于打猎巫术的解释还有一个反驳。这种解释假设了一种供给的焦虑。如果打猎活动总能取得预期的成功，为什么还要求助于巫术魔法呢？这里的假设是，恐惧、需求和匮乏驱使着我们，而它们也说明了文化的其余部分（比如，艺术和知识）。然而，按照人种学的研究，猎手云集的社会犯不着特别为食物或打猎焦虑发愁——不是因为他们相信自己的魔法，而是因为他们自己。[3]我不知道冰河期的游牧猎人为什么画画，其他任何人也不知道。不过我认为，石器时代艺术的现实主义画风明显展示了高度现实的生态知识，而这样一种知识帮助艺术创作者们成

---

[1]艾莉森·乔利评论拉斯科（Lascaux）和阿尔塔米拉岩画说：“［它们］不是‘原始’的艺术。海湾地区的原始部落相信巫术，还处在某种视觉控制之下。但是，它们没有沾染这些始民表面上的简单、重复与平板。相反，它们无疑是古典的……它们呼吸着现实主义的气息。”《露西的遗产：人类进化中的性与智力》，第378页。原始艺术家不仅发明了他们的绘画形式；而且他们还发明了被谋划的视觉感知这一概念。这一点印证了莫里斯·梅洛－庞蒂（Maurice Merleau-Ponty）的观察：“在某种意义上，人类的第一幅绘画就达到了未来绘画所能及的最深远之处。”《知觉第一性》（*The Primacy of Perception*），卡尔顿·达利赖（Carleton Dallery）译，（伊利诺斯州埃文斯顿（Evanston）：西北大学出版社，1994年），第190页。

[2]巴恩、弗图特：《冰川时期的图像》，第157页；马沙克：《文明之根》，第265、272页；伊恩·塔特索尔（Ian Tattershall）：《变成人类》（*Becoming Human*）［纽约：哈考特－布雷斯（Harcourt Brace），1998年］，第20—25页。有影响的史前史学家阿贝·布勒耶（Abbé Breuil）推动了以岩画为巫术的观点。

[3]在解释南太平洋岛民出海的不同原因时，戴维·刘易斯认为，“他们态度中的唯一共同点［是］在海上的自信。现存的卡罗莱纳人的航海实践表明，它反对鲁莽行事，同时又强调谨慎与保守。……把本土的航海方法拿到海上检验，结果证明它们非常有效、非常实用。……它们同样解释了，为什么面对暴风雨肆虐的岛民有信心保持航向、定位陆地。”（《我们是航海家》，第309、354页）

为那个时代——人类最初的6万年——最成功的人类。如果他们没有掌握那种使他们的判断具有现实品格、使他们（通过人化物）的作为卓尔不群的知识，那么，他们就不可能以这么一种现实主义的方式绘画。艺术品的现实主义是他们知识的现实主义效果的人化物。

知识是人化物，正如我们，或者我们的环境——现实——是人化物
88 一样。知识的前提是进化的，而不是越超的。作为我们所知道、所需要的知识以某种神经系统为前提，这一神经系统本身的前提是一个包含语言、文化和技术的人化物庇护所。知识乃是包括我们的神经系统在内的人化物的交互作用的产物，而且它仅仅工作于一个自身由人化物所充满的环境。

在结束本章及第一部分的论证之前，我想预先提一下第三部分将探讨的若干观念。到时我将讨论人类进化的进间表，说明我所理解的“文明”，并解释我所讲的知识的城市化，一个与城市的兴起相关联的新地平线。我会强调关键事件的特有节律，从智人这一新物种的出现到现代人类文明的第一缕曙光，再到固定农耕、城市和第一次文明的出现（参见图1.2.1）。人类知识的最早成就——我是指现代人（智人）完成人化物的卓越作为的特有能力——差不多在时间轴的中点出现，比现代人种的出现接近晚了一半，而比城市与文明又早了差不多10倍。

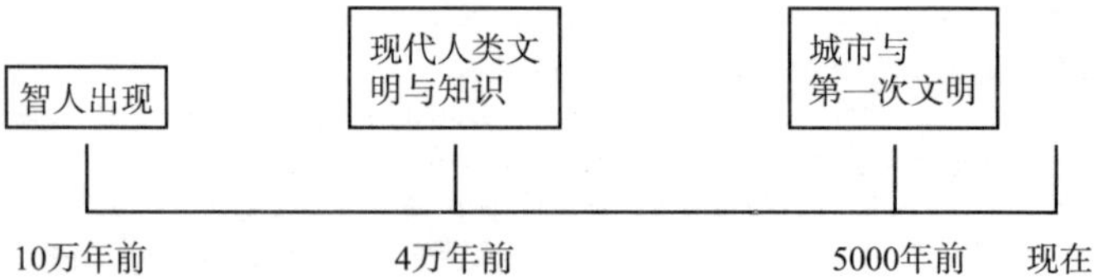

图1.2.1

文明的出现不必等到我们拥有强大而复杂的知识，不过，并不是现代人一出现就获得了那样的知识。从最初的生物学意义上的现代人（在解剖学和基因学意义上与**我们**相同）到最初的现代人类知识文明，中间

的间隔不少于5万年。只是经过5万年甚至更长年头的突变、适应、自然选择、生物进化**之后**，我们才大致“有资格”获得知识观念。这似乎意味着，现代人掌握知识的特有能力在人类的生物学进化中没有扮演任何角色。我将在第三部分第一章为这一结论辩护。知识是进化的**产物**，不过它不是一种适应，不是某种由自然选择过程逐渐形成的东西，也不是某种“进化迫使”我们做的东西。为了理解知识的进化，我们需要的概念不是“生存竞争”，而是偶然的发现和关于审美偏爱的文明。

欧洲旧石器时代晚期的石器文化是世界上最早的伟大的知识文化。它大约在3.5万年前达到顶峰，当时还没有出现最初的城市与文明。不过，它们一旦到来，城市便改变了知识的条件。在城市出现前后，知识既相同又不相同。它是相同的，因为知识是人化物的卓越作为。知识仍然是这样的善，仍然是这样的成就，无论由史前游牧民抑或由后现代城 89
市居民来实践知识。然而，知识生存的条件随着文明而变。人化物中介的密度急剧上升，而且，正如我将要说到的，知识趋于技术化。

某类人可以在技术上非常有能耐，但却没有我所说的技术文化。过去4万年间的非西方文化，绝大多数可以拿来作为例子。比如，因欧洲殖民而遭荒废之前的南太平洋航海文化。这里有一种有效且悟性极高的知识，包括复杂的技艺、技巧、人化物和概念，然而它不是“技术性的”。[1]只有

---

[1]“到公元600年，南、中太平洋每一座能住人的岛屿都已经被发现，都已经有人居住……麦哲伦（Magellan）经南美的顶端横贯太平洋；他看不到陆地，只到他到达马里亚纳（Marianas），就在菲律宾的东面。太平洋岛民已经发现一切适于人居的太平洋岛屿并已居住在上面。不仅如此，有可靠的语言学、人种学和考古学证据表明，他们在这些岛屿间相互往来。比如，他们在塔希提岛（Tahiti）和夏威夷之间航行，然后回航，远洋距离超过了三千英里。这一切都是由旧石器时代的人们所完成，他们不会书写，没有海图，甚至没有任何航海器具。尽管有一大堆悬想的理论，诸如失落的大陆、原始人的航海本能、偶然的漂航，现在我们知道了太平洋岛际航行之所以可能的秘密。**这个秘密就是知识**。太平洋岛民的航海能力靠的是有关大海、天空以及风的渊博知识，靠的是对造船与航海的深刻理解，靠的是记录并处理大量变化信息的认知装置——全部在脑袋瓜里面呢。”C. O. 弗雷克（C. O. Frake）：“刻度盘：认知系统的物理表现研究”（Dials：A Study in the Physical Representation of Cognitive Systems），载科林·伦弗鲁（Colin Renfrew）、埃兹拉·朱布罗（Ezra Zubrow）编：《古代心灵：认知考古学的要素》（*The Ancient Mind：Elements of Cognitive Archaeology*）（剑桥：剑桥大学出版社，1994年），第123—124页（黑体为引者所加）。

当培育知识的社会跨过了一道门槛，一道关乎人化物中介的密度或人化物相互支持、相互生产的强度的门槛，知识才成为技术性的知识。技术（技术性文明）就此而言是一种趋势，是一个与程度有关的问题。想像一个连续体。在它的最左端，人化物被一个一个地加以使用，而且主要是对直接的当地生态作出反应。向着右端移动，我们到达一点，在这一点上，不仅人化物与使用者相互作用，而且人化物之间也同样频繁地相互作用，这时，人化物与知识所构成的系统已经通过了我所说的**建筑门槛**。

任何人类文化都是一个社会互补行为系统（这个术语会在第三部分第一章加以解释），但是，如果说到技术，那就意味着人化物之间更紧密的互补关系，而伴随着新的技术中介秩序，行动之间的中介互补关系也就更加紧密。等到知识的单元，即人化物，主要是针对其他人化物作出反应，并且依赖于其他人化物来发挥效用，这时，知识的实践就成为"技术性的"了。我们还是用技艺行为连续体的两极来打个比方。一把敲打出来的石刀，它怎样才能发挥效用呢？一个训练有素的使用者，另外，有待切割敲打或雕刻的皮、肉、骨也要有合适的质地。因此，石刀可以在一个文化程度相对较低而相对未开化的环境中工作。一架载人飞
90 机，它又怎样才能发挥效用呢？可以想像，有关的规定和计划将会是何等冗长何等复杂。一架波音 747 有 450 万个部件；它的设计需要大约 75000 张工程制图。为了准备设计 777 系列，波音公司专门铺设了越洋数据线，用来连接分布在 17 个时区的约 7000 家计算机工作站。❶不妨再想一想，要连接飞机与乘客、公路、汽车、冶金、石化工业、通信和工程学校等方面，需要多少紧密的人化物互动的中介层次。

从任何角度看"技术性的"人化物，我们都会发现一批实践中无限紧密的人化物，它们与其他人化物相互作用，并且通过副作用与副产品

---

❶参见亨利·彼得罗夫斯基（Henry Petrosky）：《通过设计的发明》（*Invention By Design*）（麻省剑桥：哈佛大学出版社，1996 年），第七章。

同时改变着它们置身其间的物理环境与社会环境。同样的情形我们可以不断见到，从飞机到轮船，从医院到电网、写字楼、大桥或人造卫星，到处可以看到。而且，尤其在最富有经济生产力的情况下，人化物的密切互动看起来无穷无尽。尽管有程度上的差异，我们都可以从历史上的每一种文明中发现相似的东西。我所谓在文明的条件下知识趋于技术性，就是描述这种变化。一座城市是最出色的环境技术。❶历史上任何一种文明发展技术倾向的程度并不能简单归结于“进步”的作用。不是所有的文明形态都同样为技术性文化忙乎，而一些相对较早的文明也可能比其他较晚的文明（比如，埃及和亚述）更加致力于技术性文化。现代西方文明在所有文明中技术性最为深刻，在这里我们强化了那种属于历史上一切文明的特征，而这一特征也是一个城市化指标。

布鲁诺·拉图尔认为，“古代或‘原始’群体同现代或‘高级’群体之间的差异……在于后者较之前者转化、跨越、接纳并动员了更多要素，要素间关联更加紧密，社会网络更加精致。群体的等级与其中非人要素的数目之间的关系至关重要”。❷对此我很赞同。不过，他显然没有用到文明这一概念。拉图尔更喜欢从原始到现代的连续体，这在他看来是一件关乎等级与紧密程度的事，而非革命性的客观性。然而，首先呈现这种人化物的紧密程度或跨过建筑学门槛的，不是历史上的**现代**社会，而是**文明化**的**城市**社会——现代西方社会只是其中最晚近、最深远的一种。

---

❶关于“环境技术”这一概念，参见皮埃尔·雷蒙尼耶（Pierre Lemonnier）：《技术人类学要素》（*Elements for an Anthropology of Technology*）[安阿伯（Ann Arbor）：人类学博物馆，密歇根大学，1992 年]，第 84 页。

❷拉图尔补充说：“更多的对象，这当然，不过同时又有更多的主体。”（“技术玄思”（Technical Mediation），第 47 页）。他在别处还说，“更长网络的创新是一个有趣的特性，不过它不足以把我们同其他文明鲜明地区分开来。”《我们从未现代》（*We Have Never Been Modern*），凯瑟琳·波特（Catherine Porter）译（麻省剑桥：哈佛大学出版社，1993 年），第 132 页。

第二部分

三位哲学家

无助的哲学家仍然说着有益的东西。

柏拉图，泛红的花朵，怀春的小鸟。

——华莱士·史蒂文斯（Wallace Stevens）

第一章
酒神认识论：尼采的知识观

我们哲学家和“自由精神”一听到“老上帝已死”的消息，就感到如同沐浴在新的晨光之中；感激、诧异、预感和期待在我们的心中泛滥。终于，新的地平线重新无遮拦地出现在我们面前，纵然它还不甚明朗；终于，我们的航船可以再度起航，起航去迎接任何困难；爱知者一切大胆的行为重获许可；海洋，我们的海洋，再度开放；或许，从未曾有过如此“开放的海洋”。 93

——尼采

尼采是对实证主义起到制衡作用的伟大力量，而罗蒂和福柯都还没有完全摆脱实证主义。接下来的三章将论证这三个哲学家的限度，并讨论我对知识的说明如何超越他们。本章在讨论神秘主义技艺时还会借机触及一些令人好奇但比较枝节的观点与事例，下一章则会顺带提一下福柯的生命权力（biopower）概念和第三帝国。

尼采的怀疑不限于知识，而他对知识的理解比认识论者更加现实。虽然他揭露古典哲学的主张，但他的重点不止于叫人醒悟。相反，他要让我们更加明智更加愉悦地对待我们的知识意志。要想知道我们对于知识所应当知道的，那我们就应当知道它的偶然性。我们必 94

须拥抱这种偶然性，无所退缩，毫不泄气，或者，不要陷入“虚无主义”。哲学家们老是退缩，他们更喜欢讽刺或怀疑视角性知识（perspectival knowledge）的可能性。对于那些严肃对待古典哲学将价值奠基于理性真理之上的工程的人来说，这些退缩的方法看起来特招人爱。比如，它们是福柯和罗蒂的路子。和尼采不同，这两位要为知识祛魅，要让哲学泄气。

通过苏格拉底这一戏剧化人物，柏拉图质疑那些理性不知其是否站在永恒真理之上的偏好或选择。这在当时看起来似乎是一个很好的理念，不过现在我们回过头来看，这一要求是一个叫人泄气的公式，或者说是尼采称之为虚无主义的东西。❶没有这样的基础；我们所知的一切都反对这样的基础。某物“永恒”——不变，静止，超越过程与进化——这一观念遭到一切科学良知的唾弃。我曾在导论中描述了古希腊哲学家反对自身传统的理性主义争论。从赫拉克利特、巴门尼德等前苏格拉底思想家到柏拉图、亚里士多德这样的古典思想家，最初的哲学家都是以理性主义精神修订更正自身文化传统的人。“当苏格拉底宣称，他知道一件事情——即，他一无所知——他在批判传统的知识观。”❷

古典哲学（柏拉图主义、亚里士多德主义、斯多噶主义）对于知识的成就都抱有一种“玄思的”理解。认知就是向着存在者的被动开放，认知者能够通过完全被动、因而也是不加歪曲的接受来把握存在者的形式或理念。❸认识论**始于**一项从事修正的事业，也就是说，从政治、教育、文化诸角度着手修正他们的文明对知识最高成就的理解，而这样的努力未尝不是成功的。代达罗斯和普罗米修斯（Prometheus）的知

---

❶参见兰德尔·哈瓦斯（Randall Havas）：《尼采的谱系学：虚无主义和知识意志》（*Nietzsche's Genealogy: Nihilism and the Will to Knowledge*）（纽约州伊萨卡：康奈尔大学出版社，2002 年）。

❷皮埃尔·哈多特：《什么是古代哲学?》（*What is Anient Philosophy*?）米歇尔·沙斯（Michael Chase）译（麻省剑桥：哈佛大学出版社，2002 年），第 27 页。

❸参见斯蒂芬·埃弗森（Stephen Everson）编：《认识论》（*Epistemology*），古代思想指南，卷 1（剑桥：剑桥大学出版社，1990 年）。

识被丢在一边，哲学家们迫切要求更有价值的玄思真理。因此，他们让目光离开城市，离开使他们的文化有效并使他们的文明成为可能的知识。

对于尼采来说，知识既比古典哲学多一点，同时又比它少一点。少一点，因为它是视角性的，而不是越超一切特定角度的见解；多一点，因为它是操作性的，有效的，是知识意志的一个手段。知识的价值不在于本体—逻辑真理，而在于它提升我们选择和行动的能力。视角没有让 95
知识失效无用；相反，视角说明了知识的要点与价值。只有当“知识”意味着事物与自身同一的时候，视角才意味着“只是表象”（且排除了知识）。那种将在镜中看到的同一，我们必须被动地直觉到，或者说，“看到”。视角的不可避免性颠覆了古典本体论的知识观与玄思的知识观。这非但没有揭露哲学就其传统所提出来的问题或让它丢脸，而且还让它变得更加有力，因为它不再混淆于玄思主义的期待。什么是知识？以什么品质赞颂或估定知识？什么是知识真正的存在条件？知识意志寻求怎样的满足？

在这一章里，我将通过尼采思想以迂回的方式探讨上述问题。我首先让他跟早先时候的弗兰西斯·培根和罗伯特·波义耳（Robert Boyle）等人对话。人们通常不会把这些思想家跟尼采联系起来。而我又让这些思想家跟其他通常不会同他们联系在一起的思想家如罗吉尔·培根（Roger Bacon）、托马斯·沃恩（Thomas Vaughan）及炼金术士格柏尔（Gerber）对话。他们对话的主题是**实验**，也就是我们现在在经验探究名下、或甚至在现代科学名下所指谓的东西。在反对正统与理性主义并论证实验是求知方法的过程中，伽利略、培根、波义耳、牛顿、富兰克林、达朗贝尔（D'Alembert）和其他人并没有发明一种新的知识理想。他们只是从一种新的意图出发重新阐释一个来自于长期以来声名狼藉的传统观念。这个传统就是西方神秘主义秘而不宣的技艺。对于现代科学谱系学中的这一时刻，尼采从他自己的关注出发提示了一条线索：

如果不是魔术师、炼金术士、占星家和巫师导夫先路，不是他们的许诺与自负首先激发了对种种**隐秘的、遭禁止的**力量的渴求和兴趣，你们真的相信科学会产生和壮大吗？的确，任何事情要想在知识王国里得以实现，所许诺的东西必须要比迄今为止能够实现的东西多得多。❶

第一节 知识像巫术一样工作

长期以来，两种知识观为了西方文明的发展相互竞争。知识成就什么？知识何以有价值？在这些问题上，两种知识观水火不容。第一种是古典哲学的玄思理想。在它看来，最上乘认知（epistemē）的成就是被
96 动接受存在者的形式。这一观念在5世纪巴门尼德和赫拉克利特的理性主义中初现，接下来的600年间在希腊哲学中进一步发展，最终成为中世纪基督教正统的一部分。

不过，这不是我们关于知识最古老的思想；另一种更古老的知识观如同一道潜流运行于西方思想之中。古代常常不得不鬼鬼祟祟的神秘技艺（魔法、炼金术、占星学，等等）传统都把知识理解为帮助实现偏好与意志的强有力的、操作性的和工具性的东西。尽管正统思想费尽心思加以根除，神秘主义的异端从来没有彻底名声扫地。直到19世纪，魔法的知识**理想**被富有想像力地整合到现代实验科学之中，剩下来的神秘主义传统的残余则遭人奚落为非理性、非科学的典范。

包括炼金术、自然魔法、占星学和“秘密”书籍等在内的西方神秘主义所孕育的知识观认为，知识是操作的、技艺的、有力的和如何做的

---

❶尼采：《快乐的科学》（*The Gay Science*），W. 考夫曼译（纽约：古典书局，1974年），§300。

有效性——颇有讽刺意味的是，鲜有成功的例子。[1]这些神秘的传统原本是“受压制的知识”，它们在魔法大师中的践行素以福柯所谓的“独门技艺”著称。遭禁技艺久经世故的践行者修炼自身的工作绝不下于修炼外物。除了令人印象深刻的效果之外——甚至，有时连这样的效果也无关紧要，它们的意义仅限于作为优雅和精神提升的征候——他们追求完美、拯救，可能还有自我成圣；不管怎么说，那是一个私人性的、生存性的和精神性的目标，它的实现无法诉诸合作探究活动，因为后者脱离了自我完善的动机。图 2. 1. 1 可以说明他们的精神气质。还有一个例子。英国炼金术魔法大师托马斯·沃恩（1622?—1666）在日记中记叙了他在悲恸亡妻时的炼金术工作：

> 在我亲爱的妻子生病的同一天，那是一个星期五，就在这一天的同一时间，也就是晚上，我那慈祥的上帝把提炼哈卡雷油（the oyle of Halcali）的秘密置入我的心中。这个秘密我曾在同我最亲爱的妻子共度的时光里在韦克菲尔德（Wakefield）的平纳（Pinner）不经意间发现。但是，上帝最令人惊讶的判断又把它从我这里拿走了。我再也想不起如何操作，经上百次的尝试而徒劳无功。而现在，我那荣耀的上帝（人们将永远祈祷他的名）又把它放入我的心中。而在同一天，我亲爱的妻子病了。接下来的星期六，在她奄奄一息的时候，我用以前的办法提炼了哈卡雷油：那是我悲痛至极无以复加的日子，而在她死后， 97
> 上帝乐于把前所未有的最大快乐赏赐给我。[2]

---

[1]成功的例子也是有一些的。欧洲最早关于黑色火药的公式以密码的形式出现在罗吉尔·培根一本著作的结论部分。这本书就是写于13世纪的《有关技艺的不可思议力量的通信》(*Letter Concerning the Marvelous Power of Art*)。

[2] A. E. 韦特（A. E. Waite）编：《托马斯·沃恩的魔法著作》(*The Magical Writings of Thomas Vaughan*)［基拉（Kila），蒙特（Mont.）：凯辛杰（Kessinger），1992年］，第ix页。

图 2.1.1　实验室里的炼金术士。实验室里，一位炼金术士跪倒在一个神龛前祈祷。神龛上的铭文写道："听从主的忠告的人有福了"；"若未启蒙不得与上帝说话"；以及，"只要专心工作上帝就会亲自帮我们。"大厅尽头的门上也有铭文："睡觉的时候要当心！"海因里希·库恩拉思（Heinrich Khunrath）刻于 1604 年。出自约翰尼斯·法布里修斯（Johannes Fabricius）：《炼金术：中世纪的炼金术士和他们高贵的技艺》（*Alchemy: The Medieval Alchemists and Their Royal Art*）（伦敦：古文物出版社，1976 年），第 7 页，图 3。

在现代科学产生前数百年间，以实验方法追求知识需要个人的冒险与胆识。这不仅仅因为它会招来审查人员的怀疑以及法律惩罚。在当时还没有标准的实验室设施的情况下，的确需要很大的勇气才敢像炼金术大师那样在高温条件下摆弄易爆混合物。托马斯·沃恩死于蒸馏器爆炸。对于17世纪新实验运动的领导者如培根和波义耳来说，98 **所有这一切必须有个了断**。中世纪正统思想彻底禁止实验，因为它追求“被禁止的知识”。然而，禁令不过是让神秘主义技艺更加诱人，而魔法的现代批评家则要从炼金术大师那里为他们的新自然哲学窃取火种。

自4世纪以来，基督教神学家已经开始把圣·保罗的话“别存着高傲思想了，却要有畏惧的心”（《罗马书》11：20）解释为对好奇心的谴责。希望知道更多有关事物如何运作的消息，这样的欲望是错误的；喜欢无知才是正当，让上帝的意志行其所是。知识是禁止的，追求知识则是异端。❶无济于事。到科学革命的前夜，经过两代新思想大家如菲奇诺（Ficino）、比科（Pico）、帕拉塞尔萨斯（Paracelsus）、特里斯米斯（Trithemius）、哥内留斯·阿格里帕（Cornelius Agrippa）、德拉·波尔塔（Della Porta）、约翰·迪伊（John Dee）和布鲁诺（Bruno）等人的努力，西方神秘主义收获了它长期以来秘密培育的果实。与此同时，反对改革的教会对神秘主义发起了新一轮攻击，重申自然的秘密——魔法试图锻造开启它的钥匙——是被禁止的知识。在路德时代，浮士德的故事进入了欧洲文学，以警诫世人求知的危险性。❷

应当由高一级的权力来禁止有效的知识，这一看法实与现代思想相

---

❶参见卡洛·金兹伯格（Carlo Ginzburg）：“高贵者与卑贱者：16世纪、17世纪遭禁知识的主题”（The High and the Low: The Theme of Forbidden Knowledge in the Sixteenth and Seventeenth Centuries），载《线索、神话和历史方法》（*Clues, Myths, and the Historical Method*）（巴尔的摩：约翰·霍普金斯大学出版社，1989年），尤其是第61—62页。

❷参见迈克尔·基夫（Michael Keefer）：“导言”，见《克里斯多佛·马洛的“浮士德博士”》（*Christopher Marlowe's "Doctor Faustus"*）[彼得堡：布罗德维尔（Broadview），1991年]；以及洛恩·科利阿诺（Loan Couliano）：《爱洛斯和文艺复兴时期的魔法》（*Eros and Magic in the Renaissance*），M. 库克（M. Cook）译（芝加哥：芝加哥大学出版社，1987年），第十章。

左。为了充分认识这些知识遭禁的思想气候，且让我们考察一下中世纪正统思想的三个预设。第一个预设：与玄思的真理比较，与劳作直接相关的知识在价值上低一等。操作性的、实验性的、关于如何做的知识是卑微粗俗之事，最好留给卑微粗俗的人去干，**锁定**在日常劳作的经验家层面。没有谋生负担、没有受到罪恶误导的人是决不会选择追求这样的知识的，因为还有更高更好的关于真理的知识。只有关于那样的知识，圣·托马斯才会说“一切知识皆善”。生产性的、有效的知识不在其列。托马斯并没有说，知道怎样同魔鬼施魔法是善，虽然他相信这是可能的。实际上，他谴责对技艺的追求。[1]

无论如何，被禁止追求的知识对于那些应当知道它的人来说是已知的。知识的分配（哪些人有或哪些人没有）已经是最理想的；那些应当知道某事的人已经知道它了。对所禁知识的禁止是一种经济限制；知识不是不适宜于为人所知而是不适宜于流通。遭禁的不是认知而是对认知的寻求。最后，任何探究都没有意义了，因为现有的知识已经很好了，至少在此生是如此。如亚里士多德所言，几乎所有的事情已经被发现。[2]再也
99 不可能作出任何重大的发现了，尤其是基督的启示已经保证了所有最重要的知识（如何永生）。

那些禁止实验的人倒不是把嘴上喊着要禁止的知识留作己用的伪君子。他们真诚地不想去知道事物如何运行，同时也不想别人去知道。深层的问题是罪恶，而不是无知，尤其不是对事情如何运行这样的技术问题的无知。圣·奥古斯丁哀叹那些受好奇心重创的人，“运用身体的感知，不是为了肉体的放纵，而是为了满足他们的好奇心。这种无益的好奇心装点着科学与学识的名义……出于同样的原因，人们被牵引着去探索自然的秘密——与我们的生命无关的东西。虽然这

---

[1] 圣·托马斯：《亚里士多德〈灵魂论〉评注》(*Commentary on Aristotle's "De Anima"*)，I，1.3。关于变魔法，参见《驳异大全》(*Summa Contra Gentiles*)，III，2，第104—106页。

[2] 亚里士多德：《政治学》，1264a；亦见于《形而上学》，981b。

样的知识对于他们来说毫无价值，但他们仍希望得到它，仅仅为了认知而已。”❶

一些自由的心灵总是或多或少偷偷地追求遭到封杀的自然知识。正统禁止炼金术大师选择的秘密比起受正统颂扬的玄思来更加值得追求。吊诡的是，正统神学对魔法的攻击反而帮它建立了有效性的名誉。魔法的许诺是，人们可以转动自然藏在暗处的发条，就像用正确的钥匙开锁一样。正统论证的一个不足之处在于，它从来没有彻底否定魔法。比如，塞维利亚（Sevile）的伊西多尔（Isidore）（公元560—636年）在讨论占星家时说道：“在道成肉身之后，占星术不再被允许，因为，一旦基督已经来到世间，那么，从那一时刻开始，任何人都不应当再用天象来解释其他人的出身。”❷这里既没有说占星术一派胡言一点儿也不灵，甚至也没有说它是异教迷信；仅仅是说它不再被允许。道德家说魔法无用，不是因为他们怀疑它的效用，而是因为对魔法的追求重新扮演原罪的角色而不能引向任何的善。浮士德的故事证实了《圣经》早讲过的教诲：魔法师（哈曼、师西门）总是有坏下场。❸

在知识能够成就什么和知识何以值得培育这些问题上，正统与魔法大师代表了前现代欧洲两种相互竞争的观点。神学家吸收奥古斯丁的柏拉图主义，认为消极的玄思比辛勤的劳作更富有神性。魔法大师则培育出了另外的果实。普罗米修斯、代达罗斯、奥德修斯、所罗门，还有透特，这样一些神奇的先驱堪称魔法师的典范。魔法师的

---

❶圣·奥古斯丁：《忏悔录》，R. S. 派因·科芬（R. S. Pine-Coffin）译［纽约：多塞（Dorset），1936年］，X. 35。亦可参见汉斯·布卢门伯格（Hans Blumenberg）：“对理论好奇心的审判”（The Trial of Theoretical Curiosity），载《现时代的合法性》（*The Legitimacy of the Modern Age*），罗伯特·华莱士（Robert Wallace）译（麻省剑桥：麻省理工出版社，1983年），第三部分。

❷引自S. J. 特斯特（S. J. Tester）：《西方占星术史》（*A History of Western Astrology*）［木桥（Woodbridge）：博伊德尔（Boydell），1987年］，第125—126页。

❸关于哈曼（Ham）和魔法师西门（Simon Magus），参见瓦莱丽·弗林特（Valerie Flint）：《魔法在中世纪早期欧洲的兴起》（*The Rise of Magic in Early Medieval Europe*）（新泽西州普林斯顿：普林斯顿大学出版社，1991年），第337—342页。

追求扎根于古希腊的技艺（Metis）观念，而在它的后面，还有古埃及历史悠久无与伦比的魔法文化，一个先于“古”希腊哲学两千年的传统。

100 对于魔法大师来说，最上乘的不是玄思的知识而是有效的知识。这样的知识可以通过试验加以检测，也可以通过实验加以完善。被禁知识的经济原则是倒过来的：一个事物隐藏得越深，把它找出来的好处也就越大。不过，这些大师有他们自己的保秘协定。他们看重的知识强大、卓越而稀有；把这样的知识变得平凡无奇那可是有点滑稽。16世纪一位无名氏所著的《阿巴太尔魔法》说得好：“任何将知道秘密的人，让他知道怎样让秘密的事情保持隐秘；揭露那些需要被揭露的东西，密封那些需要被密封的东西；不要把神圣的东西丢给狗，不要把珍珠扔到猪面前。”❶不过，谨慎并不妨碍魔法大师彼此间偶尔交换秘密。伦敦皇家学会第一秘书亨利·奥尔登伯格（Henry Oldenburg）给艺术品鉴赏家塞缪尔·哈特利布(Samuel Hartlib）写信（1659年）感谢他的秘方——“你给我的秘密不会从我这里失去它作为秘密的名声。”他保证不把它泄露给“任何人，除了高贵的波义耳先生，而他，我敢肯定，除了对拉娜劳夫（Ranalaugh）女士(波义耳的妹妹）之外将守口如瓶，而拉娜劳夫女士也会保守秘密”❷。

按照通行的解释，罗马帝国曾禁止魔法，而神秘知识的保密工作便

---

❶无名氏著：《古人的魔法，最伟大的智慧之学》（*Of the Magick of the Ancients*，*the Greatest Study of Wisdom*，*Arbatel of Magickt*），载亨利·科尼利厄斯·阿格里帕（Henry Cornelius Agrippa）（托名）编：《神秘哲学第四书》（*Fourth Book of Occult Philosophy*）（伦敦，1654；重版基拉，蒙特：凯辛杰，1992年），第179—180页。*Of the Magick of the Ancients*，*the Greatest Study of Wisdom*，*Arbatel of Magickt* 可能是无名氏著 *De magia veterum summum sapientiae studius*，*Arbatel de magia*（巴塞尔，1575年）的一个译本。阿格里帕写过一部三卷本的《神秘哲学》（*Occult Philosophy*）（1553年）；把显然属于魔法书的《第四书》归在他的名下，这是神秘传统对他最最真诚的赏识。

❷引自威廉·埃蒙（William Eamon）：《科学和自然界的秘密：中世纪与现代早期文化中的秘笈》（*Science and the Secrets of Nature*：*Books of Secrets in Medieval and Early Modern Culture*）（新泽西州普林斯顿：普林斯顿大学出版社，1994年），第344—345页。

是应对这一情形的合理反应。[1]但是，如果仅仅出于害怕坐牢、拷打和魔法师的坏名声，那么，对知识保密的明确警示就显得很多余。任何一个懂得谨慎的蠢货显然首先就不适合传授魔法知识。不管怎么说，保密的律令远比罗马帝国的禁令古老，而不是从它那里开始。魔法书在古代埃及就已经要求保密："不要让外面的人知道 [这个咒语]，不管他是你的父亲还是你的儿子，只能是你一个人知道"；"把它藏起来，把它藏起来，不要让任何人看到它！"；"不得了，魔咒泄露了！"[2]强有力的知识要保密，这一主题亦见于美索不达米亚的文本中，其年代至少跟最早的埃及传统同样悠久。比如，有一个用巴比伦中部的楔形文字书写的冶金学文本包含了这样的教导："（对于这些指示）不要粗心大意；不要（把程序）给任何人 [看]。"[3]

对被禁知识的保密远远不是一项应对禁令的谨慎措施，相反，它揭示了魔法大师的信念：一旦魔法成为常识，那他的效力将大打折扣，而他的技艺也将大大贬值。罗吉尔 · 培根说得好："自然的秘密不会托付给人人都可以理解的羊皮。……多数人的信念，群氓普遍拥有的信念，它们必然是假的……庄严的真理一旦不小心落入文字，文字就会抓住

---

[1]特斯特：《西方占星术史》，第 51 页；亨里奇 · 贝茨（Henrich Betz）：《希腊魔法纸莎草纸译文》（*The Greek Magical Papyri in Translation*）（芝加哥：芝加哥大学出版社，1986 年），x l i。

[2]这里的埃及文本属于新王朝时代（约公元前 1500 年），引自西格弗里德 · 莫伦兹（Siegfried Morenz）：《埃及宗教》（*Egyptian Religion*）（纽约州伊萨卡：康奈尔大学出版社，1973 年），第 226 页。埃及学家埃里克 · 霍尔农（Erik Hornung）把保密与有确保灵验之间的联系追溯到古王朝后期（公元前 3000 年）。他注意到：在埃及的传统中，诺斯替教徒（Gnostic）"强调知识，认为只有通过知识才能获得解脱和救赎"。他还提到，"诺斯替教徒不断强调，这是**秘密**知识。"戴维 · 洛顿（David Lorton）：《埃及秘学》（*The Secret Lore of Egypt*）（纽约州伊萨卡：康奈尔大学出版社，2001 年），第 14—15、44 页。亦可参见杰拉尔丁 · 平奇（Geraldine Pinch）：《古埃及魔法》（*Magic in Ancient Egypt*）（奥斯汀（Austin）：德克萨斯大学出版社，1995 年），第 62 页。

[3]帕梅拉 · O. 朗（Pamela O. Long）：《公开，秘密与原创者：从古代到文艺复兴时期的技艺与文化》（*Openness, Secrecy, Authorship: Technical Arts and the Culture of Knowledge from Antiquity to the Renaissance*）（巴尔的摩：约翰 · 霍普金斯大学出版社，2001 年），第 81 页。朗说，"我们可以想像一种'纸张的踪迹'，从黏土到纸莎草纸再到羊皮纸，从美索不达米亚官殿到埃及神庙再到西方基督教修道院。"（第 85 页）

101 它、滥用它，给个人和社会带来各种坏处……把秘密写下来，这个人肯定是疯了，除非他把它隐蔽起来，远离大众，只有勤勉和智慧的人通过努力才能理解它。”一百年之后，佛罗伦萨工程师兼建筑师布鲁内莱斯基（Brunelleschi）重申了罗吉尔·培根的观点：“不要和很多人分享你的发明，只跟那些理解知识、热爱知识的人分享……上帝给我们的赠礼不能泄露给那些嫉妒心强的无知民众，否则只会遭他们奚落……我们决不能在人群中炫耀我们的秘密。”❶

在古腾堡时代，声称要揭开魔法面纱的书籍很是畅销。那可都是一些“秘笈”：书中的配方和实验邀请读者去重现精彩的结果。有些跟上一章中的避孕法一样令人吃惊。各种关于药物、酸洗、酿造、爆炸等等实用的配方混杂在一块儿。经过一个世纪的公开，魔法被不可避免地去神秘化了。与此相应，“不要寻找高级事物”的禁令开始让位于新的口号，那就是，“敢于知道！”❷

敢于知道！这同时也就意味着，敢于犯错！敢于面对不幸！我们以为，现代科学采取了一种减少犯错危险的方法。但是，魔法大师、炼金术士、罕有秘密的追寻者，他们比起任何现代科学程式来更加不容许犯错误。根据西方炼金术的主要来源与权威，即 8 世纪的什叶教派信徒查比尔［以格伯尔之名行于西方］，炼金术士的技艺“储藏在上帝神圣的意志之中，上帝将随心所欲地给出或收回”。如果你尝试炼金术却没有成功，那可怨不着技艺本身。在你自己的心中寻找错误吧！失败并不能否证炼金术；相反，失败证明了那位想成为大师的人不适合于这样的知识。格伯尔把失败称作神圣的惩罚，通过它，“上帝拒绝赐予你技艺，

---

❶罗吉尔·培根：《关于技艺术与自然之非凡力量以及魔法之无效性的书信》（*Letter Concerning the Marvelous Power of Art and of Nature and Concerning the Nullity of Magic*）（基拉，蒙特：凯辛杰，1992 年），第 38、39—40 页；布鲁内莱斯基（Brunelleschi），引自朗《公开，秘密与原创者》，第 98 页。

❷埃蒙的著作《科学和自然界的秘密：中世纪与现代早期文化中的秘笈》详尽论述了现代早期的“秘笈”文献。康德不是第一个复兴贺拉斯（Horace）的“敢于知道”口号的现代作家。参见金兹伯格：“高贵者与卑贱者“。

痛心地把你推向错误的歧路，再把你从错误推向永恒的不幸。最悲惨最不幸的莫过于那些人：劳作结束时，上帝仍然没有允许他们洞见真理。这样的人命中注定要不断劳动，困挠于厄运与不幸，得不到安慰、愉悦和生命的欢乐，整整一辈子耗费在毫无益处的悲伤之中。”❶

17 世纪的新实验哲学家（包括伽利略、培根、波义耳、胡克和牛顿）努力争取实验的合法化，祛除加在错误或实验失败上的污辱，即作为邪恶与没有道德资格获得知识的符号。培根教导人们如何通过严格训练去有意识地找到反例。波义耳那篇关于实验的长文试图阐明，绅士实验家可能犯错误，也可能出现没有意料到的失败，但这些都不妨碍他仍然是好的绅士实验家。❷但是，世界的祛魅（Entzauberung）——马克斯·韦伯认为，现代在 17 世纪的发端总是伴随着世界的祛魅——并没 102
有让世界真正摆脱魔法。只是一些神秘内容的残余被驱逐出去，首先由审查官，然后由实证主义者。魔法不再是拯救的手段，实验知识也就不再跟以前的坏名声及宗教错误沾边。像布鲁诺和约翰·迪伊这样自成一派的魔法师变成了可笑的人物。但西方的魔法绝不仅仅限于它的神秘主义内容；它同时还是某种关于实验知识的观念和传统。最有效的知识才是最上乘的；知识的价值在于它能提升操作能力。魔法的多数内涵没有被抛弃，而是被移置、被挪用、被放入我们现在认作“现代科学”的实验研究的自我理解之中。

---

❶引自 E. A. 希契科克（E. A. Hitchcock）：《炼金术与炼金术士》（*Alchemy and the Alchemists*）［波士顿：克罗斯比（Crosby），尼科尔斯（Nichols），1857 年］，第 122 页；亦见于 E. J. 霍尔姆亚德（E. J. Holmyard）：《炼金术》（*Alchemy*）［纽约：多弗（Dover），1990 年］，第 158 页。欧洲文献中的“格伯尔”（Gerber）很可能不是什叶（Shi'ite）教派信徒查比尔（Jā bir），而是像塔兰托（Taranto）的保罗那样的人物，或者是一位来自亚洲的无名的圣芳济会（Franciscan）修道士；参见朗：《公开，秘密与原创者》，第 146—147 页。

❷关于波义耳“绅士实验”的重要意义，参见史蒂文·夏平（Steven Shapin）：《真理社会史：十七世纪英格兰的绅士风度与科学》（*A Social History of Truth：Civility and Science in Seventeenth-Century England*）（芝加哥：芝加哥大学出版社，1994 年）关于驯化实验的努力，参见彼得·伯克（Peter Burke）：《知识社会史：从古腾堡到狄德罗》（*A Social History of Knowledge：From Gutenberg to Diderot*）（剑桥：政治出版社，2000 年），第 14—15、110—111 页。

从13世纪到17世纪，罗吉尔·培根、约翰·迪伊、弗兰西斯·培根、托马斯·沃恩、伊莱亚斯·阿什莫尔（Elias Ashmole）、罗伯特·波义耳和艾萨克·牛顿（Issac Newton）等著名的英国思想家试图促成自然哲学与神秘哲学联姻。他们采取了同样的策略。为了提升实验的意识形态价值——实验仍然是遭宗教禁止的知识——他们寻求净化声名狼藉的保密行为，以及稀奇仪式的外观。这些稀奇仪式的外观使实验程序同非自然的魔法和宗教异端联系在一起。让罗吉尔·培根和约翰·迪伊倍感头疼的是，魔法师的名头损坏了他们的信用。不过，他们至少活着从里面逃脱出来了——布鲁诺就没有。

到17世纪初，贵为英格兰大臣的弗兰西斯·培根公开提倡实验，且把知识赞为自然界的魔法。他的晚辈波义耳，"怀疑论化学家"，当时最富有、最有人脉的英国人之一，像牛顿一样是位勤勉的炼金术士。把波义耳描画为冷静的机械论者和炼金术的批评者，那是实证主义的创造发明。它放大了波义耳对于那些声誉良好的主题的贡献，其代价则是损害了波义耳专注其间的炼金术。完全用机械论解释现象，这是波义耳所不情愿的；不仅如此，他的很多关于微粒的解释还是直接来自炼金术。波义耳的怀疑论主要不是针对炼金术，而是学院化学，因为它未能很好地把理论与炼金术士为之奋斗的实践结合起来。[1]

培根的创新对于西方知识的巨大变化具有决定性意义。对魔法的批

---

[1]弗兰西斯·培根：《新工具》（*Novum Organum*），I. 124；保罗·罗西（Paolo Rossi）："弗兰西斯·培根科学中的真理与效用"（Truth and Utility in the Science of Francis Bacon），载《早期现代中的哲学，技术和艺术》（*Philosophy, Technology, and the Arts in the Early Modern Era*），S. 阿塔纳索（S. Attanasio）译（纽约：哈珀&罗，1970年）。关于波义耳的炼金术，参见L. M. Principe："波义耳的炼金术追求"（Boyle's Alchemical Pursuits），载迈克尔·亨特（Michael Hunter）编：《重新思考罗伯特·波义耳》（*Robert Boyle Reconsidered*）（剑桥：剑桥大学出版社，1994年）。关于牛顿，参见罗伯特·韦斯特福尔（Robert Westfall）："牛顿与炼金术"（Newton and Alchemy），载Brian Vickers编：《文艺复兴时期的神秘思想与科学思想》（*Occult and Scientific Mentalities in the Renaissance*）（剑桥：剑桥大学出版社，1984年）。关于神秘主义与早期现代科学，参见Charles Webster：《从帕拉萨尔斯到牛顿：魔法与制造现代科学》（*From Paracelsus to Newton: Magic and the Making of Modern Science*）（剑桥：剑桥大学出版社，1982年）。

判早已屡见不鲜；从西塞罗到加尔文，他们嘲笑自诩为魔法师的人空虚狂妄。培根，这位17世纪欧洲最受尊重的作家之一，扭转了这个道德传统。与早先的批评家不同，他也有魔法师那般操作的愿望，只是不赞成轻信与家法不严。他说，魔法的“目标与主张是高贵的”，唯一要批 103
评的是“这些目标的起源与实施，包括理论与实践两个层面”，因为它们“充满了错误与空疏”。培根的实验主义所追求的知识正是神秘主义传统所许诺的东西：发现形式、公式和咒语，通过它们“把无论是自然界的变迁、实验的勤勉抑或偶然本身都未曾产生的东西揭示出来、生产出来（**虽然这一点迄今为止从未做到**）”。他说，如此这般的知识，他的新科学的高峰，才有资格称得上魔法——“在它古老而尊贵的意义上”，也就是说，“那一门通往关于隐蔽形式的知识的科学，为了产生巨大的效能，而且，通过把主动者联接于受动者，把自然界的主要工作摆到眼前。”❶**虽然这一点迄今为止从未做到。**

培根推动了一件事，神秘主义传统从前跟教会论辩时曾经逃避了这件事。早先的批评家似乎都暗中承认魔法大师有权掌握强有力的知识，而培根却要揭穿他们的骗局。由于他本人的目标与魔法师部分相同，所以他能够比正统批评家更有效地揭露神秘主义传统的空疏——因为正统批评家自己就有漠视知识有效性以及轻信之弊。培根将魔法唯一的**真实**秘密公诸于世：它不灵验，不过离目标已经近在咫尺了。然而，魔法大师所追求的东西依然非常值得追求。培根认为，我们所需要的只是找到更好的进路达到它。一切求助于崇高追求者的因素都必须从实验中清除干净。自然知识的探索活动必须重新加以组织，必须建立理性的制度。

---

❶培根：《新工具》，II. 3（着重号为引者所加），及其《学术的进步》（*The Advancement of Learning*），III，5。通常认为，11世纪拜占庭哲学家迈克尔·波塞鲁斯（Michael Psellus）把魔法定义为“绝对最伟大的自然哲学”（naturalis philosophiae absoluta consummatio）。培根可能读到过16世纪那些与冶金学进步有关的人对炼金术传统的批评。阿格里科拉（Agricola）的《论金属》（*De Re Metallica*）（1556年）名气最大，虽然它既不是第一部也不是唯一的此类著作（朗：《公开，秘密与原创者》，第六章）。

培根把神秘从实验中驱逐出去，并在原本空虚的幻象中注入仁慈的管理和种族进步，以便把知识置于功利追求与方法神话的严厉统治之下。

在现代科学制度建立之前，统治实验的只有宗教及其近邻——在枢密大臣的眼里这可是无法无天的丑行。难怪实际上除了像黑色火药、指南针这样一些意外的发现之外一事无成。按照培根的理解，实验主义者就是一个大臣的办事员，世上再也找不到比他更好更幸福的了。他按照他的科学上司所订下的章程办事。“我那个发现科学的法子，”培根说道，“它就是要抹平人们在才智上的差异，这里几乎没有给个人的卓越才能留下表现空间。”❶知识的证明和衡量不再诉诸生存性的东西，即个人的幸福或效能。衡量的标准现在是模糊的世俗进步，一种只有知
104 识的“神父”才能证实的社会效用。培根的新大西岛是一个现代管理的乌托邦，许诺一切由科学技艺带来的益处，却丝毫没有与启蒙相伴的病症。

将实验纳入理性的制度之下，培根发起的这一主张在奥古斯特·孔德那里臻于极至。不过，这些倒也不是无益的梦想。到19世纪末，按照培根、孔德等人的理想模塑出来的现代建制已经在中世纪正统思想败下阵来的地方高奏凯歌，凡是跟“现代科学”建制不相容的知识气质或知识实践早已名声扫地。今天，我们站到了理性主义分水岭的另一边。任何神学正统或形而上学残余都不再能够真正威胁到知识追求。相反，威胁恰恰来自貌似致力于知识培育的制度本身。

两个世纪以前，宗教唤起自发的忠诚。从教会手中接过知识重担的现代建制则不再能做到这一点。这是虚无主义的标志。尼采看到，虚无主义正在迫近现代文化。哲学家以自由精神回应新上帝（制度化的科学）的死亡，正如他们的父辈以同样的方式回应了自己那一代人的上帝的死亡。“新的地平线重新无遮拦地出现在我们面前，我们的航船可以

---

❶培根，引自R. F. 约翰斯（R. F. Johns）：《古代与现代：科学运动在17世纪英格兰的兴起研究》（*Ancients and Moderns: A Study of the Rise of the Scientific Movement in Seventeeth-Century England*）（纽约：多弗，1982年），第55页。

再度起航，爱知者一切大胆的行为重新开始获得许可。”[1]**重新开始**，当实证主义尚未俘获探究活动，当知识逃离由大学、世俗的管理和共同体的理性主义所组成的制度。

17 世纪之前，那种认识论清教——尘世苦修或世俗禁欲的精神——暗中潜入，从而损坏了魔法大师们对于生存的审美。这个时候，实验性的知识就像是同错误与不幸展开的浮士德式的赌博。人们从事实验不是以“社会”或“进步”这样一些含糊的意识形态概念的名义，而是像尼采所说的那样“为了给生存一种审美的意味，**为了增加我们的生存品味**。”[2]这一观念在尼采那里留下了明显的印记。人到中年的尼采在《快乐的科学》(1882 年）中写道：“生活没有让我失望。相反，我觉得生活一年比一年真实、值得贪恋和神秘——自从那天伟大的解放者、那个观念向我垂临：**生活可以成为求知者的实验**。”这一观念在《人性，太人性》(1878 年）一书的新版序言中又被重新提及：自由精神享有“危险的特权，允许以实验的方式生活，允许自我冒险”。这已成为原创思想的一部分，在一个最富有爱默生风格的片断里，尼采写道：“不管你将来成为什么，成为你自己的经验之源！抛开对自性的不满；原谅你自己，因为在你自身中有一架百档长梯，攀在上面你可以摘到知识。”在接下来的一部书《朝霞》(1881 年)中，尼采宣布：“我们是实验：让我们也渴望成为实验！……伟大思想家最美好的德性在于他的宽宏大度。凭着宽宏大度，追求知识的他无所畏惧地献祭自己与自己的生命，往往身处困窘，往往带着高贵的讥讽与微笑。”[3] 105

---

[1]尼采：《快乐的科学》，§343。

[2]尼采：《遗著》(*Nachlaβ*)，引自芭贝特·巴比赫（Babette Babich)：《尼采的科学哲学》(*Nietzsche's Philosophy of Science*)（奥尔巴尼：纽约州立大学出版社，1994 年），第 104 页。彼得·伯克证明，17 世纪、18 世纪渴望在知识生产中引入更强的规范，包括“以学术‘部门’(这一词 1832 年第一次在英语中使用）为形式的建制”，而这种渴望的常规化便演变为现代学术理想。《知识社会史》，第 114、90、91 页。

[3]尼采：《快乐的科学》，§324（黑体为引者所加)；《人性，太人性》(*Human, All Too Human*)，玛丽昂·费伯（Marion Faber）译［林肯：内布拉斯加（Nebraska）大学出版社，1984 年］，前言 §4，§292；《朝霞：论道德的偏见》(*Daybreak: Thoughts on the Prejudices of Morality*)，R. J. 霍林戴尔（R. J. Hollingdale）译（剑桥：剑桥大学出版社，1982 年），§§453，459。

通过清理实验跟那些稀奇仪式之间的古老联系，并把实验带入一个致力于社会的善的世俗制度之下，培根希望为大规模的实验扫平道路。他希望，实验多多益善，不过仅仅是符合他所说条件的实验。他希望，有服务于新科学的规则和办公室来重演他的等级秩序观。他希望着我们今天的公司领导人所希望的一切：可控制的变化，可控制的创新，可控制的启蒙。不过，与培根或后来的实证主义不同，尼采所强调的，不是实验性知识所需要的方法与逻辑，而是它所需要的自由。

第二节　为知识之故犯错

杜威批评哲学高估了认知。只有哲学家才会认为真理是世上最好的东西。尼采早就已经对哲学发出了这样的抱怨。“每一种哲学无意中都把知识归为**最伟大**的善事。”❶不过杜威认为，知识是诸种目的之一，而不是最完美者。尼采则怀疑，知识自然且必然**是**善事。

杜威毫不怀疑更完善的知识将让我们变得更好、更幸福、更现代、更民主。对此，尼采则深表怀疑：“我们打一开始就是非逻辑的存在，因而也就是不美好的存在。而且，我们可以知道的一点是：这是生存最大、最不可解的不和谐之一。”对于杜威来说，并没有什么不可解的生存的不和谐。一个问题不能解决，它只是在等待合适的工具来解题而已。对于尼采来说，这一实证主义的乐观精神是一厢情愿地逃避一种更实在的悲剧。他援引拜伦说，“知道最多的人/致命的真理必让他悲恸最深，/知识之树非生命之树。”❷我们知道得越多，就看得越发清楚：知识是一种非人性的力量，它将最终颠覆整个力量系统。死亡胜过哪怕是最上乘的知识，后者并不能真正**拯救我们**。

---

❶尼采：《人性的，太人性》，§4。
❷拜伦（Byron）：《曼弗雷德》（*Manfred*），1.1.10—12。尼采在《人性，太人性》§109引用了这些话。

知识必有一死，这是当然的。但是，只有那些追寻永恒救赎的人才会把这样的"知识"叫做骗子。尼采不相信乐观主义，而另一方面，虽然他意识到知识和认知者都不过是宇宙间的偶然之物，但他也没有因此垮掉。他在《人性，太人性》中论证说，知识的追求固然不能提供形而上学的慰藉，也不可能发现悲剧不过是一种表象从而带给人安心，但它至少在理智上是诚实的。它有良知，且会促进良知。"现代科学"意味着，现代文化热衷于有纪律的考察与实验。科学的价值在于它解放性的实验怀疑论，而不在于它的权威（比如在孔德那里）。它消灭偶像崇拜与独断论，同时又没有树立新神。它给予人冰冷的慰藉，但人们至少可由此看见真理。对于尚未被过度的形而上学所败坏的口味来说，这已经很甜蜜了。"没有哪一种蜜比知识之蜜更甜"；"甚至关于最丑陋的实在的"知识"本身也是美好的"。对于任何真正渴求自由的人来说，需要"最迫切的莫过于知识，以及获得它的手段——也就是说，让他最能够从事于知识工作的持久条件。"❶ 106

尼采自称为非道德主义者，而这在他那里可不是做给人看的。他所批判的并非某一种道德，而就是"道德"本身——自我克制的普遍要求。他批判道德是为了明辨是非，从而尽心尽责地推进他所赞颂的知识。他解释说，"否定道德"可以意味着两件事。一是否定"人们所**宣称**的道德动机激发了人们的实际行动"。这是拉－罗什富科（La Rochefoucauld）的主题。这不同于否定道德本身，后者是"否定道德判断以真理为基础"。这里要论证的不再是德性的虚伪性，而是"正是**各种错误**推动人们做出道德行为，因为它们是所有道德判断的基础"。❷不管采取何种可辨识的形式，道德本身是一种错误。因此，热爱知识的人超越善恶。

这些错误包括责任、惩罚、正义、慈善等观念，它们在人类的幼年

---

❶尼采：《人性，太人性》，§292；《朝霞》，§550；《人性，太人性》，§288。
❷尼采：《朝霞》，§103。

时代可能是必不可少的。“没有这些内在于道德基本原理之中的错误，人类可能还处于动物状态。”然而它们的确是错误，而且，把我们卷入错误的不仅仅是道德。“一切人类生活深深沉入谎言之中。”伟大的发现是：这种错误是创造性的，力量与知识从错误中产生。“错误让人类变得如此深刻、精细而富有创造力，从而有了宗教与技艺的繁荣。纯粹知识不可能做到这一点。”因为那样的知识本身是人类巨大错误的另一类产物。“我们必须热爱、培育错误：这是孕育知识的子宫。”❶

错误不是知识的对立面，也不是知识所要克服的东西，相反，它是
109 知识取得成功与价值的条件。杜威让知识从属于非工具性的“成就”，而尼采则让它从属于充满错误与悲剧的生活。错误是我们同实在最深层的关系。评价、偏爱、安排或指令的过程就是犯错的过程。错误是我们的空气，我们犯错就如同我们要呼吸，我们离开错误就无法生存。因此，通常的价值判断必须被颠倒过来：“一个判断是错的，这对于我们来说并不必然意味着反对一个判断；就此而言，我们的新语言可能听起来最为惊世骇俗。问题在于，这个判断在多大程度上参赞生命、保存生命、保存人种、乃至于化育人种。”❷

尼采反对柏拉图主义的西方哲学从来没有完全废止。实际上，甚至连最精确的感知或概念所犯的“错误”也意味着它们没有做到符合——忠实的模仿乃是古典真理的特征。❸大多“错误”仍与知识的品质相容，因为“错误”实际上不过是一种兴趣，一个视角，它使得知识成为人类应对环境的人化物。说知识是一种错误，这不过是说视角不可能终

---

❶尼采：《人性，太人性》，§§40，29；《遗著》，引自巴比赫：《尼采的科学哲学》，第103页。比较歌德《浮士德》“人一奋斗就犯错”(1.317)。

❷尼采：《超越善恶》(*Beyond Good and Evil*)，W. 考夫曼（W. Kaufmann）译（纽约：古典书局，1966年），§4。

❸“尼采可以说伪造和错误……因为他依然在符合（adaequatio）这一传统意义上使用真理。”沃尔夫冈·米勒-劳特尔（Wolfgang Müller-Lauter）：《尼采：他的矛盾哲学，以及他的哲学中的矛盾》(*Nietzsche: His Philosophy of Contradition and the Contraditions of his philosophy*)，戴维·帕伦特（David Parent）译［厄本那（Urbana）：伊利诺伊（Illinois）大学出版社，1999年］，第6页。

止，不存在绝对知识，不存在“上帝的眼光。”不存在“世界的总体特征”这样的东西。“责备或赞扬宇宙”是愚蠢的，我们不能说它“无情无义不讲理，也不能说它有情有义讲道理……我们的美学或道德判断没有一个适合它……它也不遵守任何规律……所有这些上帝的阴影何时才会停止翳蔽我们的心智?”❶

尼采希望彻底消除西方思想中的上帝观念，从而革命性地颠覆形而上学概念与伦理学概念。知识成为一种错误，存在概念被曝光为“正在蒸发的实在的最后一缕轻烟”❷。他用一种解构性的无神论做实验，探索莱布尼茨以下观念的无神论（而且稍微有点滑稽）变种：每一个存在者“表达了宇宙整体，因为在充实的空间里一切物质相互作用。”❸这种泛关系论再加上（显然不是来自莱布尼茨的）命题“上帝不存在”，自然引出如下结论：存在者依赖于相关的他者，而相关的他者又依赖于与其相关的他者，如此以至于无穷，只有关系，没有实体。用希腊形而上学的话来说：“无物**存在**。”❹

如果说尼采有一种形而上学的话，那它就是：莱布尼茨的泛关系论，但没有莱布尼茨的神，因此也就没有他的整体主义或实体概念，于是也就无法容忍统一、同一、永恒和存在诸古典形而上学观念。既然上帝不存在，任何系统都不过是伪装的片断。既然除视角之外别无他物， 108
“没有东西能够判断、测量、比较或审判我们的存在，因为那将意味着判断、测量或比较全体”。不可能有绝对的视角，也不可能有康德、黑格尔等哲学家所寻找的系统的封闭性。“世界不是一个统一体。”❺我们

❶尼采：《快乐的科学》，§109。
❷尼采：《偶像的黄昏》（*Twilight of the Idols*），卷10：W. 考夫曼编译：《尼采口袋书》（*The Portable Nietzsche*）[纽约：维京（Viking），1954年]，第481页。
❸G. W. 莱布尼茨（G. W. Leibniz）：《单子论》（*Monadology*），§62，参见D. 加伯（D. Garber）、R. 阿里（R. Ariew）译：《关于形而上学的对话及其他》（*Discourse on Metaphysics and Other Essays*）（印第安纳波利斯：哈克特，1991年）。
❹尼采：《强力意志》（*The Will to Power*），W. 考夫曼、R. J. 霍林戴尔译（纽约：文蒂奇，1954年），§§560，558，570。
❺尼采：《偶像的黄昏》，第500—501页。

的理性可能要求总体性，如康德、黑格尔所坚持的那样，但是，一种更现实的关于偶然性的知识应当抑制这样的理性主义。

尼采甚至援引了莱布尼茨神正论的辩护性结论。“在真实的世界中”，“每一事物都与其他一切事物关联并以它们为条件。对任何事物的谴责与遗忘就是对一切事物的谴责与遗忘。”因此，“一切事物都是无罪的：而知识就是洞见这种无罪的方式。”❶对于莱布尼茨来说，充足理由律，即世界的强制辩护了世界的神圣起源。尼采接受了莱布尼茨所否定的东西：存在的最终偶然性。存在是无可责备的，但并非因为世界是完美的，而是因为没有总体性，没有充分的、最后的“实在”，可以通过它来对部分作出绝对的判断。罪恶引发人们对世界的价值提出异议，但这样的异议是可以反驳的——唯一的条件是我们假定上帝不存在。

如果在形而上学意义上无物**存在**，那么，显然无物**可以认识**。这也是尼采的结论。“我们根本没有任何获取知识和‘真理’的器官。我们所‘知道’（或者相信或者自以为是）的，不过是对人群或人种利益**有用**的东西。”❷他怎么可能知道我们没有获取知识的器官？如果他知道，那我们无论如何必定有认知器官；如果他不知道，那么他所说的就不能算作知识，我们又何需严肃对待呢？为了看破这一悖论，我们必须看到，“无物**可以认识**”这一陈述与“无物存在”类似，就像是归谬法论证中的论题。假如古代哲学关于存在的论说是对的，那么就没有存在。假如尼采关于知识的论说是对的，那么就没有知识。“没有获取知识的器官”，这说的是，没有能力展开本体—逻辑直觉或纯粹（非物质、非实体）的认知，一种上帝的眼光。如果缺乏是在这个意义上说的，那么

---

❶尼采：《强力意志》，§584；《人性，太人性》，§107。苏珊·尼曼（Susan Neiman）注意到了尼采永恒轮回同神正论之间的相似性：“希望世界永恒，称世界为一切可能世界中最好者，这两者之间究竟有什么差异呢？”《现代思想中的邪恶》（*Evil in Modern Thought*）（新泽西州普林斯顿：普林斯顿大学出版社，2002年），第222页。
❷尼采：《快乐的科学》，§354。

我们的确缺乏那样的东西。这种缺乏属于皮尔士所说的那些非凡的“无能”之一：皮尔士认为，它们大有功于我们获取知识的真实能力。❶

有些我们知道自己办不到的事情——把我们的身体，进化或环境搁到一边去，然后如其所是地思考事物——不可能是知识最根本的成就，不可能赋予知识以价值、力量和有益于生命的善，因而也就不可能是使知识成其为知识的东西。达尔文也在这一点上驳倒了亚里士多德。我们不可能离开自身观看；离开人类神经系统，我们不可能观看或运思。神经系统使 109
得一切思想与感知成为它进化环境中的人化物。因此，尼采警告哲学家：“让我们提防……像‘纯粹理性’……或‘知识本身’那样一些自相矛盾的概念。它们总是要求我们想像一双完全无法想像的眼睛，一双不转向特定方向、因而也就没有主动性与理解力的眼睛，但是，正是主动性与理解力才使得看成为‘看见**某物**’；它们总是对眼睛提出荒谬无聊的要求。世上**只有**视角性的（perspective）看，**只有**视角性的‘认知’。”❷

可能一直会让人担心的是，这一论证本身就是那些无所不在的错误之一，或者说，是一种解释（interpretation），像其他解释一样任意。它当然是一种“解释”：“那就更好了！”❸满心欢喜地承认视角性，丝毫不感到心灰意冷，这正是那种没有因发现偶然性而吓得傻愣无言的思维不同于形而上学的失望之处。尼采认真地强调了他所主张的视角性同无条件的“形而上学”观念之间的区别：

> 生存的视角特征会发展到何等程度，或者，生存是否还有另外的特征……［也就是说］是否一切生存并非按其本质就得

---

❶C. S. 皮尔斯（C. S. Peirce）：“四种无能的后果”（Some Consequences of the Four Incapacities），载《论文集》（*Collected Papers*），卷五，查尔斯·哈兹霍恩（Charles Hartshorne）、保罗·韦斯（Paul Weiss）编（麻省剑桥：哈佛大学出版社，1935 年）。“无能”是非反省、非直觉，是无信号的非思想，是绝对不可认知的无概念。

❷尼采：《论道德的谱系》（*On the Genealogy of Morals*），W. 考夫曼（纽约：文蒂奇，1967 年），III. §12。

❸尼采：《超越善恶》，§22。

> 积极从事**解释**——这样的问题，就最勤勉、最细心、最尽心的分析和理智的自我检验都无法搞清楚；因为就在这样的分析过程中，人类的理智不可避免地从自己的视角出发看自己，而且**只能**从自己的视角出发。我们不可能离开自身观看：想知道其他可能存在的理智或视角，这只是毫无希望实现的好奇心罢了。❶

因此，他在别处引出结论说："只要'知识'一词有意义，世界是可知的；但另一方面世界是**可以解释的**，在它背后不存在某种唯一的意义，但却有无数种意义。"❷把知识叫做"解释"，这并不是说它是痴人说梦或虚构之物，不是说世界是不可判定的文本，也不是说实在是一种语言建构。它只是承认，对于一切感知与观念、语言与思想来说，以及对于知识的一切要素、器具、结果和意蕴来说，环境性是无法化约的。感知等等是强有力的工具，但它们是我们的，它们所揭示的无非是我们通过它们所制作的东西。把知识叫做"解释"，这并不是说文本之文本性让解释成了知识的修辞。它只是表明，文本有着炫丽的人化物品性，以及，文本带有明显的约定性、建构性与人化特性。

第三节　真理在实验之中

110 现代人通常受了自己观点的误导。一位具有启蒙与科学思想的人，有时甚至无神论者，他的宗教性可能并不亚于早先未开化时代的人们。引用科学与理性的价值，这并不能区分，究竟是追求那种让一切（或近

---

❶尼采：《快乐的科学》，§374。以知识为阐释的观点，可参见巴比赫：《尼采的科学哲学》，第230—233页；埃里克·布隆德尔（Eric Blondel）：《尼采：身体与文化》（*Nietzsche: The Body and Culture*），S. 汉德（S. Hand）译［伦敦：阿斯隆（Athlone）出版社，1991年］；以及米勒-劳特尔：《尼采》，第147—160页。
❷尼采：《强力意志》，§481。

乎一切）偶像塌倒在地的“真理”，还是僧侣的自我否定。“我们对科学的信仰依然基于一种形而上学的信仰——历经数千年之久的古老信仰、基督徒的信仰、亦即柏拉图的信仰认为，上帝就是真理，真理是神圣的。我们当今的求知者，我们无神论者和反形而上学者，也还是从这种信仰所点燃的火堆取我们的火。”[1]

尼采感到，这是他最棒的思想之一。“如果说我猜着了什么谜底，我希望就是这个命题！”他写道，“无条件地要求一点——执著于理智的纯洁性”的“现代的否定者与局外人”——包括他自己：

> 这些坚硬、严厉、节制、英勇的精神，他们是我们这个时代的光荣；所有这些苍白的无神论者……这最后一批知识的理想主义者，今天只有在他们身上还栖居着、活跃着理智的良知——他们当然相信，他们已经尽可能地完全摆脱了禁欲主义理想。……我要告诉他们一个他们自己看不到的秘密——他们看不到是因为他们离自己太近了：禁欲主义理想恰恰就是他们的理想；在今天，他们——而且可能仅仅是他们自己——体现了禁欲主义理想；他们自己就是它最典型的精神产物，就是它冲在最前列的先锋部队与侦察兵，就是它最危险、最阴柔、最不露痕迹的诱惑形式——如果说我猜着了什么谜底，我希望就是这个命题！——他们还远非什么自由精神：**因为他们仍然相信真理。**[2]

是否有可能偏爱、培育知识却无需犯通常的错误，无须禁欲主义或理想主义，无需贬低世界的价值，无须再次成为虔诚的宗教徒？爱知者的胆量最终所依赖的，不仅仅是错误，而就是**那一种**错误，即形而上学

---

[1] 尼采：《快乐的科学》，§344。
[2] 尼采：《论道德的谱系》，III. §24。

的乐观主义？尼采在《查拉图斯特拉如是说》第四卷提出了这一问题。12 位所谓的高等人（hörere Menschen）聚集在查拉图斯特拉的岩穴等他归来。在这班奇怪的集会者中有老教皇、流浪者及其影子、最丑恶者和精神之良知者（*Gewissenhafte des Geistes*）。在这最后一卷书的开头，查拉图斯特拉出门**寻找**“高等人”。他沿路碰到了这些人，每个人都在找
111 **他**，而他让他们来岩穴等待。只是在最后，在他自以为寻找高等人无功而返的时候，查拉图斯特拉才意识到，他已经碰到了他要找的高等人，而他们就在岩穴等他。他并没有安心。

且来细看其中那位精神之良知者。这是一位科学信仰者，一位实证主义者与理性主义者，一位知识的禁欲者，一位真理的热爱者。他没有让自己迷离于形而上学的慰藉。他冷眼观人，所看到的则是一种被恐惧、需求和生存斗争所主宰的生物。正是恐惧、虚弱和惨痛的教训生出科学。惨痛的教训使我们渴望安全，安全只在于一个可以预测的世界之中。“从恐惧中生长出我自己的德性，它便叫做：科学。对人类已经驯养最长时间的野兽的恐惧——包括那些他包藏在自我之中并感到害怕的野兽……这种古老悠久的恐惧，最终变精致了，精神化了，理智化了——在现代，我觉得，它便叫**科学**。”❶

查拉图斯特拉听到这些话，便把一捧玫瑰花掷向精神之良知者，嘲笑着他的“真理”，即他的恐惧。恐惧“是我们的例外”。不是恐惧而是它的对立面，勇气，才是“人类全部上古史”的主题。尼采在别处有睿智的言说：“生命的全部表象不是穷困，不是饥馑；相反，它是富足、丰饶，甚至荒唐的奢靡……我们可不能把马尔萨斯的言论误当作自然。”我们的祖先，第一代人类，必定已经“妒忌最狂野、最勇猛的动物，并且从它们那里夺走了一切美德：只有这样［他们］才成为人。这种勇气，最终变精致了，精神化了，理智化了，这种人类的勇气加上鹰

---

❶尼采：《查拉图斯特拉如是说》（*Thus Spoke Zarathustra*），W. 考夫曼（纽约：现代图书馆，1995 年），第 202 页。

的翅膀和蛇的智慧——在现代，我觉得，**那**便叫——”❶

行文戛然而止。查拉图斯特拉没有说出的那个词或许是**科学**，或者，**快乐的科学**。尼采在这里宣布了一个重要原则，我们会看到，这个原则将（在以后的章节里）从意想不到的角度得到证实。没有东西可以从恐惧中生长出来，至少从恐惧中无法生长出强有力的知识。匮乏或苦苦挣扎的年代不可能培育实验，实验至少意味着各种假设有望进行富有成效的表演。沉思熟虑，好奇，或多或少还有实验，它们都需要勇气，那种与精通、可靠、对未来实实在在的信心相随相伴的勇气。火也许是最早的实验环境，它引发了在烟火制造术与制陶术方面用途很广的发明。农耕进一步提供了可以实验作物杂交与农业技术的环境。冶金术则是实验的另一个炉膛，是炼金术传奇的开端。对于这些最初的实验来说，实验性的探究之所以可能的前提条件，是相应的文化所拥有的能耐与安全。比如，文化能够提供实验所需要的食物补给与高温。上一次冰河期之后，生活在地球上的第一代人类被描述 112
为“热心的实验者”。而且，在我看来并非巧合的是，据说在他们生活的年代里“资源新达到的富足迫使自然征服者在决策方面达到新的复杂程度，这些决策人类以前从来没有这样在如此大的范围内持续不断地碰到过。”❷实

❶尼采：《查拉图斯特拉如是说》(*Thus Spoke Zarathustra*)，W. 考夫曼（纽约：现代图书馆，1995年），第203页，及《偶像的黄昏》，第522页。伊莱亚斯·卡内蒂(Elias Canetti)对查拉图斯特拉的思想有一个很好的回应：“在相当长的一段时间里，[人类]以小群为居。通过变形，人类尽可能地把他所知道的一切动物融入自身。只有通过变形的发展人类才真正变成人；这是他特有的天赋与乐趣……当然，人，只要他是人，总是想变得更好。人类所有的信念、神话、习俗和仪式都充满了这种欲望。”《群与力》(*Crowds and Power*)，卡罗尔·斯图尔特（Carol Stewart）译[纽约：正午（Noonday）出版社，1984年]，第108页。

❷彼得·博古茨基：《人类社会的起源》（牛津：布莱克韦尔，1999年），第156—157、158页。有关火的早期实验，参见T. A. 沃泰姆（T. A. Wertime）、S. F. 沃泰姆（S. F. Wertime）编：《早期烟火制造术》(*Early Pyrotechnology*)，（华盛顿特区：史密森学会（Smithsonian Institution）出版社，1982年）；理查德·鲁格雷（Richard Rudgley）：《失落的石器文明》(*The Lost Civilizations of the Stone Age*)[纽约：触石（Touchstone），2000年]，第108—114页。西里尔·斯坦利·史密斯（Cyril Stanley Smith）令人信服地证明了，冶金术——如果它不是特例的话——说明，“需要**并非**发明之母。……发现需要的不是逻辑，而是审美动机推动下的好奇心，因为新事物只有跟业已存在的环境相互作用才能获得有效性”。《寻找结构》(*A Search for Structure*)（麻省剑桥：麻省理工出版社，1981年），第325页。

验和新知识的刺激因素是**富足**而非匮乏，是**安逸**而非苦苦挣扎。正是基于此，查拉图斯特拉反对精神之良知者以及他所代表的实证主义。

精神之良知者具有实证主义者僧侣式的关怀：掌控知识的缪斯女神。像对待技艺一样，人们也可以从创造者的角度“技术性”地观看科学，或者，从观念的角度玄思科学。虽然没有哪一种是唯一正确的观察点，但玄思的视角显然寄生于作为的技艺性。实证主义选择了玄思的视角，把科学看作某种与商业中的簿记类似的东西。这就不可避免地错过了最重要的东西。语义学，逻辑，方法论，这些看起来相当重要的东西其实并不会给我们带来任何成果。❶人们高估了秩序在科学与文明中的重要性，而寻求秩序的强迫性冲动所威胁的，正是那种赋予实验性知识以价值的特性。知识中有创造力的东西，不是需要，尤其不是寻找秩序的需要。

查拉图斯特拉的高等人又复如何？接近岩穴之际，查拉图斯特拉惊讶了，因为那洞里充满的喧哗与笑声突然变成庄严的肃静。什么气味？熏香！查拉图斯特拉往洞里窥视。所有高等人“都像小孩和虔诚的老妇一样，跪在地上，敬拜一头驴子”。一尊**偶像**，一尊新神！他们重新变得虔诚了！他把他们逐个挖苦。他们为什么要向后滑？对自己的所作所为，他们怎么想？他所得到的，不过是“痞子的答复”，它们对于他、对于我们没有丝毫意义。仪式的、可笑的偶像——整个想法如果说还不够荒唐，那也可以说是可耻的。无法想像，我们会被诱往如此粗俗的宽怀安心。“对于我们来说，**知识的冲动**已经过于强大，我们不再可能渴求任何与知识无关的幸福，或者，任何强烈牢固的幻想所带来的幸福。”❷而那些高等人——**他们就是我们**。他们是思想家和知识分子，是领导者，

---

❶孔德认为，分类是一门科学要做的最重要的事：“知道分类就是知道科学，至少在它最重要的方面是如此。”引自玛丽·皮克林：《奥古斯特·孔德：思想传记》（剑桥：剑桥大学出版社，1993 年），第 1 卷，第 212 页。对于最富孔德色彩的逻辑实证主义者奥托·纽拉特来说，“极关重要的是，有**一种秩序**是所有规律的基础，它关乎一切科学，包括地理学，化学和社会学”。“物理主义”（Physicalism），载萨侯特拉·萨卡尔（Sahotra Sarkar）编：《逻辑经验主义基本著作》（纽约：加兰，1996 年），第 6 卷，第 76 页。

❷尼采：《查拉图斯特拉如是说》，第 312、316 页；《朝霞》，§429。

艺术家和教师，是书籍的作者和读者。

在隐入明天之前，查拉图斯特拉向我们提出了一个问题。那些“高等人”，那些知识文化所依靠的“高等人”能否在摆脱形而上学的乐观且不再陷入虔诚的同时保持欢欣与创造力？如果没有超越者的幻象，我们能否热爱并培育技艺与科学？我们的思想者能否切断热爱知识与渴求本体一逻辑真理的形而上学欲望之间的关联，与此同时依然自我感觉良好？《人性，太人性》所描画的自由精神之欢欣良知显然做不到这一点，因为他对自己的求知热情缺乏好奇心，这使得他很不幸地接近于精神之良知。尼采暗示，有一种不同的人格，一种悲剧性的酒神哲学家，他摆脱了乐观主义，同时却依然冲劲十足，欢欣愉悦，富有创造力。 113

跟今天的爱科学者相比，未来的哲学家看重实验甚于科学。尼采似乎认为，现代科学建制向形而上学的乐观主义、僧侣式的禁欲主义和民主的虚无主义做了过多的让步，已经不可能孕育一种新哲学。在它最初的300年间，现代科学随着它的驯化和制度化而逐步蜕变。结果，新科学和老宗教之间的差别并不是特别大。“现代科学并非禁欲理想的对立面；恰恰相反，**现代科学是禁欲理想最新颖最高贵的形式。**”[1]科学对我们所行的事，就是基督教对我们的祖先所行的事，也就是任何宗教对它的信徒所行的事：拿出“更高等”的玩意儿供人信仰，让信徒逃避认识人生最大的悲剧。

然而，我想我们必须追问，今天科学的问题是否仍然就是100年前宗教的问题。在科学中，有一种宗教所没有的知识成分。科学史，无论从哪儿开始，都是一部知识成就史。宗教中找不到可以与此相比拟的东西；知识之成就，就其本身而言，与宗教属于不同的序列。我想这一点很要紧。

---

[1]尼采：《论道德的谱系》，III. §23。尼采在别处写道：“我一直不倦于提醒世人注意我们当下科学工业的**去精神化**影响。牢固的奴隶制度——也就是今天每位学者所声讨的科学高度分化——是造成以下情形的主要原因：各门科学尽管有更充分、更富足、更深刻的装备，却再也找不到意气相投的教育和意气相投的教育者。我们的文化所遭受的最大伤害莫过于自命不凡的零工以及仁慈的碎片大量过剩；我们的大学，事与愿违，是滋生这种精神本能之凋零的真正温室。”（《偶像的黄昏》，第508页）。

如果科学有问题的话，那也是导源于知识的形成过程，而不是宗教过去之所是。在最重要的现代科学家，比如伽利略、牛顿、达尔文或爱因斯坦等人的著作里看不出有多么严重的虚无主义。我也看不出，科学仅仅是反动或怨恨的力量，它必将最终挣脱我们的控制。反动或积极的差异不过是语法差异，好像主动态与被动态，它在实际运行的诸种力的本性中找不到对应物。争论基督教、科学、希腊人或社会主义是否产生于怨恨（抑或热爱），产生于失败（抑或成功）的反应，这不过是一场傻瓜游戏。

尼采也要面对类似的困难，因为他尝试用**意志**（will）解释物理意义上的力（force）。《超越善恶》写道："我们必须斗胆假设……一切机械事件，就有力（Kraft）活动于其间而言，那都是意志之力（Willens-Kraft）……那么我们就有权把一切起作用的力一概归之为——**强力意志**。我们从内部看世界，根据它'可以凭理性加以认识的品格'加以界
114 定和确认——那可能就是'强力意志'，除此之外别无他者。"❶很不幸，这可不是一个严肃的假说。力就是力。它存在着，真实存在着——是实在。但它没有本质。意志并不是比实体、精神或其他任何来自形而上学歌本（海德格尔称之为"对存在的各种命名"）的曲调更加接近本质的东西。任何所谓的本质都不过是某些人应付过程与变化的方式——当然，尼采也这么说。他最棒的思想之一在别处。

我以为，人们在接受尼采哲学时高估了"强力意志"，尤其是在海德格尔对尼采的阐释流行之后。"永恒轮回"也是如此。一旦人们相信它，它就会成为尼采最恶劣的思想。"永恒轮回"不过是：信仰，出于偏好而相信某物，仅仅为了它带来的诗意。永恒诅咒的**信念**发挥了作用——相反的信念，永恒轮回，为什么就不是这样呢？❷真的，为什么

---

❶尼采：《超越善恶》，§36。

❷"不仅仅感情或特定的期许，甚至关于可能性的思想也会扰乱或改变我们。永恒诅咒的可能性已经产生了发挥了多大的作用啊！"尼采，笔记（1881年），引自Robin Small："恼人的思想与永恒视角"（Disturbing Thoughts and Eternal Perspectives），《新尼采研究》（*New Nietzsche Studies*）3（1999年），第30页。

不是如此？但我是不想相信它的。从永恒轮回的观点看，无物终结，不管我们对它做什么。因此，永恒轮回的信念必然漠视死亡与毁灭。“一次又一次回转的东西不会毁坏，最多只会退出舞台以便按照各自的周期进入更深远的行程……毁灭者可以同时是热爱者，如果他知道毁灭不是终结性的。”❶是的，**如果**——如果他**知道**。但他不可能知道，没有人可能知道。那是信仰，而且，我加一句，是荒唐而不现实、不负责任而危险的信仰，同时它也是可以被驳倒的，既然有些东西的确会终结。

例如，种族灭绝是不可逆的。某一物种一旦灭绝就永远不会再来，永远**不可能**再来。重新播放磁带，用史蒂文·杰伊·古尔德（Steven Jay Gould）喜欢的比喻来说，生命的进化过程永远不会一模一样地展开。进化而来的物种一旦灭绝，不是重新发生而是永远终结。个体生命亦是如此。达尔文认为，在深层意义上，如果不是这样的话，它就不是个体。古尔德认为，用变异代替本质，这是达尔文对于科学思想的革命。对于柏拉图来说，“变异是偶然的，而本质记录了更高的实在”；而在达尔文那里，“变异［是］自然实在的原初表达”。❷达尔文所理解的个体性：原初**变异**。凡是变异居于原初地位的地方，（活着的）每一物都带有深刻的个体性，无物以完全相同的样子再现。万物不再来！没有东西可以从头来过，永远没有重演，这才是进化的节律，生命的节律，以及像意识或历史这样一些人类产物的节律。

且扯开去说几句。在《侏罗纪公园》里，人们有可能利用复原的恐

---

❶米勒－劳特尔：《尼采》，第 100 页；“永恒轮回”作为信念或信仰，参见第 90、96 页。

❷史蒂文·杰伊·古尔德（Steven Jay Gould）：《准赢的牌》（*Full House*）（纽约：三江出版社（Three Rivers Press），1996 年），第 41—42 页。亦可参见古尔德：《进化理论的结构》（*Structure of Evolutionary Theory*）（麻省剑桥：哈佛大学出版社，2002 年），第 610、894 页。达尔文写道：“我深受震动……如果把不同个体的同一器官**细**加比较，就会发现每一物种各个部位在细微程度上都是可以变异的。……如果不是因为这些讨厌的变异，建构体系的工作将会很容易。这些讨厌的变异，当我是猜想家的时候，它们很可爱，当我是体系主义者的时候，它们又很可恶。”1850 年 6 月 15 日给约瑟夫·胡克（Joseph Hooker）的信，引自约翰·鲍尔比（John Bowlby）：《查尔斯·达尔文：新生活》（*Charles Darwin*：*A New Life*）（纽约：诺顿，1990 年），第 288 页。

龙DNA复活一个业已灭绝的物种。从DNA到生物体，这在《侏罗纪公园》几乎不费吹灰之力，但在现实中却有许多困难。简单地说，它假定生物体是基因组的副现象，且忽略了发展问题。遗传学还没有提供证据
115 支持以下信念：基因组包含一个程序，它控制着从受精卵到成年状态的发展。基因并没有时刻准备着被表达出来；细胞（实际上，整个生物体）是基因行为必不可少的动因基础。❶生物体的形成光有基因是不够的，而代代相传的也远不止DNA。如果仅有恐龙的DNA，那我们是造不出一只恐龙的，更不必说复活一个灭绝的物种。

有些事物，尤其是那些美好可爱的事物，一去不复返（如果它们逝去的话）。懂得这一点并不必然要求人们减少对知识免于毁坏的渴望。它或许也可以使我们不再相信算命先生和魔法师的话，他们怂恿说，世界可以变得截然不同，人类可以变得跟现在完全不一样，更高级更高等，简直是一个新物种。这样的事不会发生，而对它的希望不啻于希望灭绝的虚无主义的花言巧语。

按照古典哲学的描述，工匠技艺机械刻板、循规蹈矩、对理智要求不高，有些工匠活几乎人人生来就会。在此描述中，古典哲学沉湎于一种错觉：文明实际上像自然一般自发运行。在尼采的论述中，他延续了这种对于生存状态的惊人漠视。他爽快地接受——他很少如此这般爽快地接受——平庸的**文明**（Zivilisation）与高等的**文化**（Kultur）之间的截然二分：有用的技能与工艺构成前者，而后者则是纯粹的艺术与科学。**文化**意味着睿智、洞察力，甚至在技艺与科学中取得的成就，而**文明**则是有用性与有效性的领地，这里有技能之精通，但从文化上说却是空洞

❶理查德·莱旺廷：《三螺旋：基因，生命体与环境》（麻省剑桥：哈佛大学出版社，2000年），第129页；罗布·德塞尔（Rob DeSalle）、戴维·林德利（David Lindley）：《侏罗纪公园的科学》（*The Science of Jurassic Park*）［伦敦：哈珀·科林斯（Harper Collins），1997年］；苏珊·奥亚马（Susan Oyama）：《进化的眼光：生物－文化划分的系统观》（*Evolution's Eye: A Systems View of the Biology-Culture Divide*）［北卡罗来纳州德纳姆（N. C., Durham）：杜克（Duke）大学出版社，2000年］第28、65页；以及贾森·罗伯特（Jason Robert）：《胚胎学，渐成说与进化论》（*Embryology, Epigenesis, and Evolution*）（剑桥：剑桥大学出版社，2000年）。

无物。人类需要文明的规训，它让我们变得温顺听话、墨守成规、诚信守诺。但是，只有少数高等人的优越文化才能拯救文明的卑俗性，这些高等人将道德抛在一边而成其所是。尼采看到了“文化与文明之间深不可测的对抗”。他称之为“一切文明化的社会的基本本能”，即反对**文化**，窒息出跳者、危险者、破坏者以及所有那些“足以质疑一切慢条斯理建起来的事物的强者”的基本本能。对立面是真的！这些人从来没有像在城市里那样享有如此多的自由和影响。可以想像，反－城市化将是尼采著述的一个次主题。他对城市可没说什么好话，且对城市所荫庇的文化心怀恶意。❶

尽管尼采采取了生存论的实验主义立场，但他还是分享了古典哲学的假设，即最上乘的知识由极少数幸运儿保存着。对于那些使他所热爱的高等**文化**成为可能的知识，他的评价并不比最彼岸的柏拉图主义者更高。漠视后果，这是哲学家的尊荣，是测定其高贵与勇气的量具。对后果牵肠挂肚，这便显出了匮乏与不足；越强健的人越不在乎后果。狄奥 116
尼索斯式的爱知者把顺从抛在风中，拾起实验更甚于从前，拾起更大的机遇，甘愿冒险犯更大的错误。“我们已经重获面对错误、面对实验和接受临时性观念的勇气——所有这一切并不具有什么终极的重要性！……从来没有如此巨大的牺牲奉献给知识。”❷

尼采看到，放荡不羁的实验，即他所颂扬者，可能给人们带来伤害，甚至可能被唤作不负责任。他反问：我们所说的“责任”是什么意思？“道德”对实验者与爱知者的要求是什么？有必要引述一段长文：

注意我们的行动对别人产生的最直接和最当下的后果并按

---

❶尼采：《强力意志》，§§893，121。关于城市，参见《朝霞》，§§172，177；《快乐的科学》，§283；《查拉图斯特拉如是说》，第166、289页。比较卢梭：“城市是人种的地狱。”《爱弥儿》，艾伦·布卢姆（Allan Bloom）译（纽约：基典出版社，1979年），第59页。

❷尼采：《朝霞》，§501。

> 照这些后果作出决定，这便是真正道德的本性之所在吗？这或许是一种道德，但它不过是一种狭隘的和小布尔乔亚式的道德：在我看来，**不计较**我们的行动带给别人的直接后果，在某些时候为了追求更远大的目标甚至不惜让别人痛苦——比如，我们追求知识，即使已经意识到我们的自由思想无疑将使别人马上陷入怀疑、悲伤甚至其他更糟糕的事情。难道我们像对待自己那样对待我们的邻人也不行吗？如果说，当事情涉及我们自己时，我们不必用这种狭隘的和小布尔乔亚式的思想顾虑直接后果及其可能造成的痛苦，那么为什么一旦事情涉及我们的邻人，我们就必须有这种狭隘的和小布尔乔亚式的思想？……另一方面，通过牺牲——包括我们**以及我们邻人**的牺牲——我们使人类**力量**的整体感觉得以提升增强，即使我们不可能收获更多。[1]

没有什么比枝节的论争更让人迷失要点的了。“对别人产生的最直接和最当下的后果”？没有人捍卫权宜之计。间接长期的后果为负责任的行动所考虑，并且已经补偿了短期的牺牲。尼采在另一处说道，“‘超越特定个人的’责任，为抽象的莫洛克（Moloch）神而牺牲——它们比任何东西都更加深刻、更加隐秘地毁灭我们。”[2]什么是人类力量的整体感觉——他将欣然为之牺牲他自己及其邻人的人类力量的整体感觉？人们可以为以后的福利而牺牲眼下的便利，但是，要求邻人为了将来某
117 种从理论上讲更有效的生活而放弃**他自己的生命**，这是神父要求的人性。引用黄金律造成有害的诡辩。也许我们可以想像这样的论证：“我乐于为自己的狂热牺牲自己，因此，也应当允许我牺牲我的邻人，因为我不过是像对待自己一样对待邻人。”黄金律并没有要求待邻如己。它

[1] 尼采：《朝霞》，§146。
[2] 尼采：《反基督》（Antichrist），§11，卷10：《尼采口袋书》，第577页。

是说：别人将怎么对待你，你也怎么对待别人。或者：**爱**邻如已。我们可以反问尼采："你允许你的邻人为了**他的**理论或冒险牺牲你吗?"这同样是'允许的'，和你牺牲他同样"更高等更自由"？倘若如此，那将是我反对你，每个人反对所有人，将是意志间的竞争，看谁让他人屈服于自己的狂热。"更高等更自由"的又是什么?

爱知者与浪漫骑士之间的差异，正是尼采怀疑论和堂吉诃德盲目希望之间的差异。"凡是允许我回应以'让我们试一试吧'的怀疑，我都抱有好感。不过，那些不允许实验的事物与问题，我不想再过问了。这就是我的'可靠性'的限度；因为在那里，勇气失去了它的权利。"[1]对于实验主义者来说，可靠性不仅仅说出真理；同样重要的是**质疑**"真理"，怀疑已经被接受的真理，让确定的东西变成看起来成问题的东西。"更值得赞美的可靠性不在于回答而在于提问"，包括那些曾有的"置于你最喜欢的语词和最喜欢的理论之后（有时置于你自己之后）的问号"。[2]

然而，可靠的实验者对于错误不可能漠然处之。实际上，一旦我们搁置本体—逻辑偏见与认识论偏见，从而更加现实地考量知识，尼采对错误的漫不经心看起来像是……一个错误！如果知识像我所说的那样是在人化物的卓越作为中实现的善，那么错误就可以定义为作为的非偶然的挫败。错误是行为结果与行为预期之间招人厌的矛盾，这种矛盾也可能是潜在的。[3]尽管有些人可能需要经验错误之后才能尊重知识之成就，但我们不可能说，那些对知识文化负责的人在错误面前无能为力。知识的培育需要可靠的怀疑论，同时也需要实验的自由与冒险犯错误的自由。但与此同时，它也需要成就、创新以及卓越的作为，因而也就需要一系列典型的城市品质，包括宽容与尊重知识之成就。如果不是建立

---

[1]尼采：《快乐的科学》，§51。
[2]尼采：《超越善恶》，§25。
[3]这一论述见于詹姆斯·里森（James Reason）：《人之错误》（*Human Error*）（剑桥：剑桥大学出版社，1990年），第9页。

在掌握业已取得的成就的基础之上，大胆的实验将如同小孩玩汽油一样危险。

118 尼采呼吁更大的冒险与更大的错误，这可能是乐于摆弄书桌上每样东西的学究式梦游者的浪漫主义胡思乱想。或者，它可能是奥尔特加（Ortega）所发现的19世纪特有的错误。那个世纪对文明的推进如此成功，于是欧洲人便把宜人的东西——实际上就是文明概念本身——视为当然。对此，现代百姓习焉不察，而饱学之士则半知半觉，颇有讽刺意味。我们很容易忘记，在最平庸的教化背后站着奥尔特加所说的“唯有通过具大努力与深谋远虑才可能取得的创造与建设奇迹。”文明“并非‘就在那儿’，它不是自足的。它是人化物，需要艺术家和工匠。如果你想利用文明的好处，同时却不打算关心文明的支撑物——你注定要完蛋。就在一刹那间你就会发现自己被抛到了没有文明的境地。”❶

当然，尼采的知识哲学很复杂。他站在启蒙传统一边，只相信通过经验、实验、试错所产生的东西。但另一方面，他又反对启蒙传统，而同启蒙思想认为已经寿终正寝的神秘主义传统结为盟友，因为他将生存性与自成一格——“爱知者的大胆”——置于制度性与方法论之上。此外，他实际上又接续整个西方传统而把最上乘知识理解为由少数精英所保留的、排外的和高贵的品种，它远离文明化的城市技艺。由此，他自己混淆了知识所要求的实验自由同最好的知识实践所不容的对于错误的漠视。

应当有可能承认合作对于任何人类生活形式的重要性，并由此进而承认合作得以繁荣的伦理条件的价值，同时又不会因集体道德之故废除个体的创造性。尼采轻视这些合作条件，并要求人类超越其上，就此而言，尼采是错的，而且因为它很要紧，这还是危险的。只有空虚的哲学才背对当下。查拉图斯特拉在《如是说》的末尾就是这样做的。希望在

---

❶乔斯·奥特加－伊－加塞特：《大众的反抗》（*The Revolt of the Masses*）（纽约：诺顿，1932年），第59—60、88页。

人类的彼岸获得救赎，希望有大灾难将人类清扫一空——这样的希望代价太大，而且绝对无法实现。除非超人（Übermensch）不在乎紫外线，并且只忠实于太人性的系谱，否则将来可能出现的任何一位“超人”都必须以行星生态环境作为他的条件。如今覆盖在地球上的城市群已经史无前例地赶跑了更宽广、相对说来无关紧要、我们的世界体系可能塌入其间的“自然环境”，而与此同时却没有把人类以及任何潜在的超人赶尽杀绝。

超人的思想是一个错误。它的错误在于，以为进化是达到更高形式 119
的进步。它的错误在于，在世俗救赎的希望之下想像将来，从而把现在错误地谴责为可憎的、需要救赎的偶然性。它的错误在于，把意志或强力视为生命的决定力量，从而错误地忽视了对于任何形式的生命来说都必不可少的无量的互惠互利。❶我们很难为这种错误的假设辩解说：这是因为理性的生物感受到了生态压力的后果。似乎很荒唐的是，对将来的救赎抱有如此巨大的希望，而任何将来的问题无不实实在在地依赖于我们现在的所思所为。对于知识的求索者来说，生活或许是一种实验——尼采认为应当如此；不过，知识也是生活的一种手段，知识应当提高生活而不是破坏它。令人痛心的是，尼采最看重的是破坏（即使为了很遥远、很遥远的将来的伟大事物）而不是成就。那是他作为知识哲学家的“错误”与软肋之所在。在扫荡现存文明的大灾难的另一边并没有未来，而召唤我们拥抱那一空荡荡的未来的，不过是破坏，甚至可能是“虚无主义”的东西。

对于启蒙思想来说，神秘主义妒忌心很重的保秘行为和“遭禁知识”的神学迷乱都是荒唐的中世纪主义。无知必须被驱散，否则就没有

❶“人类开始为地球的存活负起责任，这很可笑——无能儿的花言巧语。这颗星球自己照顾自己，而不是我们照顾它。引导任性的地球，或者治愈我们这颗生病的星球——我们自我膨胀的道德律令表明了人类自我错觉的巨大能耐。相反，我们需要保护自己免受自己伤害。”林恩·马古利斯（Lynn Margulis）：《符号化的星球》（*Symbolic Planet*）（纽约：基典出版社，1998 年），第 115 页。

足够的明晰与光亮。不过，这一要求的结果并不总是遂人心意。无论是教会对遭禁知识的禁令，还是魔法大师的不为外人道的保密，它们都比不上受过启蒙的实证主义者如培根与孔德所倡导的管理有效。这种管理是用来限制知识的自由成就的。人们原本希望理性的制度可以更好地为管理探究活动服务。而实际上，我们不过是用制度实证主义的病理学换掉了神秘主义的轻信与自我施加的限制。即便以潜在的极不发达为代价，实验性知识也比神秘主义遗留下来的东西更好吗？

而今天我们以为，由于制度的担保，我们最有权利判断和监察知识了。这时，我们的轻信并没有减少。在这些制度所强化的正统与界定知识且支撑知识文化的卓越作为之间，并没有令人安心的关联。为了消除曾经规训实验的个人的、伦理的和生存的品质——以及这些品质所要求的实验自由——而代之以制度、规则、程序和方法论，知识的要点与证据被锁定为无形无象的合作成就，诸如“进步”、“发展”或“统一的科
120 学”，而不是像艺术工作中的个人作为或情感的提升。

我们用之于知识文化的管理如同我们施之于农作物的化肥，它们灼伤土壤并最终毁坏它们在丰饶的岁月里看似提高的东西。我将在第三部分讨论一些实例。它们证实了尼采的猜疑：在共同体团结的动机与知识所要求的自由之间存在着某种紧张。如果共同体的团结获胜，知识就要付出代价，这种代价，我们——历史上技术程度最高的文明——负担不起。

第二章
粘滞于话语的秩序：福柯的知识观

十六七岁的时候［1942—1943］，我只知道一件事：学校生活是一个隔离外在威胁与政治的环境。我一直着迷于生活在学者环境与知识氛围的庇护之下。对我来说，知识是那种必须发挥保护个体生存与理解外在世界的作用的东西。我认为知识就是那样。知识是一种通过理解而生存的手段。

——米歇尔·福柯

福柯不是一位“认识论者”，不过他的确持一种知识哲学观，一种历史唯名论，同时又受到认识论偏见阴魂不散的纠缠。对于现代知识，福柯无疑说出了一些重要的东西。在这一章里，我将尝试把福柯的洞见从唯名论的包裹中剥离出来。 121

在上一章结尾，我们反对制度化的权威和制度化的知识，或者说，知识的权力和共同体团结的权力，但这些似乎还不完全是福柯在知识/权力名下所说的东西。知识不是素朴的真理。知识和社会权力彼此间相互纠结、相互联贯。我乐于接受这一点。不过，在我看来，福柯对这些要点的论述是在哲学唯名论的背景下展开的，因此难以达到预期的目 122

标。对他来说，知识就是声誉良好的话语。它是制度化的“推论仪器”的输出物。它生产出权力机构所严肃对待的陈述，并排除制度之外被压制知识的主张。拿了这幅恰当的图画就可以去探究“知识”(声誉良好的话语）和权力之间的关系了。福柯实际上也是这么做的，他揭示出二者的互动关系，并浓缩在**知识/权力**（knowledge/power）这一表达之中。然而，他所发现的东西不过是他一开始就铭记在心的假设而已。他的知识概念对制度所认可的话语有极深的偏见，所以他将看到的只是一个先行的结论：“认知”不过是**某人设法说某事**，而且，如果说得足以令人难忘的话，那么就会留下痕迹，产生影响，并在档案中遗存重要的文字记录。福柯对档案的酷爱产生了知识的档案概念。古老的实证主义再次上演，醉汉在昏黄的街灯下，寻觅何处灯光如此美妙的知识。

福柯没有像我那样区分知识和为人们所认可接纳的、合法的、声誉良好的陈述。因此，他的“权力/知识”中的“知识”成分并不总是我所说的知识。但是，这一“哲学”差异并没有让他所谓的权力/知识不真实或不重要。而且，即使不同意我们也可以理解，为什么他要那样运用“知识”一词。我希望在不屈从于唯名论的同时尽可能地理解他的要点。

第一节　权力/知识

弗兰西斯·培根有句名言：“知识和人类的力量是相同的。”❶他的意思是说，它们是等值、同一、可以互换的。知识像魔法一样起作用。它是魔法所许诺的力量，是开启隐蔽的自然源泉的力量。这当然不是福

---

❶弗兰西斯·培根：《新工具》，载约瑟夫·杜威（Joseph Devey）编：《培根的物理学著作与形而上学著作》(*Bacon's Physical and Metaphysical Works*)［伦敦：乔治·贝尔（George Bell），1911 年］，I. 3。

柯想要说的东西。在他创造的表达式“权力/知识”中，短斜线不是把所接的两项同一或等同起来，而是把它们分开并加以关联。❶它是一个 123
表示互动关系的符号，把知识的流通同统治的政治体系联结起来。每一方通过另一方的中介与副作用得以发展壮大，每一方肯定另一方并不断生产另一方的权威性，而任何一方——权力或知识——都不会成为另一方的傀儡或面具。

社会权力不总是在知识与真理的领域寻找手段，而知识也并非非得隐含于行动统治之中不可。就此而言，福柯有时候的概括就显得有点不够谨慎。❷但另一方面，知识与权力的情形又的确常常如福柯之所言，两者的同盟关系越来越密切，同时伴随着合法性与不言自明性的增长。没有监狱就不可能有犯罪学，没有诊所就不可能有实验药物学，没有警察也就不可能有法医微生物学。不妨想想法庭运用基因证据背后的科学知识。不妨想想一切研究，想想所有的资助与科技论文，以及所有那些为法医微生物学的手段创新与理论创新而鞠躬尽瘁的死老鼠与眼冒金星的猴子。所有那些知识，所有那些资源，所有那些研究者，以及他们培育某块知识领地的所有机会从何而来——所有那些在警察的掌心中激动不安的东西从何而来?

倘若没有监狱、警察、精神病院和法院，就不可能有关于罪犯的科学知识。从知识的角度看，警察向研究者源源不断地供给有待研究的人

---

❶“当我读到——我知道它已经归于我的名下——命题‘知识就是力量’，或者‘力量就是知识’，我开始哈哈大笑，因为研究它们的关系正是我的问题。如果它们是等同的，那我就不必研究它们，也就可以省了不少力气。真正的事实乃是，我提出它们的关系问题，这一点显然证明我并没有把它们**等同**起来。”米歇尔·福柯：《政治，哲学，文化：1977—1984年访谈及其他作品》(*Politics, Philosophy, Culture: Interviews and Other Writings* 1977—1984)，L. D. 克里茨曼(L. D. Kritzman)编(牛津：布莱克韦尔，1988年)，第43页；亦可见第264—265页。

❷一个概括：“权力的实施离不开一定的真理话语体系，而后者的运作又是通过这种关联并以此为基础。”福柯：《权力/知识：1972—1977年访谈及其他作品选》(*Power/Knowledge: Selected Interviews and Other Writings* 1972—1977)，C. 乔登(C. Gorden)编[纽约：潘塞恩(Pantheon)，1980年]，第93页；亦可参见《规训与惩罚》(*Discipline and Punish*)，艾伦·谢里登(Alan Sheridan)译(纽约：古典书局，1979年)，第27页。

员与问题，以及测试或应用理论与预测的机会，而且这种知识通过权力的实施不断成长。从权力的角度看，我们对违法者知道得越多，警察和法院的工作就越发必要。惩罚的权力确保了知识的成长与权威；知识为权力配备最复杂的技术并让这些技术的强制合理化。与知识携手的权力并不需要伪造真理或压制所发现的真理，研究也不需要仅仅因为它欠强制性的社会权力的情而牺牲科学可信性。

通过这种相对晚近出现的知识与权力的互动，现代的规训知识能够达到控制的**效果**，而无需动用政治威胁的高压。知识的效力，不在于以暴力威胁不顺从者，而在于它所带来的信赖，它对合理性的诉求，以及各种学科的声望（学科是知识的资格证明）。这种知识的专家与代理人(或者主体，因为主体是小型化的代理人）并不拟订法律。他们只是说出知识所要说的东西。但他们的言说的效果却是：观点，可能的选择，对未来的不同展望，所有这些都随着“最上乘的知识”所说的内容而开启或锁闭。知识的效果是：我们选择此一种方式而没有选择另一种，我们的行动被微妙地加以引导和控制，丝毫不见强制的迹象。

124 其他动物都不能像我们一样自觉“未来”，未来是权力、统治与政府的起源。可以控制一个人，但不能如此训练一个野兽，因为人总是对选择有所意识并以此与未来打交道。人类事务任何层次的权力，其特点是通过改变他人看待自己的选择的方式而引导、控制或命令他人。带枪的劫匪改变一个人对当下的选择与长期的选择的看法。内科医师所说的话也可能是如此。从福柯的观点看，上述二者并不是两种迥然相异的关系，相反，它们不过是同一维度上不同的点，都包含着知识的行动、影响、说服，还有威胁和暴力，只是有粗鲁或精致程度方面的差异。将所有这些联结起来的一般品质是：以行动作用于行动，这也是福柯对**控制**的定义。既然生活的社会形式不可避免，权力，以及与其相应的社会地位的不对称也将永远和我们相伴。这并非悲剧。一个没有权力不对称的社会不仅不值得期待，它甚至还是一个自相矛盾的概念。[1]

福柯并不想宣布放诸四海千秋而皆准的知识的形而上学本质。[2]他的话题是现代西方知识，不在于它的总体而在于它的倾向，即用科学的训诫来更严密地规训城市居民。福柯曾解释自己的“规训社会”概念说，“自18世纪以来欧洲社会的规训，当然不是说作为社会一分子的个体越来越听话，也不是说欧洲社会开始在军营、学校或监狱举行集会；它要说的是，人们已经开始（越来越理性、越来越系统）寻找生产行为、交通资源和权力关系游戏之间日益改善的监控之下的调节过程。”[3]

在《规训与惩罚》中，福柯令人难忘地讨论了早期现代欧洲如何发现“作为权力之对象与目标”的身体。[4]每一种文化总是把身体环绕在禁令与义务之中，且把所有或大多数实践环绕在某些禁欲的训诫之中。然而，这样的实践通常归属于社会的边缘，其影响仅仅及于少数一部分人（比如在修道院）或仅限于礼仪场合。16世纪与17世纪间，这种情形在欧洲发生了改变。长期以来为西方禁欲主义所熟知的规训技术被普及开来，它被人们从培育它的最初的精神背景与治疗背景中拔出并做成轻便易携的样子，它从修道院四周的高墙溢出，不断现身于军队、工厂、监狱、医院和学校。曾经很少见、通常体现在礼仪之中的规训技术开始逐渐变成它们今天的样子，变成日常生活中习焉不察的特征，开始 125

---

❶“几乎每一种情感意义或文化意义关系表现在在实践中都是不对称的。……任何一种值得付诸实施任务所受到的限制里头，对称性笨拙之极，所以它在实践中妨碍人们把事情做好……从父母－孩子的关系开始，不对称性是构成了人类努力的材料。”利亚姆·赫德森（Liam Hudson）、伯娜丁·贾科（Bernadine Jacot）：《人们思考的方式》（*The Way Men Think*）［纽黑文（New Havan），康涅狄格丹：耶鲁大学出版社，1991年］，第142页。

❷我把知识理解为人化物的卓越行事的善，这时，我倒是想宣布一个放诸四海千秋而皆准的主张，虽然它不是“形而上学的”，因为我没有从认识论偏见或本体－逻辑的真理观出发理解知识。

❸福柯：“主体与权力”（The Subject and Power），载赫伯特·德赖弗斯（Herbert Dreyfus）、保罗·拉比诺（Paul Rabinow）编：《米歇尔·福柯：超越结构主义与诠释学》（*Michel Foucault*: *Beyond Structuralism and Hermeneutics*），第二版（芝加哥：芝加哥大学出版社，1983年），第219页。

❹福柯：《规训与惩罚》，第136页。

扎根于一个全新的权力与知识体系。❶

规训的权力依靠“细节的政治解剖学”。行动最细小的部分也具有潜在的重要性，不是（像在修道院生活或心理分析中那样）因为它所揭示的意义，而是因为它为监督、规训、修正、引导和控制提供了机会。个体被监控，被分化，被按照群体规范分级；吹毛求疵的视察、考核和操练伴随着对小事情的规训价值的意识。监督集中在教过、练过的行动，而不是它对于行动者意识的主观效果。规训督导不再像刚开始那样是精神大师或灵魂导师，而是行政或管理的权威：训练有素的外科大夫，商店领班，护士，时间—动作顾问*。规训权力的要义不在于强迫人们干他们不想干的事，而在于让他们主动去干其他人想让他们干的事，而且是用预期的工具、按照预期的次序干出预期的效率。

规训体系的一个结果，便是产出了福柯所说的温驯的身体（docile bodies）：通过统治学、社会学、生物测定学、社会测定学和临床医学等新兴学科，人们更加高效**且**更加听话，更加健壮（更加有生产力）同时更加容易控制、更加容易了解。个体性失落于科学之中。科学是普遍的一般真理，它可以不为个体性说一句话，可以一点儿也不想个体关于自身及其与他人之差异的真正之所想。关于个体的推论的、科学的知识固然可以在为审讯而准备的文档中可以找到先驱，但它们第一次出现在19世纪早期的医学科学与心理学科学之中。它们是图表、评估个体之为个体方面最早引人注目的成就。19世纪的医学科学与生物科学发明了各种

---

❶威廉姆·麦克尼尔（William McNeill）描述了新的规训的军事价值，参见《追求权力：公元1000年以来的技术、军事化力量和社会》（*The Pursuit of Power*: *Technology*, *Armed Force*, *and Society since A. D.* 1000）（芝加哥：芝加哥大学出版社，1982年），第4章。流水线最初的动机是规训而非经济或技术效律，也就是说，努力解散“作为操纵在工人手里的过程”的劳动，并把它重新组建为“操纵在管理者手里的过程。”阿诺德·佩西（Arnold Pacey）：《技术文化》（*The Culture of Technology*）（麻省剑桥：麻省理工出版社，1983年），第20页。

*“时间—动作”顾问为工厂或其他生产、派送机构服务，他们的任务是优化工人及设备的组织形式，谋求在尽可能短的时间内以尽可能有效的动作组合完成给定的工作。——译者

肉眼观察方法、测量方法、记录方法和个体差异比较方法。它们的灵感部分来自数学思想，诸如正态分布、常态曲线和“大数法则”。❶通过认识正常个案我们可以认识个体，认识其差异或偏差，把个体性把握为钟形曲线上的笛卡尔点。这样的点有无数多个，每一点对应代表我们中的每一个人，代表彼此间稍有差异的每个人。

这些干预措施促成温驯的身体，同时也推动了个体数据的编辑以及在控制条件下的个体比较。表述结果既是个体化的又是总体化的。一方面，它们意味着“个体描述、盘查、既往历史以及‘档案资料’进入了科学话语的常规运作”❷。档案所代表的这类知识不会拿具体的实在去交换抽象的普遍，相反，它保留甚至放大个体性。另一方面，这类知识 126
又是“总体化”的，因为，它推出来的标准允许计算个体间的差距，或者它们在总体人口中的分布。标准、标准状态以及其他统计学人化物解读个体就是测量其偏差。因此，这里一方面是通过个体知识控制集体，另一方面则是通过集体标准控制个体。

我们曾在前面一章讨论过，从 13 世纪的罗吉尔 · 培根到 17 世纪的弗兰西斯 · 培根，很多思想家努力使有效的操作知识摆脱它卑俗的伴随物，从而让它作为政府手段而进入统治。他们都没有成功。他们的时代尚未到来。直到 19 世纪晚期，政府与研究之间的联系才开始形成今天的超稠密网络。而且，只有跨过这一道现代性的槛，人类——有时甚至数量庞大（比如，一个种族，一个民族，或者一个地区的人口）——的

❶统计学规范“属于现代民主政治中最优雅但又是最有说服力的权力形式”。西奥多 · 波特（Theodore Porter）：《相信数字：科学与公共生活中的客观性追求》（*Trust in Numbers: The Pursuit of Objectivity in Science and Public Life*）（新泽西州普林斯顿：普林斯顿大学出版社，1995 年），第 45 页。孔德、涂尔干等思想家对正态曲线与正常个案的重视，可参见伊恩 · 哈金（Ian Hacking）：《驯化偶然》（*The Taming of Chance*）（剑桥：剑桥大学出版社，1990 年）。

❷福柯：《规训与惩罚》，第 190 页。关于规训与规训策略在形式知识中的作用，可参见埃伦 · 梅瑟 – 达维多夫（Ellen Messer-Davidow）、戴维 · 沙姆韦（David Shumway）、戴维 · 西尔万（David Sylvan）编：《诸种知识：规训的历史研究与批判考察》（*Knowledges: Historical and Critical Studies in Disciplinarity*）［夏洛茨维尔（Charlottesville）：弗吉尼亚大学出版社，1993 年］。

生存可能完全成为行政的对象。到了20世纪末，最古老的传染病得到控制，饥馑鲜有发生，所以一个穷人也可以收获良多；遗传学机制不再对人们保守秘密，医院成为福利国家的一个部门，与此相应，生命的生存本身所特有的现象开始进入行政傲慢与政治算计的领地。这一事件如今依然在升入我们的视野，那就是**生命权力**（biopower）的诞生。

为了解释这个概念，我们需要绕到福柯在《性经验史》（*The History of Sexuality*）中的论证。正是在这部著作的结论部分，福柯引入了生命权力概念。

第二节　军营中的生命

《性经验史》这个书名含有一个悖论。假设有本书名叫《手肘史》。它会写什么呢？自从有了人类（从智人开始）就有了手肘，而初民的手肘跟我们现在的手肘几无差别。当然，进化史还是有的，我们的体形和骨骼在进化，而手肘的进化可能是它的一个注脚。或者说，它的地位如同电脑屏幕上的工具条。但是，在我们这个时代，对于我们这个物种来说，手肘就是手肘，永远一模一样。

因此，《手肘史》将是一本很薄的小书——事实上，没什么可说
127 的。《性经验史》为什么就不一样呢？蒲公英、海绵、某些蜥蜴、单性繁殖的象鼻虫等，它们的繁殖靠的是发育未受精配子，而人类则是有性繁殖。因此，人类一开始就有性，而且一直这样，如同手肘。当然，人们对待这一生理遗传的文化环境在变动，历史上的西方社会便是如此。人们对于爱情、婚姻、父权、性趣、怀孕等有不同的惯例规则，不同的焦虑和不同的理解。不过那都是文化。有一样东西不受文化差异的影响，亘古如斯，到处如此，那就是身体，性别化的身体。性，性冲动或性本能，是一种生理功能，人与人之间原则上没有差别，因此，可以由生理学和心理学来决定性的正常状态和主要的性变态。

性经验**史**——它显然想说，上面这种看起来不言而喻的性观念是一个神话。那么，福柯的书究竟讲什么？如果性不存在，那么，性经验史又是何物？《性经验**史**》的法文版有一个副标题，译成英文时莫名其妙删去了。这个副标题是：**知识意志**（*The Will to Knowledge*）。我想福柯的意思是指，获得性知识的要求，让性成为科学知识的对象的要求。他的书更多的不是关于性经验，而是关于知识——关于人们所主张要求的知识。

福柯宣称，我们最近才发现“性经验”。这是说，我们只是到最近才发现（更确切地说，**要求**）性经验这个词命名推论的、科学的、医学的、生理的知识的一个对象。新近发明或建构出来的，是**对科学知识的要求**。这样的知识（“性经验史”）的对象因此更像是愿望或幻想的对象而非自然的、物理的实在。**性经验**不是自然界真理。它是一个语词，就像故事中的一个人物，比如俄狄浦斯；或者像法律和罪犯，有违法才有罪犯，而一条法律之所以存在，是因为人们同意把它看得很重。同样，19 世纪（且不限于 19 世纪）把性本能看得很重。

性经验知识如同法律知识：知道权威如何谈论，他们作出了何种陈述，以及他们将作出何种陈述。这样的“知识”显然不是关注自然实在——将证实或驳倒有关它的话语的自然实在。这就是福柯给自己配备的唯名论。推论知识的“对象”是话语的创造物，是其法律与秩序的创造物。这就是为什么认识论的错觉必须用福柯一丝不苟的知识考古学来替代。[1]知识的对象是历史性的，因为它是唯名的、推论的、档案的对 128

---

[1]福柯：《性经验史》，卷 1：《导论》，罗伯特·赫尔利（Robert Hurley）译（纽约：古典书局，1978 年），第 152—153、154—155 页；比较《权力/知识》，第 219 页。福柯把他自己的观点描述为唯名论，可参见《性经验史》，第 93 页；G. 伯切尔（G. Burchell）等编：《福柯的影响：控制研究》（*The Foucault Effect: Studies in Governmentality*）（芝加哥：芝加哥大学出版社，1991 年），第 86 页；保罗·拉比诺编：《福柯读本》（*The Foucault Reader*）（纽约：潘塞恩，1984 年），第 334 页；亦可参见拙文“福柯的唯名论”（Foucault's Nominalism），载谢利·特里曼（Shelley Tremain）编：《福柯与残疾管理》（*Foucault and the Government of Disability*）（安阿伯：密歇根大学出版社，2004 年）。

象。可以有性经验史，因为首先，“性经验”命名科学知识——被要求、被假设的知识的一个对象，而对这种知识的要求的谱系属于更宽泛的现代控制史。欧洲人对“性经验”知识的要求属于欧洲人屈服于规训权力/知识之统治的历史。

每种文化都有自己关于性的神话。有些把它变成了秘术和精神技艺。但没有其他社会像欧洲人在过去200年间所做的那样把性变成推论知识义不容辞的对象。“推论”是对用以下方式来表达的那类知识的品质的命名：话语，多多少少形式化的谈论，包括论证、度量、统计、量化、分类和定义。性可以成为这样一种知识的对象，这在古代思想那里，在柏拉图、亚里士多德那里是看不到的。非西方社会——如印加或中国——也没有性的科学观念。西方人第一个相信性不仅可以而且**必须**纳入推论知识的领地。它关乎生死、健康或生病。“表面上，”福柯写道，“我们的文明没有性爱技艺（ars erotica）。作为补偿，它无疑是唯一实行性科学（scientia sexualis）的文明；或者更确切地说，唯一一个为了说出性之真相而于数百年间发展出诸多纳入到知识—权力形式之中的程序的文明。”[1]西方绘画有它的裸体，西方文学中也有萨德（Marquis de Sade）的作品，但没有一部西方式的《爱经》（*Kāma Sūtra*）。相反，我们有《性之悦》（*The Joy of Sex*），出自一位医生之手。

欧洲文化所理解的性不是一个ars或technē（技艺）问题，也不是一个愉悦或欲望问题，而是一个科学和真理问题。拉丁语中的ars与希

---

[1]福柯：《性经验史》，第58页。在同德赖弗斯和拉比诺交谈时，福柯对这一段话有一个批评：“我在那部书里犯了很多错误，其中一点就是有关性爱技艺的说法。我们的文化中有一种与我们的性科学形成对比的实践。我本应该把性科学摆到它的对面去。希腊人和罗马人没有一种可与中国相比的性爱技艺（或者，至少性爱技艺在他们的文化中不甚重要），但他们有一套非常重视各种愉悦的生存技艺（technē tou biou）”（《米歇尔·福柯：超越结构主义与诠释学》，第234—235页）。我不明白，为什么我们的性科学同我们历史上与之相对比的实践（可能指希腊的生存技艺）之间的对立（或者说，系谱学关联，福柯的这一段话可能是在这个意义上说的）会改变福柯以前的观点：我们没有性爱技艺的传统；相反，我们把性理解为真理的问题，一个推论的科学知识的问题。

腊语中的 technē 相当。ars 是由工艺、技巧和技术组成的整体；它还是一种精巧的纪律和形式，是更宽泛的知识文化的实践部分。然而，它不是科学或科学知识（不是 theoria 或 epistemē）。技艺 —— ars、art 或 technē —— 所许诺的不是真理而是安慰与满足。它不对认知负责而只向需求与欲望负责。一门技艺（如航海术或烘焙术）是好的，因为它办事灵。科学（scientia）是好的，因为它是真的。

作为真理问题的性萌发于早期基督教修道院。在那里，为了补救最苛刻的苦行规训，忏悔的践行开始了。私人忏悔，把一个人的灵魂交给精神导师，最初仅限于修道院而不涉及俗人。这就是为什么圣格雷戈里（St. Gregory）没有在讨论宗教职责的论文（*Liber Regula Pastoralis*，591）中提到它。性让僧侣们神魂颠倒。完全可以想像，性经常萦绕在 129
他们心间。性因此受到诅咒。他们必须控制这个魔鬼，而要达到控制的目的，他们必须了解它。他们对欲望展开了详细的研究。他们开展仔细的、探测性的忏悔，以严格审问的努力搜寻强烈淫欲的暗示（弗洛伊德对此肯定印象深刻），他们还著书立说，讨论如何倾听忏悔，如何引导忏悔，如何把忏悔作为精神指导的手段。早期最受尊重的作者约翰·卡西安（John Cassian）写道："如果有一连串想法，我们羞于将它们敞开在长者面前，那么，这无疑是一个普遍的、明确的征兆：这些想法从魔鬼那里来。"另一位作者也说："通奸的恶魔，让他最不开心的莫过于把他的丑行公诸于世，而使他最开心的则莫过于让一个人对自己的想法守口如瓶。"❶弗洛伊德发现了这个魔鬼，并称之为"本我"（das Ich）。

18 世纪凯尔特人的赎罪规则书第一次把如何指导世俗教徒的私人忏悔编入法典。阅读这些赎罪规则书，我们可以强烈地感到，这种曾经限于修道院内部的践行被加以改造，以便适用于俗世，用以规训一个依然执迷

❶引自彼得·布朗（Peter Brown）：《身体与社会：男人、女人和早期基督教对性的放弃》（*The Body and Society: Men, Women, and Sexual Renunciation in Early Christianity*）（纽约：哥伦比亚大学出版社，1988 年），第 228 页。

于异教的平民的践行与信仰。[1]不过，世俗的忏悔践行长期以来是孤立的，直到第四届拉特兰会议（Fourth Lateran Council）（1215 年）才被认作义务和圣礼。忏悔终于走出修道院，最终成为基督教徒训练与规训的一部分。接下来的一步，则是完全离开教会的忏悔的权威，牧师的权威被国家福利的权威所取代。把性理解为真理问题，这一观念最初很不显眼。除了少数退休的僧侣，没有人把它当回事儿。没有人会想到，这个观念会走出修道院，变成全球意识及知识与权力体系的一部分。一种神秘的灵修被普遍化、世俗化、工具化，以至于今天可以用技术来计算个体在性的钟形曲线上的位置。

19 世纪之前，实施社会权力主要是把权力强加于某人，用可靠的暴力威胁让他人屈从于个人意志。主要的社会权力能通过“演绎”发挥作用——通过它们威胁着要夺走的东西，不管是财富、自由抑或生命本身。这就是**统治权**，是发号施令、杀人而不犯杀人罪的权力。[2]在统治权主宰欧洲版图的岁月里，知识/权力的力量可以忽略不计，这一方面是因为知识相对不发达，另一方面则是因为权力系统中主要的权力手段与权力交易都是统治型的。当然，今天的情形就不一样了。事实上，一切
130 权力不再尽为统治权。实施权力的新途径——与新型的规训知识结成新联盟——使劲疯长，从统治权那里攻城掠地，尽管还没有完全取代它。

所谓**权力**，福柯指的是通过**引导**人们用以理解其选择的术语来达到对行动的改变（控制）的行为。对生命说**不**、以统治的演绎相威胁——权力可能比这些干得更漂亮。通过与知识结盟，权力学会了**肯定**生命、

[1]有关凯尔特人的赎罪规则书及其影响，参见 J. T. 麦克尼尔（J. T. McNeil）：《灵魂治疗史》（*A History of the Cure of Souls*）[纽约：哈珀＆兄弟（Harper & Brothers），1951 年]；以及 J. T. 麦克尼尔、H. M. 盖默（H. M. Gamer）编：《中世纪苦修手册》（*Medieval Handbooks of Penance*）（纽约：哥伦比亚大学出版社，1990 年）。已经证明，17 世纪，科普特僧侣和凯尔特僧侣之间有接触。参见威廉姆·达尔林普尔（William Dalrymple）：《从圣山而来》（*From the Holy Mountain*）[伦敦：哈珀科林斯（Haper-Collins），1997 年]，第 418—422 页。

[2]这不是一个确切的定义，而且充其量不过是卡尔·施密特（Carl Schmitt）公式的一个推论：“统治者就是对例外作出决定的人。”《政治神学》（*Political Theology*），乔治·施瓦布（George Schwab）译（麻省剑桥：麻省理工出版社，1985 年），第 5 页。

接管生命和养育生命，开始同时从行政上和医学上关注的福利。前现代欧洲的统治者可没有向他们的臣民作过这样的承诺。照顾老百姓不关国王的事。那是家庭的事，当然还有邻里、同伴和教会帮忙。统治者要做的事就是维持他对领土的统治，其中包括成为正义的法庭。这两大功能，正义和捍卫，对于16世纪以前的世俗政权来说已经足够了。

在这之后，变化发生了。财富超过了从前，欧洲比以前任何时候都要富裕。它的工商业最终超越了其他大陆，而从新世界掠夺而来的战利品更是让欧洲第一次成为真正意义上的全球体系的中心。与此同时，宗教从来没有像现在这样卑鄙。怀疑论者与无神论者遭到赤裸裸的镇压，而僧侣变得声名狼藉。路德改革从教区起义发展为全欧洲的危机。与此相应，世俗权力的目标开始改变。捍卫信仰的义务被搁到一边，代之而起的是从遭受围困的教会手中接管神圣的责任。世俗的卫生、福利建制取代传统牧师团的宗教目的，而政治取代宗教成为拯救的手段。政府的任务被重新理解为对复杂资源的管理：人口，财富，健康，经济与军事潜力。政府必须看护它们，管理它们，照顾它们的需求。对教会宗教职责的传统看法与现代欧洲的世俗化倾向相交错。到20世纪末，现代政府的臣民主要是城市人口，它们已经习惯于接受专业代理机构的全面照顾，而这些代理机构被认为是通过专业知识与善良动机而运作的。❶

---

❶有关早期现代国家在任务与手段方面的变化，可参见迈克尔·奥克肖特（Michael Oakeshott）：《现代欧洲的现代性与政治》（*Morality and Politics in Modern Europe*）（纽黑文：耶鲁大学出版社，1993年）；詹姆士·斯科特（James Scott）：《看似一个国家》（*Seeing Like a State*）（纽黑文：耶鲁大学出版社，1998年）。斯科特写道："前现代国家对智力水平要求不高，它只要足以维持秩序、征税和养兵就行了。相形之下，现代国家越来越热衷于将国家的物理资源与人力资源'负责起来'并让它们变得更加多产。对于治国术来说，这些更加实证的目的要求了解更多的社会知识。"它们同时使治国术成为"一项内部殖民的事业"。民族国家的行政管理范畴"不仅仅要让它们的环境合法化；它们是下达命令的曲调，大多数人必须随着它的节律翩翩起舞"（第51、81、83页）。我曾讨论过福柯在这方面的论证，参见拙文"福柯和现代政治哲学"（Foucault and Modern Political Philosophy），载杰里米·莫斯（Jeremy Moss）编：《晚期福柯：哲学与政治》（*The Later Foucault: Philosophy and Politics*）（伦敦：圣人（Sage），1998年）。关于世俗关怀与福利国家，亦可参见伊万·伊利奇（Ivan Illich）："反对生存的战争"（The War Against Subsistence），载《影子工作》（*Shadow Work*）（伦敦：马里昂·博雅斯（Marion Boyars），1981年）。关于宗教关怀的早期世俗化，参见米歇尔·莫拉(Michel Mollat)：《中世纪的穷人》（*The Poor in the Middle Ages*），阿瑟·戈德哈默 Arthur Goldhammer 译（纽黑文：耶鲁大学出版社，1986年）。

福柯用了生命权力一词来刻画这种历史上新出现的控制进路。生命权力是一种权力，也就是说，以生命的名义实施对行为的控制，同时得到有关生命的技术科学知识的辅佐：生命的形式与力量，生命成长的条件与病理学，以及“性经验”——这可不是附带提及。生命权力的实施没有动用威胁性的演绎，而是诉诸卫生与福利：用最上乘的知识为生命
131 服务。生命**政治**就是在这一律令之下展开的政治。此时，群体、种族、人口甚至人类的生命成为政治计算和政府政策的对象。[1]

福柯在《性经验史》的最后一章引入了这些概念。在那里他还考察了他很少考察的第三帝国。在福柯看来，纳粹主义是一个混血儿（Mischling），一只脚踩着生命权力的新律令，另一只脚却踩在过去，动用“血脉与祖国”（blood and soil）、雅利安种族等等观念。在这一方面，纳粹主义类似于心理分析，后者同样分裂为生命政治内科医生与灵魂治疗师。生命权力这个概念可以恰如其分地分析第三帝国，福柯也许低估了这一点。在他看来，纳粹主义是“血统幻想和极端的规训权力之间最狡黠、最天真（因最天真之故而最狡黠）的结合”。他进而说道，“希特勒的性政治至今在实践中保持重要意义，而关于血统的神话却已经演变成人们近来记忆中规模最大的屠杀——这真是一个历史的反讽。”[2]我不太确定，希特勒的性政治是什么。[3]不过，如果允许这个表达带点含糊

---

❶关于生命权力概念的发展，参见伊万·伊利奇：“新偶像的制度建构：人的生命”（The Institutional Construction of a New Fetisch: Human Life），载《过去之镜》（*Mirror of the Past*）（纽约：马里昂·博雅斯，1992年）。

❷福柯：《性经验史》，第149、150页。亦可参见雅姆·贝尔诺尔（James Bernauer）：“超越生死：论福柯的后奥斯威辛伦理学”（Beyond Life and Death: On Foucault's Post Auschwitz Ethics），载卡利斯·雷斯维斯基斯（Karlis Racevskis）编：《米歇尔·福柯批判论文集》（*Critical Essays on Michel Foucault*）[纽约：G. K. 霍尔（G. K. Hall），1999年]，第190—207页。在提到希姆莱及其妻子早期的事业选择时，福柯说道，“一名医院护士和一名鸡场主的联合想像产生出了集中营。红十字和养鸡场——这便是集中营背后的幻觉。”《福柯基本著作》（*Essential Works of Foucault*），卷2：《美学，方法和方法论》（*Aesthetics, Method, and Epistemology*），J. D. 法比昂（J. D. Faubion）编（纽约：新出版社，1998年），第226页。

❸关于希特勒的性经验，参见罗恩·罗森鲍姆（Ron Rosenbaum）：《解释希特勒》（*Explaining Hitler*）（纽约：兰登书屋，1998年）。

的话，的确有这样一种政治的迹象，虽然其中希姆莱的色彩更甚于希特勒的色彩。

1941年，希姆莱提醒纳粹党卫军，他们“必须冲在消灭德国同性恋的战争的前线”。虽然，那是他的警察队伍要干的事。关于这位纳粹党卫军人本人——他的婚姻，他的伴侣，他的孩子——希姆莱直接承担这些事情。他希望每位健康的纳粹党卫军家庭至少要有四个孩子。对于年过三十而尚未结婚的纳粹党卫军官，希姆莱会命令他们结婚，通常是一年之内。一名纳粹党卫军官结婚需要得到希姆莱本人批准。而且，他还在纳粹党卫军种族与重新安置办公室（Rasse-und Siedlungshauptamt，RuSHA）内部设立小组，专门负责调查党卫军人未来配偶的出身。1936年，希姆莱就此话题向党卫军高级军官发表讲话。他说：

> 关于［结婚］请求我常常扪心自问，“我的上帝，必须是所有人中的那样一个人同一名党卫军人结婚”——这个不幸的小孩，这个扭曲的人儿，形态有时还不可想像，她可能会嫁给一名小小的东方的犹太人，或者一名小小的蒙古人——这样的人才和那样的女孩般配。到目前为止，关注最多的是那些光彩照人的帅哥。❶

他接着说，党卫军人不应当只依靠种族与重新安置办公室来调查未来妻子的种族情况。通过客气的提问，聪明的纳粹党卫军人可以发现他所需 132
要知道的一切东西。他可能听到精神错乱的叔叔，酗酒的表兄弟，或者家族中的自杀者等情况。希姆莱小心叮嘱说，纳粹党卫军人一方面永远不能“举止有失稳重”，但另一方面他还是应当“公开地说：‘很抱歉，

---

❶希姆莱，引自彼得·帕德菲尔德（Peter Padfield）：《纳粹党卫军国家领导人希姆莱》（*Himmler Reichsführer SS*）（伦敦：麦克米伦，1990年），第169、367页。

我不能和你结婚，因为你的家族中有太多严重的毛病。'"[1]

1935 年，希姆莱成立“生命之源”（Lebensborn），并亲自出任委员会主席。这个正式注册的慈善机构刚开始也是隶属于种族与重新安置办公室；1938 年，希姆莱把它放到了自己的办公室直接管理。按照奥斯维辛指挥官鲁道夫 · 赫斯（Rudolph Höss）的说法，“生命之源”的目标是“把尽可能干净的血统尽可能多地注入德国民族”。[2]它的活动很多，其中名声最臭的要算“特殊家庭”了：那些希望生育高贵种族（虽然常常是私生的）的孩子的妇女可以呆在那里分娩，而且，如果她们愿意，可以把小孩留在那里收养。希望跟一个党卫军人或警察养小孩的妇女可以免费住在那里。希姆莱的传记作者说，希姆莱“对［生命之源］事务的方方面面——包括饮食、分娩期、产房的装修和信笺抬头标记的字体这样的琐事——抱有浓厚的个人兴趣”。他认为（同时赫斯也证实）希姆莱“把‘生命之源’首先看成是为统治民族（Herrenvolk，the master race）的基因选择作出贡献——统治民族基因选择是跟绝育法令相对立的积极做法，后者强迫有心理疾病和身体残病的人接受绝育手术……同时也是为最终驱逐犹太人及其他低等民族作出贡献”。[3]

“生命之源”号召人们提高“德国人”，尤其是党卫军和纳粹党员的出生率。赫斯告诉我们，“所有健康的男人同健康的妻子”被慎重鼓励“在婚里婚外生育尽可能多的孩子”。冒犯性道德会引发丑闻，但是，赫斯说，“打破加在未婚妈妈身上的道德禁令是党卫军义不容辞的职责”。他解释说，“战争刚开始，希姆莱给每个党卫军人和警察发了通知。在这个通知里，他几乎是公然要求他们跟每个愿意生育的未婚妇女生小

---

[1]希姆莱，引自彼得 · 帕德菲尔德（Peter Padfield）：《纳粹党卫军国家领导人希姆莱》（*Himmler Reichsführer SS*）（伦敦：麦克米伦，1990 年），第 169—170 页。

[2]鲁道夫 · 赫斯（Rudolph Höss）：《死亡商贩：纳粹党卫军奥斯威辛指挥官回忆录》（*Death Dealer: The Memoirs of the SS Kommandant at Auschwitz*），史蒂文 · 帕斯库利（Steven Paskuly）编，安德鲁 · 波林杰（Andrew Pollinger）译［纽约：达 · 卡普（Da Capo），1996 年］，第 327 页。

[3]帕德菲尔德：《纳粹党卫军国家领导人希姆莱》，第 166、167 页。

孩，因为在即将到来的战争中即将失去很多德国血脉”。通过“生命之源”以及更直接的方式，希姆莱“提高了私生子——尤其是纳粹党卫军前线作战部队的私生子——的产量。通过在这些部队中的‘耳语宣传’，要小孩的意愿被唤醒了”。[1]在传记作家彼得·帕德菲尔德称之为“一场激发维纳斯领地上的英雄主义的训话”中，希姆莱告诉党卫军：

> 只有那些有儿女的人才会安心合眼。对于党卫军来说，这 133
> 一古老的智慧必须在这场战争中重新成为现实。知道自己的宗族、自己和自己的祖先一直渴求并一直为之奋斗的东西在自己的儿女身上延续——这样的人可以安心合眼。在战场上倒下的男人，他能够给予妻子的最伟大的礼物永远是她爱人的骨肉……平庸的法律和习俗在平时或许必要，但是，超越它的界线、甚至超越婚姻，这可能是具有优良血统的德国已婚及未婚妇女的崇高职责。不是轻描淡写地，而是以最深的道德严肃性，成为那些听从战争号召的战士、那些只有命运知晓他们将回家抑或为德国倒下的人的孩子的母亲。同样，在这一时刻，那些留在祖国为国家服务的男人和女人们，有神圣的义务生育新的孩子。[2]

福柯或许低估了纳粹的“性政策”。或许他也没有正确评价纳粹的“血统幻想”如何基于新的生命政治。1942 年，德国动物学家赫尔曼·韦伯（Hermann Weber）写道：“‘组织’与‘环境’这对概念……不过是政治话语‘血脉与祖国’在生物话语中的翻版。”1934 年，纳粹党副元首鲁道夫·赫斯（Rudolf Hess）说道，“国家社会主义不过是应用生物学”。希姆莱下令启动莱因霍尔德行动时强调安全与清洁这一在他心

---

[1] 赫斯：《死亡商贩：纳粹党卫军奥斯威辛指挥官回忆录》，第 327，328—329 页。
[2] 帕德菲尔德：《纳粹党卫军国家领导人希姆莱》，第 279 页。

目中密不可分的双重任务，以及同“道德瘟疫与身体瘟疫”作斗争的必要性。在学者中，克里斯托弗·布朗宁以为“‘生物学政策’是纳粹的基础”，而罗伯特·杰伊·利夫顿则认为“纳粹工程”是“绝对控制进化过程，绝对控制生物学上的人类数量”。❶

纳粹政府对“生命”的兴趣，“遗传健康法庭”（Hereditary Health Courts）是其中的一个例子。纳粹决定实施绝育法令之后不久便成立了“遗传健康法庭”。每个医生都要汇报他所碰到的任何一个属于法庭监察范围之内的人（不管是否为病人），包括患有先天性失明、失聪或癫痫症的人。只有遗传健康法庭拥有绝育决定权。男人或女人没有避孕等相关方面的自由，而擅自为病人实施避孕等相关手术的医生要受到刑事处罚。绝育决定权因此仅归国家所有。遗传健康法庭由一名律师和两名医生组成，其中一位医生是基因病理学专家。大约有1700名审判员，他
134 们秘密开会，没有公开出版的章程，大约有30万人在这一计划之下被迫绝育。❷

1920年，希特勒在一次演讲中说道：“如果没有看到人们摘除了种族肺结核的致病器官，我们就休想战胜种族肺结核。只要导致疾病的犹太人没有从我们中间清理出去，犹太意志的影响就永远不会消失，人民意志所受到的毒害也就永远不会终止。”接着，他精心描绘了一幅医学

---

❶韦伯引自乌特·戴希曼（Ute Deichmann）：《希特勒治下的生物学家》（*Biologists Under Hitler*），托马斯·邓拉普（Thomas Dunlap）译（麻省剑桥：哈佛大学出版社，1996年），第398页，注47。赫斯引自罗伯特·杰伊·利夫顿（Robert Jay Lifton）：《纳粹医生》（*The Nazi Doctors*）（纽约：基典出版社，1986年），第31页。希姆莱的命令参见伊兹哈克·阿瑞德（Yitzhak Arad）：《贝尔塞克，索比堡，特雷布林卡：莱因霍尔德死亡军营行动》（*Belzec, Sobibor, Treblinka: The Operation Reinhard Death Camps*）（布卢明顿：印第安纳大学出版社，1987年），第47页。亦可参见克里斯托弗·布朗宁（Christopher Browning）：《通往种族灭绝之路》（*The Path to Genocide*）（剑桥：剑桥大学出版社，1992年），第85页；利夫顿：《纳粹医生》，第17页；以及詹姆斯·格拉斯（James Glass）：“纳粹党把种族卫生学理论付诸行动，但是专家们在种族卫生学的核心为意识形态命令作出了贡献。”《生命轻贱生命：希特勒德国的种族恐怖症和大屠杀》（*Life Unworthy of Life: Racial Phobia and Mass Murder in Hitler's Germany*）（纽约：基典出版社，1997年），第16页。

❷利夫顿：《纳粹医生》，第25—27页；戴希曼（Deichmann）：《希特勒治下的生物学家》，第248页；格拉斯：《生命轻贱生命》，第41—42、44页。

图像："犹太病毒的发现是世界上最伟大的革命之一。我们今天［1942年］从事的斗争和上世纪巴斯德（Pasteur）和科赫（Koch）所发动的斗争属于同一类型。有多少疾病起源于犹太病毒……只有消灭犹太人我们才能重获健康。"❶

疾病的图像在这里可不是一个修辞学上的比喻，至少医生不会这样看。作为专业人士，他们热烈支持纳粹党（医生中有45%是纳粹党员）。他们的意见在党卫军中占据强势。他们把希特勒绚丽的种族仇恨翻译成一场针对疾病的冷漠无情的斗争。一名纳粹医生鼓励同事克服"每人拥有对自己身体的权力"这一陈腐观念，并转而拥抱"对健康的职责"。另一名医生则说："'爱你的邻人'这个错误观念必须消失。……国家的最高职责乃是保障健康和基因良好的那一部分人口的生命与活力，从而确保……基因良好和种族纯正的**民族**永世存在。"1934年，在纽伦堡举行的德国医生大会给内务部长弗里克（Frick）拍了一封电报，要求对试图在"德国妇女"和犹太人之间发生性接触课以"最重的处罚"。只有这样，医生们解释说，"才能防止犹太种族对德国血统的进一步毒害和污染"。纽伦堡法令于次年公布。❷

1936年，法兰克福大学基因学与人类学教授兼恺撒·威廉遗传生物学与种族卫生学研究所所长奥特马尔·冯·费许尔出版了《作为科学与国家任务的种族卫生学》。他援引希特勒的话："新的国家知道自己的任务就是实现保存人民的必要条件。"并接着说道："领袖的这番话意思是说，国家社会主义的每项政治行动都是为人民的生命服务……今天我们知道，只有保存人民身体的种族特性和遗传健康，人民的生命才能得到

---

❶希特勒演讲（1920年），引自伊恩·克肖（Ian Kershaw）：《希特勒1889—1936：狂妄自大》（*Hitler* 1889—1936：*Hubris*）［伦敦：艾伦莱恩（Allen Lane），1998年］，第152页；以及《希特勒的秘密谈话》（*Hitler's Secret Conversations*）诺曼·卡梅伦（Norman Cameron）、R. H. 史蒂文（R. H. Stevens）译（纽约：法勒，施特劳斯和杨格［Farrar，Straus and Young］，1953年），第269页。

❷两名医生的话引自利夫顿：《纳粹医生》，第32、30、34页。给弗里克的电报引自克肖：《希特勒1889—1936：狂妄自大》，第564页。

保护。”不良的种族特性必须被清除，就像对待疾病、虱子一样。在纳粹
135 的想像中，“犹太人”就是此类不良种族特性的缩影。去了维尔那（Vilna）犹太人区之后，戈贝尔斯在日记中沉思：“犹太人如同文明的人类身上的虱子。无论如何必须消灭他们。”在费许尔发表著作的同一年，希姆莱向德国律师宣讲集中营的合法性：“事实上，通过我们的工作，我们已经为新的法律系统、为德国**民族**的生存权力打下基础。”❶

六年之后（1942年），随着纳粹占领西欧以及莱因霍尔德行动在被占领的波兰的展开，费许尔又写道：“国家社会主义革命希望通过武力来排除导致生物退化的因素，同时保持人民的遗传健康。因此，它的目标是增进全民健康，消除那些危害到民族的生物学意义上的成长的影响因素。”在同一书中——《国家与健康》（*État et santé*）（巴黎：1942年），由费许尔所编，他打算告诉法国人纳粹优生学的优点——帝国健康办公室主任汉斯·赖特（Hans Reiter）医生写道：“我们正在接近生物学与经济学的逻辑综合……政治学必须越来越有能力达到这一综合，现在它还只是处在第一阶段，不过它还是让我们认识到，生物学与经济学力量的相互依赖是一个不可避免的事实。”❷

---

❶奥特马尔·冯·费许尔（Otmar von Verschuer）：《作为科学与国家任务的种族卫生学》（*Rassenhygiene asl Wissenschaft und Staaatsaufgabe*）（法兰克福：1936年）；引自乔治·阿甘本（Giorgio Agamben）：《人牲：主权和赤裸生命》（*Homo Sacer*：*Sovereign Power and Bare Life*），D. 赫勒－罗森（D. Heller-Roazen）译（加州斯坦福：斯坦福大学出版社，1998年），第147页。戈贝尔斯（Goebbels）（1941年11月）引自格拉斯：《生命轻贱生命》，第80页。希姆莱引自帕德菲尔德：《纳粹党卫军国家领导人希姆莱》，第182页。相隔不到一年（1942年），戈贝尔斯又写道，“犹太人现在正在被赶到东边。人们动用了相当野蛮的程序，无须描述更详细的细节。……这是一场在雅利安种族和犹太细菌之间展开的生死决斗。”引自伊恩·克肖：《希特勒1936—1945：复仇》（*Hitler* 1936—1945：*Nemesis*）（伦敦：艾伦莱恩，2000年），第494—495页。

❷费许尔与赖特引自阿甘本：《牺牲人》，第147、145页。在去奥斯威辛之前，约瑟夫·门格尔（Joseph Mengel）在费许尔手下工作并在他的研究所创办的杂志上发表文章。费许尔热情鼓励门格尔关于双胞胎的研究工作，而门格尔从奥斯威辛寄给费许尔标本。战后，费许尔销毁了两人之间的通信，并宣称对奥斯威辛一无所知。他被战后特别法庭判处罚金，不过仍然保留专业身份并教授基因学一直到退休。利夫顿：《纳粹医生》，第339—340，348、358页；戴希曼：《希特勒治下的生物学家》，第151页；约翰·韦斯（John Weiss）：《死亡意识形态：为什么大屠杀发生在德国》（*Ideology of Death*：*Why the Holocaust Happened in Germany*）［芝加哥：伊万·迪（Ivan Dee），1996年］，第393页。

对一个古老的比喻（犹太人/有害物）作出致命的字面解读，从而赋予一种生物医学的意识形态以合法性——种族疾病、生物危险和基因威胁只有通过彻底消灭犹太人才能最终治愈。在这方面，医生、生物学家和人类学家其功甚伟。❶反闪族主义，它在欧洲并非自古有之，而是在公元1000年之后新出现的现象。欧洲第一起针对一名犹太人的宗教仪式的谋杀起诉出现在1148年。13世纪就已经很常见了，而在接下来的三百年间更是日益增多。历史学家R. I. 穆尔把不断升级的反闪族主义跟“公元1000年前基督徒和犹太人不断增强的实质性社会融合”相对照。事实上，针对麻疯病人、异教徒和犹太人的迫害都在升级，而到了13世纪，迫害活动全面展开。根本找不到可以证明对这些群体的迫害是合理的证据。对他们共同命运的解释“不在于受害人而在于迫害者。异教徒、麻疯病人和犹太人的共同之处在于都是那个时候抓住欧洲社会的迫害狂的受害者……他们的独特性不是受迫害的原因而是受迫害的结果”。然而，在中世纪的想像中，他们的确变成了一致的群体，至少对于那些迫害他们的人来说是如此。“犹太人被视为某种类似于异教徒或麻疯病人的群体，他们与污秽、恶臭、腐败相伴，在性方面有异常的 136
贪婪与天赋，因而威胁着正直的基督徒的妻子与孩子。”❷历史证明，把

❶利夫顿：《纳粹医生》，第16页；亦可参见布朗宁：“种族灭绝和公共卫生”（Genocide and Public Health），载《通往种族灭绝之路》，尤其是第149页。关于纳粹运用害虫横行与瘟疫的意象，亦可参见齐格蒙特·鲍曼（Zygmunt Bauman）：《现代性与大屠杀》（*Modernity and the Holocaust*）（纽约州伊萨卡：康奈尔大学出版社，1989年），第70—71页。关于国家社会主义国家作为种族卫生的保护人，参见埃里克·沃尔夫（Eric Wolf）：《想像的权力：支配与危机的意识形态》（*Envisioning Power: Ideologies of Dominance and Crisis*）（伯克利：加州大学出版社，1999年），第239—241页。

❷R. I. 穆尔（R. I. Moore）：《迫害社会的基础：西欧（950—1250）的权力与变异》（*The Foundation of a Persecuting Society: Power and Deviance in Western Europe, 950—1250*）（牛津：布莱克威尔出版社，1987年），第66、88、117、67、65页；亦可参见R. 夏伯嘉（R. Po-Chia Hsia）：《仪式谋杀者的神话：宗教改革时期德国的犹太人与巫术》（*The Myth of Ritual Murder: Jews and Magic in Reformation Germany*）（纽黑文：耶鲁大学出版社，1988年），以及穆尔：“作为疾病的异教”（Heresy as Disease），载W. W. 洛道克斯（W. W. Lourdaux）、D. 维黑尔斯特（D. Verhelst）编：《中世纪的异教概念》（*The Concept of Heresy in the Middle Ages*）[卢万（Louvain）：卢万大学出版社，1976年]。

这些意象转换成生命政治学术语，从而生产出种族主义的生命政治新形式并不困难。诚如阿甘本所言："犹太人就是作为希特勒所说的'虱子'而被加以消灭的……消灭不是发生在宗教的或法律的向度上，而是发生在生命政治学的向度上。"❶

生物医学是纳粹大规模暴力一而再、再而三动用的模式，不管是绝育、安乐死抑或种族灭绝。1943 年 4 月 24 日，希姆莱对党卫军演说："反对闪族人就像驱除虱子。驱除虱子不是一个意识形态问题而是一个卫生问题。"特雷布林卡死亡军营第一任指挥官是伊姆弗里德·埃贝尔（Irmfried Eberl）医生。红十字救护车被用来把齐克隆－B（Zyklon-B）毒气弹运输到奥斯维辛的毒气室。这不是一种诡计，而是纳粹用来让自己理解种族灭绝的仪式与宣传。携带毒药的红十字救护车不仅有红十字标志；它还由负责发放药品的卫生官员驾驶（每次毒气攻击也都有一名医生监督）。根据一名在毒气室/火葬场混合体工作的幸存者的描述，红十字救护车由一名党卫军官和一名救护副职官员驾驶。事实上就是由救护官员把小球（极限**药物**）从通风孔倒入毒气室的。每次使用毒气室的时候，就会有一辆红十字救护车从军营的某个角落里开出来把毒药送到；死人工厂本身没有贮存齐克隆－B。事实上，它被保存在军营的药

---

❶阿甘本：《人牲》，第 146—147，114 页。沃尔夫看到了纳粹屠杀犹太人的与迫害牺牲品或替罪羊之间的差异："和超自然力量之间的互惠活动或向它们的献祭需要一个牺牲的角色。但他们并没有被需要实现这样的角色。他们也没有被当作替罪羊，以便带走人类社会的集体罪恶。……目标就是彻底根除犹太人。"《想像的权力》，第 256—257 页。鲍曼区分了现代特有的种族主义和那种可能与人类同样古老的异性恐惧症。种族主义的"现代性"在于"建筑、园艺策略同医学策略"之间高度现代的结合。它追求"一种人化的秩序，通过切除当下现实中那些既不适合视觉完美的［种族］现实又不能被改变的因素。……反闪族主义的灭绝版本应当被视为完全现代的现象。"《现代性与大屠杀》，第 65、73 页。这些观点，以及福柯关于人口生命政治学出现的思想，帮助贝雷尔·兰（Berel Lang）提出了一个关于浩劫（Shoah）的独特性的问题。"人类残忍与谋杀的能耐长期以来一直保留着，那么，如果纳粹种族屠杀无论是在性质上还是在规模上都是前所未有的，导致那种缺乏的历史理性应当是可以获得的。……为什么已经发生的事情第一次发生呢?"《大屠杀的未来》（*The Future of the Holocaust*）（纽约州伊伊萨卡：康奈尔大学出版社，1999 年），第 86 页。

房里，对它的处理严格限于医务人员。❶

为什么用红十字？为什么有医生？为什么有药物游戏？那不是为了哄骗受害者；在卡车到达的那一刻他们的命运就已经注定。而且也不是为了愚弄外界，因为从来就没有想让外界知道。相反，它们构成了一种生命政治的仪式，通过它，计划与执行这些操作的人让他们的大屠杀变得合理，并且编织一张网，以网罗尽可能多的同谋者。德国科学知识的盔甲支持了他们在意识形态上非常有用的信念：他们正在执行的杀戮正是以现代的、科学的、合乎生物学的方式为公共卫生而进行的清理工作。

如果说，边沁（Bentham）的圆形监狱是规训权力的模型及其政权的象征，那么，第三帝国的死亡军营就是生命权力的缩影。这些设施以生命的名义建立起来。它们解决它们的受害者，不是作为公民或敌人，而是作为**生命**：残疾的、有病的、没有生命价值的生命。第三帝国对犹太人的排挤、驱逐和最终的灭绝行径可怕地证明了，凡是生命权力居于支配地位的地方，**没有什么事情**做不出来，**没有什么东西**不能被牺牲——以**生命**的名义。 137

❶米克洛斯·尼伊斯茨利（Miklos Nyiszli）：《奥斯威辛：一名医生的目击报道》（*Auschwitz: A Doctor's Eyewitness Account*），蒂贝雷·克雷默（Tibère Kremer）、理查德·西弗（Richard Seaver）译［纽约：阿卡德（Arcade），1993 年］，第 50—51 页；利夫顿：《纳粹医生》，第 161 页。关于特雷布林卡，参见阿瑞德：《贝尔赛克，索比堡，特雷布林卡》，第 182 页。希姆莱决定采取毒气室，显然是因为接受了党卫军首席医师格拉维茨（Grawitz）的建议；伊斯雷尔·古特曼（Yisrael Gutman）、米歇尔·贝兰鲍姆（Michael Beranbaum）编：《奥斯威辛死亡军营的解剖学》（*Anatomy of the Auschwitz Death Camp*）（布卢明顿：印第安纳大学出版社，1994 年），注 176；关于红十字救护车，参见第 160 页，关于监督毒气攻击的医生，参见第 170、172 页。希姆莱的话引自格拉斯：《生命轻贱生命》，第 83 页。一位幸存者描述了奥斯威辛死刑的仪式方面，参见西姆·凯塞尔（Sim Kessel）：《绞死在奥斯威辛》（*Hanged at Auschwitz*）［纽约：库珀广场（Cooper Square）出版社，2001 年］，第 137—138 页。印加·克伦迪宁（Inga Clendinnen）讨论了党卫军军营的仪式行为。他看到，“强加在军营同伴身上的狂躁的戏剧风格首先不是针对它的畏缩的观众，而是针对它的党卫军演员。”《阅读大屠杀》（*Reading the Holocaust*）（剑桥：剑桥大学出版社，1999 年），第 142 页。

第三节 福柯的唯名论

福柯曾经说，“真与假的话语”是他所有作品的“总题”。他解释说，他意指“领域和对象的形成是相关的，而承担领域和对象的可证实话语和可证伪话语的形成也是相关的。”“使我感兴趣的不仅是它们的形成，而且还有它们与之相联的现实结果……我的问题是要看清楚人们如何通过真理的生产来控制（他们自己以及其他人）……简言之，我想在历史分析与政治批判的中心重新定位真理的生产。”❶作为知识的历史学家，他感兴趣的不是这种或那种所谓的真理是如何发现的。他的关注点在于底层的规则、深层的结构和推论工具——“根据它们，真与假被区分开来，而权力的特有效果被系于真的东西”。这些规则定义了历史知识的深层语法，“让人能够区分真陈述与假陈述”的推理风格，“裁定每一陈述的手段，协调获得真理的价值的技术与程序，[以及] 那些负责说出何者为真的人们的地位”。❷

实际上，真值被“货币化”了。如同价格或货币，真值是社会系统中纯粹关系的、约定的、最终是任意的、结构的人化物。在陈述的真值背后就像在商品价格背后一样别无“实体”。一个陈述并没有内在于语义、超越于体系、纯粹逻辑的真假（即，不管人们用它来做什么）。比如，与基督的时代相比，现在巫婆更常见——这一陈述并不为**假**。除非它能够流通，有严肃的接受者，否则它就不是一个有效推论的陈述，不是一次严肃的言语行为，也就没有确定的真值。然而，这不是像语言理念论所说的那样，一个可比陈述在15世纪享有的流通性**使它为真**。相反，这样的流通性使它流通，使它有效，使它在档案里留下历史痕迹。

---

❶福柯：“方法的问题”（Questions of Method），载《福柯的影响》，第79页。
❷同上，第85页，以及《权力/知识》，第131页。

一件商品的价格讲它要卖多少钱；一个陈述的历史与政治（如果不是逻辑或本体—逻辑）的真值讲它被作为什么而通过。重要的不是它**是**真的，而是它通过了，进入流通了。❶权力不可能强到让“黑是白”、“二加二等于五”这样的陈述变成真的。但是，它能够而且确实控制（即，修饰或引导）陈述的流通，或者，把什么加以认真对待，把什么算作真的。用社会历史或个人经验的话来说，起决定性作用的正是这种在严肃的言语行为系统中的流通性，而不是形而上学的“与实在的符合”。**有效的**真是可靠性，是一个陈述渗透进人们的实际推理中的能力，它由此控制那些把它接受为重要真理的人们。 138

如果像福柯所说的那样，真理“引发权力的常规效果”，那是因为这样的“真理”是可靠的知识陈述，它隐含着与自己互动的权力。我对此在前面曾有过描述。福柯关于真理与权力的思考始于对权力/知识互动关系的观察，再加上哪里有知识哪里必须有“真理”的假定。尽管福柯不是在古典形而上学意义上理解这个假定的，也就是说，他并不认为知识的真理是与实在的符合，不过，他还是在他的唯名论立场所允许的范围内尽可能地靠近它。知识的“对象”，真陈述因为指**向**它而为真的“事物”，如果脱离谈论它们的人们所达成的一致，它们就没有实在。福柯解释说：“简言之，我们希望做的事情，是省却‘事物’……用**仅在话语中**出现的对象的正常形成来取代先于话语的‘事物’的神秘宝藏，[并且] 对这些对象作出界定，但无须诉诸地基，无须诉诸事物的基础，而只需将其关联到规则系统，正是规则系统使它们成为话语的对象并因此构成它们的历史呈现的条件。”❷

---

❶我曾撰文讨论制度性知识主张在欧洲魔法迫害中的作用。参见拙文“鬼神学，推理风格和真理”（Demonology, Styles of Reasoning, and Truth），载《道德与社会研究》（*International Journal of Moral and Social Studies*）8（1993年）：第95—122页。对“通过为真”（passing for true）的进一步讨论，参见拙著《哲学中的真理》（*Truth in Philosophy*）（麻省剑桥：哈佛大学出版社，1993年），尤其是第八章（论福柯）。

❷福柯：《知识考古学》（*The Archaeology of Knowledge*），A. M. 谢里登·史密斯（A. M. Sheridan Smith）译（纽约：古典书局，1972年），第47—48页（着重号为引者所加）。

这一唯名论还包含了两点明确的主张。其一，对形而上学的内在—结构主义的批判。在这一点上，福柯比以前的唯名论者更加深刻。[1]然而，这一批判仅仅是消极地论证什么东西不存在，即事先分好类的自然秩序不存在。而第二点主张则论证，结构，如同表象，必然是**话语**的人化物，是陈述与真值体系的人化物，是真与假的政权。内在结构的崩溃并没有建立起这样一种系统的、同时带着明显的推论偏见的知识理论，说规范、变异、亏损等等都是社会建构的，这等于说它们都是人化物；它没有，或者说应当没有主张，它们的存在仅仅包含推理（而不是宽泛的人化）实践或社会（而不是混合的人化）实践。[2]

139 把知识的对象称为人化物或结构，这便已说到它们的生存条件，其中包括人类，人类历史与实践，当然这并不是说，知识的首要结构或实践是推理性的。相形之下，人化物思想可以比任何“知识的社会建构”更加一致地对内在结构展开唯名论批判，而无需额外增加一个说法：知识是特有的、推理的人化物而不是宽泛的人化物。知识可以是一种社会建构，但被建构起来的是人化物，是有着无穷花样的人化物。

如果像我所说的那样，福柯把知识理解为声誉良好的话语，那人们就会感到困惑，他为什么那么令人难忘地谈论被压制的知识（subjugated knowledge），甚至还把他自己的工作描述为“被压制知识的起义”（insurrection of subjugated knowledges）。倘若不存在无声望的知识，什么是被压制的知识？

他把被压制的知识归于两个看起来相当不同的来源。其一是博学的研究，就像他本人的研究一样。其二则是处在通行的形式知识系统的边

[1]关于“内在结构主义”（inherent structurism）以及唯名论与社会－结构思想之间的关联，参见伊恩·哈金：《关于何者的社会建构?》（*The Social Construction of What*?）（麻省剑桥：哈佛大学出版社，1999年）。关于唯名论的中世纪背景，参见卡尔文·诺莫尔（Calvin Normore）：“唯名论的中世纪传统”（The Medieval Tradition of Nominalism），J. F. 威佩尔（J. F. Wippel）编：《中世纪哲学研究》（*Studies in Medieval Philosophy*）（华盛顿特区：美国天主教大学出版社，1988年）。

[2]关于自然－人化混合物（在概念上类似于我所说的人化物），参见布鲁诺·拉图尔：《我们从未进入现代》，凯瑟琳·波特译（麻省剑桥：哈佛大学出版社，1993年）。

缘，或者被它完全排挤出来的人们："一整套知识已经被剥夺资格，因为它们不足以完成任务，或者论述不充分：素朴的知识，在等级序列中居于下层，没有达到所要求的认知水平或科学水准。"福柯提到的例子有精神病人、生小毛病的人、护士、医生和囚犯的"知识"。护士对医院、囚犯对牢房都有一曲之知（local knowledge），这种知识是排除在护理学或监狱管理学的正式话语之外的。福柯称其为"俗知"（le savoir des gens），虽然他强调说，这类知识总是特殊的一曲之知，不是普遍性的"常识"，而是"参差不齐的知识，无法做到全体一致"。❶它们没有认识论上的地位，不过将在"起义"的潜能中获得它们失去的东西。

把被压制的知识的两个来源连接起来的，是它们对于现有知识体系的关系。现有知识体系，也就是福柯经常将它等同于知识（savoir）、形式知识或科学即真理知识的话语政权。这一知识体系取代了系谱学所复原的被遗忘的话语，而且，正是这一话语政权将被压制的知识中的声音剥夺资格、边缘化并排挤出局。福柯认为，系谱学破坏了知识和"与科学相伴的权力等级秩序"之间的相等关系。"系谱学应当被看成是一种尝试，也就是说，把历史知识从被压制中解放出来的，使它们有能力反对、抗争理论化的、一元的、形式的和科学的话语的高压。"❷

不管与当下的思想如何不同步，系谱学所发现的东西**曾经是知识**。 140
同样，那些被剥夺资格、被边缘化、被排挤出科学权威的人的确有**一种知识**，一种躲避形式话语管辖的知识。令人困惑的是，这些边缘的声音跟福柯称为知识的其他东西之间有何共同之处。为什么可以，也就是说，以什么重要的东西为基础，把边缘性的话语恰当地描述为**知识**？对于博学之士所发现的被遗忘的知识来说，这一点不成问题。在福柯所描述的精神病院史与诊所史中，各种稀奇理论**曾经**被人们认真对待，**曾经是**它们那个时代严肃的真理竞争者。在福柯描述这些历史时，其哲学要

---

❶福柯："两次演讲"（Two Lectures），载《权力/知识》，第81，82页。
❷同上，第82，85页。

点大抵是让两种不可通约的符号价值系统形成对比，并让它们与当下相对照，从而彰显其相对性与有限性。博学的考古学所发现的是**曾经**声誉良好的话语。这就是为什么人们可以在档案里找到它，否则它是不可能在那里留下痕迹的。但是，是什么东西证明被边缘化、或者说被剥夺资格的知识可以归于知识——虽然是被压制的知识？即便知识的形成不限于推理，福柯也从来没有说过除推理之外知识还可以如何形成，相反，他明确说出来的东西只是确认，“知识”是一桩跟某种话语体系中的流通性相关的事情。

在他关于知识的主要理论论述中，福柯解释说，“知识”可以分析为四个层面：(1)“在推理实践中人们**可以谈论**的东西”；(2)“一个特定空间，主体在其中可以采取某个立场并**谈论**他**在话语中**要处理的对象”；(3)“协调、规划**陈述**的领域，而陈述则是概念出现、被定义、被应用、被变换的所在”；(4)“**话语**所提供的使用与占有的可能性”。[1]注意，这里没有限定词。他不是在谈论**某种**知识，或某种所谓的科学，而是谈论知识现象本身。他在谈论知识的对象与概念——任何对象，任何概念。同时也请注意这里的推论偏见。知识在话语、在推理实践中被说出；是从命题的空间里被说出；它提供了**在话语中**使用和占有的可能性。知识是话语的权威，它有权力作出享有地位的陈述，同时迫切需要言说者的接受，以作为让知道的人认真对待这些陈述的筹码。

我认为，被排挤或被剥夺资格的话语是“知识”，这肯定只是在讽刺的意义上说的。福柯说，这种所谓的“知识”，“它的力量只在于发出刺耳的声音，以此反抗环绕四周的一切事物”。[2]换言之，这种话语除了

---

[1] 福柯：《知识考古学》，第182—183页（黑体为引者所加）。在《知识社会史》（*Social History of Knowledge*）（剑桥：政治出版社，2000年）一书中，彼得·伯克（Peter Burke）“用‘信息’（information）这一术语来指称相对说来尚未加工、具有特殊性与实践特征的东西，而用‘知识’（knowledge）指称已经过思想加工、处理或系统化的东西”。他的“知识”史是那些已经“被认为是知识”的东西的历史，其中包括有关巫术、天使的知识，等等（第11，12页）。

[2] 福柯：《权力/知识》，第82页。

让把它排挤出局的声誉良好的话语体系感到不安之外，别无其他理由称它为**知识**。因此，把被剥夺资格或边缘化的话语描述为“被压制的知识”可能是一种起义策略，但它不是一种理论分析。 141

福柯的“知识考古学”是我曾在第一章中讨论过的实证主义—社会学的“知识的社会决定”的一个晚近版本。他运用了当时新出现的观念：社会是一种结构。揭示“社会决定”就要表达出底层的、任意的、约定的、通常为二元的、由推理加以表述的“结构”。语言、血族关系和神话是由索绪尔（Saussure）和列维－斯特劳斯（Lévi-Strauss）所给出的典型结构。福柯希望把知识也添上去。在其首要的理论意义上，知识（savoir）所意味的不是认识论的表面—现象（surface-phenomena，connaissance），比如陈述或理论，而是产生知识之公开表面的底层规则——这些规则几乎像语法规则或血族关系规则一样任意，虽然没有它们那样的历史稳定性。

这样一幅区分表层—深层或语法—陈述的双重性的知识图景把一度风行的结构主义外观加到了某些相当传统的认识论假设之上。它所设想的理论或推理形成规则，如果离开了需要用这些规则加以解释的声誉良好的陈述，那么我们就看不到它们了。因此，这样的“规则”并不是**解释**陈述、**说明**陈述之可信性的独立发现；相反，人们把它们从档案中抽取出来，然后再用它们回过头去解释档案，仿佛它们是有生产能力的理论或历史的先天条件。

福柯知识图景的另一重困难在于，他把知识的有形表达作为“深层知识”的表层效果，而“深层知识”不是由陈述，而是由规则或者说言述的准语法条件所构成，这样一来，他就把知识的价值弄得神秘兮兮。人们为什么喜欢这种“知识”甚于它的对立面如无知或错误？假如说在知识那里只有陈述的表层表演，而陈述最终不过是任意的权威，那么，又何必把知识当回事儿？何必偏爱它、关心它？

对于这些问题，福柯漠然视之，以为不过是素朴的价值判断，和他本人的知识历史家工作了不相干。如果他毫不犹豫地将知识区别于“观点”，或者声誉良好的话语，那么他之所以这样做的部分原因在于，一个陈述具有知识的哲学品格与否，这一点对于它的有效权力来说无关紧要。对于罪犯的经验来说，犯罪学——他的看守在这方面具有很高的学历——究竟是值得尊敬的科学，抑或是由统计学与一厢情愿的想法构成的混杂物，那是一个无关紧要的问题。那些被作为已知者接受下来且享有真理的可信性的东西，它们将同行政管理的便利及规训的权威结盟，从而极大地漠视知识的作为品格。然而，真实且重要的是，它们并没有
142 证明，我们应当漠视**嘴上说的知识**（knowledge claimed）与**已经实现的知识**（knowledge accomplished）之间的哲学差异。[1]

哲学家一直认为真理知识最值得关注，福柯也不例外。不过像理查德·罗蒂一样，他也认为真理跟实践中通过的东西一般好。“真”是陈述的声望—价值（罗蒂称它是一种恭维）。既然“知识”按其定义为真，这个词也一定不过是对声誉良好的话语的恭维。作为一名历史学家，福柯试图追随作为陈述之流通条件的制度资源与实际律令。当然，最重要的知识不用说就是断言的、用推理表述的、（在话语中）通过为真的。

我认为，福柯称为“知识”的一些东西并不具备知识一词所蕴含的特性。我宁愿称之为“声誉良好的话语”，而知识则是另一种不同的东西。福柯肯定会对这一区分嗤之以鼻，因为它看起来类似于柏拉图对知识与意见的区分。但是，为了把知识同信仰、意见或正统区别开来，一个人并不是非得成为柏拉图主义者不可，而这样的区别也不是非得用存在的超越真理来理解不可。哲学上反动的不是我，而是福柯——即便不能算反动，至少也是绅士派头的保守主义。尽管没有分享认识论对规范

[1] 乔治·冈纪兰姆（Georges Canguilhem）看到，“今天任何一种哲学都比福柯哲学具有更强的规范意味。……［但］就理论**知识**而言，人们能否在这种知识的概念的特殊性中详细阐述它而无须诉诸某种规范？”“人之死”（The Death of Man），载加里·古廷（Gary Gutting）编：《福柯剑桥指南》（*The Cambridge Companion to Foucault*）（剑桥：剑桥大学出版社，1994 年），第 84 页。

的关注，福柯还是肯定了认识论关于知识的很多假设，比如，知识在陈述或言语行为中到来，知识的单元是语言的、逻辑的，是一种**逻各斯**，而最重要的知识用推理来表述且在话语中通过为真。

福柯承认，知识的范围不限于话语。他提到了“制度，技巧，社会群体［和］知觉组织”。知识的“形成不仅仅在于理论文本或实验工具之中，而且在于实践与制度的整体系统之中”。他的知识考古学“所分析的知识的可见部分不是理论、科学话语或文学话语，而是通常的日常实践”。❶在《规训与惩罚》中，他探讨人化物与技术的所有方式，包括拷问方式、孤儿院、军训、工厂汽笛和监狱建筑。我并不是想说他没有考虑到这些事情，而是说，他用来讨论这些事情的观念使得它们屈从于话语。正是陈述的推理成就使得“实践与制度的整体系统”（以及它们所动员的非推理的人化物）享有**知识**的尊荣，让实践成为**知识**—实践，让制度成为**知识**—制度。唯一跟知识相关的非推理是**前**推理，它正走在通往语言的路上，故“前推理仍然是推理……它依然在话语的向度之内”。❷ 143

已经有学者批评福柯对话语的强调压过了主体与主体性。❸不过，福柯后来讨论主体性的作品中已经隐含了对这一批评的回应。在那里他克服了抹杀主体性与自由的倾向（《词与物》和《规训与惩罚》尤为明显），并试图找到经验中归于权力与知识的因素同归于作为主体的我们跟自我之间的关系的因素这两者之间的平衡。❹也有学者批评

---

❶福柯：《福柯基本著作》，卷1：《伦理学》，保罗·拉比诺编（纽约：新出版社，1997年），第7、6页。

❷福柯：《知识考古学》，第72、76页。

❸S. R. 怀特（S. R. Whyte）：“话语与经验之间的残疾”（Disability Between Discourse and Experience），载B. 英斯塔德（B. Ingstad）、S. R. 怀特编：《残疾与文化》（*Disability and Culture*）（贝克莱：加州大学出版社，1995年）。

❹参见福柯：“作为自由实践的自我照顾伦理学”（The Ethics of Care for the Self As a Practice of Freedom），载J. 贝尔诺尔（J. Bernauer）、D. 拉斯马森（D. Rasmussen）编：《最后的福柯》（*The Final Foucault*）（麻省剑桥：麻省理工出版社，1985年）；《性经验史》卷2：《快感的享用》（*The Use of Pleasure*），罗伯特·赫尔利（Robert Hurley）译（纽约：潘塞恩，1985年）；《性经验史》卷3：《关注自我》（*The Care of the Self*），罗伯特·赫尔利译（纽约：潘塞恩，1986年）。

福柯否认“身体的知觉物质性而喜欢对身体统治的推论秩序进行‘反人文主义’的分析”。[1]然而，《性经验史》导论卷的全部要点就在于“展示权力的配置如何直接关联于身体——各种身体、功能、生理过程、感觉和快感；身体决没有被抹杀，相反，我们需要做的是让它清晰地呈现出来，通过分析生物性与历史性……如何相互纠结，以及这种纠结如何随着以生命为目标的现代权力技术的发展而日益复杂”。一部性经验史将是“一部‘身体史’，它将考察身体在肉身、元气层面的最深处已经受到权力的渗透”。[2]

我并不是要论证福柯把主体性化约为客观化的知识话语，也不想否认他原创性地展示了现代规训如何于肉身、形体、元气层面的最深处染指身体。我的争点在于，“在成为权力新机制的目标的过程中，身体被贡献给了知识的新形式”，而福柯对这种知识的想像，完全是语言学的、推理的，实际上也是学院式的、学究式的方式。[3]福柯把这一推论偏见合理化，以此矫正下面的“唯心论”立场：语言是对那些可由反省意识更直接认识的事物的次一级反应。这种观点忽视了在他看来是第一位的实在、应当用它自己的术语来描述的实在——即，陈述与话语的实在；或者说，陈述与话语的历史与必然性。我们必须尊重“我们生活在一个事物已经被说出的世界之中这一事实”。语词“并不像人们容易想像的那样是一阵过不留痕的风，事实上，它们确实留下了变化多端的痕迹……我们生活在一个完全由话语标识装饰起来的世界之中”。[4]

[1]布赖恩·S. 特纳（Bryan S. Turner）：“残疾和身体社会学”（Disability and the Sociology of the Body），载加里·阿尔布雷克特（Gary Albrecht）、凯瑟琳·西尔曼（Katherine Seelman）、米歇尔·伯里（Michael Bury）编：《残疾研究手册》（*Handbook of Disability Studies*）[加州千橡树（Thousand Oaks）：圣人出版社，2000 年]，第 255 页。

[2]福柯：《性经验史》，第 151—152 页；亦可参见《规训与惩罚》，第 25 页。

[3]福柯：《规训与惩罚》，第 155 页。

[4]福柯访谈《死亡与迷宫：雷蒙德·鲁塞尔的世界》（*Death and the Labyrinth: The World of Raymond Roussel*）附录，C. 劳斯（C. Raus）译（纽约州花园市：道布尔迪，1986 年），第 177 页。

抒情无须先给出理由。问题不在于语言是否有效能。问题在于，知识是否囿于语言秩序的效能，或者反过来（我是这么看的）：话语、定义、测度以及其他推理人化物不过是更宽泛的作为有教养的人化物作为的知识的一部分。学者或许有一个未反思的假设：凡是没有出现在书本中的东西就不是知识。知识（或者说，哲学上最重要的知识）是推理 144
的、语言的和辩证的，这种观念就在一个远比图书馆视野宽阔的领地上强加了一道学术的界限。倘若福柯的知识观少一点书卷气而多一点现实品格，那么他的思想就不会像现在这样沾滞于话语的秩序，那样也就不太可能把知识和声誉良好的话语并为一体，更不可能混淆前推理与非推理，仿佛只有那些走上语言之路的东西才属于知识。

有人跟我说，福柯并不想把一切知识界划为推理知识，相反，他的意图只是在同社会权力的关系中定位推理知识。诚哉斯言。但是，这并没有证明福柯没有把知识和声誉良好的话语并为一体。即使他想限定他所谓的知识，使它区别于其他那些同样**完全担得起**知识之名的东西，他也并将没有落实这一点。他始终如一地把他所关心的东西呈现为**知识**——仅此而已。这就使他的主张很有趣。然而，声称研究过去的知识，同时却不区分已经实现的知识与嘴上说的知识，我想，这严重误导了所要讨论的真正主题——我愿望称之为声誉良好的话语。

还有人跟我说，批评福柯没有注意到非推理的知识是一回事，批评他把知识“本身”理论化为推理知识则是另一回事，后者是他所贬低的那种“整体化”观点。我想问的是，为什么把非推理的东西跟前推理的东西并为一体，仿佛不能转化成话语就不能成为知识？为什么一位理论家取那样的视角，强加那样的限制？除非他/她**假定**，不存在任何重要的非推理的知识体系，没有一种知识能够像任意挑出来满足理论兴趣的推理知识那样有效而强力，后者对于我们的经验来说具有无与伦比的重要性。

我并没有说福柯是一名认识论者。[1]我是说，他自我标榜为非认识论的“知识考古学”保留了那些一直折磨着西方思想对知识的思考的偏见。无论他对理论“整体化”主张的谴责多么严厉，福柯的作品表达了一种哲学的知识观，他不自觉地这样做了。我对他的认识论偏见、尤其是推论偏见的批评，正是针对这方面的基础与术语。确证话语之殊出地位的隐含辩护是：对于知识来说，没有什么东西比话语更重要的了。虽然还算不上一种认识论，但它的确是一种认识论偏见。

145 没有我们之外的知识，虽然这并不意味着知识就是权威认真加以对待的任何话语。智人（现代人）不止于逻各斯，知识不止于语词，知识的价值不止于一个无可辩驳的话语的真理。一切历史从根本上说是进化的，而在进化过程中，福柯所强调的偶然性只会更加显著。[2]视线一旦后退到进化的视角，那么，书写的、形式的和科学的话语在知识史上的位置就会相对靠后，从而失去哲学试图摆在它头上的卓越殊出的光环。在书写或最初的科学之前，以非推理形式表达（在卓越的人化物作为之中）的知识对于我们的先祖来说生死攸关。先祖的知识成就已经为我们所继承。两百万年的技术文化已经将人类与人化物深深地融合在一起，今天我们的生命体如果离开人化物的庇护已经不可能维持下去。站在一种现实主义的立场上，我们不可能把知识限制于历史上可信的陈述之中，也不可能把它记载在某种话语体系之中。唯有全球人类生态能够“记载”知识，它是理解知识的最终境域。

---

[1]相反的论证参见沃尔特·普里维特拉（Walter Privitera）：《风格问题：米歇尔·福柯的认识论》（*Problems of Style: Michel Foucault's Epistemology*），琼·凯勒（Jean Keller）译（奥尔巴尼：纽约州立大学出版社，1995年）；戴维·沙姆韦（David Shumway）：“诸种知识考古学”（Genealogies of Knowledge），载雷斯维斯基斯：《米歇尔·福柯批评论文集》，第86页。

[2]“基本法（自然选择，解剖学设计上的优越机制）不能保证［生命的］现代秩序，甚至较低级别的生态或环境理论的一般性也做不到。……偶然性主宰一切，一般形式的可预测性后撤为不相干背景……生命历史上有意思的事件几乎都坠入了偶然性王国……磁带重放了n遍……我怀疑，像智人这样的东西还会继续进化。”史蒂文·杰伊·古尔德（Steven Jay Gould）：《精彩的生命：伯吉斯页岩和历史的本性》（*Wonderful Life: The Burgess Shale and the Nature of History*）（纽约：诺顿，1989年），第288—290页。古尔德还广泛比较了历史偶然性与进化偶然性，参见其著：《进化理论的结构》（*The Structure of Evolutionary Theory*）（麻省剑桥：哈佛大学出版社，2002年）。

第三章
翻转语言学转向：罗蒂的知识观

很难想像，一种与知识无关的活动有资格担当“哲学”之名。

——理查德·罗蒂

在批评认识论的哲学家中，我们已经讨论了海德格尔、杜威、尼采 147
和福柯。杜威在美国之外没有太多的读者，而到了20世纪50年代，连大部分美国人也遗忘了他。除了杜威，其他几位对于英语哲学界来说都是有争议的舶来品。理查德·罗蒂是对他们表示不满的最出色的土著代表。大家或许已经猜到，接下来我的工作将是探测罗蒂反认识论论证中的认识论偏见，比如，他跟福柯分享了推理的、语言化的知识观，他还有一种尼采和杜威所没有的化约倾向。

没有一种哲学像美国实用主义那样赋予社会向度如此的尊荣。[1]这 148

[1]约翰·迪金斯（John Diggins）：《实用主义的许诺》（*The Promise of Pragmatism*）（芝加哥：芝加哥大学出版社，1994年），第361页；亦可参见迈克尔·温斯坦（Michael Weinstein）：《荒野与城市：作为道德追寻的美国古典哲学》（*The Wilderness and the City: American Classical Philosophy as a Moral Quest*）［阿姆斯特（Amherst）：马萨诸塞（Massachusetts）大学出版社，1982年］。

一倾向自美国哲学一发端就存在了，不过罗蒂更是把它推到前所未有的程度。他构想了哲学重心“从认识论到政治学”的转换。按照他的设想，实用主义实现哲学论争“从方法论—本体论重心到伦理—政治重心”的调整。人们“用道德和政治的术语而非认识论或元哲学的术语”重铸哲学问题。实用主义没有纵容形而上学的欲望“去触及一个实在、一个超出我们置身其间的共同体的实在”；相反，它把共同体的团结提升到了道德德性与认识德性的最高等级。[1]

知识本身关系到社会团结，是共同体的模范形式。“知识”这一说法就意味着赞成、同意和褒扬那些已经得到良好的辩护“以至于目前无需进一步辩护”的陈述或信仰。探究的目标，或者说知识的追求，是“获得信念，获得那些在同持有其他信念的人们自由、公开相遇的过程中最终自愿赞同的信念”。知识和意见之间的差别，就是“这样的赞同相对容易达到的话题与这样的赞同相对较难达到的话题之间”的差别。因此，对实用主义来说，商谈（conversation）是“知识得以理解的最终境域”[2]。

第一节　这是实用主义吗?

在罗蒂看来，美国实用主义属于一个更宽泛的现代思想运动，它将“从上帝手中夺取权力——或者用平静一些的说法，使人类责任的观念不再需要非人类的东西”[3]。杜威曾认为，现代历史就是他所说的“控

[1]理查德·罗蒂：《偶然、反讽与团结》（*Contingency*，*Irony*，*and Solidarity*）（剑桥：剑桥大学出版社，1989年），第68页；以及《客观性、相对主义和真理：哲学论文集》（*Objectivity*，*Relativism*，*and Truth*，*Philosophical Papers*）（剑桥：剑桥大学出版社，1991年），卷1，第110、28、39页。

[2]罗蒂：《客观性、相对主义和真理：哲学论文集》，第24、41、23页；以及《哲学与自然之镜》，第389页。

[3]罗蒂：《真理与进步：哲学论文集》（*Truth and Progress*：*Philosophical Papers*）（剑桥：剑桥大学出版社，1991年），卷3，第143页。

制艺术”日益进步的过程。[1]罗蒂也有类似的看法。随着现代的先辈们对世界的掌控，我们变得越来越自信，不管是作为文明整体还是作为个体，我们不再需要迷信的安慰，并且厌倦了昔日的超越的雄心。“超越的雄心”（ambition of transcendence）这一表达出自托马斯·内格尔（Thomas Nagel）。他是一位美国哲学家，不过不是实用主义者。他提倡新新柏拉图主义，认为哲学是最上乘、最高级的知识。或者说，哲学不断追求这样的知识（“上帝的眼光”）——虽然人类注定永远不可能得到它——而永不停息的雄心。哲学的极至在于让心智“尽可能地独立于我们的所是与我们从之出发的方域”，从而把“我们的信念、我们的行动和我们的价值尽可能”置于“非个人的立场的影响之下”。然而，既然我们从来没有达到理性的极至，真正的哲学必须“将以下二者结合起来，一是承认我们的偶然性、我们的有限性和我们在世界中的限制，二是超越的雄心，无论我们成功达到它的可能性多少微小”[2]。 149

然而，知识不是观看，科学和哲学也都不是观看的事业。我们最上乘的知识没有揭示自然本身的真理，这样的东西并不存在。现代探究的成功之处，恰恰就在于它放下超越的雄心而从事实验的介入与发明。对于罗蒂，正如对于尼采，没有非个人性的立场；我们看到我们所看到的东西，我们所有的观念继承了这种情境偶然性。尼采希望由此出发引发一场虚无主义的危机。他没有指望美国，因为美国人反而深信未来是无穷尽的边境。

第一代美国实用主义者，比如昌西·赖特（Chauncey Wright）、查尔斯·皮尔士、威廉·詹姆士、G. H. 米德（G. H. Mead）和约翰·杜

---

[1]参见约翰·杜威：《确定性的追求，后期作品》（*The Quest for Certainty*，*Later Works*）[卡本代尔（Carbondale）：南伊利诺（Southern Illinois）大学出版社，1988年]，卷4，第四章。

[2]托马斯·内格尔（Thomas Nagel）：《不囿于立场的观点》（*The View from Nowhere*）（牛津：牛津大学出版社，1986年），第9、7、74页；亦可参见拙文“超越的野心”（The Ambition of Transcendence），载 D. Z. 菲利普斯（D. Z. Philips）编：《没有超越的宗教?》（*Religion Without Transcendence*?）[伦敦：麦克米兰（Macmillan），1997年]。

威，他们相互认识，彼此间是师生、同事或朋友。接下来是一个断档，刚好和20世纪的冷战相应。没有人认为杜威是哲学家，虽然实用主义在它所退居的学术界树立了新的声望。C. I. 刘易斯（C. I. Lewis）和W. V. 蒯因的学院派实用主义混合了流亡思想家如阿尔佛雷·塔斯基和鲁道夫·卡尔纳普的逻辑实证主义。不久，实用主义的**技术**品格便远远超过了**实践**品格，只有少数学者才能看得懂。

蒯因肆无忌惮的技术性书写引发了一股内部批评的潮流，批评者大多数是逻辑实证主义在美国的传人。不能不提托马斯·库恩（Thomas Kuhn）的工作，他的大作《科学革命的结构》(*The structure of Scientific Revolution*，1962年）最初发表在奥托·纽拉特（Otto Neurath）实证主义风格的《统一科学百科全书》(*Encyclopedia of Unified Science*)。其他批评者包括卡尔·波普尔（Karl Popper)、纳尔逊·古德曼（Nelson Goodman)、玛丽·海塞（Mary Hesse)、保罗·费耶阿本德和希拉里·普特南（Hilary Putnam)。到20世纪70年代，逻辑实证主义走向了没落。虽然还不需要换一种观点，但人们再跟着罗素和蒯因一起想问题似乎已经不对头了。正是在这样的背景之下，罗蒂把逻辑实证主义的内部批评重新描述为哲学实用主义的胜利，因为它重新意识到自己是已经走到尽头的实证主义—分析传统的替代者。“逻辑实证主义者……把所有古老的康德式区分语言化，而这些区分杜威认为黑格尔已经帮助我们克服了的。新实用主义者在蒯因的领导下重新消解这些区分的历史，就是美国哲学重新实用主义化——同时也是去康德化与重新黑格尔化的——过程。”❶

150 但是，这种新实用主义变样了。其中一点，它认真对待尼采和海德格尔，以前的美国哲学家从来没有这样做过。而且，这一点很重要。尼采让哲学家警戒，告诉那些愿意听以下忠言的人：“我们也是从千年之

❶罗蒂：《哲学与社会希望》(*Philosophy and Social Hope*)［哈芒斯沃斯：企鹅（Penguin）书店，1999年］，第31页。

久的信仰所点燃的火堆取**我们**的火”，这个信仰也就是对真理价值的信仰，是“我们的科学信仰根基其上的依然……形而上学的信仰”。❶实用主义者关于科学与真理所说的一切——而且他们说了很多，甚至认为这是他们哲学中最重要的部分——肯定是某种错误。对于柏拉图主义者，不真的东西不可能是好的；对于实用主义者，不好的东西不可能是真的。罗蒂把两者共同的预设——有一种关于真理的真理，有一种按其本性可以解释其优越价值的理论——视为通往他所预期的后形而上学文化的障碍。我们或许可以说，他对实用主义的推进主要在于克服它的局限性（从后现代的角度看），然后从尼采进到维特根斯坦，把传统理解为伪问题，把哲学理解为治疗。它的结果是早先的实用主义者做梦也没有想到的：一种为已经对哲学失去信心的人准备的哲学。

从他对哲学的期许来看，罗蒂更像是一名逻辑实证主义者而非实用主义者。在《实用主义》（1907 年）一书中，威廉·詹姆士系统考察了教科书中常见的形而上学问题诸如实体、唯物主义、自由意志、一与多，以便摆脱学究气的混乱状态，从而找到正身处险境的真正的问题。❷他找到了一个。他运用皮尔士的（决定意义的）“实用法则”（Pragmatic Rule）证明，欧洲人已经在颓废的经院哲学中错失了哲学的真正主题。实用主义将是哲学中的爱默生笔下的新美洲，“一道新的曙光”。❸对新事物的感

---

❶尼采：《快乐的科学》，沃尔特·考夫曼（Walter Kaufmann）译［纽约：文蒂奇（Vintage），1974 年］，§344。一些受到尼采激发的一流德国哲学家意识到了与美国实用主义之间的亲和关系，乔治·西梅尔（Georg Simmel）曾经称之为“美国人所吸收的尼采部分”。罗蒂补充说，尼采是“在说服欧洲知识分子相信那些由詹姆士和杜威提供给美国人的学说方面做了最大量工作的思想家”。《论海德格尔及其他哲学家：哲学论文集》（*Essays on Heidegger and Others*，*Philosophical Papers*）（剑桥：剑桥大学出版社，1991 年），卷 2，第 2 页。

❷参见威廉·詹姆士（William James）：《实用主义》（*Pragmatism*）（麻省剑桥：哈佛大学出版社，1978 年），尤其是第三章。

❸“虔诚地相信我自己的哲学，同时相信新的曙光展现在我们哲学家面前，我感到有什么东西驱使我……向你透露有关消息。”詹姆士：《实用主义》，第 10 页。关于实用主义的美国新意，亦可参见拙文“真理在美国：以威廉·詹姆士为例”（*Truth in America：The Example of William James*），载卡罗尔·科拉特里拉（Carol Colatrella）、约瑟夫·阿尔卡纳（Joseph Alkana）编：《美国的聚合与分歧》（*Cohesion and Dissent in America*）（奥尔巴尼：纽约州立大学出版社，1994 年）。

觉，呼吁人们为非凡的文化事业（新英格兰，新共和国，现代性，民主，实用主义）采取具体行为，这些是美国哲学不同于欧洲形而上学批评者如维特根斯坦和海德格尔的地方。第一部分第一章已经讨论过海德格尔，现在我们就来看看维特根斯坦。

维特根斯坦在《逻辑哲学论》(*Tractatus Logico-Philosophicus*) 中说，“哲学中正确的方法”应该“只说可以被说出的东西，即自然科学的命题——即与哲学无关的事情”。哲学应该是多余的。哲学毕竟存在，这是一个耻辱，一种混淆，可能还是一种罪恶。在后期著作《哲学研究》虽然认为，哲学如果路子走得对的话可能克服自身，但哲学的存在对维特根斯坦来说仍然是一个问题。弗洛伊德教导我们，听自己说的话就要听那些使你想说不一样的话的东西。维特根斯坦则教导我们，听
151 哲学论证就要听那些减少人们认真对待它们的欲望的东西。“哲学问题应当**完全**消失，”他说，“真正的发现是这一发现——它使我能够做到只要我愿意我就可以打断哲学研究——这种发现给哲学以安宁，从而它不再为那些使**哲学自身**的存在成为疑问的问题所折磨。”[1]维特根斯坦一直坚持一种实证主义的信念，即，哲学无需把“传统”当回事儿。哲学问题是有待澄清的混淆，而不是可敬的思想传统中的话题。哲学没有存在的正当理由，而在哲学自身取得最大成功的彼岸，将不再有哲学。

在这里，我们感受到了失意的逻辑实证主义者的消沉与厌倦。正是这种消沉与厌倦，而不是古典实用主义预示了罗蒂对哲学的期许。显然，杜威想要的是一种更好的知识理论，而不是啥理论也不要。“更少

---

[1]路德维希·维特根斯坦（Ludwig Wittgenstein）：《逻辑哲学论》(*Tractatus Logico-Philosophicus*)，D. F. 皮尔斯（D. F. Pears）、B. F. 麦吉尼斯（B. F. McGuinness）译（伦敦：劳特利奇与基根－帕尔，1961 年），6. 53；以及《哲学研究》(*Philosophical Investigations*)，第三版，G. E. M. 安斯科姆（G. E. M. Anscombe）译（牛津：布莱克韦尔，1967 年），§133。我曾经讨论过这两部著作之间的关系，参见著拙《哲学中的真理》(麻省剑桥：哈佛大学出版社，1993 年)，第七章；以及“维特根斯坦的本体－逻辑”（Wittgenstein's Onto-Logic），载巴里·斯托克（Barry Stocker）编：《后－分析“论”》(*Post-Analytic* “*Tractatus*”)［贝辛斯托克（Basingstoke），英：阿什盖特（Ashgate），2003 年］。

就是更多”，这一高度现代主义的座右铭被罗蒂用来表达自己跌价的倾向，但它不可能是杜威的格言。对传统的每一次揭发和对人化物问题的每一次贬低都是服务于一种建设性的论证。事实上，罗蒂对杜威鲜有批评，但其中一点便是：“如果杜威像赖尔（Ryle）、塞拉斯（Sellars）、维特根斯坦或海德格尔那样仅限于讨论没有知识的旁观者模式就根本不会有身心问题，那么他就已经站在牢固的基础之上，并且（我认为）已经说出一切必须说的东西。”❶

早期实用主义者声称找到了一条通往知识的伟大新路径，而罗蒂却要抛弃“哲学家对认知的认识比任何其他人都更清楚”的看法。❷他采取了一条跌价的路线，一边揭发哲学的着魔之处，一边极力避免陷入理论建构。他把结果叫做“没有方法的实用主义”。或许，我们也可以叫它没有实用主义的实用主义。这是实用主义吗？可以肯定，倘若皮尔士、詹姆士或杜威再生，他们可能会惊讶于罗蒂的某些观点，不过他们也会惊讶于其他新鲜事呀。没有唯一的实用主义（Pragmatism），只有不同的实用主义者（pragmatists），把他们统一起来的不是学说而是历史、文化和哲学的家族相似。

第二节　认识论与自然之镜

《哲学与自然之镜》（1979 年）为**支持**认识论而写，同时又是为**反对**认识论而写。在这本书里，罗蒂批评了很多居于认识论工程核心的观点，比如，作为表象的知识，对怀疑论的迷恋，哲学作为宣判认知主张的“永恒的中立母体”，以及作为认识论精髓之所系的观念：通过更多地了解心灵和心灵的逻辑，哲学可以提升我们的知识整体。这些主题贯 152

❶罗蒂：《实用主义的后果》（*Consequences of Pragmatism*）（明尼阿波利斯：明尼苏达大学出版社，1984 年），第 84—85 页。
❷罗蒂：《哲学与自然之镜》，第 392 页。

穿着一条线索，那就是**认知复合体**（cognition complex）：认识是认知；认知是表象；表象是由实在所主导的根本上被动的心灵成形活动。一种心智的状态将取得知识的资格，只要它的表象内容的接收、接纳和引发遵循了正确的方式：使它成为事实与实在的真正印象的方式。显然，罗蒂假定，任何有意义的认识论都是这一认知复合体、再加上以认知为根本上被动接受的玄思观念的变种。这大概就是为什么"'知识理论'这一概念毫无意义，除非我们已经混淆了起因（causation）与辩护"。任何一种依靠起因来建立认识论资格的理论都是站不住脚的关于"特殊表象"的认识论，也就是说，精神状态"的确定性来自它们的起因而非为它们提供的理由"。❶

认知的基础是根本上被动的印象，这一观念激发了一个最古老的哲学类比：认知好比观看，但比裸眼看得更加清晰明了。理智的凝视采取非物质的形式，它抽象的不变品格赋予它稳定的整体视见。亚里士多德的形式质料说（hylomorphism）认为，灵魂撇开质料而呈现所知对象的形式。这一学说试图用一种更清醒的东西来取代柏拉图的非物质主义光学。* 中世纪的哲学家从亚里士多德的想像（phantasia）概念中找到了一种精神表象理论。亚里士多德认为，思想总是伴随着想像。用经院哲学的术语来说，这些想像是客观（也就是我们所说的"主观"）表象，而它们又被哲学家的符号学解释为主观（也就是我们所说的"客观"）实在的形式符号。❷

笛卡尔和洛克把这种经院哲学理论完全简单化了。他们结合了柏拉图与亚里士多德的以下思想：柏拉图认为知识是一种视见，而亚里士多德则认为，认知是心理项（笛卡尔的观念）与它所表象的实体（柏拉图

❶罗蒂：《哲学与自然之镜》，第 152、157 页。

*"柏拉图的非物质主义光学"比喻柏拉图的"理念（ιδέα，idea）论"。"理念"与物质相对，同时"ιδέα"在古希腊语中的本义是"观看"。——译者

❷关于经院哲学的符号学，参见约翰·迪利（John Deely）：《新开端》（*New Beginnings*）（多伦多：多伦多大学出版社，1994 年）。

的观念）之间的一种相同、同构或形式吻合。休谟揭露了这一体系的荒唐之处。如果一个**观念**像笛卡尔和洛克所说的那样是最初的、直接的理解对象，那么正如贝克莱所论证的那样，一个观念只能跟另一个观念相比较。因此我们根本就无权认为观念是“表象”（摹本）。观念呈现在**我们**面前，但它们并不“呈现”自身之外的任何东西。我们完全不知道、也不可能知道它们是客观的符号。真与假，如同善与恶，因此必须完全由观念间的关系所组成。感知、理解、知识还有价值全都属于（现代）主观秩序，属于观念、感觉和联结。 153

康德吸收并转化了休谟的主观内在主义。以为观念（ideas，Vorstellungen）是准图像，其真理性依赖于它们对对象的相似程度，这样的想法毫无意义。不过，和休谟（还有罗蒂）完全抛弃表象观念（还有认识论）不同，康德想出了一个新办法来解释观念如何服从认识论的评价（作为客观的、诚实的、真正的和已知的东西）而无须迫使任何人去揭开面纱，或者说，把观念与物自体进行比较。与早先的知识理论不同，康德没有动用**相似**（resemblance）和**简单观念**（simple idea）这两个概念。我们所有的观念要么是综合的，因而也是复杂的，要么就是经验上空洞的。经验不是公平程度不等的图像，而是判断——我们据以理解我们的直觉并在经验客观世界时意识到自我的判断。对于经验主义者来说，从奥卡姆（Ockham）到休谟，我们用来解释感觉材料的概念是从自发接受的感觉中自发地抽象出来的。而对于康德来说，经验概念是我们用来组织感觉与料的“先验”法则的人化物。经验知识由认知存在者的需要所驱动，因而打上了我们的限度及能力的烙印。比如，为什么我们认为存在着“原因”？因为我们需要它们，需要用它们来组织、理解我们的经验。原因不是从自然中读出来的东西，而是我们自己的**先天**形式——尼采称之为一个服务于生命的错误。

罗蒂向康德致敬，因为康德“沿着把知识当成是关于命题而非关于客体的这一方向前进——他离开了亚里士多德和洛克企图在感知的基础上模塑知识的努力”。康德的理论第一次“认为知识的基础是命题而非客体”。不过，他只跨出了半步，只是“向着这样一种知识概念——知识根本上是‘对命题的认知’（knowing that）而非‘关于客体的认知’（knowing of）——前进了一半，或者说，向着不以感知为基础的知识观念前进了一半”。在康德那里，知识依然是直觉的、接受的、根本上被动的，仅仅跟认知复合体或者罗蒂所说的表象主义断绝了一半关联。[1]

顺着这条路走到底——完成康德开创的事业，用认识论终结认识论——需要半自觉的语言学转向。语言中的句子取代经验或意识，语言共同体取代内省的自我。辩护被慎重地区分于起因，商谈则取代了先验综合的独白式心灵主义。一个信念或陈述要想有资格成为知识，不能靠它的起因，而只能靠支持它的理由。知识的客观性是一种社会品质，是
154 一种由话语、并在话语之中赠予的身份。认知就是“在信仰中得到辩护”。既然一个真正的陈述（不管它意味着什么）和一个因良好的辩护而通过为真的陈述之间并无实质性的区别，辩护（因此还有知识）归根到底就是同仁之间或共同体内部的一致意见了。

罗蒂说，他所希望的不是“用一种对人类知识的论述来取代另外一种，而是……摆脱‘对人类知识的论述’这一概念”。然而，他的做法是提升一种对人类知识的论述，一种“整体主义的知识研究进路”。[2]贝克莱原则——一个观念只能与另一个观念相似——曾被休谟运用得炉火纯青，现在，罗蒂用它锻造出了一把语言的钥匙：一个句子可以确证另一个句子。感知和经验只有被句子解释之后才能对知识有所贡献。因此，句子是确证工作的首要对象。知识完全在语言的内部、在话语或商谈的内部发展。认知是对命题的认知（knowing-that），是对句子的认知，是相信它为真，并有权这么做，且已经确保相关商谈者意见一致。

这种定义知识的意见一致或赞同带着种族中心主义的色彩；要紧的

[1] 罗蒂：《哲学与自然之镜》，第154、160、147页。
[2] 同上，第180、181页。

不是**任何人**都赞同，而是**我们**赞同，是**我们**内部的意见一致。罗蒂把皮尔士、罗伊斯（Royce）和杜威的社会黑格尔主义往前推进了一步。黑格尔说，不存在检验知识与真理的“彻底的他者”。知识与真理都是**我们的**，或者说，都是**为我们的**。用另一位具有黑格尔色彩的实用主义者的话来说：“试图在话语中追查到规则性维度的‘源泉’，这一努力恰恰把我们带回到了我们自己隐含着的规则性实践。那些实践的结构可以得到阐明，但永远是从规则性空间的内部出发，从**我们**给予和要求理由的规则性实践内部出发。”❶只有**我们**一致认为已经获得**我们**的标准、**我们**的方法、**我们**的证明规则和推理风格的辩护的东西才能算作知识。由我们称之为宣传、花言巧语、闲谈或诽谤所导致的赞同并不与由实验所导致的赞同“一般好”，而且**我们**可以说出两者之间的差异，即使我们不可能把它写成算法，写成**人人**可以理解的规则。

通常没有人以“种族中心主义者”自居。种族中心主义被认为是坏的，一种天真的谬误，一种帝国主义罪恶。这个词是留给对手的；种族中心主义者总是其他人。罗蒂当然没有沉湎于人类学家所谴责的那种心理，即认为上帝、理性或进化特别青睐现代文明方式。❷实用主义的种族中心主义离了政治自由主义就毫无意义。没有自由主义，种族中心主义将很糟糕。罗蒂没有看到什么不妥之处，虽然居于中心的特殊民族是 155
自由的、民主的、宽容的民族。这就让他的种族中心主义不同于其他人。自由的实用主义最富有种族主义色彩，恰恰就因为它小心翼翼尽力不让自己的种族主义招人厌。

---

❶罗伯特·布兰德姆：《使其明晰：推理、表象与推理承诺》（麻省剑桥：哈佛大学出版社，1994 年），第 649 页（着重号为引者所加）。“精神……在它的每一个行动中只是理解自我，一切真正科学的目标就在于，精神应当在天地万物中认识自我。完全不存在一个彻底的他者。”G. W. F. 黑格尔（Hegel）：《哲学百科全书》（*Enzyklopädie der Philosophishcn Wissenschaften*）[法兰克福：苏尔坎普（Suhrkamp），1979 年]，§377（附录）。

❷“人类学没有为种族中心或人类中心留下丝毫空间。”A. L. 克罗伯（A. L. Kroeber）：《人类学》（*Anthropology*），修订版（纽约：哈考特，布雷斯，1948 年），第 841 页。

第三节　一个关键前提

在《哲学与自然之镜》中，罗蒂称，他的“关键前提”是，“如果我们理解了对信念的社会性的辩护，那我们也就理解了知识，从而也就没有必要把知识视为准确的表象”。他进而解释说，对信念的社会性的辩护“不是观念（或语词）与对象之间的特有关系的问题，而是商谈的问题、社会实践的问题”。他从这一前提中引出了很多结论。比如，“不存在非命题式的已经得到辩护的信念”；辩护完全在话语内部展开；以及“商谈［是］知识得以理解的最终境域。”❶

非常好。但为什么要这个前提呢？关于这个问题，我在《哲学与自然之镜》中找到了三种论证。首先，没有那个关键前提又将如何？某一主张“由于人与思想、印象、普遍者、命题或其他类似东西之间的‘相识’关系”而获得知识的权威性，这样的论证是站不住脚的。因此，**没有那个关键前提会将如何**？除了在有关的商谈中达成的一致意见之外，**成为知识**还要求**其他**什么东西吗？既然“如果我们进入上演着认识论规则所主宰的游戏的共同体就只能遵循那些规则”，那么情形必然是，“任何跟社会实践无关的事物都对理解人类知识的**辩护**没有帮助”。既然一个句子只能跟另一个句子相比较，知识和得到良好的辩护的信念之间的区分既无法证实，同时又是多余的。如果没有它也能把事情解释清楚，那么，我们在解释过程中就没有必要用它。“认识的性质”只是“一种社会学的而非形而上学的关系”。❷

但是，下面一点难道不成问题吗：悬置强调表象的认识论就等于证明了一种种带有种族中心论色彩的商谈的实用主义？为什么我们必须在

❶罗蒂：《哲学与自然之镜》，第170、183、389页。
❷同上，第177、187、186、219页。

形而上学与社会学、模仿与商谈、柏拉图主义与语言学化的实用主义之间作出选择？为什么**拒绝**“用‘心灵眼睛’的‘直接获得’这一概念对认识权威进行的伪-解释”，就意味着**赞成**“共同体［是］认识权威的源泉”？❶问题应当在于，罗蒂是否把知识弄成了种族中心主义的共识。 156
而且还应该注意到，他的二分法推理要想避免彻底的谬误，就只能基于这样一个未经论证的假设，即，我们必须在两个相互排斥的选项之中作出非此即彼的选择：

> 我们可以把知识理解成对于命题的一种关系，因此也就把辩护理解成所讨论的命题与其可从中推出的其他命题之间的一种关系。或者，我们可以把知识和辩护都理解成对于那些命题所针对的对象的特殊关系。

> 我们能否把有关“人类知识的本性”的研究仅仅处理成人类互动的某种方式的研究？或者，它需要一种本体论的基础……？我们是否应当认为“S知道P”论述S在其同伴间的报道的性质？或者，我们应当认为它论述主体与客体之间、自然与自然之镜之间的关系？……在这两种进路之间作出选择，就是在作为“适合于我们去相信的东西”的真理和作为“与实在的接触”的真理之间作出选择。❷

为什么有这样的选择？为什么是这些术语？它们所建构的对立面不是相互排斥的；拒绝一方面并不能建立起另一方面，而且也没有办法证明下面这个否定命题：除了罗蒂所选择的让它们相互对立的相反观点之外别无更好的知识观。还没轮到批评者来捍卫第三种可能性；论证的困

---

❶罗蒂：《哲学与自然之镜》，第209、188页。
❷同上，第159、175—176页。

难不在这里。为什么对表象的认识论的**否定**就等于对一种带有种族中心论色彩的实用主义的**赞成**？

罗蒂的第二种论证部分源于弗雷格，部分源于逻辑实证主义。弗雷格教导分析哲学家仔细区分规则（norm）与和原因（cause）。罗蒂不假思索地接受了这一点，并加上了实证主义的预设：规则是约定的，价值是感性的。因此，两者都是社会学和历史学的问题而非认识论的问题。“辩护是公共性的，”而且“一旦我们理解了（像知识历史学家所做的那样）不同的信念何时及为何被采纳或抛弃，就没有‘知识对于实在的关系’这样的问题留待我们去理解了”。❶

为什么知识理论非得在柏拉图或孔德之间作出选择？辩护或许是公共性的，但“公共性的”不必意味着“语言学的”。让一个主张或表达成为一个信念，这好像并不是可以在公共空间得到辩护的唯一一件事
157 情，或者，辩证式或论辩式的证明好像也不是唯一或最有说服力的证明。证明一件事能够做，最好的办法就是去做它。

罗蒂的第三种论证跟语言整体主义有关。罗蒂持一种整体主义的语言观（主要受到唐纳德 · 戴维森的影响），认为指称、意义和真理都是语言整体的功能，而不是孤立符号与同样孤立的世界断片之间的关系。按照罗蒂的推理，一旦我们“放弃句子及思想的符合观念”，那我们就应当把句子看作“同其他句子、而不是与世界相关联”。因此，语词“从其他语词获得意义，而不是从它们的表象特征”，“词汇的殊出地位来自词汇的使用者，而不是因为它们让实在变得透明可见”。❷

这里的论证同样贯穿了二分法。知识要么是对实在的同构表象，要么是具有殊出地位的词汇内部达成一致的约定。为什么是这样的选择？

---

❶罗蒂：《哲学与自然之镜》，第 254、178 页。

❷同上，第 371—372、368 页。关于语言整体主义，参见唐纳德 · 戴维森：《真理与解释研究》（牛津：牛津大学出版社，1984 年）。关于戴维森思想的介绍，可参见 B. 兰贝格（B. Ramberg）：《唐纳德 · 戴维森的的语言哲学》（*Donald Davidson's Philosophy of Language*）（牛津：布莱克韦尔，1989 年），以及史蒂文 · 叶夫宁（Steven Evnine）：《唐纳德 · 戴维森》（*Donald Davidson*）（加州斯坦福：斯坦福大学出版社，1991 年）。

语言与非语言事物之间的关系就不可以类似于工具关系：不是表象，不是共识，而是效果与人化物？语言整体主义或许可以反驳认识论中的认知复合体，但是，如果实用主义包括了罗蒂的社会语言学知识观——它把知识视为一种带有种族中心主义色彩的共识——那么，反表象主义就不等于、也不能等于实用主义。

具有讽刺意味的是，虽然罗蒂的论证浸染着非此即彼的二分推理，但他本应该像黑格尔考虑自己的哲学那样考虑实用主义，即废除非此即彼的二分法。知识要么是透明的表象，要么是已经得到辩护的信念。既然“辩护不是观念（或语词）与对象之间的特有关系的问题”，它必定是“商谈的问题、社会实践的问题”。我们一旦“放弃句子及思想的符合观念”，就应该“把句子看作同其他句子、而不是与世界相关联”。我们不能“比较信念与非信念，以便看看它们是否般配”，所以知识必定是“探究一个一贯的信念体系”。如果知识不是自然的镜像，它必定是“商谈的问题、社会实践的问题”。甚至罗蒂的“关键前提”也是由这些二元对立的术语融铸而成：“如果我们理解了对信念的社会性的辩护，那我们也就理解了知识，从而也就没有必要把知识视为准确的表象。”❶

为什么遍地都是这些选项？罗蒂没有对此作出说明。这些五花八门的对立在逻辑上并不是相排斥的；并非**一定**是非此即彼。然而，只有基于以下假设——二元划分是相互排斥的，选择是决定性的——罗蒂的反表象主义论证才能给他的社会语言学知识观带来可信性。 158

第四节　知识与商谈

对于前面所讨论的诸种论证，我的兴趣不在于它们是否有说服力，

---

❶罗蒂：《哲学与自然之镜》，第170、371—372、171、170页；《客观性、相对主义和真理：哲学论文集》，第136、101页。

而在于它们暴露出来的对知识的预设。商谈规则可以在多大程度上通用？它们定义了理解知识的**最终语境**了吗？知识和非真的主张之间的差异会在商谈模式不成立的情形之下出现。比如，建筑工地上，人们会把工程师的判断当作知识接受下来并遵循它行事，而不太可能征求工人的意见或征得他们赞同。某个判断是否有资格作为知识，这得由它的效果及其作为、而不是由共识来确证。得看结果，看合适的人化物所取得的成就，而不可能靠某种强迫来获得。

专家发言的时候，赞同往往没有实际意义。病人接受医生的建议并依之行事。即便如此，我们也很难说病人**赞同**医生的判断。法庭上的专家证词也是如此。我们没有指望（通常也没法指望）一名地方法官可以判断专家证人的可信性。法官对微生物学或药理学知道多少？如果在罗蒂的商谈的意义上理解“赞同”这个词，那么，法官没有“赞同”专家。然而，专家意见被作为知识通行于法庭之上，法官的裁决即以它为依据。一名专家所讲的东西是知识（或者不是，即，可能是错的），这一点不能依靠专业同仁间的一致意见，因为它所确证的无非是权威罢了。判断专家所讲、所赞成的东西是否可行，这不需要专业同仁间的一致意见。同样，判断专家所核准为知识的东西是否具有最强的作为能力，这也不需要专业同仁间的一致意见（本书最末一章讨论的桥塌事例将会说明这一点）。人们也许除了相信专家之外别无选择，但我们不应当把技术社会的这一困境跟知识的规则标准混淆起来。

罗蒂似乎没有看到知识与其对立者之间的差异。这种差异不在于他所强调的商谈品质。商谈是雅致而有教养的东西，不过，要从它那里找到知识的规则，那可是找错了地方。说起知识，就是“称赞”整个技术文化的成就、“称赞”整个人化物世界。重要的是知识所促成的作为的品质，这类作为往往推动人化物整体而不仅仅是言语行为。表达与信念的辩护无疑被记录在
159 语言之中，因而商谈可能是理解**它们**——而非知识——的终极境域。

与福柯不同，罗蒂承认知识是一种特性，是一种成就；然而，当他用商谈与赞同这样一些社会语言学术语来阐明知识价值时，一不留神就

复制了认识论偏见。知识是信念加上种族中心特色的共识。只有一个句子、陈述或主张才能恳请这种赞同，而为了获得赞同，它必须完全没有争议，而且还得被称为真——当然，它只是**被认为是真的**（believed-true），尤其是被最好的权威认为是真的。这便是罗蒂内在的核心立场。它显然保留了陈腐的偏见。

杜威认为，知识对自身的证明在于它增强了人们"从事物中引导出后果"的能力。他将自己的实用主义知识论概括如下："知识是通过对它所实施的行为的控制来拓展直接经验的工具。"❶这样他就用知识的成就来定义知识。罗蒂也想这么做，可惜（从逻辑实证主义继承而来的）其他信念驱使他偏离了杜威和杜威的传统。他试图把杜威关于经验的老套的说法换成关于语言的"语言学转向"的说法。按照罗蒂的思路，"经验"晦暗不明且无法证实，唯一的例外是由它们所引起的句子；因此，对知识来说，要紧的是话语而不是经验。我想，杜威如此尊重知识，他是不可能让它幽禁在如此这般严酷的语言主义之中的。许多重要的经验不可能等同于（无论多么多的）句子。不排除这样的可能性：最有价值的判断，或者工具和材料最动人的用处，依赖于人们经验到、感觉到、识别出的差异，却很少或几乎没有依靠任何言述（或可以言述）的东西。

正是从塞拉斯，而不是从杜威或实用主义那里，罗蒂接受了以下观念：辩护运转于塞拉斯所说的理由的逻辑空间（即，话语）。塞拉斯，这位从来没有把自己当成实用主义者的哲学家说服罗蒂，当我们把"一个事件或一种状态"刻画为"**认知**事件或状态，我们并不是给出这一事件或状态的经验描述；我们是把它放入理由的逻辑空间、放入辩护的逻辑空间、放入能够对一个人所说的话作出辩护的逻辑空间"。❷按照这一

---

❶约翰·杜威：《作为经验的技艺》（*Art as Experience*）[纽约：普特南之子（G. P. Putnam's Sons），1934年]，第290页。

❷威尔弗里德·塞拉斯（Wilfrid Sellars）："经验主义与心灵哲学"（Empiricism and the Philosophy of Mind），载《科学，感知与实在》（*Science, Perception, and Reality*）（伦敦：劳特利奇与基根-帕尔，1963年），第169页。

看法，知识（或者说，最值得哲学关注的知识）就是对命题的认知。知识最出色的表达是语言的、辩证的，是已经得到辩护的对于认知的主张。再往前迈一小步，我们就到了罗蒂的观点：商谈是理解知识的终极境域。

160 塞拉斯另一个出名的地方是他对"所与的神话"的批评。"所与"指的是，实在通过某种直接的方式将它自己印在我们的心灵（康德称之为"接受能力"），没有经过解释、思考、概念或语言，由此我们获得当下直接的感知。根本上说，世界就是**给予**我们认知能力。所与观念之所以吸引认识论，是因为它许诺了一种知识的基础。按其定义，所与是已经得到辩护的，是确定的，是真的。如果我们知道的其他东西都可以恰当地回溯到所与，那么知识的大厦就可以看成是建立在毋庸置疑的基础之上。为了反对所与观念，塞拉斯用当时全新的语言哲学的术语改写了康德的论证，以证明经验中没有东西是简单的或直接给予的。经验知识是一次综合事件，对塞拉斯来说同时也是一次**语言**事件。我们所**知道**者是判断，而我们的**认知**乃是我们捍卫主张以及用推理的方式阐述判断的能力。用塞拉斯主义哲学家罗伯特·布兰德姆的话来说，"知识定义主张的**成功**"[1]。

在我看来，塞拉斯反对"所与"的洞见在于，一切感知、经验、意识、信念、认知、理智、意向性、推理和知识，**彻头彻尾掺着中介**（mediated），自始至终掺着中介。我们找不到一个点，在那里这些东西是直接而无中介的（im-mediate），也就是，纯接受的或根本上被动的。因此，这里的洞见是关于中介与中介的无所不在。不过，塞拉斯用逻各斯的神话取代了所与的神话。经验主义的权宜之计（"所与"）遭到批判，而认识论的命题—推论偏见却也得到了更加坚定的重申。对于塞拉斯，正如对于罗蒂，知识是记录在以语言为中介的信念之中；超推理（extra-discursive）、不可转译成语言的中介要么被否认、忽略，要么被错误

---

[1] 布兰德姆：《使其明晰》，第 203 页。

地当成明显不同于知识理论、因而与知识理论无关的东西。

像塞拉斯以及塞拉斯所批评的认识论者一样，罗蒂没有看到知识在**技艺**、**人化物**和**作为**层面的成就。杜威主张，正是这些层面的**有效性**使知识与其对立面区别开来的。他没有错。罗蒂认为，他正在把“诚恳的接受”扩展到事物中“野蛮的因果顽固性”。不过，他还相信，“除了商谈层面的限制之外，探究别无限制”。如果野蛮的因果性不能限制探究活动所证明的东西；或者，如果“事实的硬度”如罗蒂所言是“我们在语言游戏中的选择所制造的人化物”；或者，如果“任何事物我们都［能够］通过对它的重新描述而使它看起来是好的或坏的，是重要的或不重要的，是有用或无用的”❶——那么，野蛮的因果性能有多少顽固呢？

罗蒂以为，知识与意见之间的差异就是容易获得自愿赞同的话题与不容易获得自愿赞同的话题之间的差异。但是，如果知识不过如此的话，我们又何必关注它呢？为什么不听从尼采与爱默生劝告，跟那种迎 161
合多数的拙劣品味一刀两断呢？一位爱尔兰人坐一顶无底的轿子去赴宴，他说：“天哪，如果不是因为坐轿很体面，我早就走着去了！”❷在罗蒂那里，知识也是如此。如果不是因为得到赞同很体面，我们可能也会去拥抱无知，或者偏爱错误甚过所谓的知识。

罗蒂问：“语言无所不在，这一实情人们曾经真正严肃地对待过吗？”❸然而，这是20世纪思想唯一真正严肃**对待**的一件事！想想奥斯汀、乔姆斯基、戴维森、拉康、蒯因、索绪尔和维特根斯坦。想想逻辑实证主义、结构主义、语义学、符号学、语言行为理论、诠释学、解构主义、日常语言哲学和分析哲学。蒯因告诉我们，本体论是对语言学的概括。海德格尔说，语言是存在的家。罗蒂也说：“那些没有被罗素、

---

❶这一段中的罗蒂的话引自《客观性、相对主义和真理：哲学论文集》，第83、80页；《实用主义的后果》，第165页；《偶然、反讽与团结》，第7页。
❷詹姆士：《实用主义》，第112页。
❸罗蒂：《实用主义的后果》，第x x ix页。

卡尔纳普说服而接受哲学问题的‘逻辑’或‘语言’特征的人已经被海德格尔、伽达默尔和德里达说服而承认语言一气贯下。”[1]不过，这些权威们并不值得过多地赞同。他们不过证实了，学院哲学内部的分析/大陆之间的分野并没有阻止双方沉湎于20世纪思想共有的对语言特征的夸大。

这样一种百折不挠的语言化，把眼睛看到的一切化约为某种关于语言的东西，这在罗蒂的作品里随处可见。似乎重要的事情就是能说“运思就［是］句子的使用”，或者“我们接近对象的唯一认知能力来自语言”，或者“我们所有的知识都是可以描述的”，或者“**只有**语言是人类特有的东西”。[2]只有可怜的达尔文主义才会说语言是人类唯一的特性，因为你不能把语言同说语言的生物体分开。你不能把语言同使语言说成为可能的神经系统分开，你也不能把神经系统同使**它**成为可能的整个进化过程分开。使我们与众不同的就是我们物种的特性，即它的系谱、整个生物体的整个进化过程。把所有这些都撂到一边，却把“语言”抬举为**唯一的**差异，这恰恰是一种很伤人的漠视——漠视了人类进化过程中创造了世上一切差异的差异。

“心理的唯名论”是罗蒂拿来治疗“意识”哲学或“经验”哲学声誉不佳的晦涩的解毒剂。这种唯名论一劳永逸地放逐了哲学中的不可言喻。“不可言喻”意味着任何一种“重新描述的程序不能使其可疑的知
162 识”。[3]不过，我很怀疑，这个词这么用是否有益处。不妨想一想知识所取得的任何一项复杂而有趣的成就。它可以是创新的外科手术，也可以是罗伯特·马亚尔（Robert Maillart）的高山桥梁，或者是达尔文的《物

---

[1]罗蒂：“对六位批评者的回应”（Reply to Six Critics），《分析与批评》（*Analyse und Kritik*）6（1984年）：第94页；亦见于《实用主义的后果》，第xix—xx页。维特根斯坦不属于认为语言“一气贯下”的哲学家之列。这个口号假设，关于**何物**“一气贯下”、关于语言的本质的说法提供了某种信息。维特根斯坦最终认为，他无法回答这个问题，而且，提出这个问题本身是一个错误。

[2]罗蒂：《哲学与社会希望》，第55、48、74页；以及《真理与进步》，第298页。

[3]罗蒂：《真理与进步》，第281页。

种起源》。对于它们，我们怎样想像“重新描述的程序使其可疑”？

或许，我们可以像爱因斯坦重新描述牛顿物理学那样来“重新描述”达尔文学说，且不管真正确证牛顿学说可疑的实际上是实验，也不管即使那样也没有说它可疑到完全不能成立。但是，怎样的“重新描述”会让罗伯特·马亚尔的桥梁不配为一项知识成就呢？怎样的“重新描述”会让外科手术变得可疑呢？即使它们的技艺或技术从未来的标准来看可能会显得粗糙，这并不意味着它们从来就不是知识的成就。在我看来，许多可敬的知识按照罗蒂的定义是“不言而喻”的，而另一方面，重新描述的程序**能**“使其可疑”的东西一开始就不是知识。

我当然赞同，我们不可能跟任何事物有直接的、直觉的、自发的、没有中介的认知接触。思想、意识、选择、经验、意图和行动永远掺着中介：通过人化物、符号、偏好、神经系统、文化、生态和进化。然而，为什么要把它们撂在一边而独独挑出“语言”并把**一切**中介（或者所有关系到知识的东西）归于它？对语言价值的夸大是再明显不过的了。“无处不在”的，不是语言而是中介，更专门的**人化物**的中介。中介（mediation）的无处不在显然意味着中介物（media）的无处不在，但并不意味着（仅仅是）语言。认知的、理智的、有效的认识中介既不可能永远是语言的，也不可能具有突出的语言性，而知识成就所实现的价值也不可能局限在商谈或推理所表达者。

第五节　翻转语言学转向

对于上述批评，罗蒂曾针对其中一些作了回应。他解释说，他对认识论的批判针对关于是什么的知识与推理知识，因为那是认识论中普遍流行的观点，他就是要打破这种单调的认识论商谈。对关于是什么的知识的关注点“就是把认识论者眼中的重要问题突显出来的方式，从而为解释如何（通过祛除表象概念）解决这些问题做好准备”。他承认以前

并没有完全明了这一点。“我本应当说，句子、技艺和学科（诸如历史
163 编纂学）都可以作为人化物加以对待。”命题偏见只是策略性的；从根本上说，罗蒂追随杜威，“把历史学家已经得到辩护的关于某一历史事件的信念，视为同建筑师的技艺、野人的长矛和海狸的堤坝相连续的东西。技艺精湛的建筑师和训练有素的历史学家是相对于某些目的的可靠工具，正如一支锐利的长矛或一座稳固的堤坝是相对于另一些目的的可靠工具”❶。

我认为，他在这里同意商谈绝不是终极境域。在他看来，我关于知识所说的东西如果表达成一种关于如何做的知识的理论“可能会更加合理”。他认为我是在说，关于是什么的知识是一种关于如何做的知识，可靠的如何做的认知是根本性的知识，而关于是什么的知识是它的特殊样式。这是一种他觉得不那么讨厌，而我觉得很讨厌的理论。我们在前面讨论过关于如何做的知识与关于是什么的知识。现代英语世界称之为“关于如何做的知识”很多根本算不上知识，比如，知道如何系鞋带，这一动作的成功并不是人类——或许通过我们最古老的传统——已经挑选出来作为知识来偏爱的东西。知道如何使用勺子吃饭或使用回形针也不是，因为这些动作都没有承诺卓越。它们的成功并没有使它们合乎知识的定义。嘴上说的“关于如何做的知识”并不必然是知识，因为它并不必然是使人印象深刻的人化物成就。但知识永远是那样。

罗蒂对我在知识与信念之间作出的“个人的”区分表示怀疑。他认为，这里不恰当地混淆了“信念”一词的两种用法。语言的混淆一旦澄清（那些实证主义的习惯可顽固啦!），我个人的知识概念就可以，并且应当被抛弃并转而拥抱“已经得到辩护的信念”之类的东西。按照一种用法，我们用理性、意图、欲望和意向来解释“信念”，这时我们把它归于他人（或动物或机器）的理智的、意向性的状态。除了这种解释性

❶罗蒂：“对巴里·艾伦的回应”(Response to Barry Allen)，载罗伯特·布兰德姆编：《罗蒂与批评者》(*Rorty and His Critics*)（牛津：布莱克韦尔，2000年），第238页。

的与描述性的用法，“信念”还有一种诽谤的含义，即意味着它的价值因缺乏知识的成就而被贬低（“仅仅是信念而已”）。罗蒂认为：“诽谤含义上的‘相信’与‘认知’相对，它跟纯粹描述意义上的‘相信’没有多少共同之处……似乎没有恰当的理由说明为什么同一个词——‘信念’——是在这两种不同的意义上使用。”[1]

一位认真对待戴维森的哲学家有这样的主张，多多少少让人感到诧异。这一点且按下不表。首先，那些纯粹的描述性信念是什么？“信念”**是**什么？按照康德的看法，信念是一个表象。美国实用主义者则说，信念是实用的规则或行动的习惯。正是苏格兰哲学家亚历山大·贝恩（Alexander Bain）把信念定义为“人们准备按照它来行动的东西”，但皮尔士（是他第一次引入规则或行动习惯）说，“从这一定义出现， 164
实用主义比一个推论还要贫乏”。[2]于是，对于实用主义来说，信念是行动的规则，它以习惯、偏好、倾向等形式归属于行动者，它将引发包括语言行为在内的理智行动。

这些就是罗蒂的解释性与描述性信念，而它们之所以被归结为信念的原因，罗蒂认为跟它们与知识之间招人不满的区分没有丝毫关系。然而，戴维森曾经有过精彩的论述，指出解释性信念是在合理性（rationality）与可靠性（truthfulness）的限度之内被归结为信念的。被归结为信念的东西是（必须是）讲道理、有道理且可靠的。它必须能站得住脚。的确，它不能**仅仅是信念而已**，相反，通常它必须算作知识。因此，被归结为信念的东西，罗蒂所说的描述性信念，它的周围有一条界线，界线的外边是其他被判定为跟知识有着招人不满的区别的信念。我想罗蒂的要点在于，即使没有我认为居于知识对立面的“仅仅是信念而

---

[1] 罗蒂：“对巴里·艾伦的回应”（Response to Barry Allen），载罗伯特·布兰德姆编：《罗蒂与批评者》（*Rorty and His Critics*）（牛津：布莱克韦尔，2000 年），第 237 页。

[2] C. S. 皮尔士：《查尔斯·桑德斯·皮尔士论文集》（*The Collected Papers of Charles Sanders Pierce*），查尔斯·哈兹霍恩（Charles Hartshorne）、保罗·韦斯（Paul Weiss）编（麻省剑桥：哈佛大学出版社，1935 年），卷 5，第 5、7 页。

已”的东西，我们也可以具备有益的解释性信念。但是，有益的解释成立与否，这一点关联着我所感兴趣的评价：被归结为知识的东西，它跟诸如信念、确信和预设之间有着招人不满的区别。

我曾指出，罗蒂保留了他所批评的认识论偏见。在对此作出回应时，罗蒂接受了更宽泛意义上的知识，涵括语言与非语言的工具与人化物。他用可靠性与社会功用而非商谈解释知识的价值。就个人而言，追求知识的人可能不是受了功用的驱动——他们可能有私人性的、“审美的”动机——但是，他们的成功、他们工作的品质由它的社会功用加以评定。正是这一点使知识成其为知识。“维布伦（Veblen）所说的‘手艺本能’的确创造了具有美学品质的作品，它超出了可以简单描述的需求的满足。但是，如果那件作品不能帮助我们改善我们环境，那么，我们仍然不应当称它为‘技术’（相反，或许可称之为‘美术’）。”[1]我们称之为“知识”的情形也与此类似。

从商谈到社会功用的转变关联着某种在《哲学与自然之镜》中不太突出的达尔文主义。知道关于如何做的知识很有用，但它（并不像罗蒂所认为的语言那样）带有鲜明的人类特性。“人与非人的区别模糊了。因为在一条长长的存在之链上我们都可以看到知道如何做……我看不出来，为什么我们需要在认知的动物与非认知的动物之间划一条线……在知道如何做事这一点上，我看不出人类有任何特别之处。”[2]在这里，罗蒂跟我将在下一章讨论的进化论的认识论站在了一边。按照这些观点，
165 知识的品质在自然中无处不在，它跟达尔文所找到的**适应能力**无甚区别。认知远不是使我们殊出的东西，它属于最广泛存在的生命现象。用罗蒂的话来说，“凡是可以用目的性加以恰当描述的东西，我们都可以把它归结为知道关于如何做的知识。”[3]

罗蒂从知识中看不出任何人类特殊性，那是因为他用来定义知识的

---

[1]罗蒂：“对巴里·艾伦的回应”，第249页。
[2]同上，第238—239页。
[3]同上，第239页。

术语本就可以应用于大多数生命形式，甚至可以应用于机械。之所以选择这么做完全是一个约定，一个决定，我们很容易取另一条道。罗蒂没有说明，为什么他偏爱用那些实际上可以保证将任何生命体囊括在内的术语来描述知识的成就。可能他会同意杜威［或丹尼特（Dennett）］所说，那是每个认真对待达尔文的人身上都有的“自然主义”路线。[1]但没有这样的东西。一切生命体都有可靠的机制，适应环境的习惯，朝着目的努力的本领能耐，以及“知道如何做”。没有这些本领的生命体早就灭绝了——我们甚至可能没有办法把它们理解为生命体。然而，的确有与众不同之处存在于工具和其他人化物，存在于知识，存在于人类，存在于智人的突变。知识必须加以教导、培育和照料。这使它们完全不同于基因机制。基因机制就像杜威针对习惯所说的那样，随它去就行了。知识也不像包括黑猩猩在内的其他物种所具有的任何东西。

相对于罗蒂的约定，我提出一个替代性的假说：我们把知识招人不满地区别于信念，而获得知识的能力为现代人类（不管人类业已灭绝的祖先之间有多少相同之处）所独有，而这一进化遗传不是一种技术上的适应能力，它对于早期现代人类的生存来说鲜有或几乎没有作用（详见下一章）。在最近的二百万年间，现代人类的祖先培育、扩展并增强了他们创造人化物的能力，而到了我们这里，培育起来的作为（知识）已经和任何通过基因遗传的适应能力一样，成为我们从根本上深深依赖的东西。知识所支撑的作为能力当然在**进化**，但它们不是**为了**认知而进化，也没有像本能或新陈代谢功能那样自动地产出知识。杜威的进化论的认识论就是在这一点上犯了错。认知并不比一个可口的苹果更加自然，后者是农场精心料理出来的人化物。养育知识就像呵护果园：一旦

[1]“自然主义的逻辑理论有一个基本假定，那就是低级（复杂程度不高）与高级（复杂程度高）行动与形式之间的连续性。……因此，用连续性假定讨论［逻辑］意味着……逻辑性［必须］在连续的发展过程中与生物性相联。”约翰·杜威：《探究的理论》（*The Theory of Inquiry*）［纽约：亨利霍德（Henry Holt），1938 年］，第 23—24 页。

疏于培植，现有的品种就会重归野生，一天比一天无用。

如果承认人化物的培育乃是人与其他（当代）物种之间的差异，那我们也就接近于挑战所有重要的达尔文或进化生物学的主张。人类是动物，是生命体，是进化的产物。但是，有一点值得注意的是，何以一切
166 动物彼此相异。一只甲壳虫，一只北极鹅，一只老鹰，一个人——它们的共同点不过是他们从一个共同的远祖进化而来。一旦认为一切生命关联到共同的祖先，更让人感兴趣的问题就会变成：究竟什么因素导致了差异。❶人类有其与众不同之处，有其生态的特殊性。但兰花或金莺同样有其与众不同之处，有其生态的特殊性。我的论点是，人类的特殊性跟人化物进入人类生态再生产的独特方式很有关系。任何一个人，如果他承认地球上一切生命之血族关系（共同祖先），辨别了地球上辽阔生态之进化的不同地质阶段，并将地球上的生命联结成一个我们几乎无法搞清楚的系统的无限复杂的共生现象，那么他对待达尔文的认真程度就已经如达尔文所愿。❷我们的独一无二性（singularity）依然存在，它包括了一种独特能力，即人化物作为的能力——在我看来，正是它构成了我们所说的**知识**的实质。

罗蒂承认，卓越人化物（包括语言的或符合的人化物）的知识在使我们适应环境方面起到了一种无可比拟的作用。不过他说，“我不明白，为什么这一事实应当引导我们提出一个柏拉图式的问题”——即，

---

❶“进化论者关注的核心是单个生物体之间的差异和相邻物种之间的差异。变异是探究的基本对象。……个体之间的相似性主要被理解为共同祖先的历史后果，或者相近亲属之间预料中的相似性，而不是功能法则导致的后果。”理查德·勒旺廷：《三螺旋：基因、生命体与环境》（麻省剑桥：哈佛大学出版社，2000 年），第 9 页。

❷达尔文可能会补充说，进化的首要原因是自然选择。我反对这个观点，理由见下一章。不过，对地球上血族关系的证明，这一点仍然是达尔文的根本成就。他自己也这样认为。“就个人而言，我当然很在乎自然选择。不过，把它跟创造**或**修正的问题相比较，这对于我来说似乎显得一点儿也不重要。”致阿萨·格雷（Asa Gray）的信，1863 年，引自约翰·鲍尔比（John Bowlby）：《查尔斯·达尔文》（*Charles Darwin*）（纽约：诺顿，1990 年），第 392 页。史蒂文·杰伊·古尔德（Steven Jay Gould）看到，“不管自然选择作为变化起因这一点在哲学上具有多么激进的品格，最深刻、最恼人的意蕴依然源自系谱连续性这一基本事实本身。”《进化理论的结构》（*The Structure of Evolutionary Theory*）（麻省剑桥：哈佛大学出版社，2002 年），第 396 页。

什么是知识？是什么东西让知识区别于意见、确信、似是而非的错误？罗蒂认为这个问题来得太晚。没有什么好说的了。他说，“我看不出来，关于知识的价值和它在生态上的独特性，我们还有什么没有完全搞懂的地方。”❶但是，如果人人都已经搞得这么透彻，那为什么哲学还继续忽视重要的知识而偏好认识论的抽象之物？知识理论、甚至所谓的进化论的认识论都对“生态上的独特性”几乎不感冒。相反，进化论的认识论者坚决否认这一独特性（下一章）。而且，为什么把认为已经搞得很透彻的东西运用起来以改变我们利用资料与环境、资助教育、控制经济、管理社会和组织研究的方式？罗蒂的观点以吊诡的方式使以下这种态度合理化了：对我们比以往任何时候都更加依赖的知识漠然视之。

“很难想像，一种与知识无关的活动有资格担当‘哲学’之名”，诚然如此。但是，为何如此？罗蒂认为这是出自一些很糟糕、甚至神经质的理由：“康德传统说，作一名哲学家就是去获得一种‘知识理论’；柏拉图传统说，不以命题真理知识为基础的行为是‘非理性的’。倘非如此，知识一词似乎不值得为之争斗。”❷真的这么简单吗？一个人要么捍卫这些学术教条，要么就没有值得讨论的东西？没有理由——奇怪的学说除外——在乎知识与无知、错误、如意算盘或“只是信念而已”的东西之间的区分？这些区分招人不满，关于知识的全部想法不过是争论不 167
休的学术界的小事一桩，不过是怪诞的形而上学狂想？我不相信！

哲学总是对培植它的文明叩问不休。哲学不可能先于城市，正是城市、城市的文雅礼貌以及它们所庇护的一切为哲学设定了所有兴趣持久的话题。知识就是这样一个话题，因为文明乃是由知识所成就。在导言部分，我曾用这一知识观讨论古老的前哲学希腊传统，讨论普罗米修斯与代达罗斯所代表的精神气质。哲学试图把对知识的这种评价“理性化”，从更高、更好的逻辑知识与真理知识中为它找一个“基础”。就这

---

❶罗蒂：“对巴里·艾伦的回应”，第240、239页。
❷罗蒂：《哲学与自然之镜》，第357、356页。

样，古典哲学家将很多关于知识的根本错误永恒化了。比如，他们夸大了无用的理论的价值，让它们凌驾于真正有用的知识之上。正如尼采所看到的那样，对知识的这种评价是虚假的，它颓然地漠视那种使他们的文明（与哲学）成为可能的真正知识。

这些哲学家还要对下面这种不恰当的技艺观负责：技艺是对非物质的、理想的形式的物质复制，形式存在于工匠之先，理智的抽象可以更好更直接地把握它。他们心目中的工匠活是机械的，没有思想，它复制理智直觉所更直接把握的形式——如果我们对某些身体行动与过程没有丝毫经验，同时却试图理解它们，这时我们就经常会犯类似的错误。对于不参与实践的玄思者来说，工匠活即使有时候甚至很严格、很机械、需要遵循规则，但它毕竟很简单很容易。但是，这仅仅是因为这些观察者不能正确评价工匠活的进展过程，他们没有看到，在形式或操作的转化过程中的关键点上，必须对各种可能性加以考量或抛弃，面对不期而然的事态发展必须瞬间作出选择。[1]只有没有实践经验的旁观者才会把工匠的样式当成是自然的拷贝。人化物仅仅拷贝其他人化物。人化物的技艺不是**复制**形式而是**创造**形式。

最后，哲学家（尤其是柏拉图主义者）错误地认为，尤为纯粹的典范知识存在于数学之中。他们把数学想像成一种关于不变、永恒而崇高的对象的知识，但实际上并非如此。他们把技术文化想像成一种机械的、派生的和第二序的知识，但实际上并非如此。他们以为，实际的需求与兴趣一旦退出，心灵就不会依赖自身，不再受到自生的幻觉的困扰，从而更好地看到某种永远存在于那里的东西。然而，这样的事情实

---

[1]参见查尔斯·凯勒（Charles Keller）、珍妮特·D. 凯勒（Janet D. Keller）：《认知与工具使用》（*Cognition and Tool Use*）（剑桥：剑桥大学出版社，1996 年），第 169 页。工艺制品的生产需要“心灵模板”的指导，这种柏拉图式的观念在人类学与考古学讨论中仍然很流行，虽然有一些令人鼓舞的不满迹象；可参见蒂姆·英戈尔德（Tim Ingold）：“越超技艺：技能的人类学”（Beyond Art and Technology：The Anthropology of Skill），载迈克尔·布赖恩·希弗（Michael Brian Schiffer）编：《技术的人类学视角》（*Anthropological Perspectives on Technology*）[阿尔伯克基（Albuquerque）：新墨西哥大学出版社，2001 年]。

际上从未发生。

问题很好，答案很糟糕，这就是认识论的学术传统。罗蒂看到答案 168
很糟糕，便以为问题同样毫无价值。然而，任何小心翼翼限定于揭穿认识论假设（罗蒂就试图这样做）的论证都没有能力对知识何以出色的问题说三道四。人类生活在一个实际上由人类的制造活动所组成的世界里。那不是某种牵强的形而上学唯心论；无可辩驳的是，任何人类环境深深浸染着人化物，是早先人类活动——玄思活动及其他，最重要的是，早先知识的成就——的结果。因此对于知识来说，要紧的是人化物，不是语言游戏或话语，赋予知识以特有价值的是它所促成的人化物作为，而不是共识或在信仰基础上追加某种东西。

第三部分

知识、进化与文明

在过去几乎每一种哲学中，知识仿佛都是横空出世，丝毫没有交代它在宇宙中的存在。没有人追究它的郡望血统；有待研究的只是那些影响到它的功用——一旦它存在——的问题，而不是关于它存在的起源或基础的问题。正是在这种风气中，这一重要问题——当然还有其他一切问题——从半空中升起，没有根基，没有一点儿土壤的肥力，没有归属。

——何塞·奥特加·伊·加塞特

第一章
知识的进化

在所有动物中，人最为笨拙，最为体弱多病，而且没有一种动物如此这般危险地远离本能。当然，尽管如此，人还是最有意思的动物。

——尼采

本章探讨人类的物种进化与知识能力之间的关系。我们将从三个层面讨论进化。在最根本的层面上，什么是生物体的进化——它的进程、起因与动力是什么？第二个层面是人类特有的进化从四五百万年前的第一代原始人类到现代人类。第三个层面，我的话题是知识、或者说培育而得的人化物作为的进化。本章的一个重要论点是，我们人类的进化不是知识的进化，知识的起源是后于进化的。培育知识不是“进化”迫使我们去做的事，而是某种我们发现自己**能够**做的事。这个发现很了不起，它基于我们**曾经**的进化方式。已经有其他学者从进化的角度探讨知识，包括新达尔文主义认识论者与心理学家。我的观点的特别之处首先在于不赞成他们的新达尔文主义。虽然知识所推动的潜能无疑是进化的产物，但知识不是自然选择之下的一种“适应活动”或任何适应活动组合。知识的培育就像农耕或城市一样，它发端于——可能经历很多次——少数人偶然发现的偏好。 171

人不仅仅是哺乳类或灵长目动物。一只手如果没有五根手指（哺乳类 172

的特征)，或者没有一根可与其他四指相对的大拇指（灵长目的特征），或者没有从原始人类新进化而来、能够细致处理微小或精密对象的神经系统，那它就不可能是一只人的手。心理学家和哲学家低估了手的作用。在思考大脑的时候把手忘记了，这跟在思考心灵时把身体忘记了一样糟糕。

手脑共同进化，这已经被称为整个新生代时代（距今 6500 万年）最重要的反馈回路。❶这当然是一个人类中心主义的判断。甲壳虫或羚羊可能不会这样看问题。不过，我们除了从人类视角出发之外别无选择，而且也不应该别有奢求。手脑共同进化可以追溯到原始人类。南方古猿可能是最早的完全意义上的双足灵长动物。正是它们于 360 万年前在拉多里（Laetoli）湿火山灰上留下了脚印。从埃塞俄比亚阿法（Afar）地区的发现［包括"露西"（Lucy）］来看，南猿阿法种（Australopithecus afarensis）有一双强健的小手，具备良好的抓握能力，虽然在精确程度上比人类稍逊一筹。有些人认为，南方古猿的手跟后来的现代人之间的差别不至于大到排除使用工具的可能性，虽然迄今为止还没有发现它们的化石跟任何制品在一起。然而，这一点或许证明，人的手（还有工具）有着比手指结构更丰富的内容。使得灵长目的手指与众不同的神经系统不会自动地和骨骼一同出现以便对它进行调节。这里跟进化行程别处的情形相似，身体结构先行于神经系统。❷

---

❶科林·图哲（Colin Tudge）：《史前时光：人类冲突五百万年》（*The Time Before History: Five Million Years of Human Impact*）［纽约：西蒙－舒斯特（Simon & Schuster），1996 年］，第 206 页。

❷约翰·内皮尔（John Napier）：《手》（*Hands*）（新泽西州普林斯顿：普林斯顿大学出版社，1993 年），第 10 页。关于南方古猿的手与脑，参见迪安·福尔克（Dean Falk）：《脑之舞：冰川时期的新发现》（*Braindance: New Discoveries of the Ice Age*）（纽约：亨利霍尔特，1992 年）；史蒂文·斯坦利（Steven Stanley）：《冰川时期的孩子》（*Children of the Ice Age*）（纽约：W. H. 弗里曼［W. H. Freeman］，1998 年），第 57—58 页；理查德·G. 克莱因（Richard G. Klein）、布莱克·埃德加（Blake Edgar）：《人类文化的黎明》（*Dawn of Human Culture*）［纽约：维利（Wiley），2002 年］，第 88 页。关于身体结构先行神经系统，杰拉尔德·埃德尔曼写道："动物的身体形状对于它的大脑的功能与进化来说很重要，这就跟它的大脑的形状与功能对于身体行为来说很重要一样。……大脑结构的真正成形依赖于牵动骨头的肌肉，让皮肤按给定的秩序运动的神经，如此等等——也就是说，它依赖于其他表型部分。"《晴空，旺火》（纽约：基典出版社，1992 年），第 51、52 页。

脑的扩大（“脑形成”）不是南方古猿或整个灵长目的进化特征。现代人是一个例外。南方古猿沿着其他非洲大型哺乳动物的道路，进化出专门的咀嚼部件并成为食草动物。新的现代人种是新更新纪幸存者中另一类型的试验者。下巴朝着另外一个方面发展，变得更轻巧，成为整体变轻的骨骼的一部分。现代人没有长出大下巴，也没有养成食草的口味，相反，它朝着轻巧的体格和扩大的大脑演进。

至少从年代顺序上说，技术史绝大部分在我们现代人之先：从200万年前最早的人类一直到大约10万年前我们现代人出现。当现代人登上舞台的时候，原始人类的生态已经包括大部分冰雪融化的古代世界，且充满了庇护性的人化物，包括石器、火、仪式，以及某种言
语或原始母语。人化物与神经的可塑性协同进化。人化物（文化）的 173
庇护作用越大，神经系统对它的依赖性就越强。人化物使神经回路的进化趋于完善，而个体的发生保持着敞开状态。人化物是神经模式同既可理解又有效的环境建立联系的点。要是没有它们，神经模式就会变成完全内在的了。

人类追求知识并不是迫于生存竞争的压力。我们的独创性，我们的技术，我们获得知识与卓越人化物的能力让我们在决定自身生存方式的时候摆脱了“繁衍的适宜性”与“生存”。倘若我们必须依靠的东西仅仅是自然选择写入我们基因的适应能力，那么，我们不可能已经走出非洲，而且甚至已经在那里一命呜呼了。知识的培育不是一种适应环境的手段。它是一种搁置不充分的适应能力、并去做更可行的事情的手段。我们人类占据生态“栖居地”(habitat)，同时又在另一种意义上没有这样的东西。我们没有占据，因为并没有一个环境的角落，我们偶然闯入它，发现它合我们的意，从而拼命奋斗力图保全它。不过，显然有一种人类的生态，为了生存我们不断且不可逆转地加以建设、重建与破坏。这种生态，包括一切技术、一切人化的庇护物，是一种“栖居地”。然而，我们又可以发现它不是，我们既不是为了它而被挑选出来，它也不是由我们无法选择、无法控制的物理力

量所决定。

最初的人类不是在无意中发现工具制作或其他技巧的，自然并没有选择它们来帮助自己完成有差别的复制。人类拿起工具和其他人化物，以便在相当大的程度上解决缺乏有用的适应能力这一问题。人化物与知识是我们培育出来代替基因（或其他）决定性的东西。像地球上其他任何事物一样，知识完全是生命进化的产物。但是，由进化而来，这并不等于说可以用基因适宜性、自然选择、适应能力或生存竞争来加以解释。尽管有人服膺达尔文思想，可“我们不应当把马尔萨斯误认为自然”❶。

我在本章要提出两个论点，一个关于进化，另一个关于知识。关于进化的论点是，“适应的”（adaptive）与“由进化而来的”（evolved）这两个词不是同义词，在进化的起因上存在着多样性。接下来的一个论点是，人类获得知识的能力当然也是进化的结果，尽管如此，它不是适应自然选择的产物；相反，它是一种副作用与潜能，一直到进化为它创造生物学条件之前，它对于人类的生存来说可能意义甚微。知识是我们物种突变的后果而非原因，而且还是延时的后果。它为超越适应性的生活方式作出了贡献——我们约摸花了五万年时间才弄明白这一点。

第一节　进化理论

按照通行的理解，达尔文证明了生命形式中的变化一方面不可避免，

---

❶尼采：《偶像的黄昏》，W. 考夫曼编译：《尼采口袋书》[纽约：维京（Viking），1954年]，第522页。

另一方面又日进无疆，朝着日益复杂和持续改善的方向演进。[1]20 世纪生物学出现了“新的合题”，试图把这种进化理论同种群遗传学(population genetics)统一起来。基因被等同于自然选择的单元，而杂交繁殖的种群间的基因渐变被用来重新解释达尔文关于生命体形式的渐变学说。与此相应，所谓新达尔文主义[2]关于生命进化的观点具有以下三个特征： 174

- **渐变论**。进化是一个缓慢的、持续的进程，包括逐渐的累积和细小的基因差异的重组。
- **适应论**。代际变化由自然选择所控制。环境条件通过引导有差别的成功繁衍[“适宜性”(fitness)]来促进适应能力[“选择”(selection)]。随着环境的变化，种群通过基因变化来保持或改善自己在生存竞争中的适应能力。“生命体注定要灭绝，除非它们不断变化以便跟上恒常变化的物理环境与生物环境的步伐。”这不仅仅是进化发生的**一种**方式；进化**就是**适应。“进化，不管人们把它的趋势叫做什么，是

---

[1]关于进步问题，达尔文有两种不同的看法。他在《物种起源》中写道，“由于自然选择完全是通过并为了每个存在物的利益，一切肉体与精神的天赋将朝着完美的方向进步。”然而，数年之后他在一封信中说，“经过反复思忖，我不得不相信，并没有朝着进步的内在倾向。”[致阿尔菲厄斯·海厄特(Alpheus Hyatt)，1872 年 12 月 4 日]两段引文均引自史蒂文·杰伊·古尔德：《准赢的牌》(纽约：三江出版社，1996 年)，第 137 页。完整的讨论可参见迈克尔·鲁斯：《从单孢体到人：进化生物学中的进步观念》(*Monad to Man*：*The Concept of Progress in Evolutionary Biology*)(麻省剑桥：哈佛大学出版社，1996 年)。

[2]新达尔文主义的经典陈述见于 G. G. 杰普森(G. G. Jepsen)、G. G. 辛普森(G. G. Simpson)、E. 迈尔(E. Mayr)编：《基因学、古生物学与进化》(*Genetics*，*Paleontoloty*，*and Evolution*)(新泽西州普林斯顿：普林斯顿大学出版社，1949 年)。这方面的近期进展可参见理查德·道金斯(Richard Dawkins)：《盲人钟表匠》(*The Blind Watchmaker*)(伦敦：企鹅，1986 年)，亨利·普洛特金(Henry Plotkin)：《达尔文机器与知识的本性》(*Darwin Machines and the Nature of Knowledge*)(哈芒斯沃斯：企鹅，1994 年)；丹尼尔·丹尼特(Daniel Dennett)：《达尔文的危险思想》(*Darwin's Dangerous Idea*)(纽约：西蒙舒斯特，1995 年)；金·斯特尔尼(Kim Sterelny)：《达克文 vs. 古尔德：适者生存》(*Dakwins vs. Gould*：*Survival of the Fittest*)[剑桥：艾肯书局(Icon Books)，2001 年]。

保持适应性的副产品。”[1]

- **化约论**。自然选择被作为适应的遗传特性记录在基因里。它是进化的**唯一**机制，是塑造生命多样性的**唯一**力量。它解释了一切进化现象，包括物种的生灭，以及由生态多样性所带来的共生现象。用厄恩斯特·迈尔(Ernst Mayr)的话来说，“一切可以到手的证据显示，更高物种的起源不过是一个物种的外推过程。一切宏观进化过程与现象以及更高物种的起源都可以追溯到物种内部的变异。”[2]

这样一幅进化图景已经遭到间断平衡（punctuated equilibria）论者
175 的批评。批评意见不是反对这里所讲的适应或自然选择，而是说适应或自然选择只是一种原因，不能把它混同于整个进化动力学或整个进化过程。史蒂文·杰伊·古尔德称之为“漫不经心地断言普遍存在”，“一种偏狭之见，以为进化论的解释必须等同于自然选择所产生的适应性”。[3]不应当认为，颠覆这个假设就是拒绝达尔文的一些正确原则。达尔文从来没有能够让他的理论符合化石记录，种群遗传学也帮不上忙。是到了问问为什么的时候了。

人们常常指出，达尔文从来没有回答他在其名著中提出的物种起源问题。那是因为在他看来根本不存在物种，如果物种意味着进化单元，意味着离散的真实存在者。没有物种，只有许许多多杂交繁殖的个体，

---

[1] 厄恩斯特·迈尔（Ernst Mayr）：《生物学思想的发展》（*Growth of Biological Thought*）（麻省剑桥：哈佛大学出版社，1982年），第484页；以及乔治·G. 威廉斯（George C. Williams）：《适应性与自然选择》（*Adaptation and Natural Selection*）（新泽西州普林斯顿：普林斯顿大学出版社，1966年），第54页。

[2] 厄恩斯特·迈尔：《分类学与物种起源》（*Systematics and the Origin of Species*）（纽约：哥伦比亚大学出版社，1942年），第298页。

[3] 史蒂文·杰伊·古尔德："达尔文基础主义"（Darwinian Fundamentalism），《纽约书评》（*New York Review of Books*），1997年6月12日，第36页；以及“进化：多元主义的快感”（Evolution: The Pleasures of Pluralism），《纽约书评》，1997年6月26日，第47页。

带着许许多多遗传的差异，经历漫长的时间。[1]逐渐的累积式变化必定是法则，虽然这不是我们在化石中所看到的东西。当然，达尔文会争辩说，那是因为化石记录太零碎、太不完整了。倘若我们已经有了完整的化石记录，那我们就可以描画出从物种祖先到现代动物的增量变化，同样也可以回溯到生命的起源。环顾四周（以及化石），我们本可以欣赏到一切生命从少数几个原始生物体中连续不断地出现，但实际上，我们并没有看到所断言的物种差异，相反，达尔文说，“顶多”“只有四五种”。[2]因此，不是别的，而是我们的知识鸿沟支撑着物种神话以及物种起源的伪问题。

达尔文主张化石记录不够格的努力一直受到古生物学家的抵制，尤其是20世纪下半叶以来更是遭到了前所未有的强大反抗。和1859年相比，现在找到的古生命证据对于达尔文来说显得更加反常。化石数量之多是以前无法比拟的，但是，化石记录仍旧没有展示达尔文所预言的连续性。难道**一切**连续性还陷落在我们的知识鸿沟之中？若非如此，那么，化石记录中的断裂与非连续呈报出了某种有关进化方式的消息。正如古尔德所坚持的那样，“沉积是数据”。[3]化石中的通常模式是快速进化，继之以保守的稳定性，然后是突然的灭绝。间断平衡论把新物种的起源理解为生态灾难的另一面。生态平衡的间断可能持续5000年到50000年，虽然从地质学上说它只是一次“事件”。在这样一个时期内，有灾难性的毁灭，大规模的灭绝，**以及**新物种的萌发。最初的物种相当

[1]“物种只是显著的多样性，它的特征已经在相当大的程度上保持恒定不变。……我们应当像那些自然主义者对待种属那样对待物种，他们承认，种属仅仅为了图方便而制作出来的人为合并物。”查尔斯·达尔文：《物种起源与人类由来》(*The Origin of Species and The Descent of Man*)（纽约：现代图书馆，1936年），第363、371页。

[2]“物种只是显著的多样性，它的特征已经在相当大的程度上保持恒定不变。……我们应当像那些自然主义者对待种属那样对待物种，他们承认，种属仅仅为了图方便而制作出来的人为合并物。”查尔斯·达尔文：《物种起源与人类由来》(*The Origin of Species and The Descent of Man*)（纽约：现代图书馆，1936年），第370页。

[3]史蒂文·杰伊·古尔德：《进化理论的结构》（麻省剑桥：哈佛大学出版社，2002年），第759页。

迅速地拾起它们大部分或全部遗传特征，然后就不再经历进一步的变化，直到灭绝为止。❶

自然选择不是这样一种自然力：默默工作，无时无处不在，如同水
176 滴，在形式的庄严进步中慢慢改变物种。型塑物种的力量，进化的起因与机制，是多种多样的。可用的发展通道限制着进化的方向。一只甲壳虫无论经历多少时间也不可能进化成一只鸟。常见的情形是，如果一种特征受了不止一个基因的影响，那么就可能有多重适应结果，开启着不同的进化通道；至于究竟哪种通道被采纳，很大程度依赖于偶然事件。反过来，基因变化（“拱肩”）可能有副作用，这些副作用虽然本身没有“被选择”，但对于一个生物体的生活方式与生存机会却可能至为关键。

进化可能跟适应性了不相干。数百万年来，曾经覆盖着北美洲大部分地区的浅海孕育了一种三叶虫，它的复眼由十八组透镜构成。这个物种数百万年来保持不变。然后，突然间，出现了十七组透镜的三叶虫，它也在更长的数百万年间保持不变。失去一组透镜并非出于适应。海平面突然下降，致使十八组透镜的三叶虫灭绝。海平面重新上升后，从其

---

❶在他关于间断平衡论的最后总结性论述中，古尔德写道：“进化生物学后来的工作并没有确认任何专注于这一事件的先天偏好。”然而，过了七百页，他重申以下观点：“物种‘于出生之顷’有效地发展了它们的鲜明特征，然后在长长的地质学意义上的一生中把它们维持在停滞状态。”《进化理论的结构》，第 77、768 页。或许可以把某种相对突然的新形式解释为在所谓的同源异形盒基因（homobox genes）中的微观进化的结构表达；参见杰弗里·施瓦茨（Jeffrey Schwartz）：《突发的起源：化石，基因与物种的出现》（*Sudden Origins: Fossils, Genes, and the Emergence of Species*）（纽约：维利，1999 年）。同源异形盒基因是严加保管的调整性基因，它们实际上在一切动物中是相同或同源的，它们通过产生信号蛋白质来激活或钝化其他基因，从而在生物体发展中扮演着重要角色。动物在形态上的差异（就其跟基因有关而言）相当大的程度上取决于这些基因究竟在发展过程中活跃于何时何地。参见斯科特·吉尔伯特（Scott Gilbert）等：“重新整合进化生物学与发展生物学”（Resynthesizing Evolutionary and Developmental Biology），载《发展生物学》（*Developmental Biology*）173（1996 年）：第 357—372 页。有关同源异形盒活动的批评，参见嘉森·罗伯特（Jason Robert）：“阐明同源异形盒：发展与进化过程中的基因活动与活化作用的隐喻”（Interpreting the Homeobox: Metaphors of Gene Action and Activation in Development and Evolution），《进化与发展》（*Evolution and Development*）3（2001 年）：第 287—295 页。

他地方又迁来了十八组透镜的三叶虫。有理由认为，这是一种有代表性的样式。奈尔斯·埃尔德雷奇（Niles Eldredge）给出了一个例子[1]，说明随着环境的变化，种群循着变化而迁徙他处。迁徙不一定都能成功，有时种族会消亡。这便是十八组透镜的三叶虫在变化的海平面改变其生态时所遭遇的一切。

从地质学的时间标准来看，这样的生态变化一直在发生。由于气候和地球构造的变迁，栖居环境一直处于变动之中。如果可能，生物体将通过迁徙来追随它们所习惯的栖居环境。如果它们不能迁徙，那就只有死路一条。有一件事它们是不会去做的，那就是坚守阵地慢慢“进化”以便与变化了的环境匹配。用埃尔德雷奇的话来说，“自然选择将很少——如果曾经有过的话——让一个物种生活在一个地方，并随着时光的流逝改变物种以应对环境状况变化的挑战。物种会走出去，尽可能找到它们可以识别的栖居环境”。成功地存活下来，“主要是通过栖居环境识别，而不是通过恒常变化——作为应对环境变化的手段”。[2]

这或许可以解释为什么达尔文所期许的变化并不存在于化石之中。它也确证了以下怀疑：自然选择被高估为进化机制。生态，尤其是那些孤立繁衍的种群的生态事件，对于进化方式来说可能比自然选择更加重要。与此同时，既然一种成熟的生态所特有的平衡与共生坚决抗拒变化，新物种几乎找不到开端——这可以解释化石中的停滞现象——可以预见的结果便是生态的稳定。 177

对于达尔文来说，物种是命名，不是实体。也就是说，物种是随性

---

[1]尼尔斯·埃尔德雷奇（Niles Eldredge）：《时桢：间断平衡论的演进》（*Time Frames: The Evolution of Punctuated Equilibria*），修订版（新泽西州普林斯顿：普林斯顿大学出版社，1989 年）。

[2]尼尔斯·埃尔德雷奇：《矿工的金丝雀：解开大规模灭绝之谜》（*The Miner's Canary: Unravelling the Mysteries of Mass Extinction*）（新泽西州普林斯顿：普林斯顿大学出版社，1994 年），第 10、11 页。“生境追踪（habitat tracking）包含了那种既非常简单明了（一方面）又非常深刻而反传统（另一方面）的观点：在群种对环境的反应中，进化中的变化是最后一招，而不是多数时候的常规做法。”古尔德：《进化理论的结构》，第 881 页。

加上去的分类，对于实体本身没有任何影响。对于修正后的理论来说，物种则是实实在在的个体。[1]这不是一个形而上学的陈述。它的意思是说，由不同生命体组成的共同体在繁殖方面实实在在孤立于其他（有时则是十分相似的）群体。让物种实实在区别开来的，不是它们如何适应当地条件方面的差异，而是繁殖方面的孤立这一牢靠的事实。地理上的孤立并不能保证这一点。尽管对当地环境的适应方式多种多样，但物种仍可能保持繁殖方面的一致性（人类即是一例）；而繁殖方面孤立的不同物种可能在祖传的身体结构方面几乎没有分歧。地理上的孤立对于新物种来说并不具有直接的重要性，对繁殖网络的破坏才是关键性的。而且，栖居环境的分裂往往伴随着这种破坏，自然选择最大的机会即来源于此。对于物种形成来说，至为要紧的是繁殖联结的分离。如果没有繁殖联结的分离，自然选择本身鲜有作为。在成熟的生态中，自然选择不是一种需要应付的力量。并没有“生存竞争”。一种成熟的生态是奢华的典范，生活很轻松，竞争可以忽略不计。[2]

在化石沉积的地方，比如位于加拿大西部的伯吉斯页岩（Burgess Shale），我们看到了生命特有的丰富性与独创性。无论是对于生命还是对于进化本身，形式上的多样性、变化性和丰富性都是屡见不鲜的事实。它反驳了以下主张：丰富性是一种幻觉，一种引人误入歧途的表象，是一种已逝的简单机制与大量时光的累积效果。

---

[1] 以为间断平衡论是一种进化突变论，这实在是误传。物种在地质学时刻上的间断起源不是物种发展史上的突变。古尔德曾解释说，间断平衡“并不意味或蕴含着，在物种起源层面存在着剧烈差异的进化机制”，相反，“在不同地区上演着平常的物种形成，而间断平衡的出现是物种形成在地质年代里可预期的按比例增长的结果”。间断平衡“理论上激进”的地方不是突变，而是“它的宏观进化思想：把物种视为与微观进化中的生物体相类似、相当于达尔文所说的高级个体的东西”（《进化理论的结构》，第 76 页）。

[2] 参见保罗·科林沃克斯（Paul Colinvaux）：《为什么大型猛兽很罕见》（*Why Big Fierce Animals Are Rare*）（新泽西州普林斯顿：普林斯顿大学出版社，1978 年），第 140—144 页。一个种族生态学假说认为，“物种有能力限制自身的种群密度，无须毁坏适合于它们的食物资源，亦无须依靠天敌或将阻止它们这样做的气候事故”。丹尼斯·奇蒂（Dennis Chitty）：《旅鼠自杀?》（*Do Lemmings Commit Suicide*?）（牛津：牛津大学出版社，1996 年），第 23 页。

第二节　进化论的认识论

有人说，知识，如同工具和语言，是一种适应能力，是人类适应环境的一种方式。鸟儿长翅膀，鱼儿长鱼翅，我们人类有工具和知识。当然，没有知识就没有我们。倘若适应性说的就是这个意思，那么，知识的确如此。但是，通常隐含着的一层意思说，适应能力是遗传的，而且它的起源得由自然选择来解释。

让达尔文与认识论联姻，19 世纪晚期的新康德主义曾讨论过这个想法，且引出了康拉德·洛伦茨的进化认识论。❶到 20 世纪晚期，进化认 178
识论改变了方向。这一代人的理论往往有两大声明。其一，人类“有知识”，就好像我们有血色素。我们应该把知识想像成一种经受着自然选择的特性（或复合体）。认识论遇上了新达尔文主义的化约论：获取知识的能力由进化而得，**因此**，它是“盲目变异与选择性保存”的遗传结果。

与此相联系的是第二点非常不同的主张：进化本身，即进化着的生

❶康拉德·洛伦茨（Konrad Lorenz）：《镜子背后》（*Behind the Mirror*）［纽约：哈考特－布雷斯－朱万诺维奇（Jovanovich），1977 年］。关于新康德主义的背景，参见阿塔纳斯·丹奈卢夫（Atanas Danailov）、克里斯特弗里德·特格尔（Christfried Tögel）：“进化认识论”（Evolutionary Epistemology），载加里·格林伯格（Gary Greenberg）、埃塞尔·托巴赫（Ethel Tobach）编：《知识进化理论》（*Theories of the Evolution of Knowledge*）［新泽西州希尔斯代尔（Hillsdale）：劳伦斯－埃尔本（Lawrence Erlbaum），1990 年］。罗伯特·J. 理查德（Robert J. Richards）争论说，威廉·詹姆士开创了第一个彻底达尔文主义的知识理论；参见《达尔文和心灵与行为进化理论的出现》（*Darwin and the Emergence of Evolutionary Theories of Mind and Behavior*）（芝加哥：芝加哥大学出版社，1987 年），第 475 页与第九章。“进化知识”也被用于卡尔·波普尔的思想：科学的进步是一个进化过程，是盲目变异与选择性保存的运算法则，不是在基因中而是在观念或理论中发挥作用。《客观知识》（*Objective Knowledge*）（牛津：牛津大学出版社，1972 年）。尼古拉斯·雷舍尔（Nicholas Rescher）提出了一个有力的批评；参见《一笔有用的遗产：知识理论的进化角度》（*A Useful Inheritance：Evolutionary Aspects of the Theory of Knowledge*）［马里兰州萨维奇（Savage，Md.）：罗曼和利特菲尔德（Rowman& Littlefield），1990 年］，第二章。

命的进程，是一个**认知**过程——生命本身是一个知识进程。❶我们通常所谓的知识据说是“生物性知识”在人类中的一个特例。“生物性知识”活跃在每一个生命层次，且表达为基因工具的适应能力。进化认识论的如下一些说法主张像哲学家和其他人那样使用“知识”一词，虽然需要更深入地洞见它的生物学本性：

> 昆虫的伪装色构成了关于它的环境的知识。
>
> 抗体知道抗原，就像三趾鸥知道只身觅食的危险。
>
> 仙人掌肉质的茎干储水性质良好，它构成了一种知识：在仙人掌的世界里水很缺。蜂鸟修长的嘴巴显示了一种知识：蜂鸟从中采蜜的花是何种结构。这两个例子里的知识非常片面非常不完善，但它的确是知识。❷

说仙人掌和抗体有知识，这意味着它们的基因属于一种通过进化运算法则——一种“达尔文机器”——而知道环境的工具。其结果，即生物性知识的表达乃是一种适应能力，一种适应性的基因（或复合体）。无论你在哪里看到适应性，你就看到了知识，它是一种阅读环境且把信息载入基因工具的进化运算法则。适应能力是记录于血肉之中的变化的自然样式。它们给予生物体先见之明，从而开始变化——这种变化预料到（知道）正在发生的环境变化。

179 在这种异端的康德主义中，运算法则的进化代替了超验的逻辑。认

❶参见弗朗兹·乌克提兹（Franz Wuketits）：《进化认识论及其对于人类的意蕴》（*Evolutionary Epistemology and Its Implications for Humankind*）（奥尔巴尼：纽约州立大学出版社，1990年）；普洛特金：《达尔文机器与知识的本性》，以及我的评论，“知识与适应”（Knowledge and Adaptation），载《生物学与哲学》（*Biology and Philosophy*）12（1997年）：第233—241页。
❷普洛特金：《达尔文机器与知识的本性》，第xvii，121、228页。

识论意义上的先天条件变成了进化论意义上的后天条件。“我们的世界观受制于过去发生的进化学习过程，这些过程已经成为我们认知习惯的基本决定因素。”❶先天条件的自然化被认为包含了一种实在论，追随者认为它比康德的唯心论前进了一步。自然选择不会留给我们一双经常会误导我们的眼睛。“我们的心智能够把握自然的运行方式，这并不比我们的眼睛能够适应光线或我们的胃适应自然界的食物更加令人惊讶。”❷我们拥有据以理解世界的生物—认知结构，世界遵其道而行，这两者是同一种机制的产物。这就是进化认识论对怀疑者的回答。我们的认知能力“起源于对这个世界的适应，它们和这个世界是部分同构的关系，因为要不然的话我们就不可能存活下来”❸。存活证明了同构。符合外在世界是“生物进化理论合乎逻辑的结果”❹。

这些论证所引发的批评可以归纳为三点：第一，我们具有某种认知能力，这并不表明它是自然选择的结果，即使它有某方面的功用；第二，即使它是选择的结果，那也没有在它可能产生的任何表象中建立起同构关系；第三，即使认知能力在某些情形下带来了很大程度上的真信念，那也不意味着它在其他情形下也能可靠地带来真信念。❺人们也可能从生物学与认识论偏见的角度批评进化认识论。先拿生物学角度来说，理查德·勒旺廷说，“现在的进化认识论最根本的错误是，它们没有理解‘在外面’多大程度上是‘在里面’的产物”。古尔德也指出了这一点：“进化是内在与外在的辩证法，而不是生态环境将柔韧性很好

---

❶乌克提兹：《进化认识论及其对于人类的意蕴》，第 18 页。
❷雷舍尔：《一笔有用的遗产》，第 62 页。
❸ Gerhard Vollmer：“中宇宙与客观知识”（Mesocosm and Objective Knowledge），载 Franz Wulketits 编：《进化认识论的概念进路》（*Conceptual Approaches to Evolutionary Epistemology*）（Dordrecht：Reidel，1984 年），第 75 页。
❹乌克提兹：《进化认识论及其对于人类的意蕴》，第 76 页。
❺ Alan Goldman：“自然选择，辩护，最佳解释的推论”（Natural Selection，Justification，and Inference to the Best Explanation），载尼古拉斯·雷舍尔编：《进化、认知与实在论：进化认识论研究》（*Evolution，Cognition，and Realism：Studies in Evolutionary Epistemology*）[马里兰州拉纳姆（Lanham，Md.）：美国大学出版社 [University Press of America]，1990 年]，第 40 页。

的结构压到一个加好油的世界里的一系列适应点上。”[1]进化认识论的达尔文机器、启发功能和运算法则就是这样一些机制，并且预设了一个错误的世界。它们隐含的进化观念可以在皮特里碟形卫星天线（petrie dishes）或计算机模拟中得到证实，却无法在化石记录或生物圈中得到证实。[2]我们不应当认为，“环境”是一种给定的东西，它引发特定的问题，而生物体（或种群）通过“进化着的”适应能力对这些问题作出反应。“不管是化石记录，还是活着的物种，我们所看到的，不是它们主动适应环境，而是它们被环境所适应。”也就是说，不是自己慢慢改变以回应环境变化，而是在它们熟悉的生态里**被进化**，它们通常就是这样维持生存直到灾难让它们的生命形式不再可能继续存在。[3]

180 进化认识论的知识观念隐藏了一种亚里士多德式的观念：认知是认知者与被认知者之间的同化作用。“灵魂的运思部分，”亚里士多德说，“有能力接收对象的形式；也就是说，它必定跟它的对象在性质上具有潜在的同一性但又无需成为它的对象。”[4]对于进化认识论来说亦是如此，而且是出于一个根本性的原因。**任何**适应能力能够被建构为一种知识

---

❶理查德·勒旺廷：“生物体与环境”（Organism and Environment），载亨利·普洛特金编：《学习、发展与文化：进化认识论论文集》（*Learning, Development, and Culture: Essays in Evolutionary Epistemology*）（纽约：Wiley，1982年），第169页；史蒂文·杰伊·古尔德：《奇妙的生命：伯吉斯页岩和历史本性》（*Wonderful Life: The Burgess Shale and the Nature of History*）（纽约：诺顿，1989年），第230页。Susan Oyama与古尔德、勒旺廷遥相呼应：“环境作用不是**补充**生物作用，而是在很大程度上如同基因一样**构成**生物作用。”《进化之眼：一种关于生物－文化分野的系统观》（*Evolution's Eye: A Systems View of the Biology-Culture Divide*）（北卡罗来纳州德纳姆：杜克大学出版社，2000年），第63页。

❷基因学家理查德·戈尔德施密特（Richard Goldschmidt），一个被新综合倡导者所诅咒的人，曾批评这种实验室偏见，以及它的预设——“进化是通过选择所产生的微观突变的缓慢累积而进行的；对于进化具有重要意义的突变速率可以由实验室里进行的突变的速率来比拟，而后者当然是一些对于进化来说意义可疑的不同过程所组成的混杂物。”《进化的物质基础》（*The Material Basis of Evolution*）（1940年）（纽黑文：耶鲁大学出版社，1982年），第138页；亦可参见施瓦茨：《突发的起源》，第299—300页。

❸理查德·勒旺廷：“论限制与适应”（On Constraint and Adaptation），载《行为科学与脑科学》（*Behavioral and Brain Sciences*）4（1981年）：第245页。

❹亚里士多德：《论灵魂》，429a。

形式的唯一方式在于：前提是知识能够被建构为一种符合（共一形）一活动（con-form-action）或信息（纳一形）一活动（in-form-action）。这样一来，亚里士多德用来定义知识的同构作用摇身一变，成了任何层次的适用能力的生物学特征。

然而，勒旺廷、古尔德、埃尔德雷奇等人的批评已经指明，与先在的样式相匹配这一点同生命的进化几乎没有关系。栖居在一个地方，多多少少就是重建其生态。"人类能够随心所欲地重建环境，这一点已经是老生常谈了。然而，并不是所有人都认为，建设环境是一切生命的普遍特征。……自然界中普遍的物理事实，如果它影响到或关系到某一生物体，那么，它必定部分上是这一生物体自身的自然本性的结果。"❶古尔德与勒旺廷不谋而合：

> 一个跟生活于其中的生物体完全外在的世界之中的客观场所或客观情形——我们不能把环境当成这样的东西来理解（或者甚至操作）。首先，环境包括所有同其他生物体（不管是同种还是属于不同的分类）之间的互动，它不仅仅是气候、分层以及周遭物理世界其他更加显眼的特性。其次，更加重要的是……环境具有内在的相关性，而且是由我们所要考察的生物体积极建构起来的。简单地说，环境是制造的，而不是发现的。❷

如此这般的"人化物现象"（artifactuality）是生态的一种基调；另一种基调则是共生现象。不同的生物体以共生的方式捆绑在一起。正是

---

❶ Steven Rose、理查德·勒旺廷、Leon Kamin，《不在我们的基因之中：生物学、意识形态和人性》（*Not in Our Genes: Biology, Ideology, and Human Nature*）（伦敦：企鹅，1990 年），第 274、276 页。"生物体不仅通过其独特的体形与新陈代谢决定外部世界的方方面面，而且还主动建设——毫不夸张地说——一个周遭世界。"理查德·勒旺廷：《三螺旋》，第 54 页。

❷古尔德：《进化理论的结构》，第 707 页。

这些生物体本身通过自己的生命活动决定了它们自己的环境。[1]因此，如果把适应能力描绘成对生物体与环境之间恰当的匹配或同构关系的发现（“知识”），那我们就忽视了此种匹配所从出并得以保持的人化物特征。

适应能力是适应的，这样的说法毫无意义。同样，适应能力是知识这一主张又能告诉我们什么呢？进化认识论看起来像是最新的认知科学。知识是信息，认知是信息处理过程。按照一位理论家的说法，“最好是用**信息理论**这个术语代替进化认识论”。虽然他后来又说信息“或
181 许可以宽泛地界定为知识”。[2]知识者，信息也；信息者，知识也——没关系，结果都是用徒具威望的术语表达了认识论偏见。

有一些技术性的信息概念，比如平均信息量等级（degree of entropy）和可能世界。也有把信息视为报道、记录或新闻等物的共同看法。还有把信息理解为知识单元这样的认识论观点。“**知识是信息**”必须比“**知识是知识**”说出更多的东西。如果我们能够在无需预设信息是或算作**知识**的前提下识别并评价信息，那么，把知识称作信息才是有用的（含有信息量）。做不到这一点。要评价或理解信息，我们必须把信息同非信息或噪音区别开来，而**这种**能力本身不属于“信息处理”。它需要判断，而判断是一种知识行为。因此，信息**预设**知识而不能被等同于知识。“知道信息”不是登记、处理数据，而是评估或判断数据相对于更宽泛的知识的**潜在**的信息价值。[3]山上有士兵，这个情报不是知识，它顶多只能在实践中被证明**是**信息而非噪音（或者假情报）。信息与知识之别如同岩石与石器之别。器具的作为将石头形式与潜在信息带向更广大的人化物与知识系统，如果离开作为，器具，如同知识，将是不可能

[1]“大多数进化创新过去直接源自、现在依然直接源自共生现象。” Lynn Margulis：《共生的星球：进化新视角》（*Symbiotic Planet：A New Look at Evolution*）（纽约：基典出版社，1998 年），第 33 页。

[2]乌克提兹：《进化认识论及其对于人类的意蕴》，第 54、221 页。

[3]基思·莱勒（Keith Lehrer）也反对把知识等同于信息。参见其著《知识理论》（*Theory of Knowledge*）（科罗拉多州博尔德：韦斯特维尤出版社，1990 年）。

的，而岩石（或信息）则是无价值的。

当然，有求知冲动的生物是进化的产物。知识以及获得知识的器官与环境都不是超越、非物质或永恒的。但是，也不能把显著的知识成就——如肖维岩洞的壁画，或者马亚尔所设计的塞金纳特伯（Salginatoble）大桥——解释为"搜集处理环境信息"的准机械的、运算法则的结果。从进化的观点理解知识，我们不必把它化约为进化过程最低一级的公分母（有可能根本就没有这样的东西），而把知识、信息与适应性混为一谈也没什么好处。

与此相反，我寻找差异，那是让作为进化产物的知识与众不同的地方。我认为，它就是人化物所造成的差异。知识出现的前提是，进化过程产生了一种高度依赖人化物的动物，它的再生产重任必须包括人化物及其用法的再生产，而这种再生产得诉诸教育和文化的方式，最终变成了关于人化物及其用法的**知识**。我们是唯一承担此种重任的动物，虽然 182
我们跟现已灭绝的其他人种分享了某些类似的东西。知识并非无处不在，并非到处可见的适应能力的本质。一切形式的生命包含了生态的生产与再生产，但迄今为止，即使不是一开始就这样，人化物及其知识是人类独有的谋生方式。

第三节　人类进化

自 1856 年宣布发现尼安德特人以来，对人类起源的研究已经走过了很长一段路。20 世纪的重大发现包括南方古猿、类人动物、"露西"和拉多里足迹。1997 年，西班牙发现了一个欧洲原始人类的新种（先驱人），它可能是尼安德特人的祖先。与此同时，复原的尼安德特人基因最终（以否定的方式）解决了关于尼安德特人是否为人类的直系祖先的

争论。❶

基因分析表明，500 万年至 700 万年前，原始人类和现代黑猩猩最后拥有共同祖先。无独有偶，现在发现的最古老的原始人类化石的年代恰好约为 400 万年。❷这些早期原始人类的特点是直立——“原始人类”一个有效的定义就是“两足的灵长类动物。”这些动物最早显然是南方古猿；生活在 440 万年前的始祖地栖猿是目前发现的最古老的种类（参见图 3. 1. 1）。❸到 300 万年前，生活着两三种或更多原始人类，其中一种(或更多) 在解剖学意义上很粗壮（人们越来越倾向于把它归为一个新属，傍人），另一种长得比较纤弱瘦小。到 200 万年前，生活在非洲的原始人类至少有三种，还有可能达到四种，其中包括新出现的人属。

---

❶被复原的基因来自 1856 年发现的尼安德特人（Neanderthal）典型标本的原件，参见罗杰 · 卢因（Roger Lewin）：《现代人类的起源》（*The Origin of Modern Humans*）（纽约：美国科学图书馆，1998 年），第 87 页。到 2000 年，从三个不同的尼安德特人 DNA 样本所得出的一致结果已经证实，这一物种和现代人类属于不同的血统，而认为我们跟尼安德特人（可能是海德堡人）最后的共同祖先生活在 690000 年至 550000 年前的观点也不成立；参见克莱因、埃德加：《人类文化的黎明》，第 181—186、221 页。这一部分其他关于事实的陈述引自彼得 · 博古基：《人类社会的起源》（牛津：布莱克韦尔，1999 年）；尼尔斯 · 埃尔德雷奇、伊恩 · 塔特索尔：《人类进化的神话》（*The Myths of Human Evolution*）（纽约：哥伦比亚大学出版社，1982 年）；克莱夫 · 甘布尔（Clive Gamble）：《时间穿行者：全球殖民前史》（*Timewalkers：The Prehistory of Global Colonization*）（麻省剑桥：哈佛大学出版社，1994 年）；理查德 · G. 克莱因（Richard G. Klein）：《人类的事业：人类的生物学起源与文化起源》（*The Human Career：Human Biological and Cultural Origins*）（芝加哥：芝加哥大学出版社，1989 年）；理查德 · 利基（Richard Leakey）、罗杰 · 卢因（Roger lewin）：《起源》（*Origins*）（纽约：E. P. E. P. Dutton，1977 年）、《再思起源》（*Origins Reconsidered*）[纽约：安科图书(Anchor Books)，1992 年]；罗杰 · 卢因：《人类进化》（*Human Evolution*）（纽约：W. H. 弗里曼，1984 年）；斯坦利：《冰川时期的孩子》；克里斯托弗 · 斯特林格（Christopher Stringer）、克莱夫 · 甘布尔：《寻找尼安德特人》（*In Search of the Neanderthals*）[伦敦：泰晤士和哈德逊（Thames and Hudson），1993 年]；伊恩 · 塔特索尔（Ian Tattersall）：《化石遗迹》（*The Fossil Trail*）（牛津：牛津大学出版社，1995 年）、《成为人类》（*Becoming Human*）（纽约：哈考特－布雷斯，1998 年）。

❷2001 年的三次重大发现为迄今为止晦暗不明的 500 万年至 700 万年这段间隔——从最初的原始人类到我们同黑猩猩最后的共同祖先——投下了些许亮光。这些原始人类物种包括 600 万年前的 Orrorin tugenesis，发现于北肯尼亚；520—580 万年前的拉米达猿人（Ardipithecus ramidus），来自埃塞俄比亚；以及 350 万年前的 Kenyanthropus platyops。这些物种两足行走的特征还不甚明显，它们都可能是也可能不是南方古猿的直系（克莱因、埃德加：《人类文化的黎明》，第 45—48、61 页）。

❸始祖地栖猿公布于 1994 年。翌年，它的发现者把它重新界划为一个新类，即拉米达猿人。

183

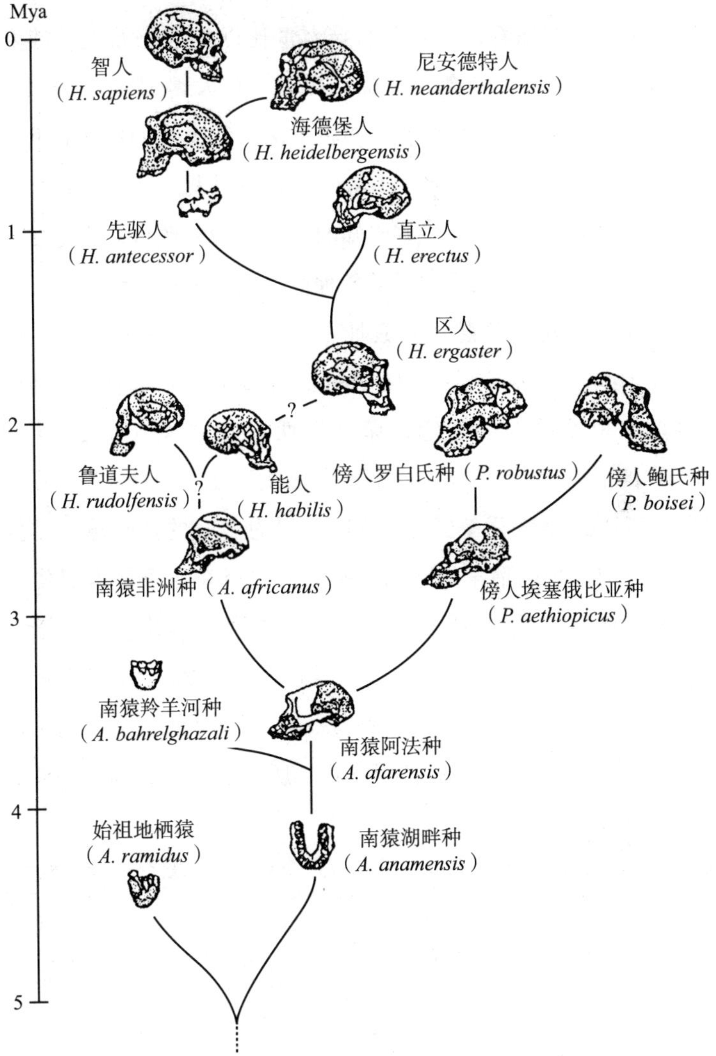

图 3.1.1 原始人类进化树。这幅图表明，除了最近 2 万年，总是同时生活着几种原始人类，它们的生活地域往往是重叠的。把所有原始人类化石纳入到一个单一的进化序列的企图反映了一种过时的进化观。可以期待的模式是我们所看到的：不断分叉，同时伴随着灭绝。图片采自《成为人类：进化与人类的独特性》（*Becoming Human: Evolution and Human Uniqueness*），版权：1998 年伊恩·塔特索尔），翻印已经哈科特（Harcourt）公司授权。

直立人出现在180万年前。从近乎完整的“尼奥科托姆（Nariokotome）男孩”化石来看，直立人的脑容量比以往的原始人类都要大，而且在体重和全部的骨骼细节方面已接近现代人类。❶直立人和尼安德特人都有一个区别于我们的特点：更古老的原始人类的粗壮体格，整体身体很厚重。❷从我们与直立人（也有可能是匠人）最后的共同祖先下来的第二支世系表明，经过一些未知的中介物种的改进，轻巧的体格被现代人继承下来了。现代人比以前各种原始人类更轻巧。

东西欧已经发现了直立人遗址。遗址处在里海和黑海之间的地区，距今160—180万年前，使用的工具属于奥尔德沃（Oldowan）文化时期。根据放射线测定，印度尼西亚直立人（“爪哇人［Java Man］”）的生活时间为180万年前。因此，必定在此之前就已经走
184 出非洲。直立人显然没有在西欧殖民，因为当时的西欧冰天雪地，既冷又干。目前发现的最早的欧洲原始人类化石在西班牙北部的阿塔皮尔卡（Atapuerca），距今78万年，其所归的种尚未确定。尼安德特人于30万年前在欧洲安顿下来，可能是最早在非洲之外演化的原始人类。❸我们智人，或者如古生物学者所说的“解剖学意义上的现代人”，10万年前第一次出现在南非。基因分析表明，所有活着的人类有一个共同的非

---

❶有越来越多的人认为，这个化石（KNM-WT 15000）和它所代表的物种不是直立人，而是更早一些的原始人类，匠人。现代人和直立人两系都是从它那里传下来的。也就是说，直立人被排除在现代人的直系传承之外。我没有必要在这个技术问题上作出决断。如果愿意，读者也可以把我所说的非洲直立人理解为匠人，而把非洲之外（在中国和印度尼西亚）的直立人理解为真正的直立人，除非，像有些人所认为的那样，中国直立人是在原地发展出来的关系更远的物种。（克莱因、埃德加：《人类文化的黎明》，第96—97、129页）。

❷“直立人的骨骼在形状与尺寸上非常接近现代人类的骨骼，但它有更加厚实的支撑——尤其是长骨。”不仅直立人如此，后来所谓的早期智人（包括尼安德特人）也是如此。“早期智人与现代人类之间在解剖学上的最突出的差别在于粗壮程度，尼安德特人最明显，但早期智人普遍如此。……现代人类从古代形式到现代形式的转变并非细小的解剖学意义上的变化，而是包含了剧烈的方向性改变，其中一点不更有与厚厚的头骨与颅骨关联在一起的粗壮。”卢因：《现代人类的起源》，第30、129、112页。

❸斯坦利：《冰川时期的孩子》，第198、203页；克莱因、埃德加：《人类文化的黎明》，第146—147页。

洲祖先，距今20万年（约8000代）。这与最早的确定无疑的现代人化石大致吻合，他们是南非人，距今13万年前。

上面我们勾勒了一个充满偶然性的物种谱系，这里没有固有的发展趋势或进化目的。把所有原始人类化石纳入到一个单一的进化序列的企图反映了一种过时的进化观。可以期待的模式是我们所看到的：不断分叉，同时伴随着灭绝。不过，现代人类的确携带了大量进化的辎重。我们像南方古猿那样双足行走，像类人动物那样制作工具。我们继承了匠人的轻巧体格，同时脑容量的扩大是人属进化的一个主题。这些遗传留给我们一笔财产，那就是，我们的神经系统比任何原始人类的神经系统都要大、可塑性更强（这一点至关重要），因而带有更深刻的人化物特征。

我们有巨大的神经潜能让基因对联接进行编码。从大脑取下火柴头那么一点大的一块，其中就含有约10亿个突触联结。现代人脑的容积约为1400立方厘米，相当于数百万个火柴头那么大。迄今为止我们的生态特征最大一部分就在我们的头盖骨里面。❶要让数目如此庞大的潜在联接变成一切工具的工具，需要外在的配线信息，一种有关组织与协调的非遗传资源。这就是人化物、建设起来的环境以及它们所庇护的文化为我们所做的事：最重要的协调资源。

神经科学家特伦斯·迪肯（Terrence Deacon）认为，所要求的设计信息来自“一种关于神经轴突生长的微观—生态”❷。这个想法很简单：在

❶林恩·怀特：《中世纪的宗教与技术》（*Medieval Religion and Technology*）（贝克莱：加州大学出版社，1978年），第107页。关于人脑的能力，参见克莱因：《人类的事业》，第349页；以及埃德尔曼：《晴空，旺火》，第17页。关于大脑的可塑性，参见迈克尔·科尔巴利斯（Michael Corballis）：《不平衡的猿》（*The Lopsided Ape*）（牛津：牛津大学出版社，1991年），第十一章。按照科尔巴利斯的说法，现代人脑约有1010个神经元和1014个突触（第71—72页）。唐纳德·洛里茨（Donald Loritz）认为，可能的突触联结的数目，保守地说也有$10^{7111111}$。《大脑如何进化出语言》（*How the Brain Evolved Language*）（纽约：牛津大学出版社，1999年），第14—15页。

❷特伦斯·迪肯：《符号物种：语言与大脑的共同进化》（*The Symbolic Species: The Co-Evolution of Language and the Brain*）（纽约：诺顿，1997年），第200页。

婴儿身体的微观—生态中，神经细胞不需要太多的遗传的前规定，相反，它们倾向于哪里有机会就往哪里发展。不妨把这一身体想像成一种丛林的地面，神经组织在上面扎根且相互勾连，稍微有点像一大片地下菌菇。神经元能够生长并建立生命联接的点成了肉体微观气候的生态功能：

185 大脑不同区域的细胞不是它们自己的主人，它们的关联指令也没有事先被给予。它们对制定恰当目标的结构的一般分类有某种大致的信息，但显然不知道在一个目标结构或一组潜在的目标结构中它们应该在哪个准确的位置上结束。因此，毫不夸张地说，每个发展中的大脑区域适合于它所处的身体。有一种精选出来适合于大脑组织的相互作用的生态，它由相联系的其他大脑区域所决定。❶

有意思，不过为什么就停在那里了呢？为什么插进来的中介就停在了“其他大脑区域”这个层次了呢？如果神经系统的发展是如此这般取决于生态，那么，制约它的将是整个身体，以及身体之外的生态。身体的微观—生态最多不过是第一层次的生态环境。在下一层次，身体是进化的一个成果，从而处于整个栖居环境的生态系统之中。而且对于我们来说，生态环境总是文化环境；在此情形之下，地方性的环境与系统助成了每颗人脑的独特结构。❷

人们关于进化有一个通常的看法：我们的祖先从树上下来在新更新纪（冰河时期）的稀树大草原上直立行走。除了稀树大草原，非洲没有其他新的、固定的生态。然而，稀树大草原从来没有成为一种稳定不变的状态。相反，它一直处在变更之中，在最近 3000 万年前不规则的循

---

❶同上，第 205 页。
❷“神经细胞最终是社会的产物。”洛里茨：《大脑如何进化出语言》，第 17 页。

环中曾让位于森林与灌木丛。从暖到冷，从很少有树木的大草原到森林，从冰河期到间冰期，这些气候变迁可能在几个世纪甚至几十年之内发生。在一个5600年的时期内，非洲经历了十次气候大逆转。最近200万年气候尤为多变，振荡更加不规则，朝着寒冷干燥的趋势被打断或逆转的次数比原始人类进化最初300万年的任何时候都要多。直立人正是在这样的情形下出现的，是（迄今为止）生存时间最久的人种，也是第一次向非洲之外殖民的人种。❶

因此，人类进化的生态主题不是**稀树大草原**，而是**不稳定性、不确定性**。大多数非洲大型哺乳动物证明适合于易变的生态。现代河马的出现时间与现代人大致相同。跟现在已经灭绝的河马乔戈普斯（gorgops）种不同，现代动物可以根据生态环境发展出水栖或陆栖的习惯。在更新纪的非洲动物群中有很多可以比较的例子。我们的进化祖先的不寻常之处仅仅是他们找到所要求的灵活性的地方，即，在神经系统中。理查德·波茨（Richard Potts）写道："人类大脑所特有的、发明创新与复杂 186
的文化行为的开放程序是在环境振荡最剧烈的时候被写入的。"❷人属的脑容量对于变异与自然选择特别敏感，它随着人化物的培育或有效形式的文化而协同共生地增长。在我们进化的过程中，生态都处于持续的剧变之中。我们就是这一生态的后裔，而我们的先辈诸如直立人在这样一个世界中不仅是活下来了，而且还日益**繁荣昌盛**。

古生物学家史蒂文·斯坦利认为，200万年前，当新的人属出现在新更新纪的边缘与最近一次冰期肇端之时，进化过程中的脑的形成使其与众不同，而关于脑形成的一个解释，则是因为他们在树上缺乏可靠的庇护所。大

---

❶这里提到的气候情况出自理查德·波茨（Richard Potts）：《人性的堕落：生态不稳定的后果》（*Humanity's Descent: The Consequence of Ecological Instability* [纽约：埃冯（Avon），1996年]。地理学开始意识到地球历史上"从极暖到极冷的急剧变化"，这便打破了"气候在人类的时标之内缓慢变化"的愿望。特杰尔特·范·安德（Tjeerd van Andel）：《对旧星球的新看法：全球变迁史》（*New Views on an Old Planet: A History of Global Change*），第二版（剑桥：剑桥大学出版社，1994年），第87页。
❷波茨：《人性的堕落》，第149页（假说），第210页（神经学）。

脑变化是高度受限制的，而神经系统的进化也有着明显的保守性。❶在人属中，脑形成的发展渠道是某种技术上称之为性早熟（neoteny）的东西。个体的成长在很大程度上依赖于适时的性成熟。某些进化世系的分歧是因为后来者、更现代者加速性发育，从而让个体的肉体凝固于青春状态。发展生物学家称之为初期发育（progenesis）。殊途同归的是性早熟，它延长肉体的成熟状态一直到相对后来的性成熟到来。其结果，又是个体的肉体比进化过程中的祖辈更加青春。现代人就是一个典型案例。❷

只有当被夸大的婴儿无助状态在生态上是可能的，人类的性早熟在生态上才是可能的。斯坦利认为，如果婴儿为了宝贵的生命必须很早就要有能力在父母于树上寻找躲避食肉动物的庇护所时抓住成年人不放松，那么，人类的性早熟将是不可能的。祈祷可怕的食肉动物（或逃入树丛）可不是一件诗意的事情。200 万年前，非洲的食肉动物无论是在种类上（主要是大型猫科动物）还是在数量上都比现在要多。有一项受人重视的研究表明，南方古猿曾经是豹爱吃的食物。斯坦利认为，这一物种的剩余者依靠树的庇护。他发现，它们的攀爬特征在解剖学上随处可见，从长长的胳膊到长长、卷曲且部分适合于抓握的脚趾。它们是两足动物；正是它们在利特里留下了脚印。所以，它们在地上就用双腿走路，但这没有告诉我们它们下地的频度，它们其他的解剖学特征，以及长达百万年以上的进化稳定性，这些都表明它们长时间过着

---

❶“重要的功能性中枢结构”“在哺乳动物脑中极端保守，”并“高度强制性地变化。”特伦斯·迪肯：“脑－语言共同进化”（Brain-Language Coevolution），载《人类语言的进化》（*The Evolution of Human Languages*），约翰·霍金斯（John Hawkins）、默里·格尔曼（Murray GellMann）编，圣塔菲（Santa Fe）学会论文集，卷 11［麻州雷丁（Reading，Mass.）：阿迪森－威斯利（Addison-Wesley），1992 年］第 53 页。

❷施瓦茨：《突发的起源》，第 136 页；斯坦利：《冰川时期的孩子》，第 154—155、174 页；史蒂文·杰伊·古尔德：《个体发生学和种族发展史》（*Ontogeny and Phylogeny*）（麻省剑桥：哈佛大学出版社，1977 年）。

攀爬生活。❶

为灵长类加速脑增长开辟发展渠道，性早熟是最主要的竞争者。猴子和猿类没有脑形成的趋势，它们的脑容量可以根据身体大小预测出来。在性早熟的脑形成可能之前，我们的祖先必须应付没有树上庇护所的情形。人属可能发端于某种东西开始阻碍南方古猿依靠树上庇护所之 187 时。它们有一部分成员完全下地栖居并存活下来，这就开启了通往有利于性早熟的脑形成的变化的发展渠道，而新的人属正是探索性早熟的脑形成的实验者。“非洲的植被变化移除了曾经让南方古猿在进化过程中停滞上百万年之久的限制。”❷

前面曾说过，把稀树大草原想像成一种新的稳固状态可能是错误的。整个非洲大陆的生态可变性很大。但是，森林的不稳定性，树木的高度可变性，这跟森林树木不断消失的趋势（对于原始人类来说）具有同样的进化效果。这种不稳定性跟最后一次冰期肇端之时的全球气候变迁密切相关。斯坦利把一个关于这次冰期的古老看法重新提了出来。他认为，300 万—350 万年前，巴拿马地峡上升，大西洋和太平洋被隔开，这对于冰期的开始以及人属的进化具有决定意义。尽管其论证是有争议的，但他的观点在于：此次冰期开始的重要因素是北极冰帽的形成；巴拿马地峡上升导致了大洋环流的变化，南冰洋的寒流改道北上，

---

❶斯坦利：《冰川时期的孩子》，第 220 页；又见第 11—12、13、41—44、50 页；以及施瓦茨：《突发的起源》，第 25 页。美洲豹食物中的更新纪灵长动物，见 C. K. 布雷恩（C. K. Brain）：《猎手，抑或猎物？》（*The Hunters or the Hunted*?）（芝加哥：芝加哥大学出版社，1981 年）。克莱因和埃德加确证了所说的南猿“apeishness”（《人类文化的黎明》，第 37、79 页）。

❷斯坦利：《冰川时期的孩子》，第 214—215 页；另见第 168、217 页。按照进化发展理论中新出现的共识，人类发展的奇特之处不在于性早熟，而在于个体加速发育，或者说，与其他物种（包括进化过程中的先辈）相比，人类的成长期延长了。比如，与猴子相比，人类的脑皮层细胞多长了三天，结果，整个新大脑层面积增长了十倍。参见南希·米努－普尔维斯（Nancy Minugh-Purvis）和肯尼施·麦克纳马拉（Kenneth McNamara）编：《经由发育变化的人类进化》（*Human Evolution Through Developmental Change*）（巴尔的摩：约翰霍普金斯大学出版社，2002 年），第 102—121、154—170、173—188 页。然而，既然性早熟和个体加速发育同样意味着幼儿无助感延长和出生后的神经发育，那么这一内容对我的论点毫无影响。

从而引发并增强了地球北部的冰河作用。最后，地球表面这次相对较小的局部调整所引发的后果包括了异常的气候条件，它导致了南方古猿的灭绝并解放了人属的进化。这是一次复仇性的“打断”，也符合时下生态学中名声重振的劫数难逃论。[1]

非洲原始人种最终孕育了现代人类。无论是通过迁徙还是通过扩展，我们的祖先进入中东和欧洲，并且在每一站上和尼安德特人相遇。[2]我们的祖先沿着直立人的足迹到达东南亚，接着建造了第一批船只并殖民到澳大利亚和南太平洋。与此同时，家族的另一支殖民到了西伯利亚和美洲。最近 2 万年只有一个人种，这是一个例外。通常的情形是数个人种分享着相互重叠的栖居地——到处同时生活着的人种从两三个到六七个不等，这得看你对化石的分类法。先于我们的人种那时已经拥有莫斯特(Mousterian) 时代（旧石器时代中期）的工具，其中包括极其高效的勒瓦娄哇（Levallois）技术：用精心修理后的石核冲压石片。已经学会用火取暖、烹调，并且作为一种搜寻食物的手段。中石器时代（Neanderthal）工具的细微磨损显示，皮革与木料加工至少和屠宰同等重要。因此，我们现代人类诞生在一个早先
188 人种已经在其间工作 200 余万年的世界之中，正是它们谱写了史前知识的早期篇章。

众多不同的原始人类同时共存，这已经被称为“确实非常重要的发现”[3]。我们不必日益强迫许多化石纳入单一的世系。我们看到，现代

---

[1]“几乎所有（地质学家）都会同意，新的劫数难逃论已经到来。”范 · 安德：《对旧星球的新看法》，第 399 页；另见古尔德：《进化理论的结构》，第 483—492 页。

[2]尼安德特人灭迹的原因倍受争议。有些人说他们没有灭迹，因为尼安德特人就是我们，他们“进化”成了现代人类。另外一些人认为，入侵的现代人威胁着土著的尼安德特人，就好像欧洲人威胁着美洲的土著人。这两种情形都不可能。大自然在完全相同的向度上赋形并选择了我们的智力与尼安德特人的智力。我们的谋生策略和他们有很多相同之处，同时在每一个点上超过了他们。可能只需要一点点增加的损失——每一代中一两个成年人——就已经让人口数量总是很少的尼安德特人走向衰落和灭绝。

[3]甘布尔：《时间穿行者》，第 53 页。

人只是一个实体，是众多人种中的一个种类，而不是一个由早先原始人类所推动的逐步进化趋势中的一个阶梯。古尔德称之为“生物学对人类本性最深刻的洞见”。现代人是“作为一个进化物种，一个特定的实体，非洲祖先传下来的一个小支”而出现的。这意味着，现代人是“一个脆弱而不牢靠的实体，它刚开始只是一个生死未卜的非洲小种群，不过很幸运地成功存活下来了；［而］不是一种全球趋势可预测的目的结果”。❶

从现代人在生物学意义上的诞生到现代人类文化的出现，其间至少相隔了5万年。这意味着，自然选择与遗传适应在我们身上发挥了很大作用，同时对我们的生活方式并没有带来考古学上可见的差异。以色列发现的现代人化石已经伴随中石器时期的人化物，但它们与欧洲或中东地区任何地方发现的尼安德特人化石没有明显的区别。生活在南非的第一批现代人使用着直立人在100万年前就已经发明的工具。因此，大约4万年前首次出现的文化现代性不是自然选择的产物，也不能用进化适应能力或遗传适宜性来解释。

我们随后再讨论现代文化后至的意义。我倾向于认为，作为突变异种的现代人刚出现的时候，适应能力的缺乏让他们不知所措，所以乐于从同他们共享非洲与中东的更加强有力的原始人类那里接过一切好东西。可能这就是为什么早期现代人类在文化上几无作为。比他们从之继承人化物的先前人种制作出更多的人化物，这需要时间和一番周折。起初，我们的技术创新能力仅仅是：潜能，可能性。在现代人成为一个确定的物种之后很久，技术创新能力才有真正付诸实践的迹象。因此，它不是生存竞争过程中由自然所选择并偶然实现的一种能力。它一直在我们的大脑里沉睡，直到有一天我们发现了它，并且开始喜欢它甚于其他或现实或想像的可能性。

如果今天我们是技术性的存在者——我们不可逆转地深深卷入生死

---

❶古尔德：《奇妙的生命》，第320、319页。

攸关的技术之中——那么，这不是因为进化过程使我们以这样一种方式存在。自然选择并没有发现我们获得人化物知识的能力。我们自己发现了这种能力，那时，我们作为一个进化过程中的物种已经在世很久，而
189 知识的培育作为一个可能的选择进入了我们的视野。那时，像适应能力或自然选择这样的生物力量在我们身上实实在在地发挥着良好的作用，而剩下的一切，那就由我们自力更生了。

第四节　走路、说话、制作工具：人类进化的拱肩

人类进化的三个时刻吸引了人们的众多思索：两足直立行走，最初的石器，还有语言。我们会逐一讨论，不过首先要交待一下背景。史蒂文·杰伊·古尔德在进化理论中用了一个建筑学概念，那就是拱肩（spandrel）。[1]在建筑学上，拱肩不是某种刻意设计成如此这般的东西，而是作为拱形结构设计的优雅方式而出现的东西。任何运用两个或更多邻近拱形（相交90或180度角）的结构必然会在共边之上产生一个三角形的空间（参见图3.1.2与3.1.3）。拱肩不仅仅指这样的空间，而且还指它在建筑中的作用。它可以是装饰的焦点所在，如果设计得好的话还可以用作承重结构，比如，分散来自角落的集中压力。

---

[1] 史蒂文·杰伊·古尔德："拱肩超乎适应的优点：作为术语和原型"（The Exaptive Excellence of Spandrels as a Term and Prototype），《国家科学院论文集》（*Proceedings of the National Academy of Science*）94（1997年）：第10750—10755页；古尔德和理查德·勒旺廷："圣马可的拱肩和过分乐观者的范式：对适应论方案的批判"（The Spandrels of San Marco and the Panglossian Paradigm：A Critique of the Adaptationism Programme），《皇家学会论文集》（*Proceedings of the Royal Society*）B205（1979年）：第581—598页。

图 3.1.2　匈牙利埃斯泰尔戈姆（Esztergom）圣史蒂文（St. Steven）教堂的拱肩。图片为作者所摄。

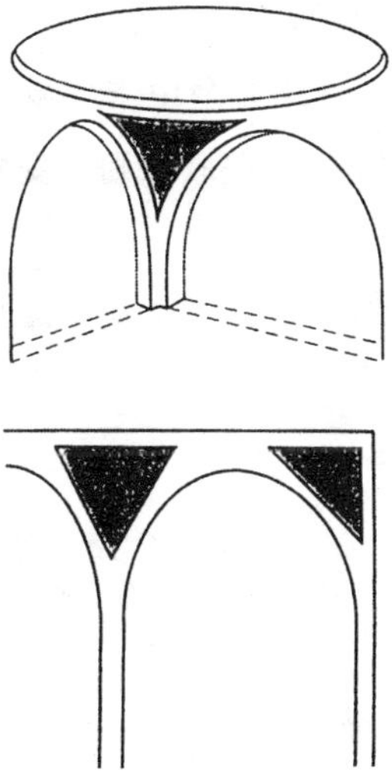

图 3.1.3　拱肩。上半部分，一个穹隅，或者说，三维拱肩，由两个拱形和一个圆屋顶互成直角相交而成（如图 3.1.2）。下半部分，二维拱肩，由两个拱形相交 180 度而成。图片采自史蒂文·杰伊·古尔德："拱肩超乎适应的优点：作为术语和原型"，载《国家科学院论文集》94（1997 年）：第 10751 页，图 1。版权：1997 年美国国家科学院。已获翻印许可。

采用拱形的建筑方式就能（至少潜在地）给你带来拱肩，即使没有人采用拱形结构是为了制作拱肩。古尔德认为，同样的事情发生在进化之中，他称之为**超乎适应**（exaptation）的过程。拱肩特性不是**为了**适应它们所要做的事，人们也没有**为了**它们要做的事而挑选了它们，相反，它们由于解剖学事实而潜在地、偶然地适合于某些功能。这些功能对于它们来说是顺带完成且超乎适应的。古尔德认为，拱肩在进化过程中是难免的，因为“一切生命体作为复杂且相互关联的整体、而不是作为分离部分的松散联合而进化，每一生命体都会被自然选择独立地加以优化”。由此他推论说，“任何适应能力方面的变化必然同时额外地产生一系列拱肩，或者非适应性的副产品”。[1]

这些对于达尔文来说都不是什么新鲜事儿，因为他从来就没有相信自然选择**就是**进化的机制，他甚至感到，他已经**过多**地强调了它的重要性。[2]对于他来说，生物体的复杂性是一个比适应能力更加宽泛的范畴，它有不同的进化起因，其中包括性选择，对既得特征的继承，还有拱肩，或者达尔文称之为关联变异的东西。“在人类中，就像在较低级的动物中一样，许多结构如此密切地相互关联，以至于一个部位发生变化时另一部位也随之变化，在大多数情况下，我们说不出为什么。”达
191 尔文特别排除了自然选择。既然结构的修正“可能完全由于变异和关联，就我们所能判断而言，很少为了物种的维持”，“关联法则与变异法则”的运作“独立于功用，因此也就独立于自然选择”。[3]

在《人与动物的情感表达》（*The Expression of the Emotions in Man*

---

[1]古尔德：“进化：多元主义的快感”，第52页。古尔德在《进化理论的结构》第十一章广泛讨论了拱肩和超乎适应。

[2]“在我早期发表的关于‘物种起源’的文章中，我也许过多地强调了自然选择或适者生存……过去我没有充分地考虑结构的存在。现在我们可以判断，结构既没有益处也没有害处。我相信这一点是我工作中的重大发现之一”（《人类由来》，第441，442页）。

[3]达尔文：《人类由来》，第427页；以及《物种起源》，第109、110页。迈克尔·鲁斯认为，“达尔文主义并不涉及任何生物体适应方面”。《认真对待达尔文》（*Taking Darwin Seriously*）（牛津：布莱克韦尔，1986年），第24页。

and Animals）（1872 年）一书中，达尔文给我们描述了超乎适应的拱肩的鲜明事例。在谈到“皮肤附属器的直立（动物可以通过这种办法在敌人或对手面前显得更大更可怕）”时，达尔文说：“这种发现在生气或害怕时的行为，不能被看成是为了某种好处而获得的力量，它至少在很大程度上必须被看成是为了和受到影响的感觉中枢保持同一的结果”——也就是说，神经系统偶然的关联性（非主要的，非适应性的）后果。第二个例子是哭泣，他说，我们应当把它视为“一个伴随结果，就像一阵风吹引起眼泪分泌一样无心，或者像强光刺激视网膜引起喷嚏一样无目的”。为了“减轻巨大的痛苦”，我们会作出一些强烈的动作（呲牙咧嘴，满地打滚，哭天喊地）。但哭泣跟其中的**任何**一种都不一样，就“减轻痛苦”而言，它是超乎适应的。最后，最令人惊异的例子是，达尔文认为，生命整个情感表达的仓库不是自然选择的产物，而是来自对非适应性的拱肩的超乎适应的开发。“就我所能发现的而言，没有理由相信任何肌肉是专门为了表情达意而得到发展或修正……每一个真正或遗传的表情运动似乎有某种……独立的起源。”❶

古尔德反对某些人为了更严格的适应论而把这些复杂因素从达尔文学说中抹杀的做法。进化过程中的拱肩强调了本原的非适应性、非功能性特性和它们时下功能之间的区别。那是拱肩和所谓的预适应或功能变换之间的差别。这些术语被应用于适应于某一功能的结构，以及在派生的世系中补选为另一功能的结构。羽毛是一个常见的例子，它在恐龙身上起到温度调节的作用，而进化到派生的鸟类时则补选为飞翔的功能。然而，这不是一个拱肩。羽毛原本是一种适应能力。拱肩**一开始**就是非适应性的副产品，从来没有**为了**某事而被选择。古尔德强化了达尔文的

---

❶查尔斯·达尔文：《人与动物的情感表达》（*The Expression of the Emotions in Man and Animals*），第三版（牛津：牛津大学出版社，1998 年），第 105、175、351 页。有人批评达尔文，他没有把 A. 弗里伦德（A. Fridlund）所说的表达的选择价值充分理论化。A. 弗里伦德：《人类事实表达：一种进化观》（*Human Facial Expression：An Evolutionary View*）[圣地亚哥：学术出版社（Academic Press），1994 年]。

看法：相关联的变异在人类进化中的地位很突出。“普遍的［人类］行为有很多——如果不说大多数的话——可能就是拱肩，它们常常在后来的人类史上才补选为重要的附属功能。”[1]在讨论前面提到的人类进化的三个时刻时，我要阐明的正是这一观点。我们从两足直立开始。

192 直立行走给予更新纪生活在非洲的大型哺乳动物很多优势，其中包括整个白天都可以在开阔地有效移动，这一点已经被适时地列入适应论者的论证之中。[2]直立行走可以让受太阳直晒的身体表皮减少60%。这项潜能对于一个需要食物蛋白的哺乳动物来说，其价值是很明显的。如果这些最初的两足动物（很有可能是南方古猿）是吃肉的，那么，它们肯定不能靠打猎来获得。它们可能得以腐肉为食。这意味着，它们必须抢在豺和土狼的前头到达腐肉，或者降服它们而争得腐肉。像我们这般大小的大多数动物（包括豺和土狼）通常不会在一天中最热的时候出来活动，它们更喜欢在早晨、黄昏或夜间活动。因此，两足直立行走开启了白天觅食与吃上腐肉的大门。

这可以解释原始人类为什么两足直立吗？可能是这样，也可能不是。这确实很难说。而且，即使两足直立行走开启了通往这种新的栖居地的大门，这也不能解释为什么首先是原始人类变成两足动物。它们并非**不得不**成为白天的食腐肉者。食腐肉不是唯一甚至不是最有效的获得蛋白的途径。一切灵长目的进化之根在食虫原猴亚目之中。黑猩猩依然享用着白蚁和蚂蚁。非洲一直有很多昆虫。如果最初的原始人类没有从这一丰富的资源获取它们所需的蛋白，而是选择了食腐肉，那么，这是出于偏好。在完成解剖学意义上的进化之后的某个时候，它们发现并爱上了这种生活方式。

---

[1]古尔德，“进化：多元主义的快感”，第52页。

[2]例如：“最可能引起两足进化的压力是更新纪灵长动物在东非森林大草原觅食之际遭受的炎热。”史蒂文·米森（Steven Mithen）：《心灵史前史》（*The Prehistory of the Mind*）（伦敦：泰晤士和哈德逊，1996年），第204页。亦可参见福尔克：《脑之舞》，第26—27，163页。

古生物学家史蒂文·斯坦利认为，我们应当坦率承认，“我们不知道为什么我们的祖先开始花一部分时间在地面上生活”。[1]不过我们知道，幸存下来的南方古猿以攀爬为生，可能像斯坦利所说的那样以此躲避食肉动物。而且我们还知道，随着最后一次冰期的开始非洲的林木变得越来越不可靠。大约200万年前的某个时候，靠双腿有效移动的能力变得比原始人类那种悠然自得爬树的能力更加重要。新的人属便在这样的环境之中出现了。

我们不能把两足直立行走叫做拱肩。但是，全部时间在地面生活，新人属的这一特征不经意间为进化过程中的脑形成开启了发展渠道，而最后的成果，现代人的神经系统，可能是生命历史上最必然的拱肩了。

人们相信，最早的人类已经会制作最早（奥尔德沃）的石器。[2]然而，这些器具的来临并没有预报一种新的生活方式。我们曾在前面提 193
到，南方古猿的解剖学特征并不排除对工具的使用，即使从来没有发现南方古猿跟工具在一起。同样，除了石器的出现之外，早期人类与南猿的生活方式没有什么区别。我们得再等上100万年，直到直立人出现，直到出现的人化物的质量显示新的行为方式、新的心智，或者心智本身的诞生。

---

[1]斯坦利：《冰川时期的孩子》，第53页；另见伊恩·塔特索尔（Ian Tattersall）：“去证实双足直立的优势是毫无结果的。”《成为人类》，第118页。一种进化生物学理论认为，两足进化涉及了灵长类动物表现出来的两足行走的威胁的扩大。这一姿势几乎成为一种常态，这可能源于种内掠夺行为的减少（这在猿类中发生率很高）。随着暴力行为的减少，就不会那么急于达到性成熟了。而且，原始人类还有一个特点，那就是，个体加速发育的途径是开放的，它可以对迟缓的发育进行弥补。参见N. G. 雅布隆斯基（N. G. Jabonski）：“习惯性陆地双足行走的起源”（The Origin of Habitual Terrestrial Bipedalism），载《人类进化杂志》（*Journal of Human Evolution*）24（1993年）：第259—280页。

[2]这个物种很可能是距今240万年的鲁道夫人，而不是现代人种。关于现代人种的基因和种类至今仍有争议。克莱因写道，“人们越来越怀疑，它至少是两个种的混合”（《人类的事业》，第158，403页；克莱因、埃德加：《人类文化的黎明》，第82—85页）。利基认为，“过去曾经认为的几十个属于这个种类的物种，很可能至少有一半不是。不过现在还没有达成共识，究竟哪一半应当算进去”（《再思起源》，第112页）。斯坦利认为，鲁道夫人是现代人类的初始物种，他们是奥尔德沃（Oldowan）工具的制造者（《冰川时代的孩子》，第163—167、195—198页）。

试错的敲击可能造不出一件哪怕是最简单的奥尔德沃工具。只要我们看看考古学记录中的石器，就知道它们已经是技术行为的成果，具有明显的控制材料形状、选择材料和运输材料的能力，包含了现代猿类所不具备的集中注意力、深谋远虑和灵巧机敏等能力。有学者认为，随着这些最早出现的技术，“自然界开始选择有创新性的智力负责［技术］”。❶按此观点，人类的技术有效性乃是出于竞争与斗争之必要性的驱使。外在力量——人类在它们面前是被动的幸存者——把人类**做成**了技术性的动物。作为一个非洲物种的现代人在生物学上的巩固期，现代人最早的人化物系统的出现，这两者之间的时间间隔否定了上述观点。现代人早就在很大程度上符合自然选择的要求。在此**之后** 5 万多年，工具与其他人化物才获得它们打那以后在人类文化中所享有的殊出地位。

现代人在人化物与知识方面的能力潜伏了数千年，直到我们在考古学意义上区别于尼安德特人或其他早期智人（archaic sapiens spieces）。技术文明没有继续在我们胸中沉睡，那是因为发现了这种人化物的早熟，以及——一旦尝了甜头之后——它在提升生活、激发对于未来的实实在在的信心方面不可遏制的能力。❷可以称它机遇或偶然，拱肩或超乎适应，但它不是自然选择的结果，不是在生存竞争中烙在我们身上的适应性，我们压根儿就没有在基因上注定这样做。

工具并没有日益复杂的一贯趋势（技艺亦是如此）。工具从来就没有比它们所需要的更加复杂，而工具所需要的复杂性取决于使用工具的人以及工具所作用的对象，而这些考古学在很大程度上肯定是看不到的。从 5 万年前的标准来看，殖民澳大利亚的现代人所使用的工具很粗

---

❶凯西 · 希克（Kathy Schick）、尼古拉斯 · 托特（Nicholas Toth）：《让静默之石说话：人类进化与技术的黎明》（*Making Silent Stones Speak: Human Evolution and the Dawn of Technology*）（纽约：西蒙－舒斯特，1993 年），第 314 页。

❷关于南太平洋普拉瓦特岛（Pulawat atol）的航海者如何迅速地决定和准备一次航行，托马斯 · 加尔德温（Thomas Galdwin）这样写道：“没有时间对一次航行做出完整的计划……这没有必要……普拉瓦特岛整个文化的组织可以确保一个有利的结果。”《东方是只大鸟：普拉瓦特岛的航海与逻辑》（*East is a Big Bird: Navigation and Logic on Pulawat Atol*）（麻省剑桥：哈佛大学出版社，1970 年），第 56 页。

糙。[1]石器看起来应该是什么样子，或者它们怎样才能被很好地制作出来，这些在他们的时代没有指南；从一开始就是粗糙与雕塑灵光的混合

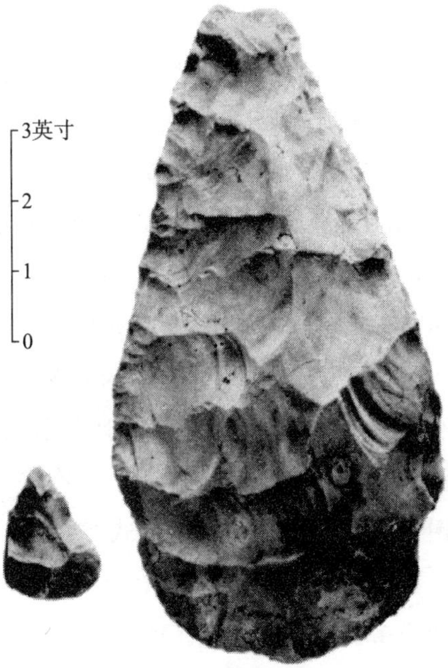

图3.1.4　阿舍利（Acheulian）"手斧"。出自英格兰梅登黑德（Maidenhead）镇附近的弗兹普拉特（Furze Platt）。较大者近12英寸长，比两块砖头大一些，也重一些。它不太可能是为使用的目的而制作的。它或许是世界上最古老的雕塑作品。很可能是早期智人的作品，距今约20万—50万年。版权：自然历史博物馆，伦敦。已获翻印许可。

---

[1]甘布尔：《时间穿行者》，第179—180页。人们没有发现复杂精细的石器，这并不能排除以下可能性：那些没有留下踪迹的物质材料中包含着复杂的技术。对磨损的精微分析表明，很多史前工具为一些生产过程服务，这些生产过程用到了木材、藤条、草、树脂、树皮、兽皮和骨头。通过与人种学的角度加以考察的猎人－采集者相比较，我们不难发现，很多人化物考古学没有办法找到，比如绳索、篮子、用于挖掘的木棒、网、陷阱、船、碗、狗、音乐、衣物，以及礼仪和宗教思想。弗朗西斯·穆森达（Francis Musonda）："现代猎人－采集者对于早期人类行为研究的意义"（The Significance of Modern Hunter-Gathers in the Study of Early Hominid Behavior），载《人类行为的起源》（*The Origins of Human Behavior*），罗伯特·福利（Robert Foley）编（伦敦：昂温－海曼 Unwin Hyman，1991年），第39—51页。

194 物。复杂的把手技术在南非（克拉西斯［Klassies］河口）出现又消失，这或许表明，有意义的创新并没有总是保存下来。我们的祖先之所以开始培育技术与技术性知识，不是因为他们为了生存非得如此不可，而是因为他们中某些人发现，他们能够过这种生活，并且喜欢这种生活更甚于另一种与直立人或尼安德特人几无分别的生活——除了皮没有它们厚。除了人们对技术文化所促成的生活方式的持续偏爱之外，过去没有、现在也没有任何东西驱使着技术文明。

图 3. 1. 4 展示的是两把所谓的阿舍 。其形制很标准，最早出现在直立人那里。其中较大的一把发现于英格兰，但发现的具体时间据我所知已不可考。它（其长度接近一个脚掌）可能是所谓的早期智人的作品，距今约 20 万—50 万年，当时英吉利海峡尚未形成。它的重量和两块砖头相当，10 磅或更重些。很难相信，它是出于使用的目的而制作的。制作者或许有着比我们更大的胸肌力量，但是，没有一个工具制作者会仅仅出于使用的意图而制作（选择）这种形式，即，把刃与块结合在一起。如果您的意图是打造一件工具，而您在机械方面又足够聪明，那您就不会选择这种形式来实现您的意图。您不会选择如此难以上柄的形制，因为，要让刃块结合体实现工具作用，唯一的办法就是给它装上杆形长柄。这种形制只能是起源于雕塑。我揣想，它的材料是打火石或黑硅石。这些石材都是玻璃结晶体，有着类似于玻璃的脆性，因此，它们暴露在地表的石块必然相对较小。像较大的手斧那么大尺寸的石块肯定很少见，因此，当我们的敲打专家发现它的时候肯定大为惊叹，从而灵感喷涌，创作了这一件绝活。它有权强烈要求成为最古老的雕塑作品。❶

同岩画一样，石器时代的器具有一个特点，那就是作为偶然发现的偏爱。克罗马农（Cro-Magnon）人之所以在肖维、阿勒塔米雅（Altami-

❶我们无从得知早期人类拿这些称作手斧的工具来做什么。克莱因和埃德加报道了无数东非遗址，在这些遗址中，阿舍利时期的手斧“通常数百支密密麻麻地出现，没有任何明显使用过的迹象”，它们中有很多“太大太笨拙”，不可能当作工具来使用（《人类文化的黎明》，第 106—107 页）。

ra)、拉科斯（Lascaux）及其他岩洞洞壁上涂鸦，那是因为他们能够这么做，而且是有意为之。他们这样做是因为他们能够这样做，这一做法似乎没有多大解释力，但是，这里的要点在于，在不了解他们的意图，因而也不了解其文化的情形下，我们对这种艺术起源的解释不能诉诸假想的宇宙力量，比如自然选择或繁衍适宜性（reproductive fitness）。[1]我曾经叙述了冰期艺术在现代的接受过程（第一部分第二章）。面对新发现的岩画，学者的第一本能就是否定它们是古代的遗物。接下来，他们根据自己对朝着更复杂形式的进步的感知，用早期、晚期之类的术语强加给它们一个相对的分期。[2]然而，与后来绝对的（碳的放射性同位元素）年代测定一比较，结果却发现他们颠倒了真正的年代次序。最早的岩画已经是非常之好。1994 年发现的肖维岩画——迄今已知的世界上最古老的绘画——就鲜明地确证了这一点。肖维岩画距今 3 万多年，比拉科斯和阿勒塔米雅岩画的时间 195
早了一倍，然而从艺术上说肖维岩画即使不比它们更富创造性、更加丰富多彩，至少也跟它们不相上下。后世的艺术家所能做的只是跟上第一批画家已经取得的成就。[3]

---

[1]“任何与文化有关的东西都不是表面上看起来的那样，它们都被神秘化为一种自然事实……仿佛文化就是对消化的生物过程的持续不变的隐喻。”马歇尔·萨林斯（Marshall Sahlins）：《文化与实用理性》（*Culture and Pratical Reason*）（芝加哥：芝加哥大学出版社，1976 年），第 88 页。

[2]安德列·勒鲁瓦－古汉（Andre Leroi-Gourhan）：《西欧史前人类的艺术》（*The Art of Prehistoric Man in Western Europe*）（伦敦：泰晤士和哈德逊，1986 年）；以及保罗·格拉齐奥西（Paolo Graziosi）：《旧石器时代的艺术》（*Palaeolithic Art*）[伦敦：菲伯和菲伯（Faber and Faber），1960 年]。

[3]参见让－马里·肖维等编：《艺术的黎明，肖维岩洞》，保罗·G. 巴恩译（纽约：哈里·艾布拉姆斯，1996 年）。领导肖维岩洞研究的法国考古学家［琼·克洛茨（Jean Clottes）］相信，肖维岩洞极有可能是某位艺术家一个人的作品（克莱因和埃德加：《人类文化的黎明》，第 259—260 页）。我们曾在第一部分第二章的一个注解中指出，我曾经想复制肖维岩洞中的图画，但在本书付梓之际，因为洞穴发现者发起的诉讼，法国法院已经禁止出版洞穴内部的照片。拉斯科和阿尔塔米拉岩画属于同一时期。距今约 18500 年前，阿尔塔米拉最初由梭鲁特人占据。不过，阿尔塔米拉岩画却是后来的占据者马格达连人的作品。用加速器－分光计获得的大量木炭测定数据表明，岩画的平均年代距今 14450 年，其中最古老的距今 16480 年。绘画用的木炭由精心挑选的木料烧制而成，这些木料属于耐用型，且含脂量高，尤其是松木，这种木材当地是没有的。安东尼奥·贝尔特兰（Antonio Beltrá n）编：《阿尔塔米拉岩洞》（*The Cave of Altamira*）（纽约：哈里－艾布拉姆斯，1999 年），第 41、47—48、51、52 页。

第一批绘画的出现并没有说出任何有关艺术家及其子孙的“繁衍适宜性”的东西。工具也是如此。如果它们在我们手里有了辉煌的未来，那也不是因为它们提升了一个物种的基因适宜性。其原因在于：自然界赠与我们类似于拱肩的人化物和知识，而对它们的培育所成就的生活为我们中的一些人发现、偏爱和选择，这些人最终在这样的生活中获得了成功。在人类进化过程中，一种基本上不依靠适应性、而让人化物（在知识的庇护之下）取而代之的动物产生了。人化物不仅仅让我们更加有效地做我们总得做的事情，它们还让我们有机会选择去做一些并非**非做不可**的事情，我们去做这些事情只是因为我们发现它们更可取。我所讨论的早期艺术就属于这种发现的最初后果。

---

196 语言是一种进化过程中的马赛克，是一组专门化的结构，其中很多结构如果离开成熟的口头语言就毫无用处。现代人的发声通道要求舌形、喉位以及支撑性的骨骼结构诸方面的变化。能够连续发声数小时，或者失去在吞咽时呼吸的能力（招致人类所独有的窒息危险），这些看不出有明显的好处。语言所需要的一系列解剖学变化使得有些人认为，语言肯定是缓慢进化而来，它即使不是始于南方古猿也是始于最初的人属。另一些人则认为，跟语言相关的各种特性毫无用处，而且甚至是残疾的表现，保留着别处所无的原始形式，所以，语言的进化肯定非常迅速。[1]或许可以取一个折衷的理解。成熟的语言，有着现代言语所有的一切效率与精致结构，大概是不断发展的产物；但另一方面，使其成为

[1] 关于语言的逐渐演化，见利基、卢因：《起源》，第 182—184 页；福尔克：《脑之舞》，第 184 页；以及科尔巴利斯：《不平衡的猿》，第 307 页。菲利普·利伯曼论证了相对快速的进化：《独一无二的人类》（*Uniquely Human*）（麻省剑桥：哈佛大学出版社，1991 年）。关于最近思想的研究，参见《语言在进化过程中的产生》（*The Evolutionary Emergence of Language*），克里斯·奈特（Chris Knight）、迈克尔·斯塔德特-肯尼迪（Michael Studdert-Kennedy）、詹姆斯·赫福德（James Hurford）编（剑桥：剑桥大学出版社，2000 年）。

语言的进化却只是一步，从进化的观点看是跨度最大的一步，这一变化必然是迅速发生的，实际上，是突然发生的。

不同的语言可能有复杂程度上的差异，但即便是最简单的语言也具有一些让其他任何动物实际上不可能掌握毫不含糊的语言运用的特别品质。语言宣布了一种特殊的**符号化**用法的开始。（语言）符号同时有两个维度的指称：一是指称非语言的事物或事件，一是指称其他符号。语言（对于非人的动物）之所以难以习得，是因为需要掌握这种二元指称系统，而做到这一点又要求平衡对同时发生的关联的注意，但这种平衡是违反直觉的，大多数动物不可能做到。

迈进语言就是迈进符号指称。与之相随而至的，是所有主要的语言指标，是让语言成为一个符号系统的三种结构上的一致性：论断、语法和句法。❶其余的一切，尤其是词汇，则是历史惨淡经营的成果。现代人类的孩子不费吹灰之力就可以步入语言，但黑猩猩即便精心训练也无能为力。❷从进化的角度我们应该怎么理解？有段时间曾有两种观点。一种观点认为，语言的进化是脑容量、与之相应更发达的智力、记忆力和计算能力等——语言对于它们来说是某种外推的产物——全方位提升的结果。第二种则是乔姆斯基的观点：拥有语言意味着拥有一种语言模块，一个专用处理器，一种直接置入大脑的“语言获得装置”，它依照一切自然语法所从出的普遍语法进行运算。至于我们的脑袋瓜怎么得到它——语言装置如何进化——乔姆斯基未置一词，他也不认为他必须说

---

❶德里克·比克顿（Derek Bickerton）：《语言和物种》（*Language and Specie*）（芝加哥：芝加哥大学出版社，1990年），第48页。

❷教会黑猩猩语言符号或许是不可能的。我们越是努力用可证实的办法教会黑猩猩语言符号，我们就越加清楚地看到，符号并不是这些动物**准备**学的东西，而且，没有一样东西像语言这样对于它们在野外的生活来说如此无关紧要。参见戴维·普雷麦克（David Premack）：《Gavagai！关于动物语言论战的将来史》（Gavagai！*The Future History of the Animal Language Controversy*）（麻省剑桥：麻省理工出版社，1986年）；以及“作为文化资源的教育和美学”（Pedagogy and Aesthetics As Sources of Culture），载《认知神经系统科学手册》（*Handbook of Cognitive Neuroscience*），迈克尔·加扎尼加（Michael Gazzaniga）编［纽约：普勒纳姆（Plenum）出版社，1984年］，第15—35页。

197 点什么。它发生了，必须有这样的装置。至于它是如何发生的，那是别人要解决的问题。[1]

迪肯（Deacon）提出了一种新观点，那就是大脑—语言共同进化假说。它认为，符号指称刚开始的用法很有限，大概只限于仪式场合，而且需要很多来自非语言道具的支持。经过一代又一代的发展，句法和语法慢慢具备了一些品质，它们使得小孩更容易学会“正确地讲话”。不好学的结构在语言进化过程中被扬弃，语言有效性便一直演进到目前的状态。这一过程或许可以解释乔姆斯基所强调的现象：现代人类的小孩可以毫不费力地学会第一门语言。这不是因为他们都在执行结构同一的模块中相同的普遍语法。“人类的孩子似乎有一种正确猜测句法规则的预适应能力，这完全是因为语言的进化就是为了把猜中率最高的模式包含在它们的句法之中。”[2]

不仅语言在进化。原始人类的神经系统在共同进化，它的变化使得语言掌握最后几乎成了一个自动防故障的过程。“将人类分离开来的，不是一种语言器官或某种本能的语言知识，而是一种内在的学习方式**偏好**，这种学习方式可以把其他物种试图发现符号指称背后的逻辑时就会遭遇的那种认知冲突最小化。”[3]智人恰恰特别具备大步跨入符号化所需要的东西：额叶前部皮层。人的体形略大于黑猩猩，但额叶前部皮层却比

---

[1] 乔姆斯基写道：“像人类语言这样一个系统怎么可能产生于脑/心，或者说，产生于有机界？在那里，我们似乎找不到一个具有人类语言之基本特性的系统。这个问题有时候已经造成了认知科学的危机。问题的关注是恰当的，但关注的焦点却被错置了；它们是生物学和脑科学的问题。按照现在的理解，生物学和脑科学并没有为关于语言的建构良好的结论提供任何基础。”《语言理论中的进化与革命》（*Evolution and Revolution in Linguistic Theory*），H. 坎波斯（H. Campos）、P. 凯姆钦斯基（P. Kemchinsky）编（华盛顿特区：乔治镇大学出版社，1997 年），第 1 页。这一系（以及乔姆斯基“关于语言的建构良好的结论”）在认知科学中正越来越难以兜售。“自从五十年前第一次提出儿童有内在的生成的‘语言获得装置’的假说以来，哲学家没有能够在人类生理上找到它的位置。……语言如此复杂，如此依赖于适应能力以及这么多不同大脑系统之间的相互影响，结果，一种单片的自动的语言模块已经不再是一个特别有用的隐喻。”洛里茨：《大脑如何进化出语言》，第 13、180 页。

[2] 迪肯：《符号物种》，第 122 页。

[3] 同上，第 141 页。

它多六倍以上。额叶前部皮层的好处是可以高度有序地感知同一与差异。它尤其擅长把一个向度的变化同另一个向度的变化联系起来。这正是小孩子要学会语言就必须自发完成的工作。出生之顷就有一大片未支配的额叶前部皮层，这就使得掌握第一门语言成了一个有效的自动防故障过程。

现在最值得关注就是第一步。我们的祖先为什么走上这一步？迪肯对这个问题的回答是一种相对简单的新达尔文主义。据他的揣测，面对进化的一切可能性，前语言的原始人类为争取自己的栖居地而竞争。突变过程中胡乱掷入的符号能力被原始人类在生存竞争的过程中当作机会抓住了。更别致的是，他认为，语言是“应对以下这种进化过程中的极端不稳定性的适应能力：男性对配偶的供养与对子女的抚养和集体打猎—寻觅腐肉相结合”。这种系统——男性共同打猎，女性共同照顾婴儿，所有人共同住在一个相互合作的群体里——还没有在其他社会性动物中发现过。而且，它有可能遭遇失败。迪肯认为，它有可能无法运 198
作，除非原始人类能够通过某种方式确保——用他的话来说——“繁殖渠道完全是受限且明确的”。[1]

迪肯猜想，最初的符号交流只是部分地借助口头表达，它还依靠手势和其他支持手段，而且极有可能只限于仪式场合，尤其是跟婚姻有关的仪式场合。最初的符号交换是一种承诺，一种誓约的交换，它让一夫一妻制和供养成为义务。这些祖先需要一种方式来说**不**，并且要让它被理解为：不，即使没有人盯着。迪肯认为，找到这样做的一个法子，“对于早期原始人类利用打猎－供养策略来说至关重要”。[2]语言把问题解决了，自然选择了语言能力在这个方面为适应能力作出了贡献。

或许如此。语言的起源是一个声誉不佳的玄思对象。现代人不可能是第一个使用语言——任何形式的语言，或者任何像语言的东西——的原始人类。比起后来的语言，早先的语言可能在任何方面都要简单得

---

[1] 迪肯：《符号物种》，第401、392页。
[2] 同上，第401页。

多。一切语言都必须展示有关句法、语法与词汇的主要结构常量，但是，一种语言潜在的复杂性不必用人们实际运用的语词表达出来，甚至也不可能表达出来。句法在很大程度上是词汇的投射。倘若词汇极其有限，比如早期言语可能就是这样，那么，并不是隐含在句法原则里头的所有结构都能得到实现。❶

专家们似乎一致认为，尼安德特人已经使用语言，即使他们的言语能力不如现代人。❷这种前现代的言语（speech）可能已经是语言（language），或者是某种和语言**相似**的东西，也可能是原始语言（protolanguage）。语言学家德里克·比克顿（Derek Bickerton）用这个术语来刻画一种明显不同于语言的交流模式，这种模式我们可以在不同的地方看到：不到两岁的宝宝，被剥夺了早期语言的成人，洋泾滨语（pidgin）使用者，或许还有受过训练的猿。这些原始语言缺乏句法。它们的言语是线性的词汇串，没有语法小品词，没有曲折变化，也没有助动词。词序的功能完全是表意，而与句法无关。推断的指称或照应的指称并没有形式上的规范，它们可以出现在任何地方，指示词的位置不是由句法而是由交流的意向所决定，这使得这样的指称与其说是符号性的倒不如说是索引性与联想性的。❸

---

❶比克顿：《语言和物种》，第180页。有学者认为，“时下已经检验的一切或很多语言所具有的某种复杂性……并不存在于早期人类语言之中，而是在某些语言类型的历史发展的基础上产生的。如果我们考察语言已经检验的历史发展，我们是可以看到这些语言类型的。”Bernard Comrie：“复杂之前”（Before Complexity），《人类语言的进化》（*Evolution of Human Languages*），第210页。

❷菲利普·利伯曼：《夏娃说话：人类语言和人类进化》（*Eve Spoke：Human Language and Human Evolution*）（纽约：诺顿，1998年），第8页。关于我接下来要说的礼仪与早期语言的关系，问题在于尼安德特人是否实行礼仪。专门的葬礼显然是有的，而且我们知道，如果我们这样做，那就是一个礼仪的场合。至于它对于尼安德特人意味着什么，目前尚无定论。参见克莱因：《人类的事业》，第329页；塔特索尔：《成为人类》，第161—164页；以及R. 加吉特（R. Gargett）：“墓穴的缺点：尼安德特人殡葬的证据”（Grave Shortcomings：The Evidence for Neanderthal Burial），载《最新人类学》（*Current Anthropology*）30（1989年）：第157—190页。对加吉特之怀疑的怀疑，参见理查德·鲁格雷：《失落的石器文明》（纽约：触石，2000年），第215—223页。

❸比克顿：《语言和物种》，第122—126页。比克顿认为，原始语言最初和直立人一同出现。亦可参见德里克·比克顿：“原始语言如何变成语言”（How Protolanguage Became Language），载《语言在进化过程中的产生》，第264—284页。

尽管具有发展成我们今天所说的那种语言的潜力，但成熟的语言（句法，符号性的指称）刚开始出现时极有可能受到严格的限制，跟我们今天独立自足、可以无限勾连下去的语言游戏完全不同。第一代突变出来的现代人可能已经在原始语言的环境中成长。这样的环境可能打直立人就开始了，已经成为数千代原始人类文化的一部分。如果我们猜测，最早的现代人同时也是成熟语言的最早使用者，那么，语言是作为 199
克里奥尔语（creole）开始的——最早的现代人变种从他们父辈的洋泾浜原始语言中**为他们自己发明**了这种克里奥尔语。

洋泾浜语这个语言学术语在这里指的是：说不同语言的成年人被迫在一起生活交流而形成的原始语言。前语言的孩子如果在成年人说洋泾浜语的环境里长大，那他们自然就会习得**克里奥尔语**。克里奥尔语是一种成熟的语言，在句法与诗意上可以和其他任何一种成熟的语言相比。如果把一个现代人的婴儿（具有现代人的神经系统）养在一个说洋泾浜语即原始语言的环境里，其结果必然是学会克里奥尔语。当最早的现代人变种开始散布于远古的种群中，所发生的肯定正是这样的情形。

虽然他们在生物学或基因学上跟我们并无二致，且他们的语言在形式上可以与后来的任何一种语言相比，但是我们不应当想像，这些人说话的时间或说话的内容跟我们一样多。最初的语词可能是哪些呢？这得看，对于言语来说，重要的是要完成什么。哲学家对于语言容易有一种奇怪的揣测。他们猜想，语言所要成就的重要之事就是他们最感兴趣的事情，也就是说，真理。但是，真理并不是赋予最初的语言以有利地位的成就。真理——真实不虚的陈述与描述——需要各种约定（invention），而语言约定则意味着一种语言已经会站会跑了。只有当约定在其他基础上牢固建立之后，语言才能可靠地用于陈述和描述。语言的解题（problem-solving）和行动协调（action-coordinating）用途也是如此。语言的原初功能也不是如人尽皆知的“草中有狮子”那样陈腐的表述行为。一个动物不需要句法或宝贵的神经系统来取得这样的效果。

我们很容易说语言是适应性的，但是，如果认为，我们所发现的语言在最后10万年间所获得的一切伟大用法解释了语言的起源，那将是一个错误。警告、交流情感、制作或使用工具，这些功能对于成熟的语言来说并不是必需的。思想也不是非得用语言不可，因为思想并非本质上是语言的，而推论与真理是后来的发现，语言只有在会站会跑之后才可能办到。思考语言的进化过程，我们应当集中考虑，它的出现允许哪些东西一如既往地进行下去，而不是去注意语言所敞开的新颖之处。语言**保存**了什么？这是语言实验得以存活下来的关键。我以为，它——通过提升——保存了社会互补行为的秩序。所谓社会互补行为，我是指建立在协同复杂程度不等的相互期许之上的合作行为。语言强有力地提升
200 了我们完成这类行为的能力，虽然它——至少在最初时刻——不是完全靠自己、而是作为仪式的组成部分做到这一点的。作为仪式的组成部分，（在此假说中）这是言说最早的**用途。这种用途让**最初的语言完成了只有语言才能完成的事情：建立义务。

人类学家罗伊·拉帕波特（Roy Rappaport）把仪式定义为："由或多或少不变的形式的言行的序列所组成的表演，而这些形式言行的序列不完全由表演所编排。"这些表演的重要性首先在于他所谓的仪式的第一种职责，即制定承诺（enact acceptance），建立对义务的理解。通过表演，仪式参加者既承诺了规范的语词所建立的东西（夫妻完婚，男孩成人，不同的共同体之间不再交战，如此等等），同时又将这种承诺向其他人表明。承诺不同于信念，它也没有隐含信念，但无论是虚伪还是背地里的违反都不会损害它，既然"它是可见的、明确的、公开的承诺行为，而非不可见的、含糊的、私人的情感，它是社会与道德的纽带"。[1]通过说

---

[1]罗伊·拉帕波特（Roy Rappaport）：《在人性形成过程中的礼仪和宗教》（*Ritual and Religion in the Making of Humanity*）（剑桥：剑桥大学出版社，1999年），第24、122页。这种和其他礼仪概念受到了凯瑟林·贝尔（Catherine Bell）的批判：《礼仪理论与礼仪实践》（*Ritual Theory*，*Ritual Practice*）（牛津：牛津大学出版社，1992年）。罗伯特·施耐德（Robert Schneider）从一个与拉帕波特相近的角度考察了城市礼仪：《礼仪之城：1738—1780年的图卢兹》（*The Ceremonial City*：*Toulouse Observed 1738—1780*）（新泽西州普林斯顿：普林斯顿大学出版社，1995年），第138—147页。

出那些规范的语词，通过参与仪式，**我们承担了义务**。我们知道这一点，同时我们明白，其他每个人也知道这一点。仪式表演固然不能确保顺从，但它所建立的义务无法抹杀；它固然不能根除虚伪，但它让虚伪变成了可厌、见不得人且危险的事情。

如果说话者尚无能力建立承诺，那么，语言就不可能可靠地用于报告、描述或警告，如此等等。当然，仪式义务也和描述或其他以言行事（illocution）的行为预设了一个约定体系。但是，建立和更新约定乃是仪式表演的独特品质，而其他派生的语言用法诸如描述、叙事最终都要依靠仪式表演所建立和更新的约定。这就是仪式的第二种职责，即成为“人类建立约定的原始手段”[1]。约定需要缓冲来自日常用法（包括谎言）的漂移不定和复杂多变。对约定的稳定性问题的解决方案本身也必须归属于约定，因为只有约定才能恢复或保持约定。仪式恰恰就是那些元约定。它们求援于礼节、不变的准则、言语和其他高度抗拒误解或歪曲的符号（体态，礼品，疼痛，血液）的结合，从而产生了一种综合的、引人入胜的信息传达，其中所包含的义务人人都能理解。

仪式不仅仅是言语行为。它们不仅仅是通过约定的程序取得约定的效果。它们建立并更新“用有成效的东西所构成的仪式”。共同体成员所作出的严格的仪式承诺有效地建立了约定的理解、规则与规范，“人 201
们假定，日常行为是依照它们进行下去的”。[2]故而，仪式表演不断地重新创造规范的秩序与约定，而最初的话语对象、最初需要命名的事物以及最初一批完全的语言学符号就是从规范的秩序与约定中产生出来的。

语言**变成**适应性的，因为它促成了仪式，而仪式是适应性的，则是因为它提升（因而保存）了我们完成社会性的补充行为的能力。一个行

---

[1]拉帕波特：《在人性形成过程中的礼仪和宗教》，第131页。

[2]同上，第126、123页。在涂尔干看来，礼仪起源于集体信仰，也强化了集体信仰，并把个人思想和行为合理化于群体团结。我们崇拜我们的社会，把它称之为上帝。拉帕波特并不认为礼仪是社会秩序如此神秘的代表；相反，礼仪建立了一种独立的元秩序，从而能够“不断修复世界，那个永远在语言日常使用的风暴下以及语言差异的鞭笞下趋于分散的世界”（同上，第262、263页）。

为的成功越是依赖于对他人的行为期待，人们就越需要以他人所期待的方式行为，越需要理解自己的义务，越需要有能力作出承诺。如果人们不把自己及他人理解为有义务完成某些行为的人，那么就不可能有一套内容广泛的约定，而如果没有一套内容广泛的约定，那么就不可能有一个人化物体系或紧密的社会互惠体系。因此，我们就不会感到奇怪，正如拉帕波特所看到的那样，违背承诺“是无论何时何地都被认作不道德的少数行为之一——如果不说唯一的行为的话。……不能遵守义务所规定的条规的行为遭到普遍的蔑视”❶。

对人化物的依赖程度越高，我们对他人的依赖程度也就越高，由此培育了一个对于他人行为内容的约定（或人化）期许体系。我们越是依赖于这样的约定，我们就越是要保护它们免受漂移和颠覆的威胁。仪式通过规范化的语词来做到这一点。由此，仪式就无意中为探索其他可以用语词来做的事情打开了大门。虽然仪式不仅仅是言语行为，但它的使用可能是源初的言语行为。仪式的功能是保护社会互补性，而语言所单独完成的东西（义务的建立）恰恰是提升了社会互补性。仪式实践是成熟语言得以产生的母体和装置。仪式的戏剧性用法将言语建立为一种社会事实，并保存了可靠的使用与习得所必需的结构常数。

迪肯的语言进化观隐含了以下看法：最初的义务是跟婚姻有关的义务，之所以如此，那是因为我们被托付给了一个充满矛盾的性体系。我的看法与此并不矛盾，不过比它更加灵活，同时又没有达尔文式的功利主义或经济决定论色彩。仪式促成了一个约定体系，从而大大提升了社会互补行为的范围。如果像迪肯所说的那样，最初的约定和仪式关系到婚姻和供养，那么这些将通过语言的使用得以建立与保存。但是，原始人类其他任何方面的约定和仪式也将通过语言的使用得以建立与保存。

在迪肯看来，语言的进化和现代神经系统的进化属于同一过程的两

❶拉帕波特:《在人性形成过程中的礼仪和宗教》, 第132页。

个不同阶段。其突出的一个成果就是额叶前部皮层的扩展，这正是语言所需要的。然而——他也证明了这一点——你不可能增加神经元却不带来神经系统整体功能的长度改变。神经元可不是标准组件，你可以增加它，或者把它拿到别的地方去，然后重组出整个大脑的结构来。[1]语言及其先行者已经为我们大脑的进化导夫先路，而一旦我们获得基因以及更宽泛的生物与社会环境并被要求长出大量的额叶前部皮层，那么大批的拱肩将由此产生。 202

我们的知识能力就是这样一个拱肩，它在现代人类最初的五六千年间在很大程度上并没有被开发出来。仅靠语言产生不了知识，尽管语言通过对社会补充行为的提升而成为知识的前提条件之一。仪式不是知识——它最好的表演是一丝不苟而非超越卓绝——然而，它的实践及其所建立的东西（可靠的约定）对于知识的培育来说必不可少。知识至少部分地动员了附加在那些通过自然选择作为适应能力进化出来的器官和结构身上的潜能，尤其是为了口说的语言。但知识本身，也就是说，现代人类卓越的人化物作为能力，纯属拱肩——不是选择或适应的产物，而是超乎适应、被发现、被偏爱、被选择和被培育的东西。

在结束这里的讨论之前，我想比较一下我的主张“知识是一个拱肩”和一个相关的观点（出自戴维·帕皮诺［David Papineau］），即，“我们获得高水平的理论理性的能力［是］一个拱肩。”“理论理性”（theoretical rationality）指的是信念理性或信念体系，比如在科学理论或数学理论之中。帕皮诺不仅认为，“我们的语言有一个简单的事实，那就是，我们有一些语词（‘知识’，‘得到辩护’），我们用它们纯粹从真理—可靠性（reliability-for-truth）的角度评定我们的信念资源”。他进而推测，我们有一种“追求真理的基因”，因为“任何使他们［人类祖

[1]“大脑结构不可以独立于其他大脑结构而增加或改变大小。大小、细胞结构、皮层的功能分化，它们在相当大的程度上取决于发展过程中很多不同的大脑区域的轴突之间复杂的竞争性的相互作用。”迪肯：“脑－语言共同进化”，载《人类语言的进化》，第61—62页。

先］渴望真理本身的基因肯定已经深受自然选择的青睐”。从这一前提出发，他推演说，我们可能有“一种生物学上倍受青睐的输入模块，它的任务是，把那些肯定可以递送真信念的信念通道辨认出来”，而真信念对他来说就是具有本体—逻辑的充分性的表象。[1]

在这里，被认为是“拱肩”的是这样一种意外附加的能力：超越有用的、实用的和适应性的真理，到达抽象理论的神秘区域。但是，除了这个关于适应性真理必须如何的假想故事之外，这里对知识和人类进化的关系并没有更多的说明。我对知识的看法与此不同，它可以让解释更加深入，而不仅仅是另一个无法证实的假想故事。如果知识被理解为一种成功的形式，一种相对稀有的形式（如此稀有以至于无法估价），而成功则被理解为重大的、多产的、有效的因而必然（在某
203 些层面）是物质的东西，那么，我们就可以知道到哪里去寻找知识（与理智或语言相对照）在人类进化中的作用——如果有的话。我们着眼于人化物。

当我们这样做的时候，我们发现了某些对于一种认真对待进化的知识论述来说重要的东西。现代人类作为一个生物种类，它的出现与巩固在任何地方都不是关联着超越尼安德特人或者甚至直立人水平的人化物文化的出现。我们不得不再过5万或6万年才能等到最初（而且它是爆炸性的）出现的新的人化物形式，它宣告了现代人类最初的知识文化。这么大的时间间隔在此之前未曾出现过，它似乎表明，知识——在培育出来的、卓越的人化物作为的意义上——是一个拱肩。由此自然引出一个结论，那就是说，知识能力在现代人的生物进化过程中鲜有或没有作用。它对于最初的现代人变种的存活来说不可能已经起到重要作用，后者更可能是在语言所提升的合作能力的帮助下完成的。虽然知识没有引

[1] 戴维·帕皮诺（David Papineau）："知识的进化"（The Evolution of Knowledge），载《进化与人类心灵》（*Evolution and the Human Mind*），彼得·卡鲁瑟斯（Peter Carruthers）、安德鲁·查姆伯莱（Andrew Chamberlain）编（剑桥：剑桥大学出版社，2000年），第200、178、201、204页。

导人类的进化，但它无疑引导了我们的后进化转型：从一种进化而来的生活形式进入到一种经由培育的生活形式，一种历史性的、技术性的、现在则是无可避免走向城市化的生活形式。

第五节 黑猩猩的工具

黑猩猩会制造和使用工具，这一观点已经屡见不鲜。达尔文在《物种起源与人类由来》中写道：“常说没有动物会使用工具；但是，自然状态下的黑猩猩会用石头砸开当地一种类似于胡桃的水果。”❶更让达尔文印象深刻的是，一些猿类会使用杠杆。不过，以坚持黑猩猩工具的重要性并探测其范围而著称的学者，那就要算简·古多尔（Jane Goodall）了。

古多尔认为，“只有通过真正理解黑猩猩和人类在行为方式上的相似性，我们才能有意义地反思，哪些方式使得人类**区别于**黑猩猩。只有这样，我们才能真正开始评价——以生物学和精神的方式——人类全部的独特性。”听起来不错，但是，究竟由谁来决定相似性的标准？在何处同族关系（homology）被潜在的具有误导的类似性（analogy）取而代之？我们该如何把真正的进化先驱或原型同仅仅是偶然的相似或类似区分开来？这些问题难不倒古多尔。她第一次看到黑猩猩钩取白蚁时说道：“显然，他正在使用一根草茎作为工具。”❷

无论看起来如何显然，这一描述是一个假说，一个解释，而且并非 204
没有问题。在说黑猩猩“显然”在使用工具之前，我们必须弄清楚何为

❶达尔文：《人类由来》，第 458 页。拙文“黑猩猩的工具”（The Chimpanzee's Tool）概述了人们论证黑猩猩使用工具的各种观察，载《常识》（*Common Knowledge*）6，no. 2（1997 年）：第 34—51 页。

❷简·古达尔（Jane Goodall）：《在人类的阴影之下》（*In the Shadow of Man*）（伦敦：柯林斯，1971 年），第 226—227、43 页。

工具（tool），何为使用工具（tool-use）。澄清概念通常可以揭示一些相当可疑的假设。古多尔没有提出一个她自己的定义。不妨来看看学术性文献中对“动物工具”的一些说法：

1. [工具是] 不同物体的特有组合。
2. 工具是某种外在的东西，被用来达到其种目的。
3. 使用工具：外来的、身体之外的装备被应用于环境，以拓展应用者的效能。
4. [使用工具是] 在外部配置以一个独立的外界物体，以此更有效地改变另一物体的形式、位置或环境。
5. 使用工具是一种即兴发挥的行为，在此过程中一个自然产生的对象被用于一个当下的意图，然后被丢弃……[这可能包括] 通过简单的手段改变一个自然产生的对象来提高它的作为能力。[1]

这些定义仿佛都是在这样一个意义上理解工具：一个孤立的个体抓住一个有利的进食机会。诚然，我们在黑猩猩那里看到的**就是**这样的东西，但问题在于，这是否就可以用来界定工具的品质。这些定义所要判决的应当是一个经验问题。它们突发奇想的抽象说法（“身体之外的装备”，“应用者的效能”）没有把我们带到客观实在的近旁。相反，它们只会把我们的工具概念变得贫乏无力，因为它们将应用者隔离于其他应用者，将工具隔离于其他工具。单件工具（一个“独立的外界物体”）

[1]这些定义引自：（1）芭芭拉·弗鲁思（Barbara Fruth）、哥特弗里德·霍曼（Gottfried Hohmann）：“倭黑猩猩和黑猩猩的筑巢行为比较研究”（Comparative Analysis of Nest Building Behavior in Bonobos and Chimpanzees），载《黑猩猩文化》（*Chimpanzee Cultures*），理查德·朗汉（Richard Wrangham）等编（麻省剑桥：哈佛大学出版社，1994 年），第 109 页；（2）希克、托特：《让静默之石说话》，第 48 页；（3）蒂姆·梅加里（Tim Megarry）：《史前社会：人类文化的起源》（*Society in Prehistory: The Origins of Human Culture*）（纽约：纽约大学出版社，1980 年），第 10 页；（5）内皮尔：《手》，第 100—101 页。

就如同单个语词一样不可能。和一种由语词所构成的语言相对应的，是一个由众多工具及其他人化物所组成的体系。工具，如同语言，是双重意义上的勾连物——勾连于其他人的行动，勾连于其他工具。需要用工具来制造、使用和教导工具，而工具又在使用过程中产生更多的工具（一切人化物皆是如此）。

“工具是某种外在的东西，被用来达到其种目的。”这样一来，一根树枝对于一只借以摘到坚果的松鼠来说也是一件工具？一个谷仓对于一只借以筑巢的燕子来说也是一件工具？这样的定义无济于事。如果一件工具是一种手段，如此而已，那么，实际上任何复杂到足以描述为目的行为（即，做某事有一个目的）的行为都将是“使用工具”。这似乎是一种毫无用处、实际上非理性的概念通胀。进而言 205
之，行动的目的得由工具来界定。如果没有工具，我们想像不到工具让我们做的事情。不是我们自然而然就想去切割，然后发明了刀刃。驱使我们拿起工具的意图并不是在别处、在无视工具的情况下形成的。探究工具的用途，我们就进入了一个由技术意图及其他意图所构成的完整体系。

工具的使用指向更为宽泛的时间因素与社会因素。一个孤立的动物个体抓住一个有利可图的进食机会，这种模式不可能理解工具的使用。工具由这样一些生物体来使用：在一个无限拓展的网络中，它们的行为是对他者行为的回应或期待，即使这些生物体没有真正在一起工作。激发工具的，既不是某个外在对象也不是某种内在的需求，而是这样一种理解：在你做一件事的时候，其他人所做的另一件事对于这两件事的成功来说是必不可少。在一个以工具及其他人化物为中介的互惠交换体系中，每个行为都是另一行为的补足物。[1] 这就是一块岩石和一件石器之

[1] 参见彼得·雷诺茨（Peter Reynolds）：“语言和工具使用的互补理论”（The Complementation Theory of Language and Tool Use），载《人类进化的工具、语言和认知》（*Tools, Language, and Cognition in Human Evolution*），K. R. 吉普森（K. R. Gibson）、T. 因古德（T. Ingold）编（剑桥：剑桥大学出版社，1993 年），第 412 页。

间的差异。一件石器不止是一块岩石，甚至也不止是一种形制，它是互补行为的有形焦点。它在本质上既不是物质的也不是社会的，相反，它是这两种秩序啮合出一种整体效果的节点。

在布鲁诺·拉图尔看来，技术知识和技术对象同时出现在一个人与非人相与交错渗透的“处理地带”。技术技能是“通行的组装的特性”，是将人与非人的异类节点联结起来的网络的特性。拉图尔把工具区分于“其他灵长类动物的特别器具”，并进而指出，工具的使用是“社会技能向非人技能的拓展”。制作一件阿舍利手斧（参见图3.1.4）就是把一块石头作为某种社会同伴来对待，把扎根于社会性互动（比如，相互洗刷身体）并在其中演练的认知与动手技能拓展到非人的领域。拉图尔认为，工具、技术、技术技能和文化隐含了一种半社会的组织(dispositif)，它把“来自极不相同的季节、地方和材料的非人事物”同人、意图和信念编织在一起，而人、意图和信念本身又来自此前的社会技术交换：

> 一副弓箭，一支标枪，一把锤子，一张网，一件衣服，组成它们的各个部分需要在一个与它们的自然环境无关的时空序列中重新结合。如果工具和非人的行动者被一个把它们加以抽取、重组和社会化的组织加以处理，那么，这时技术就产生了。即使最简单的技术也是与技术表达不可分的组织的社会技术性形式——即使在原始的意义层面上。❶

206

一块岩石和一件石器之间的差异在于，石器中存在着一种形制，这

❶布鲁诺·拉图尔：“论技术玄思”(On Technical Meditation)，《普遍知识》3 no. 2 (1994年)：第45、62、61页。“从旧石器时代晚期以降，对非社会世界的探索和开发部分运用了那种为社会互动而进化而来的思想过程。”史蒂文·米森，载《古代心灵：认知人类学的要素》(*The Ancient Mind*: *Elements of Cognitive Archaeology*)，科因·伦弗鲁(Coin Renfrew)、埃茨拉·楚布罗(Ezra Zubrow)编(剑桥：剑桥大学出版社，1994年)，第35页。

种形制离不开一张网，组成这张网的是可预知的社会互补关系，以及把工具与其他人化物同行为者、行为与生态联系起来的体系整体。我并没有忽视，工具运用的方式显然可能是孤立的。鲁滨逊有他的工具，而我们大家都不时地在相对孤立的情形下使用工具及其他人化物。然而，工具很少完全不指向他者，包括那些我们向他们学习工具用法的人，或者我们赖以成事的人。如果，像语言一样，工具使用可以是“私人的”，那是因为它在本源与首要的形式上从不如此。如果有什么东西可以为人类的技术独创能力铺设道路的话，那它就是一种没有被化石所记录的社会独创能力。❶更轻巧的体格和更发达的神经系统带来身体灵巧能力的提升，再加上灵长类动物的聪明和社会才智，俩相凑合，技术史由此发端。最初的石器就是由此发生的协同作用的纪念碑。它们都是一种技术文化留下来的东西，这种技术文化包括了那些赋予石器形制以效力的感知、期待、习惯和原始约定。

我们在考古记录中所看到的人化物已经是接近带柄长矛甚于接近黑猩猩掏白蚁的棒子。它们的制作者依靠了工具所聚焦的社会互补行为，这一点非黑猩猩所能为也。黑猩猩所从之出的灵长类动物是相当程度的素食主义者，而且从日渐缩小的稀树大草原退入森林。今天的黑猩猩就生活在森林里。这些动物对其“工具”的依赖程度远逊于早期的人类。尽管白蚁或坚果有时候是重要的季节性食物，但石锤的使用和藤本植物的诱惑对于黑猩猩的存活来说并不具有同等重要的意义。倘若我们可以施魔法让这些所谓的工具消失，那我们就会看到，黑猩猩并没有多少想念它们。按照古多尔的奇思妙想，黑猩猩所处的进化轨道以日益发达的

---

❶“一边是探险和空间知识的运用，另一边则是社会生活的规模、深度和复杂性，这两者之间的关联是无可辩驳的。”（甘布尔：《时间穿行者》，第 174 页）“那些最一般的思想形式只可以跟内容脱离关系。它们就是认知交流或个体间调整的形式。”让 · 皮亚杰（Jean Piaget）：《生物学与知识》（*Biology and Knowledge*）（芝加哥：芝加哥大学出版社，1971 年），第 360 — 361 页。亦可参见 R. W. 伯恩（R. W. Byrne）、A. 怀坦（Whiten）编：《马基雅弗利的智力：社会专门技术和智力的进化》（*Machiavellian Intelligence: Social Expertise and the Evolution of Intellect*）（牛津：牛津大学出版社，1988 年）。

工具为朝向："看起来，它［黑猩猩］可能会及时发展出一种更加复杂的工具文化。"这不可能发生。它腾不出手来做这事。"黑猩猩已经达到了它的技术极限。令人伤心的是，准备一根合适的棒子来掏取白蚁，它只能走这么远了。"❶

人类后来所从出的灵长类动物早在几百万年前就已经和黑猩猩分道
207 扬镳了，而在通往现代人类的道路上，有太多解剖学尤其是神经系统和文化方面的关键进化。❷从这种物种身上夺走工具、人化物和物质文化，剩下来的并不是一个被抛回到它的动物本性的裸猿。剩下来的将是一个生态上无法存活、因而迅速走向灭绝的实体。人化物所编织的庇护织体如同淡水，是现代人类得以生存下来的前提条件。成为一件工具，就是要成为这一织体的一部分，成为这一体系的一部分，成为一种解不开的社会与技术生态的一部分。

黑猩猩使用工具，这一主张要想受人重视，那就必须证明黑猩猩的工具如何聚焦社会互补行为（它从来没有被主张过，更不必说被建立了）。至少必须证明，黑猩猩传授并呵护这些工具的使用。但这是一个有争议的主张，得不到有说服力的支持。曾有一项大型的调查研究，其编者没有找到有说服力的证据以证明黑猩猩内部的文化传递。❸野生的黑猩猩很少从直接的教导（关于"工具"或其他任何东西）获得什么，而且它们极有可能没有教育同类或接受同类教育的能力。模仿在掌握掏取昆虫或砸开坚果的诀窍方面鲜有或没有作为；每一代黑猩猩看起来都是自己弄明白的，而这个过程要花好几年。"黑猩猩工具使用的代际连续性大多是通过个体可获得的经验学习方面的连续性得以

❶古达尔：《在人类的阴影之下》，第218页；内皮尔：《手》，第105—106页。南猿的拇指解剖更接近于黑猩猩而不是现代人。克莱因、埃德加：《人类文化的黎明》，第79页。

❷"真正具有生物意义的物种事件是现代人的出现，而不是人类同黑猩猩在发展史上的分道扬镳。"杰伊·凯莱（Jay Kelley）："中新纪猿与现代猿的生命历史进化"（Life History Evolution in Miocene and Extant Apes），载《经由发育变化的人类进化》，第241—242页。

❸朗汉等编：《黑猩猩文化》（*Chimpanzee Cultures*），第2页。

维持的。……学习很少来自于对同类行为的观察或复制。”❶没有教学、呵护和文化的证据，说黑猩猩使用工具这一观点很难站得住脚，黑猩猩与人类之间的比较不过是一种矫揉造作、过于简单化和没有用处的类比。

教学可以成为文化的生态准则。一个物种从事教学的迹象越明显，也就是说，它的主要生活方式越是依赖于教学上的成功，那么，它必须参与文化这一点就越加不得含糊。动物能够进行有条件的学习甚至模仿，这是不够的；对于文化来说必须有教育、指导、以及对已有成就与未来习得的代际呵护。一种动物如果不能够呵护或更正一个同伴如何作为，那么，文化对它来说就无关乎痛痒。有条件的刺激—反应学习在有生命体中随处可见。实验证明，它存在于细菌、昆虫、以及该食物链之上的几乎任何生命体之中。❷学习能力之间的差异是渐进的，它同我们关于解剖学复杂程度与进化等级的理解密切相关。教育就是另一回事了。它超越了刺激与反应，用戴维 · 普雷麦克（David Premack）的话来说，“把他者的行为带向与系列标准的符合。标准可能与效率有关，但基本上说，它们本质上是审美的。”❸

普雷麦克认为，“教学在人类事务中的在场引入了一种在其他动物种群中看不到的认知鸿沟。如果成年人没有拖着孩子让他成为教学的对象， 208

❶米歇尔 · 托马塞洛（Michael Tomasello）：“黑猩猩在工具使用和交流信号上的文化变迁”（Cultural Transmission in the Tool — use and Commnicatory Signaling of Chimpanzees），载《猴子与猿的语言与思想》（*Language and Intelligence in Monkeys and Apes*），S. T. 帕克（S. T. Parker）、K. R. 吉普森编（剑桥：剑桥大学出版社，1990年），第305页。“猴子看，猴子做”这一说法已经得到灵长类动物学的确证；参见弗兰斯 · 德瓦尔（Frans De Waal）：《黑猩猩政治学》（*Chimpanzee Politics*）（纽约：哈珀，1982年），第69页，以及《黑猩猩文化》，第265页；米歇尔 · 托马塞洛等编：《行为科学与脑科学》（*Behaviora and Brain Sciences*）16（1993年）：第495—552页；以及艾莉森 · 乔利：《露西的遗产：人类进化中的性与智力》（*Lucy's Legacy：Sex and Intelligence in Human Evolution*）（麻省剑桥：哈佛大学出版社，1999年），第299页。

❷参见约翰 · 邦纳（John Bonner）：《动物中的文化进化》（*The Evolution of Culture in Animals*）（新泽西州普林斯顿：普林斯顿大学出版社，1980年）。

❸普雷麦克：《Gavagai！关于动物语言论战的将来史》，第152页。

那么，这小孩将永远不可能成人，也就是说，不可能成为一个有能力的成年人。……人类必须通过教学来解决由教学造成的认知鸿沟。”❶教育小孩的必要性突显为人类进化的一个独特因素，我们在其他任何一个现代物种（包括黑猩猩）中找不到哪怕与之略微相近的东西。人们已经对黑猩猩进行了数十年系统的田野观察，却一直没有发现有关教学示范或教育的明确例子。❷与教学（和工具）同类的东西，如果有的话，必定局限在现已灭绝的原始人类那里。

动物学家阿德里安娜·科特兰特（Adriaan Kortlandt）是少数几位怀疑“黑猩猩工具”说的专家，她的结论是：“黑猩猩和最初的原始人类对石器的使用并没有显示出关于同类、功能相当、动力模式相似或动机相同等方面的迹象……我们对黑猩猩石器使用的了解并不能帮助我们理解原始人类石器使用的起源。”她指出了把黑猩猩的工具与原始人类的工具视为同类的谬误。倘若它们是同类的，那么，我们就应该在**所有**更高级的灵长类动物包括大猩猩那里看到某些可比的东西。我们之所以对大猩猩感兴趣，那是因为在所有猿类中，大猩猩的手既有最长的拇指又有最短的其他四指，这使它具有出色的拇指与其他四指对握的能力，以

---

❶普雷麦克：“作为文化资源的教育和美学”，第33—34页。

❷关于教育学的重要性，参见乔纳森·金多（Jonathan Kingdon）：《自成的人类》（*Self-Made Man*）[纽约：威莱（Wiley），1993年]，第40页。被认为观察到的黑猩猩教育活动，参见克里斯多佛·博什（Christophe Boesch）：“野生黑猩猩中工具使用的变迁”（Aspects of Transmission of Tool-Use in Wild Chimpanzees），载吉普森、因古德编：《人类进化的工具，语言和认知》，第174、178页；博什称，他两度看到一位黑猩猩妈妈试图让她的孩子快点学会砸坚果。在68小时的野外考察中只看到两个刹间情景，而且在关于黑猩猩行为的科学文献中找不到相当的情形——尽管如此，他还是得出以下绝对结论：黑猩猩“清楚地表明，它们观察并介入孩子的行为。在这样做的过程中，它们证明，它们既有能力把后代的行为同自己对行为应当如何的理解进行比较，又有能力预测自己的行为对后代的行为可能产生的后果”。这似乎过度诠释了那么少的几个迄今为止不可重复的观测结果。Jolly认为，“这依然是有关教育的孤证，只有对于人类观察者才是可以辨识的，因为人类一直在这么做。”《露西的遗产》，第301页。如果它如此少见，它怎么可能是某种类似教育活动的东西？**有能力**从事教育活动（有某些种传承下来的东西，而且有这样去做的欲望）的动物怎么可能不把它做得更好呢？一种能力应当有一种与它对于物种的生活方式的重要性相应的表达方式。用这个标准来检验，那么黑猩猩的教学是一种非常微弱的倾向，实践上对于它们来说几乎等于无。

及操控小物体的出色技巧，但是，大猩猩并没有制作或使用任何“工具”。❶科特兰特承认了黑猩猩的工具，但否认黑猩猩的工具可以揭示人类工具的进化。我的看法则是，在严格的意义上，黑猩猩的工具根本不是**工具**。如果黑猩猩的行为与人类的工具**使用**并不同类，那么，它的制品怎么可能与工具同类？

或许有人认为我在强词夺理。“你究竟怎样称呼它——我们大家都承认其**发生**的黑猩猩的行为——又有什么要紧呢？”然而，正如古多尔和其他学者所强调的那样，对工具的判定隐含了我们究竟如何自我理解。把黑猩猩手中之物视为工具，这要求观察者掉头不顾我们所知道的工具的所有特点，并假定黑猩猩手中之物与工具之间的差异无关紧要。然而，一旦我们加以注意，就会看到两者之间有很多重大的差异。在黑猩猩的工具里，没有对管理有所助益的东西，没有形制，没有精密的技巧，没有来自定向实践的制品特质，也没有意图的社会补充性。像互惠、成就、管理和教育这样一些特性并不是工具使用基本范式的附带特征。毫不夸张地说，它们是工具的生存环境。因此，黑猩猩工具只是一个神话。我们不能说，凡是可以从手边抓到以解燃眉之急的任何一件东 209
西都是工具。如果离开了可以确保工具的形制—关联脉络（form-context）不断复制的文化，那么工具将不可能存在。工具之为工具，不是因为它的形制或效用，而是因为其形制的效用可以在一个更宽泛的人化

❶阿德里安娜·科特兰特（Adriaan Kortlandt）：“野生黑猩猩和早期原始人类的石制工具使用”（The Use of Stone Tools by Wild-Living Chimpanzees and Earliest Hominids），载《人类进化杂志》（*Journal of Human Evolution*）15（1986年）：第77、125、126页。米森是另一位怀疑者；参见《心灵史前史》，第五章；以及“心，脑和物质文化”（Mind, Brain, and Material Culture），载卡鲁瑟斯、查姆伯莱：《进化与人类心灵》。关于大猩猩的手，参见内皮尔：《手》，第58、76页。科特兰特认为，几内亚波叟（Bossou）东部的黑猩猩是从人类那里学会砸坚果，尤其是现在已经知道，它们对石头的使用在它们与人类接触之后的创新：合适的石头到处都有，但它们只有在经由农业的揭露之后才是生存性的。他还提醒注意“把现代人及其祖先黑猩猩化”的倾向，也就是说，把灵长类动物学的研究主体看作“早期原始人类行为与社会生活的模型。这种人与黑猩猩古时同形同性论从来没有帮助我们洞见黑猩猩和人类（包括已经灭绝的原始人类）之间的根本差别。”（第89、108、115、126页）

物与社会互补行为体系中得以实现。

在结束本节讨论之前，我们稍稍注意一下一个相关的神话，一个“广为人知的事实”：看起来，人与黑猩猩之间的基因差异非常之小。其数值在1.2%到1.6%之间。如果这里的较小值是正确的，那么，黑猩猩就更接近人类而不是接近大猩猩。[1]不过，我们得问问，两者的差异是否真的这么小。1.2%的基因差异意味着约60万个核苷差异，这为重要的变异提供了很大的空间。另外，这个看起来很小的数字是通过精心挑选的基因组样本之间的比较得到的。“如果你超出样本而考虑DNA整体，”一位研究者指出，“人与黑猩猩之间可以有3200万个核苷差异。当然这只是一点点信息。”[2]尤其是当我们考虑到，发展时机中细小的基因变化可以在成年期导致巨大差异。[3]不妨再考虑一下，任何一个基因的效用如何依赖于可能位于基因组任何一处的其他基因。同一个基因可以有不同的效用，这得看有哪些其他基因存在或活动着。对于眼睛的发展来说，**同样的基因**存在于鱿鱼、苍蝇和脊椎动物——一切有眼睛的动

---

[1] 文森特·萨里希（Vincent Sarich）、艾伦·威尔逊（Alan Wilson）：“原始人类进化的免疫学时标”（Immunological Time Scale for Hominid Evolution），载《科学》158（1976年）：第1200—1203页；以及查尔斯·西布利（Charles Sibley）、约翰·阿尔奎斯特（John Ahlquist）：“人类发展史上的DNA杂交证据”（DNA Hybridization Evidence of Hominoid Phylogeny），载《分子进化杂志》（*Journal of Molecular Evolution*）26（1987年）：第99—121页。

[2] 查尔斯·西布莉（Charles Sibley），引自戴塔·威利斯（Delta Wilis）：《原始人群》（*The Hominid Gang*）（纽约：企鹅维京，1989年），第289页。在进行交叉物种的比较时，我们比较的是核苷基础对子，任何基因包含了数千个这样的东西。“两个基因要真正做到一模一样，数千个基础对子中的任何一个都必须一模一样。如果估算一下这种精确相似的基础的比例的话，那么，人与猿的基因中有四分之一到三分之一是不同的。取自两个不同个体的人类细胞在基因上可能相差几个百分点。”乔治·C.威廉斯：《自然中的计划与意图》（*Plan and Purpose in Nature*）[伦敦：怀登菲尔德&尼科尔森（Weidenfeld & Nicolson），1996年]，第45页。

[3] 一位研究起源的学者强调了这一点。“在活化作用的时机上的微小差异，或者在单个基因活动的层面上的微小差异，能够从根本上对控制胚胎发展的系统产生相当大的影响。人和黑猩猩在有机体层面的差异可能主要源于一些调整系统的基因变化，而氨基和替代物一般说来在主要的适应变化中很少是重要因素。”M. C. 金（M. C. King）、A. C. 威尔逊（A. C. Wilson）：“人类与黑猩猩两个层面的进化”（Evolution at Two Levels in Humans and Chimpanees），载《科学》188（1975年）：第114页。

物，不管它没有透镜、还是有很多组或一组透镜。❶因此，用一个看起来很小的数字来说明两个物种的基因差异是没有意义的，除非我们知道——实际上我们却不知道——这点“小”差异如何同基因组的其他部分、细胞的其他部分以及世界的其他部分相互作用。

人与黑猩猩之间的基因差异很小，只有那些不理解这个数字是如何得到的人才会相信这一点。援引这样一个数字，同时却没有说明何种约定允许了它的计算法，这就等于什么也没有说。如此这般大谈“基因”，仿佛已经说出了什么重要的东西——只有那些不知其所谓的人才会这么认为。

第六节　培育知识

前面提到了一个时间间隔：从现代人把自己在生物学上确定为一个非洲物种，到出现现代人的第一个硬性证据，或者说现代文化。目前发现的最古老的现代人化石距今 12 万—13 万年。在接下来的 8 万—9 万年，只有骨骼使我们区别于尼安德特人和更早的原始人类，我们和它们 210
共享着交叉重叠的生态环境与技术文化。4 万—5 万年前，随着非洲石器时代后期（African Late Stone Age）和欧洲旧石器时代晚期（European Upper Paleolithic）的到来，所有这一切得到了永远的改观。这种新的文化视野不仅包括现代人在掌握知识与人化物上的能力大爆炸；最重要的是，这样一种文化得以存活、传播并最终成为共同的人类遗产。

“石器时代晚期”这个术语指的是欧洲中西部发现的一系列以石

❶古尔德，“达尔文基础主义”，第 35 页。基因是交互式存在的，并且不会对自身产生影响，这并不是新发现。正如恩斯特·迈尔（Ernst Mayr）所说，“生物体的每一个特征受到所有基因的影响，并且每一个基因都影响所有的特征”。《物种与进化》（*Species and Evolution*）（麻省剑桥：哈佛大学出版社，1963 年），第 164 页。这种看法仍然是对的，而且我们仍然需要它来反对关于“基因－为了”这或那的流行说法。

头、骨器和牛羊角等为材料的人化物，距今1.5万—4万年（“石器时代后期”则是指与此时代大略相当的一种非洲文化）。[1]这些人化物属于克罗马农人、肖维和拉科斯岩画艺术家以及最初的欧洲现代人。目前发现的最古老的石器时代晚期遗址位于保加利亚，距今4.3万年。接下来就要数西班牙北部的一个遗址了，距今3.7万—4万年。这两个最古老的遗址分处欧洲大陆南北两端，这表明，石器时代晚期文化风行全欧洲，当时那里已经是尼安德特人的殖民地。虽然我们同这些毛发发达的兄弟共同生活了至少1.5万年，石器时代中期（尼安德特人）与石器时代晚期（现代人）的人化物之间并不存在连续性。[2]欧洲尼安德特人有高度发达的工具文化，它自打几十万年前出现以来就一直无甚变化。但是，克罗马农人几乎把我们在下至20世纪的猎人—采集者那里所能找到的一切工具都带到了欧洲——或者是由他们飞速创造出来的。石器时代晚期的人化物，无论其质量、多样性，还是其出现的突然性，都足以令人惊叹不已；同时还有一些迹象（前所未有）属于正在进行的实验创新、在以往知识的基础上制作生产新的、与环境变化相适应的人化物。[3]

---

[1]下面两本著作对石器时代晚期文化有很好的概述：格雷厄姆·克拉克（Graham Clark）：《中石器时代的序幕：史前古代世界从旧石器时代到中石器时代的过渡》（*Mesolithic Prelude：The Paleolithic-Neolithic Transition in Old World Prehistory*）（爱丁堡：爱丁堡大学出版社，1980年）；John Pfeiffer：《创造性的爆发：艺术和宗教的起源探究》（*The Creative Explosion：An Inquiry into the Origins of Art and Religion*）（纽约州伊萨卡：康奈尔大学出版社，1982年）。Marcia-Anne Dobres讨论了旧石器时代晚期在器具设计手工技术和修理方法等方面在地理上广泛的多样性。她发现，“不同地方实行的技术操作和策略具有超乎寻常的多样性。”她还对精心掌握或很难掌握人化物可能具有的社会重要性进行了评价，精心掌握或很难掌握人化物是这种技术文化的一个显著的特征。比如，叶状燧石刀片。《技术的人类学视角》（*Anthropological Perspectives on Technology*），迈克尔·布雷恩·席弗尔（Michael Brain Schiffer）编［阿布奎基（Albuquerque）：新墨西哥大学出版社，2001年］，第47—76页。

[2]晚至距今28000年，西班牙察法拉亚（Zafarrya）仍有尼安德特人存在。詹姆斯·施里夫（James Shreeve）：《尼安德特之迷》（*The Neadertal Enigma*）（纽约：埃沔，1995年），第342页。一些学者认为，所谓的查塔佩龙工业（Chatalperronian Industry）是尼安德特人在旧石器时代晚期的作品。

[3]米森：《心灵史前史》，第169页。米森不以为然地提到，现代人类“文化爆炸”只出现于人类“诞生至少4万年以后”（第151页）。神经心理学家迈克尔·科尔巴利斯同样不以为然地提到，“石器的多样化和复杂程度变化微乎其微，至少与接下来的巨变相比是这样的——在脑容量达到最大值**之后**。”《单一化的猿》，第306页。

约4万年前突然出现的技术文化最终向全球殖民，它把现代人类带到了早先人类从没到过的地方，其中包括美洲和南太平洋。蹊跷的是，我们可能5万、6万或1万前年就这样做了，但就是从来没有想到它。似乎曾经有某种东西突然大白于世，一朵首次绽放在石器时代晚期的火花。4万年前，我们这一边的现代人知道了什么解剖学（或遗传学）意义上与我们无甚区别的种群所不知道的东西？他们发现并开始培育自己的技术才能，而且还懂得了知识。从对知识（其效力）的经验出发，他们懂得了偏爱卓越的人化物，也就是说，他们懂得了风格、艺术、美 211
丽、优雅、创造、精通和精致。他们知道了一个庇护性的人化物比以前任何时候都更加丰富的世界。他们还知道，生活在这样一个世界里，这是他们所能想到的最合意的生活了。

我们获得感知和人化物的超越成就，即艺术与知识的能力并不是来自随机突变、自然选择以及为生存而竞争的自私基因的编码。现代人类的出现与最初的现代人类文化之间的鸿沟证明，后来很多重要的文化品格在现代人类的突变过程中丝毫没有发挥作用。现代人类文化起源于对偏好的培育——人们所爱做的那些事“进化”并没有迫使他们去做，相反，他们发现他们**能够**做这些事，相对于他们**曾经**的进化方式来说，非常棒。人们开始理解、偏好并培育这些品质，视为良好的设计，精致的作品，成就精通、艺术和知识。不同于其他任何原始人类，包括生活在最初5万年（或更早些）的现代人类，人们开始把他们的环境重整为人化物，用他们的知识把它变成为我之物，并发现这样做的结果非常合意。后来，农业和城市不断重复这种样式，其强度和重要程度越来越多。

我们或许可以争辩说，从最初所谓的解剖学意义上的现代人——他们跟我们肯定有化石记录之外的差异——到石器时代后期或旧石器时代晚期的现代人，其间必定有进一步的生物学意义上的演化。这正是古人类学家理查德·克莱因（Richard Klein）的论点。**必须**进一步的演化，一直到人们开始像现代人那样行为。“文化的黎明”**必须**是一次生物学事件，由一些未知的、没有记录在化石之中的、无法独立证实的突变所引发。克莱因认为，文化之所以在5万年前出现，“最有可能的原因”是“一种基因突变促进了完全现代的人脑。这一突变可能发源于一个东非小种群，它所赋予的进化优势使得这一种群不断壮大、不断扩张”。他承认（他必须承认），“在5万年前左右的头骨中，我们看不到任何东西可以证明曾经发生过神经系统巨变”。他的假说之所以可取，是因为它“节俭”。它最经济（即最保守）地解释了物证。5万年前，解剖学特征和行为的进化前后相随，且非常缓慢；后来，解剖学特征稳住了，而文化的变化加速进行。“对此的解释是，神经变化促进了现代人类非凡的创新能力——还有比这更好的解释吗?”[1]

212 很多因素使我反对这种看法。首先，我们可以在非洲看到一些远比旧石器时代晚期文化久远，但却足以与之媲美的文化遗址。[2]最出名的遗址是距今7万年的豪伊森要隘（Howieson's Poort）（南非）。一位权威（保罗·梅拉斯 [Paul Mellars]）曾经说过：“如果我不知道它来自何时何地，我将毫不犹豫地把豪伊森要隘归入旧石器时代晚期。”然而，他们所取得的成就既没有流行也没有延续，而是最终被一种实际上只相当于尼安德特人水准的文化倒退所取代，这一点大概可以排除特别的基因推动。年代更早一些的遗址在刚果（卡坦达 [Katanda]），那里旧石器晚期风格的骨制品距今9—15万年。[3]他们的成就既未流行亦未延续，这一点并不意味着他们不可能是我们，生物学意义上的现代人，处在我们文化的零起点上。

正在讨论的时间间隔也反对进一步演化的说法。如果一个世纪等于2.5代人，那么，5万年不过1250代人，这似乎还不足以出现一个基因成熟的新物种。[4]另一个困难关系到克莱因猜测所要求的突变的性质。

---

[1] 克莱因和埃德加：《人类文化的黎明》，第24—25、271页。

[2] 施里夫：《尼安德特之迷》，第216—217、259—263页；卢因：《现代人类的起源》，第125—128页。

[3] 克莱因和埃德加：《人类文化的黎明》，第242页。

[4] G. C. 威廉斯（G. C. Williams）认为，人脑通过70代人的发展翻一倍在理论上是可能的。《自然选择：范围，程度，挑战》（*Natural Selection: Domains, Levels, Challenges*）（新泽西州普林斯顿：普林斯顿大学出版社，1992年），第132页。

它必须影响到神经系统，而首先就是大脑。但我们知道，无论是大脑能力还是其外形都不能对此负责，既然我们可以把6万年、7万年、9万年和12万年前的头骨跟我们自己的头骨进行比较。这样一来，克莱因不得不承认，“促进了完全现代的人脑的幸运突变”必定曾经是“严格组织性的”，它不仅改变脑的大小或形状，而且改变它深层的内在组织。[1]

一些补充性的因素也反对这种可能性。一方面，前面已经提到，大脑变化是高度受限制的，而神经系统的进化也有着明显的保守性。另一方面，不管用什么方式，基因信息在相当大的程度上无法决定内在组织。埃德尔曼（Edelman）和迪肯证明，内在组织主要由表型的解剖学特征所决定。将1400立方厘米的神经元倒入一个和我们一样的头骨里，再将头骨放到一个和我们一样的身体上面，然后把身体置于一个和我们一样的（社会）环境中，这样一来你就得到了一个和我们一样的神经组织，你就得到了我们中的一员。但是，你不必得到技艺或复杂的技术，因为这些东西依赖于那些显然不必专为我们的生存而作的偶然选择。我们最初的6万年证明了这一点。假说中的突变会是什么呢？不是大脑的形状或脑容量，它们早6万年就已经定下来了，也不是内在神经组织，它主要不是处在基因的控制之下。

我们不应当假定，凡是像“文化的黎明”这样重大的事件肯定有一个生物学起因。文化的黎明完全不是一个生物学事件，这在生物学上是可能的。它完全可以是由一个进化过程中的拱肩的迟到表达（发现，偏好）所喷发的系列后果。如果承认现代文化不是适应性的，而是在生物学事实之后超乎适应的现象，那么，就没有必要假设一种无法证实的基因突变。这不是跟克莱因的方案同样节俭吗？我认为，对当前物证的最好解释如下：大约从10万年前开始，最初的解剖学意义上的现代人在进化生物学的意义上**就已经跟我们一样**，但是，只是到了如4—5万年 213

---

[1] 克莱因和埃德加：《人类文化的黎明》，第270、272页。

前他们才**像我们一样行动**。既然在说“像我们一样行动”时我们进行比较的东西是人化物，既然人化物是知识的单元，那么，正确的结论似乎是：现代人的知识能力是一个进化过程中的拱肩。

人化物文化是知识的维度或母体，知识扎根于这个领地，并在其中得到培育和成长。在某种程度上，在知识耕作于其上之前有某种领地或物质（人化物）。知识之前的人化物就像是野谷变成最初的庄稼之前的状况。东非裂谷（Rift Valley）的奥尔德沃工具，目前发现的最古老的工具，很有可能出于最初的人类的制作，它们展示了在知识文化中可能的零点是什么。我们不能说这些最初的人类压根儿不关心知识，因为这些最古老的工具似乎表现出了对适合于它们的石器的材料与形制，这一点隐含了某种东西，尤其是如果它是由教化而来。对用途的分析发现，它们运用这些工具来制造其他工具，比如，运用石片削棍子，这里隐含了不同材料之间的对照评估，以及一者怎样才能改变另一者。但它们没有资源也没有必要将这一发端继续往前推进。

形成最初的解剖学意义上的现代人的稳定种群，这一步花了200万年。虽然从生物学意义和遗传学意义上说他们是“现代人类”，但他们的人化物，至少刚一开始，并不是“现代人类”的人化物。我们显然有义务从一种并不是出于我们的创制、而是从早先的人种那里继承而来的文化起步。要把这种文化弄得早先的原始人类更丰富一些，这需要时间，需要费一番周折。对于新人种来说，早先的文化是生态资源，如同野谷的情形；人们必须劳作其上，教化它，培育它，只有这样，才可能发现知识的潜能并让它释放出来。在相当程度上的知识出现之前，已经存在着人化物，但是，只有知识才让人们得以不断劳作于人化物之上并培育作为能力。

人们常常设想，大约10万年前，成熟的现代言语和最初的完全意义上的现代人类一起出现。然而，有学者认为，语言只是到了旧石器时
214 代晚期才出现，距今只有4万年，因为旧石器时代晚期文化是最早的这样一种文化：它的人化物（工具和技艺）只有预设了语言才能够得到解

释。❶按照这一论点，旧石器时代晚期的技术文化不仅需要言语，而且还是由它所推动；我们开始商谈，**然后**才成为精通技术的技艺家。可能性更大的情形似乎是，高度复杂的人化物所需要的东西正好是语言所需要的东西；或者更确切地说，提升它的，是语言所提升的东西——社会互补行动体系——促进它的，是促进语言的东西——额叶前部皮层（pre-frontal cortex）。现代人化物的出现不是**因为**我们开始说话或处于语言的监护之下。但是，言语所提升的东西——约定与社会互补体系——对于一个高度中介化的工具与人化物体系来说是必不可少的。如果技术文化得益于语言所提供的社会互补通道，那么同样可能的是，语言和符号思想得益于技术文化所提供的扩展的指称意图。

因此，和语言条件一起建立起来的，是一个推动技术起飞的装置，但只是一个装置，一个还需要很长时间才能发挥潜力的拱肩。知识或许是适应性的——它当然庇护我们——但它不是一种基因适应能力，不是自然选择或生存竞争的结果。我们发现我们制作人化物的决窍远在以下事实之后：我们发现，我们更喜欢知识使之成为可能的那种生活。我们开始培育知识，不是因为我们不得不如此，而是出于审美之故，因为它在当时看起来更加合人的意，也没有去考虑那些想像不到的后果。

世上只有一个人种栖居，只有一种人类行为模式——这样的时光从未有过。❷对于人类来说，存在差异乃是正常的情形。解剖学意义上的多类型和遗传学意义上的多形态，这是我们的宝贵资源，它带给我们力量。进化过程中的气候条件和地球物理条件留在人类基因中，它们带给我们渴求稳定性的激情，以及在控制程度越来越高的条件下谋求稳定性的独创能力。作为旧石器时代晚期的文化气质，知识培育追求一种自然

---

❶威廉·诺布尔（William Noble）、伊恩·戴维森（Iain Davidson）：《人类进化、语言和心灵》（*Human Evolution, Language, and Mind*）（剑桥：剑桥大学出版社，1996 年）。

❷关于人类的可塑性，克莱因：《人类的事业》，第 348 页；约翰·怀默（John Wymer）：《旧石器时代》（*The Palaeolithic Age*）（纽约：圣马丁出版社，1984 年），第 272 页；理查德·勒旺廷：《人类多样性》（*Human Diversity*），第二版（纽约：美国科学图书馆，1995 年）。

选择所抑制的适应能力。城市以及全球范围内的城市文明是在此方向上努力攀登的顶点。时下，我们的处境是，全球城市网络和人类生态具有共同的外延。在此过程中，我们已经让人类生存前所未有地依赖于知识的成就。

所谓知识“培育”，我指的是，转向知识及其人化物，把它们视为由被培育的作为能力所构成的领地。为了回应所遭遇的麻烦，我们极大地提升了对我们赖以为生的资源的控制能力。知识与农业的比照不是一
215 个比喻的说法。农业同样出于对一种新的生活方式的偏好，而且是后起的、更加专门化的例子。对一种新的生活方式的偏好无可挽回地改变了后代的选择。如果过去曾经有过选择，那么现在可能就不再有了，它可能累加成重荷。换言之，到了 21 世纪，我们已经处于一个相当危险的境地。关于知识的偏好与培育、关于土壤或者关于城市生活，我们已别无选择。它们对于我们来说是已经全球化的现代人的生态环境，并且，它们界定了我们理解知识的终极境域。

第二章
知识的文明化

保存我们现有的文明，这看似简单，实际上却最为复杂，并且需要无数精微的能力。

——何塞·奥特加·伊·加塞特

“文明”（civilization）这个词，更多地被用于修辞的浮夸而不是用于哲学的论证。本章将从两个角度解释我的文明观：一是通过对启蒙运动及社会科学思想的某些主题的批评；一是通过对相关概念的讨论，其中包括农耕文化（agriculture）、建筑（architecture）和城市生活（urbanism）。这些讨论的要点在于，阐明文明这一概念在多大程度上有助于建构知识理解的终级境域。 217

“文明”是一个相对晚近的词，它始于18世纪，当时“文明”及其同源词几乎同时风靡英格兰、法国和德国。19世纪，它开始带上明显的意识形态色彩。作为欧洲殖民运动的口号，它浓缩着欧洲与殖民地——即使不是更宽广的世界[1]——之间的一切区别。这个词因而显得离奇，

---

[1]参见约翰·拉菲（John Laffey）：《文明及其不满》（*Civilization and Its Discontented*）［蒙特利尔（Montreal）：黑玫瑰图书（Black Rose Books），1993年］；亦可参见费尔南德·布罗代尔（Fernand Braudel）：《文明史》（*A History of Civilizations*），理查德·梅恩（Richard

218 且日渐陈旧，最后完全不适合于哲学思考。不过，即便不看它在欧洲殖民运动之前的用法，我们也可以看到，有一批更早的在词源上交错重叠的同源词，其中包括“civility”、“citizen”、“city”、“civitas”、“civilizé”、“polis”、“politike”和“policé”。这组词的语义关联使得“civilization”这个英文词可以很明白地表达与城市（city）相关的效果、人化物、风气和文化，包括与教养（civility）和市民身份（citizenship）相关的活动，以及一切文化的教化（civilized refinement）。

文明预设了城市。城市，而非民族或国家，是不断滋养教化活动的母体，因而也是不断滋养文明的母体。文明的历史就是城市的全球史，其中包括一切重要的城市人化物，它们是4万年现代人类文化中最复杂、最有效的作品。炫丽文明的中心或许可能在形而下可见的意义上被移离地理位置上的城市［比如，法国克卢尼修道院（Cluny Abbey）］，但这并没有把它们置于城市网络之外，或者说，使它们独立于城市网络。修道院或封建庄园通常处在城邑之外，但如果细加分析便不难发现，其间生活的教化成分无法摆脱城市的历史与体系。克卢尼修道院的生活本身就是一种城市人化物。远离“尘世”就是离开城市——它的诱惑、放荡和纷扰。因此，修道院生活以城市为前提，它是城市文化的一种人化物。

按照这样的思路，文明不关心种族问题。希特勒和纳粹跟生化武器一样是“教养”的产物❶。当然，纳粹主义和生化武器都违反了文明概

Mayne）译（纽约：企鹅，1993年），第一章。在《国际社会中的“文明”标准》（*The Standard of "Civilization" in International Society*）（牛津：牛津大学出版社，1984年）一书中，格里·贡（Gerri Gong）证明，所谓的标准“倾向于保持一种欧洲标准，如果不说欧洲文明的标准的话”。同时他也证实，“标准（不管以什么名字出现）不是一个概念，也永远不会过时。某种文明标准将保持任何一种国际社会的特征：既有文化多样性与多元性，同时又存在着等级序列和无政府状态”（第22，248页）。这种文明的宽容是与城市的兴起相伴随的城市特质的重要组成部分，而且，它对于全球城市生活的条件来说仍然关系甚大。

❶“文明在它的物质与精神产物中现在包括死亡营房和穆斯林。”理查德·鲁本斯坦（Richard Rubenstein）、约翰·罗思（John Roth）：《走近奥斯威辛》（*Approaches to Auschwitz*）（旧金山：SCM出版社，1987年），第324页。“在充分保持我们关于自己的文明所知道的一切（它的指导精神，它的优先性，它对世界的内在看法）这个意义上，大屠杀的每一种因素……都是正常的。”齐格蒙特·鲍曼：《现代性与大屠杀》（纽约州伊萨卡：康奈尔大学出版社，1989年），第8页。

念所包含的精微之处——有关教养与城市特质（urbanity）的精微之处。除了城市人化物之外，文明还具有运用城市人化物并在城市人化物之内的实践活动的品质。一方面是个人举止、情感和品味诸层面的教养，另一方面则是法律、道德和艺术的教养实践，这两方面的互利共生态势马上给城市带来建筑成就和伦理成就。文明正是在这些**必要的城市母体中**展开的教养的实践与历史。文明是一种效果——人们培育并享受着城市里的各种复杂事物与专门化成就，而这些新生命得以展开的母体和护壳则是城市的建筑。文明有一半是建筑，其他则是享受和培育建筑所暗示和庇护的东西。

最初的城市出现之前，人们已经积累大量资源，其中包括旧石器时代晚期以及数千年来农耕文化所取得的成就。按照定义，这些城市出现之前的人们没有文明。我们另外需要一个词来刻画使他们如此有成效的东西。我称之为**文化**（culture）。我们可以用文化来理解维持任何人类共同体的整个人化物体系。在此意义上，文化和人种、语言或原始语言一样古老，远比我们现代人这一迟来的物种古老。对 219
于现代人来说，文化已经像淡水一样不可或缺。人化物的文化生长于我们的骨肉之中；我们生来就处在文化之中；对于我们，文化**就是**本性。

因此，文明与文化极不相同。凡有人的地方就有文化，而文明则是那种为城市所特有的文化的品质。在城里，无论是需要还是怪念头都是通过追求和发明城市生活的种种可能性来得到探索与阐明。我们所理解的文明隐含了对康德、孔德、斯宾塞等人的文明观的批评。他们认为，有一种文明（当然是欧洲文明）是普遍历史的极致。孔德梦想着“全人类**不间断**地朝着一个普遍而统一的终极王国挺进”。对于斯宾塞来说，“尽管文明是人化物的，它仍然是自然的一部分，如同胚胎的发展和花朵的开放。人类已经经历和正在经历的改进起源于一条为整个有机创造奠基的法则……文明的进程不可能是它已经所是的样子之外

的样子了。”❶

这种目的论色彩的文明观没有理解世界各地城市文明之间的差异。虽然都是文明的范例，但它们不能被摆放在一个发展连续统之上，更不必说把这个连续统的命中注定的改进程度锁定在欧洲的北大西洋边缘地带。既然我坚持主张城市造成差异，所以自然也拒绝相反的观点，即把“文明”等同于几乎任何一种文化成就的倾向。根据其中的一个版本，“当一个可行的生活体系，即人与自然之间的恰当关系相应于给定区域的特性而建立起来的时候”，文明据说就开始了。“一个永恒且普遍的生活方式形成了，它把一个区域特有的生态系统同人类居民的需求合为一体——这时，文明开始存在。”❷我的反驳是，这样的用法把**文明**变成一个与**文化**同义的多余词汇。这种文明概念所理想化的生态平衡不是稀有之物，相反，我们在非工业化、尤其是前农业的社会中经常见到。而我所理解的文明，即城市网络及其文化，总是发现生态平衡难以维系。❸

---

❶孔德，引自玛丽·皮克林：《奥古斯特·孔德：思想传记》（剑桥：剑桥大学出版社，1993 年），第 1 卷，第 283 页；赫尔伯特·斯宾塞：《社会统计学》（*Social Statics*），引自 J. D. Y. 皮尔（J. D. Y. Peel）编：《赫尔伯特·斯宾塞：一位社会学家的演化》（*Herbert Spencer*：*Evolution of a Sociologist*）（纽约：基典出版社，1971 年），第 101 页。在孔德看来，文明有三个向度——科学、美术和工业，它们分别关联着哲学的三项，即美、真、善，以及高尔（Gall）所说的大脑的三个部分。

❷安田喜宪（Yasuda Yoshinori），引自理查德·鲁格雷：《失落的石器文明》（*The Lost Civilization of the Stone Age*）[纽约：触石（Touchstone），2000 年]，第 30 页。在此意义上，鲁格雷才能说“石器文明”。把文明等同于一种生态秩序，这让人想起赫尔曼·莱因海默（Hermann Reinheimer）。在讨论如此丰富的生活形式的复杂多样性时，这位达尔文的批评者不断提及“一种真正的有机文明”。《共生起源：进步演化的普遍法则》（*Symbiogenesis*：*The Universal Law of Progressive Evolution*）（1915 年），引自简·萨普（Jan Sapp）：《古代文明的演化》（*Evolution in Ancient Civilizations*）（纽约：牛津大学出版社，1994 年），第 64 页。

❸参见 J. 唐纳德·休斯（J. Donald Hughes）：《古代文明中的生态》（*Ecology in Ancient Civilizations*）[阿尔伯克基（Albuquerque）：新墨西哥大学出版社，1975 年]。文明从一开始就面临着资源损耗和生态恶化的问题；参见兴·C. 丘（Sing C. Chew）：《世界生态恶化：积累，城市化和森林采伐，从公元前 3000 年到公元 2000 年》（*World Ecological Degradation*：*Accumulation*，*Urbanization*，*and Deforestation* 3000 *B. C.* -*A. D.* 2000）[加州沃尔纳特克里克（Walnut Creek）：阿尔塔米拉（AltaMira）出版社，2001 年]。

把文明理解为文化，费利普·费尔南德斯－阿梅斯托（Felipe Fernández-Armesto）在这方面提供了最丰富的资源。按照他的界定，文明是“一种关系：一种与自然环境的关系，即，通过文明化冲动，重新加工自然环境以迎合人类的需求”。文化“根据他们试图改变其自然环境的程度”而被文明化。因为这种改变在某种意义上是我们的普遍习性，所以凡是有文化的地方都会有一点儿文明，“没有一处适合人居的环境是绝对非文明化的”[1]。关键点在于，“文明自己创造栖居地”，人类的 220
栖居地“的文明化跟它与未经改变的自然环境之间的距离与差异直接成比例”[2]。我仍然要反驳说，文化（及其人化物）自然要改变环境。那是文化之所为，是文化的人化物的人化物，是文化所庇护的方式。它是前人类环境与人类栖居地之间的差异。人类栖居地总是社会的、文化的、由人化物起中介作用的栖居地，人们就在这里追求他们所理解的精神上与物质上的舒适与偏好。[3]把这种品质选挑出来赋予严格意义上并非中立的术语“**文明**”，这实在没有什么意义。我们没有必要为“文化”再找一个词，尤其不能是“文明”，因为，如此这般理解的“文明化”冲动和城市化的实践之间并无关联。

不妨看一看费尔南德斯－阿梅斯托所给出的一个处于文明起点的例子：19世纪人种学者所描述的马来西亚北部的毛肯（Mawken）人。毛肯人“必须适应环境，而不是试图重塑环境以适应他们自己的目的……一些共同体在干燥的陆地、人迹罕至的岛屿和山岙站稳了脚根，他们在那里搭建棚屋，紧急时可以退入其中。但是，他们大多数人——按照

[1] 费利普·费尔南德斯－阿梅斯托（Felipe Ferá ndez-Armesto）：《文明：文化、雄心与自然的变迁》（*Civilizations: Culture, Ambition, and the Transformation of Nature*）（纽约：西蒙－舒斯特，2002年），第14、15、31页。

[2] 同上，第3页。

[3] “如果在通常的意义上理解‘猎手和采集者’这个词的话，那么，两百万年来人类从来没有成为纯粹的猎手和采集者。不过，人类一直以增加食物供应的方式掌控着自己的环境。”科林·图哲：《尼安德特人、强盗和农夫：农业是如何真正开始的》（*Neanderthals, Bandits and Farmers: How Agriculture Really Began*）（纽黑文：耶鲁大学出版社，1999年），第16页。

[人种学家] 怀特（White）的计算，他们的成员至少有五千——以船为家，完全生活在海上”。费尔南德斯-阿梅斯托把他们的生活称作“文明的反题：行为完全听命于自然，存活完全靠自然的仁慈，这些海上种族谦恭地顺从自然”[1]。然而，我们很难称之为文化的反题，而且对于它的效力来说，文化物的网络至关重要。毛肯人的生活无疑很艰难，然而，人们以船为家，完全生活在海上——就在这样的描述背后，暗示了以人化物为中介的行为，如果不是因为这类行为，生活可能根本就过不下去了。尽管这个例子中“文明”如此之少，我还是看到了如此之多的文化和人化物，以及如此有效的技艺（art，technē）。尽管这里的人们处于教养的最低点，只能被动接受“环境”抛给他们的东西，我还是看到了一个知识虽然很少却能做很多事情的例子。

在我看来，费尔南德斯-阿梅斯托的工作与其说是研究文明，倒不如说是研究世界文化的生态史。从这样的视角出发，城市当然只是一种可能性，城市化仅仅是改变环境的一种方式。但我认为，有某种东西把文明同只要有人的地方它就存在的“文明”区别开来了。我认为，它就是由城市所造成的差异。它跟文化一向的作为到底有多大差异？在一种意义上，没有多大差别。城市化乃是人们一直在寻找的东西的极致：通过人化物行为克服不稳定以求得安全，通过建立一个以技术为中介的行为体系以
221 创造一个可以预测的栖居地。然而，城市又有与众不同之处。它们对于文化来说是新的设置和新的视阈，每一座城市对于城市特质这一历史伟大主题都是一个突变。目的论色彩的文明观（孔德，斯宾塞）一方面误解了他们所定格的文化，后者其实只是城市文明中的一种可能性；另一方面，它的文化概念又忽视了文明这种文化的差异，那是由城市所造成的差异。

文明既非有机发展，亦非内在趋势。现代人成为城里人（“为文明所化的”实体），这就像现代人驯化犬类或从事耕作一样，并不具有必然性。然而作为一种进程，不管多么偶然，城市化已经被建立起来，并

[1] 费尔南德斯-阿梅斯托：《文明：文化、雄心与自然的变迁》，第300页。

且依然在加速推进，现在地球上的城市人口已经占到一半。一座城市不仅仅是一个地方。它的效果将远远超出形式上的周界。城市化意味着人们涌入城市，而城里的人化物（包括信念和欲望）流溢到内地及其他城市。打一开始，城市就是一个装置，它生产复杂的人化物、前所未有的实验，以及技艺与知识之间富有成效的混和。对于我们来说，城市已经成为“现实”，我们无逃乎其间，我们的生活离不开它们。我们从来没有离开城市的腹地。1991 年的波斯湾战争——它宣告世界进入一个新的军事技术时代——展开于乌尔（Ur）的上空。

城市化不是一件事情。它是两种相互纠结的过程，实践与偏好的综合：一是城市化（urbanization），或者说城市体系；二是城市特质（urbanity），或者说世界各地长期存在的城市的气质与伦理文化。以后我们会进一步讨论城市及城市化与知识的关系。在此之前，我们先来看看几个与城市化有关的概念。现代主要的言论继续着一个早已出现的主题：否定城市化与文化的区分，低估城市生活，忽视城市带来的差异。

第一节　文明化进程

孔德很愿意运用社会学（这是由他发明的）将他所处的时代颂扬为高级文明，但是，方法论上的责难不允许后来的社会学家再来使用这样一个承担价值的概念。把文明概念重新引入社会学，诺伯特·埃利亚斯在这方面的工作非他人能及。当然，他拒绝了以欧洲为文明之极致的种族中心论。文明是一种进程，不是一种已经取得的状态，它允许退步，或者用埃利亚斯的话来说，去文明化（de-civilizing）。对他来说没有文明的起点，没有未开化者，没有野蛮人；文明化进程至少和我们这个物
种一样古老。然而，埃利亚斯的确认为，这一进程“朝向一个可以辨别 222

的方向——带着来回往复的喷发与反喷发”，虽然“没有任何长期的目标……只有方向是明确的”。❶他认为，这个方向就是日常生活中上升的安全度与可计算度，它们得到日益复杂的互相依赖的社会网络的支持：更多的人处于更微妙的关系之中，有义务给予他人更多的关注。文明是习性与规训，它们推动着社会复杂程度，以及由此而来的人类发展进程。

埃利亚斯所说的文明化进程发生在三个层面。在个体发展的层面上，它们与社会化进程相混和并带来能力的成熟。在历史社会的层面上，任何变化，只要它强化社会分化、提升冲动的内在化，或者促进暴力的制度垄断，那么它就算作文明化。因为任何社会都会在某种程度上做一些这方面的工作，所以不存在文明的起点，只是有些社会的进程比其他社会要快一些。“如果我们已经找到一个清晰准确的发展标尺，那么我们可以很有把握地说：‘社会A的行为与情感标准的文明程度要高一些，而社会B则要低一些。’”埃利亚斯以为，他已经找到了这样的发展标尺，它体现为影响的国际化、自我控制习性的教化、发达的相互依赖网络，以及对暴力的国家垄断。❷第三层面即教养的层面，它就像知识那样日积月累。现代社会所享有的文明绝对多于美索不达米亚甚至古希腊。

有些时候，埃利亚斯所描述的文明化进程看起来颇有点像福柯所说的社会的规训化。个体被弄成一个彬彬有礼、细致体贴、严于律已和深谋远虑的人，一个“为文明所化的”人，他精于算计，富于合作精神，外加“温良驯服”。然而在福柯那里，现代规训是历史的偶然，是西方特有的方式。它并不是非得发生不可；它并不是像埃利亚斯所理解的文明那样由一种居于底层的生物–社会发展进程（an underlying biosocial developmental process）所驱使。受了弗洛伊德爱与死的辩证法的启发，

❶诺伯特·埃利亚斯：“技术化与文明”（Technization and Civilization），载《理论，文化与社会》（*Theory, Culture & Society*）12（1995年）：第7、8页。

❷诺伯特·埃利亚斯：《论文明、权力和知识：著作选》（*On Civilization, Power, and Knowledge: Selected Writings*），斯蒂芬·门内尔、约翰·古兹布洛姆编（芝加哥：芝加哥大学出版社，1998年），第179页。

他把我们用于教养——礼貌，礼节，道德，羞耻与尊敬——的精力解释为本能的升华，这些本能不然的话就变为危险的反社会因素。

除了明确的引用之外，埃利亚斯的文明观受弗洛伊德的影响还要深一些。在一些关节点上，他完全采用了弗洛伊德的观点，虽然在形式上经过调理后更加符合学术界的口味。首先，弗洛伊德和埃利亚斯像早先的思想家如孔德、穆勒一样，认为文明的基础是我们通过道德法则和技 223
术所达到的与自然之间的距离。当19世纪在庆祝自己的“文明”之时，正是这种控制受到了人们的颂扬。在批评的矛头指向伪善——比如，把伦敦的穷人比作文明中的野蛮人——之际，受到质疑的只是文明已经达到顶点这样的论断，而控制或掌控的理想从未招致拷问。❶孔德说，“文明的稳步发展……将让我们的脾性屈服于我们的理性”。文明基于遵守纪律的内在化，以及动物冲动与本能的升华。它由两部分组成，“一方面是人类心智的发展，另一方面则是这种发展的结果——即，日益增强的人类控制自然的能力”，这里的自然首先就是我们自己的人性。对于孔德在英国的追随者J. S. 穆勒来说，“文明在每一方面都是针对动物本能的斗争。通过克服一些最强烈的动物本能，文明已经证明自己有充分的控制能力。人类的很大部分已经被人化，结果，他们的大多数自然倾向很少有记忆的残余。”❷

弗洛伊德亦有类似的看法：“我们无法忽视，文明在多大程度上建立在脱离本能的基础之上。”他也像很多人那样，认为“文明的首要任务，它真正的生存目的，是保护我们免受自然之苦”。按照这样的理解，人性（本能）至少要像气候或疾病那样得到控制。他用“文明”这

---

❶威廉·布斯（William Booth），救世军（the Salvation Army）的奠基者，追随探险家亨利·斯坦利（Henry Stanley）的著作《在最黑暗的非洲》（*In Darkest Africa*）（1889年），发表了著作《在最黑暗的英格兰》（*In Darkest England*）（1890年）。

❷孔德，载格特鲁德·伦齐特编：《奥古斯特·孔德与实证主义：基本作品》（纽约：哈珀&罗出版社，1975年），第265、37页；J. S. 穆勒：《政治经济学原理：著作集》（*Principles of Political Economy*, *Collectted Works*）（多伦多：多伦多大学出版社，1965年），第3卷，第367—368页。

个词（他明确拒绝把它跟“文化”区别开来）指称“把我们的生活同我们的动物祖先的生活区别开来的成就与规则，而文明的目的有二——其一，保护人类免受自然之苦；其二，调节人类的相互关系”。在此意义上，文化“栖居于两大支柱之上，一个是控制自然力，另一个则是限制我们的冲动”❶。

对于18世纪的卢梭和席勒来说，文明则是另一种关乎金钱与劳动分工的方式。生活的整体消失于我们自然存在的巨大、非自然的异化。我们成了自然的异乡人，或者说，流放者。黑格尔实际上在这种疏离的意义上**界定**文化：在他看来，它是一种将我们的存在撕裂开来的本体论上的二分（Entzweiung），“时代的文化”及其“哲学需求”即由此而滋生。在文化中，“绝对者的**表象**已经孤立于绝对者并且固结于独立状态。但另一方面，表象又不能忘本，因而，它必须努力把自身有限性的
224 方方面面建构成一个整体。”❷哲学为文化所做的工作正在于此：搞清楚对它来说任何不自由和看似偶然的东西，从而确证表象与实在的一致。“哲学探索的唯一目标，”黑格尔说道，“乃是**消除偶然性**。”❸在卢梭看来，“人性不会向后退，一个人不可能回到他已经抛弃的纯真而平等的状态。”❹不过，他也像黑格尔那样，认为这一损失可以经由更高的理性而加以克服。弗洛伊德对于现代理性则没有这几位哲学家那么乐观肯

---

❶西格蒙德·弗洛伊德：《文明及其不满》（*Civiliation and Its Discontents*）（哈芒斯沃斯：佩利坎·弗洛伊德图书馆，1985年），第十二卷，第292、278页；《一种幻觉的未来》（*Future of an Illusion*）（哈芒斯沃斯：佩利坎·弗洛伊德图书馆，1985年），第十二卷，第194页；“抗拒精神分析”（Resistances to Psychoanalysis），载《关于精神分析的历史性与解释性文献》（*Historical and Expository Works on Psychoanalysis*）（哈芒斯沃斯：佩利坎·弗洛伊德图书馆，1985年），第十五卷，第269页

❷G. W. F. 黑格尔：《费希特与谢林哲学体系之间的差异》（*The Difference Between Fichte's and Schelling's System of Philosophy*）（1801年），H. S. 哈里斯（H. S. Harris）、沃尔特·瑟夫（Walter Cerf）译（奥尔巴尼：纽约州立大学出版社，1977年），第89页（着重号为引者所加）。

❸黑格尔：《世界历史哲学讲演引论》（*Introduction to Lectures on the Philosophy of World History*），H. B. 尼斯比特（H. B. Nisbet）译（剑桥：剑桥大学出版社，1975年），第28页。

❹卢梭，引自恩斯特·卡西尔（Ernst Cassirer）：《启蒙时代的哲学》（*The Philsophy of the Enlightenment*）（新泽西州普林斯顿：普林斯顿大学出版社，1951年），第271页。

定。他把那种二分，即文化所体现的疏离视为不可避免的悲剧。我们被疏离于开端，在我们自己内部造成分裂，沿着本能与理性之间的裂纹有一种无可和调的分歧。“我们取得文明进步的代价是失去幸福。而且，既然文明自身的出现就像脱离于实在的逃逸，它甚至不能根据它跟真理的相关性而得到辩护。我们的文明程度越高，我们所遭受的痛苦似乎也就越多——在知识方面没有明显的增加。”❶

所有这些论述，从孔德到弗洛伊德、埃利亚斯，都包含了一个假设：如果我们能够去掉偶然性、约定性及地方性，从而抵达必要性、普遍性及自然性，那么我们就会看到，残暴的动物本性有害于社会存在。弗洛伊德在《文明及其不满》中说，“侵犯的倾向”是“人类中一种本源的、自持的本能特性”。它的强烈欲望很危险，是“文明的最大阻碍”。❷伊莱亚斯的论述与此略有不同。在弗洛伊德大量引用过时的人种学的地方，埃利亚斯更多地利用了研究更加充分的中世纪欧洲史来证明他所认为的我们文明化过程中的祖先的本能的升华过程。虽然有丰富的历史学与社会学语境，他所追溯的中世纪欧洲的文明化进程被认为是全球发展史的一部分，那是人类掌控自身残暴的动物本性的历史。技术庇护我们免受荒野之苦，而文明化的升华庇护我们免受自身“动物冲动”“不可控制的压迫”。“文明的每一次喷发，不管它发生于何处，也不管它发生之时人类发展处于何等水平，它总是代表着人类试图在相互交往中安抚尚未驯化的动物冲动。这些冲动是他们自然禀赋的一部分，安抚它们得通过社会化过程中产生的相反冲动、通过将其提升或改变为文化的形式。”❸

跟社会协作极不相容的动物冲动对于人类的进化来说毫无意义。这些冲动乖戾的承担者可能早就已经从群体中灭绝了。一个像襁褓中的婴儿那样无助的实体不适合于社会性与协同合作。在弗洛伊德和埃利亚斯

---

❶苏珊·尼曼（Susan Neiman）：《现代思想中的罪恶》（*Evil in Modern Thought*）（新泽西州普林斯顿：普林斯顿大学出版社，2002 年），第 234 页。

❷弗洛伊德：《文明及其不满》，第 313 页。

❸埃利亚斯：《论文明、权力和知识》，第 36 页。

225 看来，人类拥有一个孤僻的动物的本能，仿佛我们必须让文化反对我们的天性。但是，文化的人化物和实践（及地方性差异）实际上是我们“依照本性”要做的事情的主要表达：把我们自己围在人化物里头，建造和维持人化物的则是一个约定及社会互补行为体系，我们通过这样的体系在不同的程度上重塑我们的环境。这就是文化。在过去的4万年(或更久一些）间，凡是有人类的地方就有文化。但它不是文明，因为它并不一定要发生在城市里。

埃利亚斯沿袭弗洛伊德，将暴力、暴力冲动以及暴力的满足与快感解释为**本能**与**动物性**。在文明进程将其捕获之前，人类对自身的动物性“毫无抵抗之力，只能沉浮于自己的欲望、激情与情感”。埃利亚斯猛烈抨击内在的侵犯本能说——“不是侵犯性引发冲突，而是冲突引发侵犯性”。[1]尽管如此，他的观点依然完全是弗洛伊德的看法，也就是说，侵犯性起源于权威与满足本能的欲望之间的冲突。按照这样的观点，暴力起源于我们的动物冲动与不合作的他者的任性之间的冲动，不合作的他者是跟我们一样的动物，一样自私，一样反社会。我们的侵犯性并非出自本能，比如说，并不像尖鼠那样无缘无故就做出暴力行为。如果没有遭到冒犯，我们是不会侵犯他人的。但一旦冒犯我们，和我们冲突，在我们面前摆权威，那么，我们的自然冲动所作出的反应是暴力，而不是逃逸、妥协、谈判或哈哈大笑。

埃利亚斯的文明观与弗洛伊德还有一个相似之处。在弗洛伊德看来，文明的出现是一个集体的、系统发生的发展过程，类似于儿童的发育史。儿童的社会化和种群的文明化“是发生在不同类的对象身上的完全相同的过程”。对于儿童来说，目标是“一个独立的个体融入一个人类群体”；对于种族来说，目标是“在众多个体的基础上创造出一个统一的群体”。埃利亚斯又一次接近弗洛伊德，而且不仅仅是因为他认为

[1]埃利亚斯：“技术化与文明”，第9页；“文明与暴力”(Civilization and Violence)，载《终点》(*Telos*) 54 (1982—1983)：第134页。

文明是"人性的无心习得过程"。按照埃利亚斯所谓的社会基因群体规则，"我们可以在每个儿童身上直接看到［文明］进程的方向。我们可以看到，在人类历史过程中，以及在每一个体的文明化过程中，一方面通过自我与超我的作用，另一方面通过冲动，自我驾驭越来越稳固地趋于分化。"❶

我们的社会学家批评心理分析专家说，他假设了"一个没有历史的'本能冲动（id）'……仿佛无意识的性欲冲动对个体的驾驭有它自己的形式与结构，完全独立于……与他者的关系"❷。弗洛伊德犯了一个错误，因为在他眼里丰富的无意识纯粹是生物性的，它没有历史。他所认为的"人类的不变本性部分"实际上是"长期的文明化过程的产物"。 226
但是，正是弗洛伊德将无意识结构比作考古学的分层，其中现代无意识的携带者被深深地埋葬在前历史经验的痕迹之下（通过习得特性的遗传）。因此，现代无意识当然更加丰富，更加有趣，同时也更加棘手。对心理分析的下述提醒也是不适当的："有必要考虑的，不仅是'无意识'或'有意识'功能本身，而且还有冲动从一者向另一者的不断流通。"❸"被压迫者的回归"，或者神经病症状的形成，除此之外还会是什么呢？心理分析所要处理的主要现象，正是这一动态过程，正是有意识与无意识的体系或辩证运动。

弗洛伊德称之为爱洛斯（Eros）的东西——不管它是赤裸裸的性，还是受着目标抑制的东西，抑或是已经升华之物——把人们拉在一起。它是我们本性中此类冲动唯一的、最终的根源。爱洛斯，城市的缔造者，"运用各种手段"以便"用性欲的方式把共同体的成员捆绑在一起"。在这里我们可以看到埃利亚斯与弗洛伊德的第三点相似之处。虽

---

❶弗洛伊德：《文明及其不满》，第 333 页；埃利亚斯：《权力与文雅：文雅化进程》（*Power and Civility, the Civilizing Process*），埃德蒙·杰夫科特（Edmund Jephcott）译（纽约：潘塞恩，1982 年），第二卷，第 285、286 页。
❷埃利亚斯："技术化与文明"，第 8 页。
❸埃利亚斯：《权力与文雅》，第 286、288 页。

然埃利亚斯避免了像弗洛伊德那样始于煽动性论调而终于神话语言，但不过是删除了爱洛斯的抒情笔调，骨子里的论点一模一样。“在 18 世纪，‘人道’（humanity）一词伴随着一个无法实现的美好梦想。今天，人道已经变成了一个较以往任何时候都更大的单位——或许我也可以说，变成了一种社会实在。”❶这不是一个偶然的结果，不仅仅是事物发生的方式。相反，它表明了一种发展进程的方向性——弗洛伊德将毫不犹豫地称之为性欲的方向性。它的目标是通过社会关系的复杂化提升人类的相互依赖程度。而且，只有在以下假设的基础上它才可以被视为**升华**：城市特质背后的冲动还不是文化与历史的高尚人化物。

在弗洛伊德爱洛斯与死亡辩证法的启发下，埃利亚斯提出了文明化进程中的“喷发与反推力”模式。他说，文明化倾向“可以在任何时候反其道而行”，如果“将人类向着更加统一的方向推进的文明化推力伴随着一个去文明化的反推力”。❷这不过是用委婉的方式表达了弗洛伊德用爱洛斯与死亡所描述的重大竞争。不过，我们的社会学家拒绝拥抱心理分析专家的悲观主义。对于弗洛伊德来说，文明从来没有完全解决、或者说没有令人满意地解决它的内在分裂。一边是我们对权威的需要，一边是本能的强迫，这两者之间的对抗无可协调。朝向统一的冲动不管
227 多么成功，死亡、以及弗洛伊德与之相联的一切（解构，暴力，混乱）的不可避免性永远不能克服，爱洛斯从来没有完全驯服死亡。埃利亚斯没有得出一个如此悲观的结论。他似乎认为，如果“在世界范围内对物理力量的垄断”引导了“单一的中心政治制度”以及死亡的最后和解，那么，爱洛斯即使不能战胜死亡，那也必将战胜暴力。❸

一个是埃利亚斯所复述的历史，一个是他相信由此所证明的历史进

---

❶弗洛伊德：《文明及其不满》，第 299 页；埃利亚斯：“技术化与文明”，第 34 页。
❷埃利亚斯：《权力与文雅》，第 331 页；“技术化与文明”，第 36 页。斯宾塞也认为，“社会进步不是线性的，而是充满分叉与再分叉”，而且“退步和进步一样常见”（皮尔编：《赫尔伯特·斯宾塞》，第 157、156 页）。
❸埃利亚斯：《权力与文雅》，第 332 页。

程，我们应当把这两者区别开来。他精心挑选加以强调的东西实际上是欧洲历史中的突出事实：封建庄园，行吟诗人，精心制作的凡尔赛礼仪，如此等等。我心存疑虑，这些能否用来证明一个“发展的进程”，一种个体社会化的文化缩影。文明可能不是一个业已完成的静止状态，但它也不是一个在世界各处默默建设文化的自然的、不可避免的社会遗传过程。

不管在埃利亚斯所考虑的整个时期（900—1700年）内欧洲文明是怎样一种文明，它总是首先在或新或旧的城镇内得以实行。不管名义上处在城邑之外的地方如修道院或封建庄园有怎样的教养，它总是引自城市、产生于城市，总是由那些城市从经济、技术、想像力诸方面为其提供了可能性的东西所组成。❶埃利亚斯的论述集中在礼仪，这实在是弄错了地方。文明的动力学既不在它的礼仪，也不在它对暴力的垄断。一切礼貌谦恭，如果不是因为它们把活力带给了中世纪欧洲及更广的世界范围内城镇，它们将不可能形成，而且也不可能有任何掌控暴力的价值。把国家定义为对暴力的垄断，这一观点（来自马克斯·韦伯）也是误导性地错置了重心。如果——用迈克尔·奥克肖特的话来说——统治“被理解为公民联合想加以消除的未净暴力残余”❷，那么，我们将误解它所施加的强制行为。因为，一个国家要成为一个国家，要能够统治，它就必须成为法律的源泉和管理者，而法律要成其为法律，只有通过权威，而权威又不同于大多数危险的威胁。公民联合，如同其他任何形式的人类共同体，始于义务而非恐怖行为，而义务，如此远离对威胁的依赖，是一种不带威胁的作为方式。

对于埃利亚斯、弗洛伊德以及孔德、穆勒来说，倘若我们去掉文化

---

❶“城镇是永不停息的马达。它们承载着欧洲首次冒险带来的冲击。……现代及其以前，它们向未来发出信号。实际上，它们就已经是未来。”布罗代尔：《文明史》，第319页。“早期中世纪城市中的磨坊和烘炉不是拷贝带到城里的乡村或庄园的磨坊和烘炉。相反，它们是乡村或庄园的磨坊和烘炉的先驱。”简·雅各布斯（Jane Jacobs）：《城市体系》（*The Economy of Cities*）（纽约：兰登书屋，1969年），第15页。

❷迈克尔·奥克肖特（Michael Oakeshott）：《论人类行为》（*On Human Conduct*）（牛津：牛津大学出版社，1975年），第142页。

或“文明”而沉思赤裸裸的人类动物，我们所发现的将是一种文化必须将之征服的本能的暴力。这里假定的“动物性”暴力是一种身坐扶手椅、而不是脚踩原野想出来的假说。除了我们，动物世界在相当大的程度上没有暴力。这一方面是因为暴力概念在严格的意义上不适用于掠夺
228 行为，它缺乏暴力所具有的无端发难或快感。同样，另一方面，很多温驯的动物（比如，河马）受到威胁时表现出来的侵犯性也不是严格意义上的暴力。我们并不是不知道非人的暴力；最好的相似物是黑猩猩之间的暴力，它可以是处心积虑之后的凶残行为。然而，这种暴力与其说是一种必须加以克制的反社会冲动，倒不如说是它们实现社会存在的特有方式。[1]另一个例子是尖鼠，一种小型的哺乳动物，它的无端侵犯行为可是出了名的。但是，这些例外恰恰证明了那条规则：用伊恩·塔特索尔的话来说，“总的说来，杀死同种的成年成员在哺乳动物中相当罕见，而这样的事情发生时，它往往是其他行为的伴生物，比如，雄性追求雌性的竞争。”[2]当然，人类除外。人类在暴力上就像在其他事情上一样，具有无穷无尽的创造力。

动物世界并不是一个充满原始暴力的世界。自然界的历史所证明的则是相反的情形，即，暴力存在于我们人类行为的大多数事务中。在现代人类之前的原始人类中很少有暴力的迹象，虽然一等到我们来到世上这样的迹象便比比皆是，不但是杀人的迹象，而且是战争的迹象，“就像文明时代的著名战争一样可怕、一样有效”[3]。我们发生暴力的原因

---

❶关于黑猩猩之间的暴力，参见弗朗斯·德瓦尔（Frans De Waal）：《黑猩猩政治学》（*Chimpanzee Politics*）（纽约：哈珀，1982 年）。

❷伊恩·塔特索尔：《成为人》（*Becoming Human*）（纽约：哈考特－布雷斯，1998 年），第 39 页。

❸劳伦斯·基利（Lawrence Keeley）：《文明之前的战争》（*War Before Civilization*）（纽约：牛津大学出版社，1996 年），第 174 页。关于暴力在原始人类文化中的地位，亦可参见《暴力的源头：仪式杀戮与文化形成》（*Violent Origins: Ritual Killing and Cultural Formation*），罗伯特·哈默顿－凯莱（Robert Hamerton-Kelley）编（加州斯坦福：斯坦福大学出版社，1987 年）。亦可参见蒂莫西·安德斯（Timothy Anders）：《罪之演化》（*The Evolution of Evil*）（芝加哥：开放法院，1994 年），第 224—232 页。

可能不在“本能”那里，我们几无这样的东西，而在于神经系统的拱肩。神经系统是我们区别于灵长类的地方。它不仅仅在比例上大于其他动物，而且，正如我已经强调过的那样，更殊胜之处在于它的可塑性、未编码与未定性。它有待完成，有待联结，在同一个更宽阔的人化物生态系统的相互作用中形成重要的一致性。由此观之，下面这种情形似乎就不会那么令人诧异了：当我们感知到由个人或文化所建构的秩序的一致性受到危险时，我们会作出激烈的反应。动物为保护领地或下一代所做的行为与暴力的不同之处在于，对于暴力来说，最大的威胁来自我们的同类。暴力不仅仅是侵犯性，甚至也不是无端发难或有快感的侵犯性；暴力是一切首先针对邻居和熟人的行为，由想像的恐惧所驱使。

我们不能像剥衣服那样去除文化，从而揭示出藏在下面的动物性的本能。不存在未曾文化的人。我们的情形并非如此：一种适应了非文化环境的动物，通过反抗自己本性的斗争赢获了通往文化的道路。文化的庇护同人种一样古老——约200万年。对于我们来说，文化以及文化赖以运作的社会互补性是最自然不过的了。

或许因为被普遍的社会遗传进程这一概念所俘虏，埃利亚斯没有看到文明与城市之间的特有关联。在几乎和山丘一样古老的文明化进程中，城市化是一个几乎没有被注意到的现象。这是一个严重的疏忽。回
顾城市出现之前的时期，或者环顾四周处在城邑之外的社会，我们可以 229
看到与文明的某些方面相似的东西，但这并不意味着，它们位于一个发展的连续统之中。如果我们没有眼前的城市作为例子，我们甚至察觉不到这种相似性。城市出现之前的“文明化进程”，这只能是一个事后的回顾性说法，而且它是错的，或者至少是含糊不清的。没有推进力，没有社会遗传的目的论，没有展开的、编好程序的、规则控制下的“发展”。那是回顾性的幻想。如果没有城市，文明这一概念将马上漠然塌陷为文化。

文明是一种坐落于城市之中社会化进程，它预设了城市在所庇护者身上产生的效果并对其作出反应。需要城市的人化物创新及其建筑将人

类文化文明化。需要这种特定种类的人化物。一座城市是一个庞大的复合体，它需要建筑的、人化物的及物理的实在，而不仅仅是心灵的共同体状态。因此，举例来说，人们已经证明，而我也相信，“从中世纪一直到工业社会后期，发生在城市里的旺盛的创造力和剧烈的民主化运动”关联着“这些城市的物理性征——不仅是集中这种事实，而且还有它**如何**集中的方式，以及在规模、密度、部分间相互连接的方式等方面的某些特征”。[1]这正是我从广义所理解的**建筑**。我在前面说过，文明有一部分是建筑构成的。

对于埃利亚斯来说，文明主要关系到信念，尤其是和其他人有关的信念，他们对你要做的事会怎么想，以及你对他们的想法又怎么想。文明化进程改变了“人们相互约束的方式。这就是为什么他们的行为发生了变化，为什么他们的意识、动力体系，事实上还有他们的个性结构整体发生了变化”[2]。这里强调了心理学的层面，却忽视了聚焦和培育这种关系与这种意识的城市人化物。城市的兴起不是在世界上增加了一种文化。最初的城市为知识提供了新的母体。以前以千年计算的人化物变化突然加速，而且从此以后从未减慢。文明命名了这一历史偶然性及其一切后果，包括今天的全球城市生活的体系与生态。

第二节　文明的冲突?

按照塞缪尔·亨廷顿的理解，文明是最大的部落，是最广义上的姻亲关系：伊斯兰文明、中国文明、西方文明，等等。文明是“最大的
230 ‘我们’，身处其间我们有文明上的亲切感，从而不同于在它之外的一切‘他们’”。使一种文明团结在一起的东西也就是使一个部落团结在一起

---

[1]迈克·格林伯格（Mike Greenberg）：《城市诗学》（*The Poetics of Cities*）［哥伦比亚：俄亥俄（Ohio）州立大学出版社，1995 年］，第 9 页。
[2]埃利亚斯：《权力与文雅》，第 276 页。

的东西：同一性、精神气质、文化团结和归属感。亨廷顿预见到，一种新的世界秩序正在出现，这些部落文明开始成为全球政治的主要行动者。冷战时期两个超级大国之间的两极对立被多极的文明冲突所取代。在新的世界秩序中，甚至被认为是自律的民族国家也被牵扯进了文化超级部落的竞争。“文明是最终的部落，而文明的冲突是全球范围内的部落冲突。”❶

在这样的论述中，部落与文明之间的差异不过是一种规模上的差异：人口的数量，领土的大小，资源的丰富程度，如此等等。参与文明就相当于生活在一个相对富足而幅员辽阔的巨大部落之中。按照这样的看法，文明和文化之间显然没有什么重要的区别。文明是“容易识别的文化”；这两个词实际上可以互换，都用来表达“一个种群的总体生活方式”。❷不过，“文明”似乎范围更广，还可以指任何古老的总体生活方式。除了在资源、人口、危险的武器等方面的多寡不等之外，游牧民和现代都市人之间就没有区别了吗？我们可以想像：有一系列的同心圆，原始人群体是它们的半径单位，随着人类的扩展逐渐到达最外圈的群体，即“文明”。从最初的群体开始，它逐渐扩张，变成一个部落，一个由不同的小群体组成的大群体。时光流逝，慢慢地，人们定居下来。时光流逝，慢慢地，定居点变成了村庄、城邑、文明。

这样一幅图景有它的困难之处：文明不是于部落中可见的进程（“文化”）的外推或连续扩张。这种非连续性几乎到处可见，一点儿也不神秘。帆船不是竹木筏的外推；封建庄园不是小木棚的外推；布鲁克林（Brooklyn）大桥不是横躺在小溪上树干的外推。最初的城邑不是早先农耕定居点的外推，文明也不是城市出现之前发生在部落里的进程的外推。杰里科的人口曾经比很多早期城邑更加稠密，但它仍然不是城

---

❶塞缪尔·亨廷顿（Samuel Huntington）：《文明的冲突和世界秩序的重建》（*The Clash of Civilization and the Remaking of World Order*）（纽约：西蒙－舒斯特，1990年），第43、207页。
❷同上，第43页。

邑，因为它并没有改变它可能做的事情，而只是让它更安全地完成正在做的事情。[1]这些定居地，不管它的人口多么稠密，并不像城邑那样包含了一种新的合作与团结秩序。有事之时，居民按血缘与世系站队；领
231 导也是以血缘为基础，而不是一个公职。[2]“村庄成长为镇，镇成长为城，这样的观点缺乏历史与逻辑的支持。大多数情况下，村庄一直是村庄，镇一开始就是镇。”[3]

船只、建筑、工程和城邑都显示了一种互惠协作的方式：人化物激发、回应、转变其他人化物或以其为媒介。第一部分第二章的结尾处曾解释，在文明的条件下人化物媒介的密度急剧上升，人化物越来越相互依赖、互为媒介、相互预设、相互指引。一艘船、一座庙、一座桥或一座城不仅仅是人化物，甚至也是文明的人化物；它们是典范的**技术**人化物，也就是说，它们有文明的人化物体系所特有的技术媒介的密度。

把部落、农业与城市这三种文明视为同心圆结构，仿佛彼此间的差异只关乎时间与规模，而根本上的社会机制则是同一的——这样的理解是不恰当的。不管伦理或文化的同一性在全球政治中是否起到亨廷顿所期待的作用，他所描述的并不是一种“文明的冲突”。如果我们追问，为什么世界按照文化的同一性诉诸对抗，回答将不仅仅是冷战世界秩序

---

[1]“杰里科（Jerico）并不是乡村定居地的中心——它甚至不是定居系统的一部分，而不是过是一块河流绿洲，邻近没有相关的居民地。”汉斯·尼森（Hans Nissen）：《古代近东的早期历史：公元前9000—前2000年》(*The Early History of the Ancient Near East* 9000—2000 *B. C.*)，E. Lutzeier译（芝加哥：芝加哥大学出版社，1998年），第36—37页。那堵著名的围墙，4米厚，700米长，约建于公元前7300年。

[2]当人们开始走出家庭而进入形式化的公共生活，一道关键的门槛被跨越了。早期“平等主义”的社会形式和正在兴趣的首领权威与国家原型之间的一个关键区别“在于他们的公共生活的形式化和更加明确的超越家庭的联系”。彼得·博古基：《人类社会的起源》（牛津：布莱克韦尔，1999年），第258页。

[3]詹姆斯·万斯（James Vance）：《延续的城市》(*The Continuing City*)（巴尔的摩：约翰·霍普金斯大学出版社，1990年），第102页。村庄与城市之间的差异，可参见V.戈登·蔡尔德（V. Gorden Childe）：“城市革命”(The Urban Revolution)，载《城镇规划评论》(*Town Planning Review*) 21（1950年）：第3—17页；斯图尔特·皮戈特（Stuart Piggott）：“欧洲的早期城镇?”(Early Towns in Europe?)，载《文明的起源》(*The Origin of Civilization*)，彼得·穆里（Peter Moorey）编（牛津：克拉伦登，1970年）。

的崩溃。我们还必须考虑正在进行的城市化进程。亨廷顿提到，宗教是最重要的“文明”认同资源，世界其他各地更要甚于西方。有组织的、神学的宗教，主流或宗教激进分子，这些当然是一种城市人化物。在没有弄清楚这一点的情况下，他认为复苏的宗教激进主义几乎完全是一种城市现象。[1]宗教**在世界上的城市中**复苏，很大程度上由城市移民的延伸后果所驱动，它本身就是5000年来坚持不懈的城市化进程的一个阶段。我们知道，城市化可能引发混乱。无论是在1800年的曼彻斯特，还是在1999年的奈洛比，人们**在城市中**感受到“现代化”的冲势。宗教的复兴不只是某事发生了，它在民族的层面清晰可见；如果它发生的话，它是发生在城里；它改变了城里人；不管它还改变了什么，它首先改变的就是城里的生活。

在亨廷顿的论证中有一个关键的看法，那就是，在人类生存的大多数时期，不同文明之间的接触断断续续或者根本不存在。“自文明第一次出现之后3000多年，不同文明间的接触除了一些例外的情形之外要么不存在，要么很有限，要么断续而激烈。”[2]冲突或孤立是惯例。可以想像，1500年之后，随着现代欧洲的崛起，所有一切发生了改变。只是自那以后，世界上所有或大多数文明开始不断接触。这样的“世界体系”是欧洲资本主义体系的独特产物。亨廷顿不是第一个作出如此论断的人，而这样的论断也并非没有遭遇挑战。[3]另一方的论点是，由不同 232

---

[1]亨廷顿：《文明的冲突》，第101页。关于第三世界城市中的基础主义，参见迈克·沃茨（Michael Watts）：“伊斯兰现代性？一座尼日利亚城市的公民权、公民社会和伊斯兰主义”（Islamic Modernities? Citizenship, Civil Society, and Islamism in a Nigerian City），载《城市与公民权》（*Cities and Citzenship*），詹姆士·霍尔斯顿（James Holston）编（北卡罗来纳州德纳姆：杜克大学出版社，1999年）。沃茨提到了一名伊斯兰斗士的形象：年轻，新近的城市移民（第95页）。

[2]亨廷顿：《文明的冲突》，第48页。

[3]参见阿德列·弗兰克（Andre Frank）、巴里·吉尔斯（Barry Gills）所编《世界体系》（*The World System*）（伦敦：劳特利奇，1993年）一书关于伊曼纽尔·沃勒斯坦（Immanuel Wallerstein）的讨论。对世界体系的批评，可参见吉尔·斯坦（Gil Stein）：《反思世界体系：美索不达米亚乌鲁克的散居、殖民和相互影响》（*Rethinking World Systems: Diasporas, Colonies, and Interaction in Uruk Mesopotamia*）［塔克森（Tucson）：亚利桑那（Arizona）大学出版社，1999年］。

文明所构成的世界体系实际上和城市本身一样古老。历史上没有一座城市不是一个网络与城市等级体系的一部分，而这样的城市网络打一开始就**隐含**了全球化。最初，城市以丛生的形式出现。最初出现在美索不达米亚的各大城市，包括乌尔、乌鲁克（Uruk）和木濑（Kish），从考古学可以追溯的时期开始就已经是文化与军事同盟。美索不达米亚只要有一座城市，那里就有好些城市——到早期王朝时期（距今4200年前）至少有16座。[1]当然，联结东方与西方需要时日，而新世界与旧世界的城市彼此相忘直到1500年前。不过，不同城市之间似乎不可能彼此相知，相反，它们互不相干。城市化打一开始只是隐含着全球化，因为只要哪里有一座城市，哪里就有它与之交换的其他城市。这种状况持续了5000年，城市间的联系最终演变成了今天的全球城市网络。

世界体系现代化的设想对于亨廷顿的论证来说之所以重要，是因为他需要他的几种“文明”是相互分离的创造物，各自深深扎根于土著部落传统。它们在文化上是不同的种族，而不是一个古代家庭里的兄弟姐妹。只有这样一来，它们彼此表示不满的吵嚷声听起来才像深刻的文明冲突。然而，这些“文明”自从它们在历史上产生以来就经常相互作用、相互影响。他所说的文明完全不是真正不同的文明。它们间的差异是不同联盟间的差异，就好像印加人和西班牙人之间的差异。而现在却有了不同文明间的冲突！1500年之后的历史，值得注意的，是差异显著的文明间的冲突的**终结**，而非这种冲突的**开始**。

世界花了5000年时间才达到25%的城市化。但从25%到50%，所花的时间还不到一个世纪。一个人类的启蒙理想已经变成现实，它所采取的形式不是全球化的村庄，而是全球城市网络。这不是说，我们拥有

---

[1] 查尔斯·梅塞尔（Charles Maisels）：《古老世界的早期文明》（*Early Civilizations of the Old World*）（伦敦：劳特利奇，1999年），第175页。“看起来，任何文明如果不与其他文明接触就很难保持高水平的物质成就。”费尔南德斯－阿梅斯托：《文明》，第26页。

一种单一的世界文明，那是相当不合实情的。[1]相反，那是一个极其复杂、但根基尚浅的全球城市网络。越来越多的人被卷进世界各地的城市，在那里人们迎头撞上历史上的文明粘在那儿的各种残留物。毫不奇怪，100 年间城市人口的倍增会产生社会震动。地球是有限的；我们比过去 200 年的任何一个时候都接近地球的生态极限。很少有人会为下面的情形感到高兴：突然之间，我们发现自己依赖于其他人，他们是一些陌生人，有时离我们很远，说着不同于我们的语言，尊奉着不同于我们的神灵。通过城市化和体系，遥远的城市之间的联系越加密切；与此相应，信念与实践之间的差异就会越来越多地获得一种想像成分往往超过实在成分的重要性。亨廷顿所说的“文明的冲突”是一种不满，一种在加速城市化的情形之下由剧烈不平等的相互依赖所引发的不满。不满存在于历史上长期互动的城市文化（常常是同胞）之间，现在它主要由全球大家庭中最新、最粗鲁、最有破坏性的成员所激发。

埃利亚斯或许认为，把文明同城市建筑的偶然性联系起来的做法很天真；亨廷顿则可能认为，国家很早就已经取代城市而成为文明的母体和行动者。但这两个结论都是错的。文明不是一种生物社会的发展进程。它是地方性实践的一种偶然品质，一种习得并得到偏爱的生活方式。它存在着，是因为人们在过去的 5000 年里始终不渝地偏好它并选择了它——它曾经不止一次地被独立地发明出来。城市不仅仅是文明的起源，它们一直是它永久的母体。这不是一个新鲜的论题，虽然它在学者中并不流行。肯定这一论题的要点在于，反对在文明概念的现代反思中出现的反－城市意图。对于希腊人来说，城市与教养及文明之间的同一性不言而喻。与早先的

---

[1]“一个世界市场的无情增长并没有推进一个普遍文明。它使得文化的相互渗透成为不可避免的全球条件。”约翰·格雷（John Gray）：《伪造的破晓：全球资本主义的错觉》（*False Dawn: The Delusion of Global Capitalism*）（纽约：新出版社，1998 年），第 193 页。关于城市发展的速度，参见戴维·克拉克（David Clark）：《城市世界/全球城市》（*Urban World/Global City*）（伦敦：劳特利奇，1996 年），第 59 页。发展不是一个模式的。“发达”世界很多城市的人口正在向小镇或小城市流动。关于历史趋势，参见《城市研究手册》（*Handbook of Urban Stueies*），罗南·帕迪森（Ronan Paddison）编（伦敦：圣人[sage]，2001 年），第 16—24 页。

城市居民不同，他们不仅喜爱并享受他们的文明，而且还努力理解它，寻找一个合理的解释。我们也仍然在继续从事那种仍然被叫做哲学的对话。

第三节　城市今昔：从农业的起源到工业革命

已知最晚的楔形文字文献写于公元75年。在文化和国家或帝国之间作了应有的区分之后，我们可以说，那一定是最初的文明实验的最后一口气。关于它的开端相对说来争议不大，我们可以给出简要的概括。[1]最早的永久定居点是距今约12000年中东地区的一批家庭单位。这些人们据说已经生活在围绕着家庭单位建立起来共同居住的群体（或原始家族）之中。累范廷里走廊（Levantine Corridor）上的这类定居点中间出现了最初的农业。累范廷里走廊是一个内陆区域，长40公里，宽10公里，从大马士革盆地（Damascus Basin）一直到约旦河流域（Jordan Valley）。

到了距今7000年，一个共同的文化水平存在于范围更大的美索不达米亚地区，从地中海一直到伊朗西部。乌鲁克时期，从距今5800年开始，在美索不达米亚南部出现了最初的城市传统（将位于加泰土

---

[1]这部分的事实材料引自安东尼·安德鲁（Anthony Andrews）：《最初的城市》（*Frist Cities*）[蒙特利尔：圣里米（St. Remy）出版社/史密森学会（Smithsonian Institution），1995年]；博古基：《人类社会的起源》；格雷厄姆·克拉克：《中石器时代的先驱》（*Mesolithic Prelude*）（爱丁堡：爱丁堡大学出版社，1980年）；贾里德·戴蒙德（Jared Diamond）：《枪炮、病菌和钢铁》（*Guns, Germs, and Steel*）（纽约：诺顿，1997年）；蒂莫西·厄尔（Timothy Earle）：《酋长掌权录：史前的政治体系》（*How Chiefs Come to Power: The Political Economy in Prehistory*）（加州斯坦福：斯坦福大学出版社，1980年）；查尔斯·梅塞尔：《文明的出现》（*The Emergence of Civilization*）（伦敦：劳特利奇，1990年）；《最后的猎手－最初的农夫：向农业的史前过渡新论》（*Last Hunters-First Farmers: New Perspectives on the Prehistoric Transition to Agriculture*），T. 道格拉斯·普赖斯（T. Douglas Price）、A. B. 格鲍尔（A. B. Gebauer）编［新墨西哥州圣菲（Sante Fe）：美国研究学院，1995年］；艾丹·索撒尔（Aidan Southall）：《时空中的城市》（*The City in Time and Space*）（剑桥：剑桥大学出版社，1998年）；马克斯·韦伯：《城市》（*The City*），唐·马丁代尔（Don Martindale）、格特鲁德·纽沃思（Gertrud Neuwirth）译（纽约：自由出版社，1958年）；《古代国家与文明的崩溃》（*The Collapse of Ancient States and Civilizations*），诺曼·约菲（Norman Yoffee）、乔治·考吉尔（George Cowgill）编（塔克森：亚利桑那大学出版社，1988年）。

丘［çatal Hüyük］和杰里科的更早的遗址指认为“城市”，这是有争议的）。在这里，“文化”的一切标准第一次一起出现，包括城市生活、中心权威、社会等级制度、专门的行政管理、著述、以庙宇为基地的宗教。❶这些最初的城市吸引着来自乡村的移民。有多重城市中心，或大或小，该地区约有一半人口生活在城镇。城市网络联结着数个可能相互竞争的政权，而不是一个国家单位。它们还同埃及、安纳托利亚（Anatolia）和印度河流域（Indus Valley）等处的城市化地区有着广泛的联系。 234

那么，城市是什么？

> 由社会层面异质的个体所组成的相对较大、较为密集的永久定居点。（路易斯·沃思 Louis Wirth）

> 一个共同体的权力与文化的最高集中点。（刘易斯·芒福德 Lewis Mumford）

> 人的集合，人们聚集在一起，因为这样他们或许可以更好地过上富足的生活。［乔瓦尼·博特罗（Giovanni Botero）］

博特罗，这位16世纪讨论存在目的的理论家比社会学更富有洞见。他用来定义城市的是它的好处，即人们因此选择住在城里的东西。同样是从这样的角度出发，亚里士多德说，城邦（polis）发端于需求，而它的延续是为了好的生活。❷按照社会学家所说的一切，城市的存在

---

❶这些“文明”的标准的理论一致性及延续性的效用，这是梅塞尔《旧世界的早期文明》一书的论点（可以追溯到V. 戈登·蔡尔德）。

❷亚里士多德：《政治学》，1252b。其他定义引自斯皮罗·科斯托夫（Spiro Kostof）：《成形的城市：历史上的城市样式和意义》（*The City Shaped: Urban Patterns and Meaning Through History*）［波士顿：小布朗（Little, Brown），1991年］，第37页；《组装的城市：历史上城市形式的要素》（*The City Assembled: The Elements of Urban Form Through History*）（波士顿：小布朗，1992年），第7页。

完全是一个奇迹。这些“相对较大、较为密集的永久定居点”以及“社会层面异质的个体”来自何方？谁会仅仅因为这些设想中的定义特征而选择生活在城市里呢？城市是一件人化物，我们只能通过它的好处来说明它是什么。❶

城市的好处可以怎样加以刻画呢？我认为关键是集中（concentration）。城市的形式与内容掩蔽着一种惊人的多样性与集中。持续的移民推动了城市的社会异质性，社会学家对此一向印象深刻。不过，城市不仅仅把人集中在一起；城市集中**一切事物**：技艺，专业，财富，情感，语言，商品——你随便说吧！什么东西城里找不到？伟大的发现在于，这种集中没有导致混乱，而是在城市的外壳之下引出了一种难以想像的繁荣。❷

城市集中的一个方面是运动，即人口、商品和信息无休止与相对迅速的流通。运动带来了更多的与多种类别的人进行多种交换的机会。城
235 市生活的亲近性、多样性与连通性保证了交换的速度和范围，甚至个人隐私也在城市所提供的最新机会中得以培育。城市集中的另一层意义是多样性的规范化。成功的城市形式—内容使人们之间的差异变得温和亲切甚至相互助益。这部分是因为城市把过去的血缘文化转变成了以社会

---

❶乔纳森·拉本（Jonathan Raban）推论说，“在城市里生活是一种艺术，我们需要有关艺术、有关风格的词汇来描述城市生活持久的创造活动中存在的人与物质之间的关系。”《温情城市》（*Soft City*）［伦敦：哈维尔（Harvill）出版社，1974年］，第4页。约瑟夫·里克沃特（Joseph Rykwert）强烈主张城市作为建筑的特性。参见其著《场所的诱惑：城市的历史与将来》（*The Seduction of Place：The History and Future of the City*）（纽约：文蒂奇，2002年）。“要想理解城市、要想影响它或和它共处，我们必须把它看成是那些有意志的人造物所组成的串联——这些人造物叠加成一个场所的编织体。场所依次由建筑物、街道、公园组成，它们由或多或少得到授权的个体出于不断变化、且经常互不相容的原因加以整饬和决定”（第246页）。

❷这方面学者们所能说得上来的最早的情形是，美索不达米亚的城市是不同种族、不同语言组成的混合体，并且随着时间的推移而越加异质化。约菲、考吉尔编：《古代国家与文明的崩溃》，第303—304页。埃里克·沃尔夫（Eric Wolf）在阿兹特克（Aztec）首都特诺奇蒂特兰城（Tenochtitlan）看到了同样的情形。参见其著《想像权力》（*Envisioning Power*）（伯克利：加州大学出版社，1999年），第158页。关于城市移民，参见韦伯《城市》第92页，以及索撒尔《时空中的城市》第20页。关于城市集中的形式，参见索撒尔《时空中的城市》第9页，格林伯格《城市诗学》第11、54页，以及约瑟夫·格兰奇（Joseph Grange）《城市：一种城市宇宙论》（*The City：An Urban Cosmology*）（奥尔巴尼：纽约州立大学出版社，1999年），第31、180页。

协作为基础的城市文化。道德不再是不计后果、古已有之的形式，而是在一定程度上需要负责、需要服从于自觉的妥协和对不同可能性的宽容。❶城市文化由此完成了一项根本任务：以和平的方式同化社会层面异质的移民。要控制他们光靠围墙是不够的。需要某种文化形式，特别是无限多样且永远带着妥协的宽容行为。道德不是城市的发明，也没有一种城市所特有的道德。相反，城市是道德**变化**的源泉，是不同道德经历严酷考验的场所：移民之间的种族差异，享有城市的选择自由的个体在实践上的差异。

只有在城市中，一个陌生人、一个外来者才可能成为一个共同体完全意义上的成员，而不必满足真实或虚构的血缘关系的要求。城中的一切都在消除以血缘或种姓为基础的社会经济结构，并建设新的城市秩序，包括职业和居住接触。个人的成功跟作为而非地位有关，城市经济增强了相互独立、专业化以及不同的技艺、科学之间的协作。个体越来越依赖于共同体，而共同体（它的繁荣）也同样依赖于个体和他们的作为与相互合作。因此，与城市有关的任何事物，从集中、密度到经济行为和持续流动的需求，都促进了分化、城市特质、个体间差异、强化的公众需求，以及城市的宽容精神。

城市从来不是自给自足的。要找真正自给自足的形式，我们得回到城市出现之前的农耕文化。城市对于它们的环境来说是巨大的寄生虫，是造成生态紧张的罪魁祸首。城市还是难以想像的社会形式：难以想像的密度，到处都是人，难以想像的异质性，各色人等都有。在其他条件下，结合可能是致命的，但是，关于城市——关于那些屹立不倒的城市，关于在那里成长的文化或精神气质——的某些东西抵消了这些潜在的危险（同时也创造了新的危险），并让城市社会形式变成一种不但可行、而且还是 236

---

❶参见默里·布克金（Murray Bookchin）：《从城市化到城市》（*From Urbanization to Cities*）[伦敦：凯塞尔（Cassell），1995 年]，第 7、39、117 页；罗伯特·雷德菲尔德（Robert Redfield）：《原始世界及其变迁》（*The Primitive World and Its Transformations*）（纽约州伊萨卡：康奈尔大学出版社，1953 年），第 119—120 页。

万年来现代人类生活中最有活力、最有创造力和最繁华的社会形式。

城市和城市文化既是地理存在又是伦理传统。本源的城市特性（urbanity）——每种城市文化都是它的变种——由宽容所界定，而这里的宽容不仅是对其他宗教或种族的宽容，而且还是对个性与个体的宽容。因此，它是一种关于试验的自由（experimental freedom）的城市特性——所谓试验的自由，就是个体可以尝试做不同事情的自由。这种自由的一个结果构成了城市文化的第三种特性，那就是相合的技艺与科学之间的协作。看起来，人类在有年头的城市里居住时尝到了这一城市精神气质的甜头。伟大的发现在于，这种精神气质让城市集中带来协作而非致命的后果，而且，随着这颗星球上的城市越来越稠密，它越来越成为唯一可行的伦理文化。

但**为什么是城市**？它们的好处不能解释它们为什么存在；城市的好处在城市出现之前谁也想不到，因此不能用来解释城市的起源。❶找到一种符合所有个案的解释并不难，困难的恰恰就是如何理解为什么城市在过去**从根本上**就应当出现，**哪怕只出现过一次**。在旧石器时代的2万年间，有过伟大的技艺、复杂的知识、繁荣的共同体和远程贸易，但就是没有城市出现在地平线上。然后，几乎同时出现了横跨大美索不达米亚（Greater Mesopotamia）地区的城邑。它们的出现不是一种功用所能解释的。城市并不总是（甚至也不是通常）出现在河流交叉处，或贸易点，或集市。相反，贸易点或集市形成于城市建立之后。❷最流行的理论以为，城市的兴起是为了保护农业富余。这只是用更加晦暗不明的东

---

❶格兰奇认为，城市是“人类根本的进化载体”，是“进化过程对人类生存、成长与发展等问题的回答”（《城市：一种城市宇宙论》，第72，193页）。这里隐含了一个荒唐的看法：城里人的“进化”方式是城市出现之前的解剖学意义上的现代人所没有的。

❷科斯托夫：《成形的城市》，第30—33页。彼得·豪（Peter Hall）认为，“任何一个地方的地理优势（和劣势）不是‘给定的’；它们是资本主义事业本身内在的生产与组织的动态过程创造出来的。因此，它们不是一种外在的‘环境’，而是由生产系统本身所内在决定的结果。”《文明中的城市》（*Cities in Civilization*）（纽约：帕西奥，1988年），第294页。简·雅各布斯也说：“[城市] 不能由它们的地理位置或其他改定的资源得到‘解释’。它们作为城市的存在及其成长的源泉在于它们自身，在于它们内部的进程与成长系统。城市不是规定的，它们完全是生存性的。”《城市体系》，第141页。

西（农业）来解释晦暗不明的东西（城市），仿佛城市让人困惑而农耕——更确切地说，其**富余**——则是不言而喻的。

农业出现之前的时代已经被称为原始的富裕社会，这一方面是因为当时的资源很充足而需求却很有限，而另一方面则是因为人化物与知识如此精巧地协调于生态环境，谋生并不需要费很大的劲。[1]有充裕的时间去做其他更加惬意的事情：聊天、跳舞、人体彩绘，如此等等。积累富余之物并不是人类经济的必要原则。在没有农耕或城市经验的人们中间，从事社会活动的闲暇比有报酬的劳动更加招人喜欢。生活越是轻闲，他们越是喜欢。

比如，澳大利亚约克角（Cape York）的土著居民掌握铁斧之后，生产力的提高带来更多的睡眠时间。铁器引入新几内亚东部高地之后，其结果是更大规模和更为精细的仪式和礼品交换。[2]如果问他们为什么没有去种田，来自阿纳姆岛（Arnham Land）的澳大利亚土著可能会回 237
答说："你们才会有那么一大堆麻烦，又是劳作又是撒种，我们可没有必要干这些事。所有的一切都在那儿归我们所用了；它们是老祖宗留给我们用的。再说，你们和我们一样靠天吃饭，但不一样的是，我们只需要走出门，等吃的东西成熟了就把它们收集起来。我们用不着其他的麻烦。"[3]在欧洲，原初的无产阶级中间也盛行着一种类似的精神气质。工业革命刚开始，英国的老板本指望工人拼命挣工资，结果却发现他们大多数宁愿少挣点钱而多一点闲暇。[4]

---

[1]马歇尔·萨林斯：《石器时代经济学》（*Stone Age Economics*）［芝加哥：艾尔丁，埃尔西顿（Aldine，Altherton），1972 年］

[2]梅塞尔：《文明的出现》，第 36 页；以及蒂姆·梅加里（Tim Megarry）：《史前社会》（*Society in Prehistory*）（纽约：纽约大学出版社，1995 年），第 261 页。

[3]引自杰克·哈伦（Jack Harlan）：《庄稼和人》（*Crops and Man*），第二版［威斯康星麦迪逊（Madison，Wisc.）：美国农学协会/美国庄稼科学协会，1992 年］，第 41 页。澳大利亚土著实行"火棍耕种"，一种田园生活的原型。有意识地焚烧草地，更新植被，并且增加一个地方对那些啮齿动物与有袋动物的天敌的吸引力。图哲：《尼安德特人、强盗和农夫》，第 13—14 页。

[4]彼得·斯特恩斯（Peter Sterns）：《世界历史中的工业革命》（*The Industrial Revolution in World History*）（科罗拉多州博尔德：韦斯特维尤出版社，1993 年），第 58 页。

在我们刚开始使用土地的时候，经济增长、生产力和效率并没有成为重要的目的。正如摩西·芬利（Moses Finley）所认为的那样，在古代的体系中，“只要能维持一种可以接受的生活方式——不管它是如何被界定的，其他价值就占据了舞台”❶。种地这活儿直到20世纪晚期还是非常辛苦，对此城市居民是感觉不到的。在算计经济效用之前，我们应当考虑一下我们正在思考的生活方式，以及我们自己是否会选择它。周而复始的辛苦劳作，日复一日，年复一年，将来的日子不过是今日的重复——人们通常不会选择更不会偏爱这样的生活，经济的算计这时显得无足轻重。❷

这样我们就从一个方面看出，引用一种农业富余来解释城市的最初兴起，这是没有多大帮助的。另外，有必要保护农业富余免遭袭击也是一个成问题的假设，因为袭击行为并不普遍，而且作为其前提的贪婪甚至还可能最初滋生于城市。那么，在没有先例的情况下，为什么一个高度谐调的打猎—采集体系抛弃它们的古老方式，放下弓箭篮筐而拿起镰刀锄头，并积累他们并不需要的富余之物？❸

我们倾向于假定，这是不得已而为之。如果我们变成了农夫，那肯定是因为有某种东西逼迫我们这样做，我们必须这样做，它关系到生存问题。人们普遍认为，迫使我们辛劳农耕的“压力”是人口。人口是一种独立的环境压力，它促进更有效的组织形式。这一思想可以追溯到马

---

❶摩西·芬利（Moses Finley）：《古代经济》（*The Ancient Economy*）[伦敦：查托和温达斯（Chatto and Windus），1973年]，第147页。

❷“时下解释人类何以开始农耕的各种理论……都是由20世纪受过大学教育的中产阶级实用主义者提出来的，都在寻找某种可以彻底解释它的黄金底线。劳力和时间的输入，优化的觅食策略，如此等等，这些都是现代心智与世界观的抽象产物。”哈伦：《庄稼和人》，第44页。

❸“没有答案。”诺曼·庞兹（Norman Pounds）：《壁炉和家：物质文化史》（*Hearth and Home: A History of Material Culture*）（布卢明顿：印弟安纳出版社，1989年），第31页。“继续躲避我们的是这一关键过渡背后的原因。”O. 巴－约瑟夫（O. Bar-Yosef）、R. H. 梅多（R. H. Meadow）：《最后的猎手－最初的农夫》，第67页。“我们依然不能确定，在人类适应过程中带来如此深刻变化的动机是什么。”哈伦：《庄稼和人》，第48页。亦可参见费尔南德斯－阿梅斯托：《文明》，第174—180页。

尔萨斯和亚当·斯密，而赫伯特·斯宾塞的支持更是扩大了它的影响力："人口的压力从一开始就已经是进步的近因（proximate cause）……它每天迫使我们建立更亲密的接触和相互依赖程度更高的关系。"❶然而，旧石器时代2万年之久的稳定人口表明，人口不是一个迫使人们采取更高效的生产方式的独立变元。有多少人口，这是一个复杂的生态方程式，其变元随着质变脉冲而波动。新近的研究结果表明，农耕最初不是出现于艰难时世或边缘地带，而是出现在富足的时代，它刚开始可以是作为已经有很多花样的丰盛饮食的一个方便的补充。❷远非人口的增长引发向定居农耕的转变；恰恰相反，人口的增长可能是定居农耕所引发的后果之一。这也证实了查拉图斯特拉的原则（参见第二部分第一章），即创新、实验和爱知者的胆量不是由需求和绝望所激发，而是随着那种使勇气变得现实、冒险变得可行的信心一起出现。早期的作物培育可能就是这样一种实验，人们对于它实际上没有太多的依赖性。可能得很久以后，人们才完全依靠农耕过生活。 238

无论农业于何处发端，可能没有一个单一的原因可以解释它何以发端。而且，农业曾经好几次独立发端于中东、中国、新几内亚和美洲。据说，人种学发现的觅食者不喜欢挪动他们的大本营，他们欢迎定居的机会。我们或许可以猜测，我们石器时代的祖先也是如此。对于美洲西北部的土著居民来说，哪里资源丰富（对他们来说就是哪里鱼多），哪里就会兴起一种定居的生活方式，但它跟农业没有关系。我们还应该记住，约12000年前，我们现在所处的间冰期刚刚开始，野生的谷类在这个时候才出现在安纳托利亚-扎格罗斯地区（现为土耳其中部和伊朗西

---

❶皮尔说，这种马尔萨斯主义头脚倒置："人口原则原本是人类完善的障碍，现在它摇身一变，成了人类完善的前提与保证。"（《赫伯特·斯宾塞》，第138—139页）

❷"人口压力不是改变生存策略的主要力量。……前农业人口的健康和营养状况比早期的农民要好。……农业最初出现在复杂程度相当高的猎人-采集者群体之中，他们生活在资源充足的地区——富足之地——而不是生活在偏远之地或穷山恶水。"T. 道格拉斯·普赖斯（T. Douglas Price）、A. B. 格鲍尔（A. B. Gebauer）：《最后的猎手-最初的农夫》，第7—8页。博古基也没有发现人口增长和采用农业之间的关联。《人类社会的起源》，第202页。

北部)，自那之后，它才在人类的栖居地得以进化或传播。

在开始作物培育之前，最初的农夫可能已经采集野生植物的成果达数百年或数千年之久。因此，收割技术与加工技术出现在驯养动物之前就不奇怪了。他们即使没有完全、也已经在很大程度上定居下来；定居通常也是先行于驯养动物。最初的种植工作可能主要是栽培谷物，而栽培的地方则是人们因其他原因诸如淡水、鱼或游戏之故而建的居留地。这些地方往往靠近河道或湖岸。但那里的土壤不太可能恰恰是适宜于野生植物生长的土壤。努力再造出野生植物的原生土壤，这可能就是最初的排水和灌溉实验。批量贮存的实验也可能先行于发达的农业，而且，贮存可能已经使生产的家庭单位变得更加重要，其代价则是损害了共同体与远缘种群的生存联盟。远古的生存联盟破裂之后，邻里间固定仓储的联合导致了富裕程度的下降——这样的看法分享了袭击说的神秘色彩。它不能解释城市，虽然它或许可以解释像杰里科
239 和加泰土丘那样的地方，它们看起来与其说是城市倒不如说是自卫的复合体。[1]

在一个依然离游牧历史很近而不知城市为何物的世界里，成功的农耕可能已经成为一道强有力的风景线。我们曾在前一章讨论过，生态上的不稳定性在人类的整个进化过程中如影随形。在最近200万年间，自然选择的挑选作用已经爱上了掌握可变性的能力。通过人化物的培育，这种能力发展出了人类所特有的方式。我们天生热爱稳定性，天生需要有对未来的实实在在的信心（或者信念，如果没有信心的话）。这或许

[1]博古基描述了贮存的深远影响，它曾是更新纪帮派社会的“封棺”者（《人类社会的起源》，第155—156页）。游牧的帮派作为一种社会形式比我们的社会形式更加久远，它可能是尼安德特人的创新。已经有学者称它“可能是早期人类社会最持久的特征”。帮派的团结靠的是食物分享，它是人类最初9—10万年间“深深扎根于社会织体之中的要素”。从更新纪的帮派准则转换到自利的家庭单位，这可能是“解剖意义上的现代人的历史上唯一重要的变化……它为后续的发展提供了基础”——部分因为随着定居农耕而产生的新型社会形式，伴随着世袭地位、权力和财富的“酋长身份”。这种形式的组织实际上自新石器晚期到18世纪一直统治着世界范围内的一切社会。（同上，第124、75、125页）。

可以在某种意义上解释农耕的吸引力？农耕的情感影响力不容小觑，也不应当仅仅从经济的角度加以估量。农耕提供给人们的东西远远不止于卡路里，它向人们提供了有形的证据，证明他们在世界上的适当位置，证明他们有能力牢牢地控制他们的环境。上帝说："你必汗流满面才得糊口，直到你归于土。"（《创世记》，3∶19）这或许是一个诅咒，但它至少告诉我们，我们在这个世上是为了什么。

农耕是一件苦差事，不过跟打猎不同，它是一件人人能干好的活，妇女儿童也不例外。而且，人们干得越多，他们产出的有用价值也就越多。这条原则对于打猎—觅食经济来说是陌生的。共同体不再需要周期性地搬来搬去而鲜有或没有富余之物。对繁荣条件的控制已经达到了新的水平。个体作为的重要性也在下降，取而代之的是不屈不挠的公牛和社会权力的御者——在猎人—采集者的社会里这些是可以忽略不计的品质。❶这种新的繁荣观只要能够吸引每一代人中的一部分人，那么定居的农耕就能很快成为广大地区的规范。❷

学者们谈到农业"革命"及后来的城市"革命"，不过，可能把这些新达到的地平线与其称作革命倒不如称作顶点更合适，它们是我们在200万年的人类进化过程中继承下来的一种能力及一种偏好带来的、协作程度更高的效果，这种能力就是卓越人化物的能力，这种偏好就是对

---

❶在猎人－采集者中，头领通常不能命令其他人服从，同时也缺乏强制高压的手段。联盟基于对血缘的期许，几乎没有"政治"权威。至于个人行事能力的价值，"在觅食帮派中……技巧就是一切，尤其是当它能够尽可能少的努力和风险生产可以分享的肉食……一旦农业成为首要的生存追求，任何活动中的个体技巧都变成了相当次要的事情，而劳力的生产与管理则变成了关键因素。"博古基：《人类社会的起源》，第201页。

❷据计算，新石器农耕村庄在西亚以25公里每一代人的平均传播速度，2500年之后到达了不列颠。A. J. 安默曼（A. J. Ammermann）、L. L. 卡瓦利－斯福扎（L. L. Cavalli-Sforza）：《欧洲的新石器变迁与人口基因学》（*The Neolithic Transition and the Genetics of Population in Europe*）（新泽西州普林斯顿：普林斯顿大学出版社，1984年），第134页。平稳展开的说法是误导性的；向农业的过渡可急可缓。在斯堪的纳维亚半岛，与农民的接触只花了五百年，由此再到农业主导半岛经济也只需要五百年。相形之下，大约在两百年内，充分的农业社会在方圆数百公里的中欧地区传播开来，比其他地方快了五倍有余；无论是人口还是气候都不能解释这里的差异。普赖斯主编：《最后的猎手－最初的农夫》，第97—98、108、120、125页。

以技术为中介的稳定性的偏好。❶旧石器时代就是这种协作所能取得的成就最初的伟大例子。人类很久以来就努力补偿我们在本能与适用性方面令人困惑的不足，农业是这种努力所取得的一个新的效率高峰。最初的城市也是如此。它们的兴起不是通过文化演进过程中的技术发展，而是因为，在某些不同的地方，在相似的环境下，人们能够各自发现并培育使城市集中走向协作而非死亡的那些偶然的、类似于拱肩的潜能。任何一个看到结果的人——任何一个看到过城市，从中穿过并感受它的人——永远不会
240 忘记它。最初的城市被广泛复制，而其余的则成为历史。❷

弗洛伊德和埃利亚斯把文化演进和个体发生学或个体的成熟相比较，这样的比较令人遗憾。旧石器时代的人们就是像我们一样长大成人。从不起眼的起源到城市文明，这一运动不是奔驰在社会遗传轨道上的发展进程。它是一种历史的——也就是说偶然的——事件，关于它我们可以说的是它如何出现。在此偶然性中，它是整个进化过程中的一个片块，就像有史以来任何事物一样“具有历史性”。当此偶然性发生的时候，地球上有了脊索动物、哺乳动物，还有了人类。但是，倘若寒武纪或者说侏罗纪有颗小行星影响了地球，谁也不可能说出那时的生命已经是什么样子。如果重放一下磁带，就像史蒂文·杰伊·古尔德喜欢说的那样，展现出来的生命历史不可能全无二致。❸

由于某些我们不太可能透彻了解的原因，我们祖先中的一些人发现

---

❶所谓的新石器革命不是农业的开端，而是“农业开始以更大的规模在一个地方长期进行；而且它已经精细到足以引发农作物——后来还有动物——的物理改变”。图哲：《尼安德特人、强盗和农夫》，第31页。

❷“无论是在旧世界还是在新世界，那些最初爆发出来的素朴城市化进程取得成功的地方，它们的环境大为改变，足以向所处的地区展示一种具有不可抗抵的吸引力的前所未知的生活方式，从而把人口中相当多的多数引向自己。”索撒尔：《时空中的城市》，第50页。

❸参见史蒂文·杰伊·古尔德：《奇妙的生命》（纽约：诺顿，1989年）。关于历史与偶然性，参见迈克尔·奥克肖特：《论历史》［新泽西州托托瓦（Totowa，N. J.）：巴诺（Barnes and Noble），1983年］。提到小行星并不可笑，地球以外的影响的确发生过并产生了重要影响，虽然“更像是致命一击而非大规模灭绝的原动力”。尼尔斯·埃尔德雷奇：《矿工的金丝雀：解开大规模灭绝之谜》（新泽西州普林斯顿：普林斯顿大学出版社，1994年），第108页。

了一种对农耕的偏好，他们开始喜欢农耕甚过所见过的所有其他选择。那些没有作此选择的人，那些拒绝农耕的人——比如，中石器时代中欧的土著居民——最终走向了覆灭。[1]同样的事情也发生在城市身上，那些不愿意接受城市的人也走向了覆灭。“文明化的世界”现在实际上已经征服全球。在地球向着人造星球的转变过程中，每一寸土地都不得不在实质意义上走向城市化。不久以后（如果尚未实现的话），一个没有卷入城市网络的地方将不适合于人类居住。

为什么人们应当如此热烈地偏爱城市？我认为，它的吸引人之处在于它所激发的乐观主义，它让人们有理由希望更美好的未来，城市本身显而易见的财富就让人觉得这样的希望切实可信。在城市里，一个人可以体验到一种对未来的乐观主义，一种扩张财富的可靠承诺。农田里没有希望。那里只有劳作，日复一日，没有休止。其结果是某种财富，至少在通常情况下有足够的食物，但除此之外几乎什么也没有，包括希望。希望对于城市出现之前的农夫来说毫无用处，他们对于那种由城市花大力气点燃的乐观主义毫无所知。否认农夫的希望听起来似乎有点自相矛盾。他们难道不会希望下雨，不会希望生病的小孩早日康复吗？这些是否属于情感类希望（而非渴求、欲望、需求），这一点尚有争议。但至少，他们不是因为看到了以下一点而欢欣鼓舞、满怀希望：一个完全不同于现在的将来很大程度上取决于自身的努力。它最初是跟城市一起出现在人类文化中的。

对于某些人来说，农耕生活的无望状态是可以容忍的（甚至是舒适的），他们无法想像不同的东西；如果他们对城市生活有所理解，那么，城市生活中那么多不同的东西肯定让他们觉得无法容忍。数千年来，城市的形式与内容在物质、情感、动力诸方面的成果见证了人类对

[1]最初抵达北欧平原的农民“来了，看到了，于是便很快征服了他们想要的土地。他们没有去侵犯的中石器时代土著觅食者可能跟他们保持安全距离，但也可能袭击他们，这就使得‘边境’定居地的防御工事成为必要”。普赖斯主编：《最后的猎手－最初的农夫》，第103页。

241 财富状况的控制能力。历史上任何一座持久的城市都是一幅人化物生态杰作。自从开始住在城里以来，我们有了从来未曾有过的自在感，而这种感觉，世俗而实在的乐观主义，正是城市之所以一直招人喜欢的品质。它是城市的天赋，它是城市得以延续的理由，它是那些延续下来的城市的**性质**。一座成功的城市是对财富扩张的可靠允诺，而使其可靠的东西，一言以蔽之，乃是建筑。

根据学者们的研究，美索不达米亚地区关于天气之神的神话中存在一种转变。在最古老的神话形式中，仍然生活在城市出现之前的人们把暴风雨的威力想像成一只捕食的大鸟，长着狮子的脑袋，雨云就从它的翅膀下面涌出。到了早期王朝（Early Dynastic）时期，同样的神已经变成人形，不过仍然长着大鸟呼风唤雨的翅膀。新的人—神有各种姿势，或携带东西，或者站在那里，有时甚至还用雷电威胁他以前的角色（参见图3.2.1）。恶劣的天气，尤其是暴雨，可能是美索不达米亚农夫最常见的灾难。和现在相比，一万年前河流间的土地更加潮湿，雨水也更加频繁。神话前后改变的意义或许在于，城市出现之前，我们屈服于一个更接近于动物而非人的神，它的天气非常可怕。现在，一个人—神——城里有他的神庙——把非人的神灵从这片土地上赶跑了。现在由**我们**（神的祭师仆人，最初的城里人）来掌管，我们的同类，在和我们气性相投的地方。当然，祭师对付不了暴雨，虽然通过（神庙）盈余储备他们可以让损失变得更容易承担。

由一个城里的主人驯服天气，这个隐喻很恰当地表达了第一次在城市里看到的控制范围。[1]和我们相比，当时的城市居民对这些最初的城市特质的感觉更加鲜活敏锐。汽车给城市生活带来了很多损失，其中一

---

[1] 通过实际影响当地气候的每种重要变元，城市制造了它们自己的天气，这一点几乎是真的。W. P. 劳里（W. P. Lowry）："城市的气候"（The Climates of Cities），载《城市：它们的起源、成长和以人类的影响》（*Cities: Their Origin, Grouth, and Human Impact*），金斯利·戴维斯（Kingsley Davis）编（旧金山：W. H. 弗里曼，1973年）；以及伊恩·西蒙斯（Ian Simmons）：《改变地球表面》（*Changing the Face of the Earth*），第二版（牛津：布莱克韦尔，1996年），第233—245页。

样，就是人们对于那种城中行走的感觉（尤其是从周边农村步入城中）越来越无动于衷。所有一切的城市伦理在城市的动力呈现中得到了传达，当一个人进入城市行走其间——穿过城门，走上街道，通过广场，穿过商铺与住宅混合区。在过去所有持久的城市中，这些要素的安排（虽然常常不是设计的产物）赋予城市一种建筑的、动力的呈现，由于这种呈现，城市生活吸引着任何一个对它有所体验的人。

图 3.2.1　亚述（Asyria）宁录（Nimrod）神庙壁画。约公元前 1000 年。呼风唤雨的“雨云”（Imdugud）受到新的与人同形的风雨之神的威胁。以威力制服天气的神不但与人同形同构，而且他的根据地还是城市里的神庙。图片采自 P. R. S. 莫里（P. R. S. Moorey）著：《文明的起源》（The Origin of Civilization）（1979 年）。版权：沃夫尔森大学，牛津，1979 年。已获牛津大学出版社授权。

城市已经不再是它们过去的样子了。今天的城市是怎么样的？下面的讨论只限于现代西方城市。它们的源头在中世纪的欧洲——比起雅典或罗马，威尼斯、巴黎和伦敦对于现代城市化更具有决定性的意义。[1]欧洲封
242 建庄园自给自足，它的起落兴衰对当时的城镇没有多大影响。这些城镇之所以长盛不衰，很大程度上是因为它们功能多样。没有一个规划框定它们的外形，也没有人根据接下来几年的人口与经济预测来决定城市的形式与内容。城市的建筑可以具有各种功能。造什么建筑，或者建筑派什么用场，这些只受到宗教和邻里的检查。其结果，不是混乱或城市的枯萎，而是西方历史上最豪华气派、最让人赏心悦目的城市生活。

在西方文明史上，中世纪的城市文化创新精神最强、享乐主义色彩最浓、功能最全。神学或许已经在大学里登上王后的宝座。机械知识虽然为大学所不耻，但它却是中世纪城市生活的基石。中世纪欧洲的技术创新已经被称为历史上的谐振现象之一，"在性质上比文明开始以来的任何时候都更加激烈"。根据技术历史学家林恩·怀特的研究，古代重要的劳作知识无一丢失，"在罗马帝国的基础上取得稳步而不间断的进
243 步"。[2]德国埃克斯拉夏佩勒（Aix-la-Chapelle，即今亚琛市［Aachen］）的查理曼大帝教堂（792—804 年建造）即是一例。它那 8 世纪晚期阿尔卑斯山以北的设计与工艺水准意味着，重要的技艺与知识在教堂之前很久就已经出现。到了 1100 年，随着诺曼（或尖形）拱门的出现，朝着法国夏尔特尔（Chartres）方向的欧洲工程技术水平超过了罗马。[3]我们受希腊的影响比我们所认为的要小得多（福柯已经注意到这一

---

[1]"中世纪的城市，作为一种物理实体和经济、社会建制，通过对西方的政治控制及其城市化形式，为现代历史的统治创建了基本条件。"万斯：《延续的城市》，第 80 页。

[2]林恩·怀特（Lynn White）：《中世纪的宗教与技术》（*Medieval Religion and Technology*）（贝克莱：加州大学出版社，1978 年），第 218、15 页；罗伯特·麦考密克·亚当斯（Robert McCormick Adams）：《火的路径：对西方技术的人类学考察》（*Paths of Fire: An Anthropologist's Inquiry into Western Technology*）（新泽西州普林斯顿：普林斯顿大学出版社，1996 年），第 48 页。

[3]关于中世纪建筑的创新，尤其是尖形拱门的工程——它让墙体在结构上变得多余了——欧仁－埃马纽埃尔·维特鲁威（Eugène-Emmanuel Violletle-Duc）有精彩的读者讨论。参见其著《建筑的结构》（*The Foundations of Architecure*），肯尼思·怀特黑德（Kenneth Whitehead）译（纽约：George Braziller，1990 年）。

点）。古典时期并没有显示出它在科技文化上的卓越才干。现代西方文明的政治、经济、社会，首先是技艺与技术根源存在于中世纪欧洲的城市之中。

适应能力是每座伟大城市的天赋。那么，为什么今天的城市在控制管理方面出现了前所未有的死板与扎手？一个干预阶段是重要的背景。19 世纪早期新的工业城市如曼彻斯特成长为大型的重要中心，但它们不具备历史上曾有的这样的中心大城市相伴的许多品质。曼彻斯特已经被称作这个时代令人震惊的城市。它令人感到诧异的是，一个城市可以变得如此富有、如此重要，却没有一座有建筑特色的大楼。柏林建筑师卡尔 · 弗里德里希 · 申克尔（Karl Friedrich Schinkel）惊讶地发现，整座城市全是工厂和仓库，“完全是由一个工头造出来的，全无建筑的迹象”。托马斯 · 卡莱尔（Thomas Caryle）更加热心，他发现这座城市“和最古老的礼拜之城或先知之城一样令人惊异，一样可怕吓人，一样不可思议”❶。

商业可以自由自在地形成任何东西。同一时期的伦敦，90% 的新建筑根据需求预期为出售或出租而建。这跟过去的城市建筑方式很不一样。一直到 19 世纪，欧洲城市的特征是“视觉上质朴、装修简单、经济实用的结构自中世纪以来就一直是城市的主流，它们对城市资源几乎没有要求，很容易适应那些影响城市生活的频繁不测的变化”❷。在成

❶申克尔、卡里尔引自马克 Mark Girouand：《城市和人民》（*Cities and Pelple*）（纽黑文：耶鲁大学出版社，1985 年），第 258 页。

❷约瑟夫 · 康维茨（Josef Konvitz）：《城市一千年》（*The Urban Millennium*）（卡尔邦代尔：南伊利诺斯大学出版社，1985 年），第 132 页。在古希腊，只有新的城市（尤其是在东方）是规划的。老城，即使在夷为平地之后重建，保持着松散、非正式的框架，鲜有刻意的规划。R. E. 威彻利（R. E. Wycherley）：《希腊人如何建城》（*How the Greeks Built Cities*）（纽约：诺顿，1962 年），第 9、30、34 页。根据斯皮罗 · 科斯托夫对乌尔的观察，“在任何时候城市形式都是不固定而未完成的……建筑的新陈代谢不断改变都市风景的结构，它们是由街道和壁垒所组成的僵硬骨架。”《建筑史：环境与礼仪》（*A History of Architecture*：*Settings and Rituals*）（牛津：牛津大学出版社，1985 年），第 53 页。Richard Rogers 专门讨论了更大的灵活性在现代城市基础设施中的价值。参见其著《为小行星量身定做的城市》（*Cities for a Small Planet*）（伦敦：菲伯和菲伯，1997 年）。

为资本密集工业的家园之后，城市开始丧失它复杂的多功能性，因为资本密集工业的反城市努力受益的代价乃是城市开始关闭通往充满活力的变化的通路。自此以后，随着城市基础设施严格服从“资本流动的全部逻辑”，城市的整个历史演进“唯其马首是瞻”。❶

城市基础设施（预定的街道，上水和下水，公共设施，垃圾收集，等等）扩张到遍布整个城市化区域的地步，这就让工业时代的城
244 市卷入了过分密集结果适得其反的行政管理之中。建筑批评家彼得·布拉克（Peter Blake）认为，“现代规划用了非常少的手段（如果有的话）就已经如此成功地摧毁我们城市的生活品质并让城市（以及郊区与所在地区）破产——为了追求某种抽象的城市秩序理念，比如分区制所搞的那一套。”❷土地的分区使用为城市建设了僵硬死板、高能耗、高成本的资本基础设施，仿佛不可能发生不可预测或频繁的变化。这样的变化一旦发生，城市就要背负过早荒废的楼房，它们的翻修成本很高，常常卖不出去。

城市的内部由规划和行政管理加以控制，与此同时，城市也改变了它同其他城市及其周边农村地区的关系。前面提到，城市人口在最近一个世纪里翻了一倍。随着世界范围内农村人口的减少，农村不是重归荒芜，而是变成了农业综合企业的工业扩展区。我们置身于一项伟大的试验当中：将农场城市化。食品生产的原产地现在已经是工业城市经济的一个要素。现代城市生活的另一处创新则是对所谓的居间的风景线的培

---

❶戴维·哈维（David Harvey）：《城市经验》（*The Urban Experience*）（巴尔的摩：约翰·霍普金斯大学出版社，1989 年），第 28、36 页。

❷彼得·布拉克：《形式追随惨败：现代建筑何以不灵?》（*Form Follows Fiasco: Why Modern Architecture Hasn't Worked*）（波士顿：小布朗，1977 年），第 109、110 页。亦参见康威茨：《城市一千年》，第 132、145、186 页；科斯托夫：《组装的城市》，第 298—299 页；M. 克里斯蒂娜·博耶（M. Christine Boyer）：《梦想理性之城》（*Dreaming the Rational City*）（麻省剑桥：麻省理工出版社，1983 年），第七章。博耶解释了分区制产生破坏作用的部分原因。它“允许房产利益大户插手实际的规划并控制建筑布局和管理体系”（171 页）。关于分区制和城市形态之间的关系，亚里克斯·马歇尔（Alex Marshall）有不同的看法。参见其著《城市如何运转》（*How Cities Work*）（奥斯汀：德克萨斯大学出版社，2000 年），尤其是第 46、200 页。

育：散布在城市外围的卫星城。"在欧美，很多最大的城市中心的人口数量在下降。与此同时，它们外围地区日趋繁华。……城市活力的重新分配已经引发了一个所谓的居间的风景线的时代：城市和乡村的综合体迅速成为比单一的城市或乡村更受欢迎的形式。"❶

创造一种城市特色的乡下，这是在大都会边缘之外展开的新的城市化的一部分。我们不应当把这些城外中心同罗马别墅相提并论。它们不是运作中的农场。它们也不是可以供城里人隐退的自给自足的庄园。现代的城外中心或许不是位于地理学家所理解的城市之内，但是，它完全是城市的创造物，离开一个城市中心或城市网络它根本就不存在。具有讽刺意味的是，曾经造成城市之间脱节的欲望在今天恰恰给它们带来了繁荣：有机会不惜一切代价创造一个私人的环境。城市曾经是找到这种机会的理想之地；实际上，那曾是城市首要的吸引人之处。然而今天，随着城市品质退向一种虚拟别墅，没有中心的城市意气萧索，开始慢慢地向内崩裂。然而，如果离开有活力的城市内核，那么郊区也不能存活。少数富人的郊区演替和强化的城市圈地只是对问题的短期逃避，而问题的真正解决只能靠城市的运转。❷

与最初的城市不同，推动最近阶段的城市化的不是地方性的原因，而是属于一种相当程度上独立于地区、城市历史或经济发展的模式。❸所谓的世界城市，比如东京、伦敦和纽约，它们彼此之间的共同点已经多于 245

---

❶科斯托夫：《组装的城市》，第59页。

❷"郊区成功地挖空了城市建设中的协作框架，这一点将使它不可避免地继续走向自我毁灭。"格林伯格：《城市诗学》，第72页。关于得到巩固的城市封闭区（装有私家保安设备的居民区），参见特雷莎·卡尔德里亚（Teresa Calderia）："新的城市种族隔离"（The New Urban Segregation），载霍尔斯顿：《城市与公民权》。1995年，2800万美国人，约占美国人口的10%，住在私人防卫的大楼或开发区里。（《纽约时报》，1995年9月3日）。

❸这并不是说**地理位置**就无关紧要了。关于城市场所在全球体系中的重要性，参见苏珊·克拉克（Susan Clarke）、加里·盖尔（Gary Gaile）：《城市作品》（*The Work of Cities*）（明尼阿波利斯：明尼苏达大学出版社，1998年）；莎丝琪雅·萨森（Saskia Sassen）："谁之城市？全球化和新要求的形成"（Whose City is it? Globalization and the Formation of New Claims），载霍尔斯顿：《城市与公民权》。

它们与各自地区的其他城市之间的共同点。在全球化现象中，新的东西是范围、财富、密度和联系的同时性。不过，我们在前面也提到，每一座历史性城市都是兴起于一个更大、隐含着全球性的人居环境。如今遍布星球的城市网络是一个同城市本身一样古老的进程的顶点。

城市曾经是受到保护的地方，在那里可以积累财富，而生活也比农庄奢华。但是，城市正在失去它们的经典优势——便利、安全、自由、宽容、社会流动性，而长期以来的劣势——嘈杂、过分拥挤、疾病、犯罪——则继续攀升。现代城市规划、现代建筑学和现代经济学之间的反常协作设法颠倒城市与荒郊之间的关系。最可怕的荒野现在都变成城区了。更深层的反讽在于，强行清空乡村已经让城里人耗尽了他们过去所能选择的最后一招：走出去。这样的事情可以发生在玛雅城市或印度河流域的古代城市，但我们已经失去了这样的选择。

何以如此？一方面是因为内地的城市化，另一方面则是因为靠土地过活需要知识，而我们住在城里的时候，尤其是后来，已经忽略并遗忘了这样的知识。我们几乎已经把全球生态城市化，通过这种做法，我们已经创造了一个没有人能够走出去的城市秩序。当然，除了正常运转的城市，没有地方足以维持人类人口。因此，人类的未来只能是全球城市体系，而这一体系现在已经面临压力。如今，城市的生态足迹已经对人类栖居地以及人类地球生活的长期繁荣构成最主要的威胁。

第四节 知识的城市化

何为“文明”？这是一个内容广泛的词，它包括了城市、城市化、我们努力满足需要并追求城市潜力等各方面所产生的效果。它需要在城里培育教养、市民身份、法律以及技艺与科学。文明是实践（城市特质、培育、宽容）以及为这样的文化提供物质与建筑人化物（城市）的一种品格。正是在这种意义上，文明有一半是建筑，有一半是建筑所明

确表示并使之可能的追求与享受。❶

为什么把文明和知识联系起来？其中一个原因是城市、因而还有城市特质与教养依赖于复杂的知识。城市是人类所发明的最复杂的人化物。它的复杂性无与伦比，部分原因在于我们试图让它和其他复杂的人 246
化物诸如核电站、桥梁、医院一起工作。城市的人化物密度对知识的成就提出了附加的要求。城市越是繁华，它的动力平衡就越是复杂；城市生态越是富足和复杂，对知识的要求也就越高。城市是人化物，是知识的成就，人们让它按照知识而运作，没有知识它就无法运作。

我们还应当考虑何为知识，或者甚至它已经成为什么。城市扩大了相遇于城墙背后的技艺和知识之间的协作，从而将能力与繁荣提升到了新的高度，并激发了否则无法想像的实验。错误的可能性失去了一些恐惧。只有在城市的外壳之下人们才可能培育尼采所说的爱知勇气："犯错的勇气，实验的勇气，暂时接受的勇气。"在城市出现之前，技术的进化经由猎手、觅食者和农夫；城市一旦出现，那些进化轨道便停止运营了。将来一切知识成就都出现在广大的城市生活实践之中。我把这种新的地平线称为**知识的城市化**（the urbanization of knowledge）。知识的进化与实践相应于新的技术中介与人化物密度而变化，我们跨过我所说的建筑的门槛（参见第一部分第二章）。这时，知识的城市化第一次变得明晰可见。❷

---

❶汉娜·阿伦特（Hannah Arendt）描述了城市与文雅的互补关系，或者说，建筑与精神气质的互补关系："如果没有被人类所谈论，如果没有安顿人类，世界将不可能是一种人类的计谋……如果人类的计谋的安顿，人类事务将如同游牧部落的游荡，昙花一现，无效而徒然。"《人的条件》（*The Human Condition*）（芝加哥：芝加哥大学出版社，1998年），第204页。

❷关于城市在欧洲知识产生中的作用，参见彼得·伯克（Peter Burke）：《知识社会史》（*A Social History of Knowledge*）（剑桥：政治出版社，2000年），第56，70—75页。关于技艺与知识在城市的协作，参见豪：《文明中的城市》，第165、277、302、484页；亚当：《火的路径》，第259页。哈维找到城市的五种"社会与文化结构"，认为它们有利于"概念的进步"：平等的阶级结构，个人自由和能量，创新的动机，对形式教育的适度要求，服务于贸易与创新的情报网络（第344—347页）。不过，正如哈维所指出，今天"技术的控制内在于城市混合体中的创新倾向，不过，它更是内在于企业"（《城市经验》，第46页）。

文明是知识的成就，它离开卓越的技术与艺术作为是不可想像的。反过来，城市及其文明也是知识的伟大母体：实验的庇护所；档案馆；创新、积累和技术密度的经济与物质环境。因此，有一种从城市到它所获得并维持的知识，再从知识到城市的关联：它的城市特质、教养、文明及其未来。城市需要复杂的知识，但这不是知识与文明之间的唯一关联。城市生活在我们身上生长。文明已经在更大程度上不是可选可不选的东西（如果它在根本上还是可以选择的话），它不仅是为了那些喜欢它的人，而是为了一个可生存的人类环境。经过5000年处于城市外壳之下排他性的强化培育之后，知识本身现在需要城市母体并以之为前提条件。知识仍然如旧石器时代晚期那样，是卓越的人化物作为的成就。但是，**知识发生**的生存条件已经不可逆转地改变了。知识**据我们所知**现在不可能离开已经扩大的城市化，如果离开它，知识最复杂的成就也是毫无意义，一无用处，成为垃圾。

有史以来技术最复杂的社会开始认识到，知识也会产生知识污染。这可是人类最近五百年经验的一个始料未及的发现。同出于无知与偶然的行为相比，知识所文饰与践行的权力可以产生可能带来更严
247 重后果的错误。知识甚至可以让有效的行为变得更加困难，这恰恰站到了知识价值的对立面。知识会带来这样的后果，这一点谁也没有想到，至少柏拉图、培根或杜威没有想到它。西方哲学关于知识的教导没有让我们准备应付知识有时候可能产生的悲剧性的适得其反的后果。[1]

比如我们以为，在健康与获得专业护理之间有一种联系。然而，现代社会公共卫生指数（寿命，婴儿死亡率，等等）的上升跟专业医疗服务的普及几乎没有关系。如今美国在生物医学研究方面的投入大大超过其他国家，但按照通常的标准来看，美国的公共卫生处于工业化国家的

---

[1]“荒唐的适得其反的后果”这个概念来自伊万·伊利奇：《将近需求史》(*Toward a History of Needs*)［加州伯克利：黑戴（Heyday），1978年］，尤其是第35—39页。

平均水平，并没有超过希腊和葡萄牙这样一些相对不那么富裕、相关花费只及美国零头的国家。[1]在发达国家，医疗介入的范围与程度大幅上升，但这不但没有带来健康状况的改善，而且还使得**由医生所引发的疾病**（iatrogenic）成为痛苦的新的重要原因。[2]

在城市条件下知识会产生适得其反的结果，城市规划学科即是一个具有反讽意味的例子。城市规划学科摆出一种令人厌恶的知识景观来反对城市、反对城市特质和城市繁荣。勒-科布西耶有一个令人难忘的明确说法："我们必须杀死街道。"并非所有城市规划师都有勒-科布西耶的智力和反城市意图，这就像并非所有耶稣会士都是圣徒（Loyola）。然而，勒-科布西耶极大地鼓舞了规划师自居为专家并以知识的名义作为。在他第一本论城市规划的书（1929 年）中，他写道："城市的分析属于科学调研的领域。这种科学调研的各个部分连贯一致，足以决定它自己的指导原则。"第二年，他在面向城市规划师的演讲中说道："我们不要陷入政治学或社会学……我们应当保持建筑师和城市规划师的本色，而且，在这样的专业基础上，我们应当让那些有责任知道

---

[1]丹尼尔·萨威茨：《幻觉的边境：科学、技术和进步政治学》（费城：天普大学出版社，1996 年），第 143—144 页。

[2]医源性疾病所导致的生命损失相当于汽车事故的两倍；爱德华·坦纳（Edward Tenner）：《为什么会此涨彼消：技术及其不期然而然的后果的报复》（*Why Things Bite Back: Technology and the Revenge of Unintended Consequences*）（纽约：文蒂奇，1997 年），第 54 页。亦可参见伊万·伊利奇：《医学的限度》（*Limits to Medicine*）（哈芒斯沃斯：企鹅，1990 年）。关于知识造成残疾，参见加里·阿尔布雷克特（Gary Albrecht）：《残疾商业》（*The Disability Business*）[加州纽百利（Newbury）公园：圣人，1992 年]；哈伦·莱恩（Harlan Lane）：《善行的面具：让聋人社区残疾》（*The Mask of Benevolence: Disabling the Deaf Community*）（纽约：克诺普夫，1992 年）；萨莉·弗伦奇（Sally French）、约翰·斯温（John Swain）："残病人和卫生、福利专业人员之间的关系"（The Relationship between Disabled People and Health and Welfare Professionals），载《残疾研究手册》，加里·阿尔布雷克特、凯瑟琳·西尔曼、米歇尔·伯里）编（加州千橡树：圣人出版社，2000 年），第 734　753 页；谢利·特里曼（Shelley Tremain）："论残疾管理"（On the Government of Disablility），载《社会理论与实践》（*Social Theory and Practice*）27（2001 年）：第 617—636 页；及拙文"致残知识"（Disabling Knowledge），载《后现代伦理学》（*The Ethics of Postmodernity*），G. B. 麦迪逊（G. B. Madiison）、M. 费尔贝恩（M. Fairbairn）编［伊利诺伊埃文斯顿（Evanston，Ill.）：西北大学出版社，1999 年］。

的人知道现代技术所提供的可能性，以及对一种新的建筑与城市规划的需求。”❶

规划师已经进行了专门的研究，他已经看透这些事情，从而知道城市的漏洞何在以及如何修复。现代规划运动就是努力（由实证主义所激发）动员这种所谓的知识以达到更好的城市管理。用一位美国规划师的话来说，城市规划“只关心一个复杂的主题……对城市的整个物理发展与改造进行智能控制与指导”。另一位规划师则称赞城市规
248 划学“的城市新图景。它意味着，一座城市将由专家、学者和新型的城市官员来建造：来自建筑、园艺、工程和住宅诸领域的专家，研究健康、交通运输、卫生设施和水、气、电的学者，观察百万人复杂生活的新型城市官员”。这种想法还有它自己的美学，比如，通过快捷的汽车高速公路建立邻里关系的崇高理想。“人们已经发现，拯救一个贫民区别无良策，只有让一条直接为城市工业而繁忙的宽大公路穿过它。汹涌的交通流随着充满苦干与目标的城市生活的快乐一起脉动，当它流过一个懒散或痛苦的区域的时候，正如清澈的溪流会冲走沿岸的秽物，它也会唤醒这个区域追求更大的利益和更高的目标。”❷

❶勒－科布西耶：《明日之城及其规划》（*The City of Tomorrow and Its Planning*），F. 埃切尔斯（F. Etchells）译［伦敦：约翰·罗德勒（John Rodler），1929年］，第70、96、110页；他在国际现代建筑大会（1930年）上的演讲，引自《开放的手：勒－科布西耶讨论文集》（*The Open Hand：Essays on Le Corbusier*），拉塞尔·沃尔登（Russell Walden）编（麻省剑桥：麻省理工出版社，1977年），第231—232页。博耶也论及现代运动中建筑师与规划师的“反城市意识形态”（《梦想理性之城》，第283、286页）关于勒－科布西耶1925年的巴黎规划，皮埃勒·弗兰卡斯特尔评论说，“近视，对现代城市所卓越呈现的东西缺乏洞见……让人难以想像。”《十九世纪的技艺与知识》（*Art and Technology in the Nineteenth Century*），兰德尔·彻丽（Randall Cherry）译（纽约：区域图书，2000年），第54页。

❷引言出自美国规划师小弗雷德里克·L. 奥姆斯特德（Fredrick L. Olmsted Jr.）（1911年），弗雷德里克·豪（Frederick Howe）（1913年），查尔斯·鲁宾逊 Charles Robinson（1918年）；引自博耶：《梦想理性之城》，第69、78、54页。关于城市规则话语中“枯萎病的细菌学模式”，参见肯尼思·科尔森（Kenneth Kolson）：《大规划：城市设计中的魅力与荒唐》（*Big Plans：The Allure and Folly of Urban Design*）（巴尔的摩：约翰·霍普金斯大学出版社，2001年），第193—194页。

城市的形态太重要了，不能听凭住在城里的居民来安排。规划师必须插手救援。勒-科布西耶解释说，“现在已经到了必须摧毁那些无法补救的东西的时候了，只有这样我们才能够获救。我们必须硬起心肠……我们必须召集拆房工人，我们应该毫不费力地指出哪些部分必须被推倒。”[1]在一个轻信的科学主义的时代，这种残忍的自信非常吻合正在冉冉上升的城市规划专业。一位艾森豪威尔（Eisenhower）时代的规划师这样描述他的信条：

> 我们的任务并不轻松：破坏人们的家园和营业场所；在干涉城市街道及现存功能并引发广泛的破坏的基础上重新规划大片区域；把不同的家庭重新安置到新的住宅工程；重新安顿那些被移置出来、但又因为某种原因得不到新住宅的人。这一进程肯定是人类居住与环境领域迄今为止已经成功实施的最困难的操作之一……然而，**我们的城市必须更新**，因为如果它们不更新的话，在中心弥漫的枯萎病将缓慢而阴险地扼杀城市的功效，并且可能最终让它无法发挥作用。[2]

现代城市规划实践始于19世纪80年代。今天，城市的物理品质与伦理品质还是像从前一样不依靠城市规划师。他们对城市枯萎症的攻击已经引发了前所未有的城市枯萎症。彼得·豪爵士承认，“经过一百年来关于如何规划城市的争论，经过将观念付诸实践的不断尝试——不管

---

[1] 勒-科布西耶：《明日之城》，第115页。

[2] 斯坦利·皮克特（Stanley Pickett）：“规划与城市复兴”（Planning and Urban Renewal），载《社区规划评论》（*Community Planning Review*）7（1957年），第131页；引自约翰·休厄尔（John Sewell）：《城市的形态：多伦多与现代规划的斗争》（*The Shape of the City: Toronto Struggles with Modern Planning*）（多伦多：多伦多大学出版社，1993年），第42页（着重号为引者所加）。豪斯曼（Haussmann）在巴黎进行的城市清理工作摧毁了19722座房子（没有替代物）。为此，波德莱尔写道：“昔日巴黎不复存在；一座城市的外形，唉，/变化比人心更快。”（科斯托夫：《建筑史》，第677页，亦见于第641、647页）

249 被如何误解或扭曲，我们发现我们几乎回到了出发点。”[1]城市原初的问题都还在那里，虽然一个世界的规划所产生的新问题现在已经让它们相形见绌。

城市规划实践的假设前提是，凭借分区、编码、许可制度和其他公共权威，我们可以引导或管理城市生活的品质。然而，如今大多数城市规划充满了由规划所产生的问题，一边解决本专业过去的错误，一边又保证了下一代规划师有活可干。城市住宅工程是规划城市的另一部分遗产。这些用心良苦的设计往往出自顶尖建筑公司之手，现在却变成了警察所谓的防不胜防的地域。这些工程骇人听闻的反城市主义——城市规划王冠上的宝石——坚持以下信念：人们有创造一个属于自己的地方的自由，绝对的权威能够取消它跟城市教养之间的关联。圣路易斯（St. Louis）城展示了如何处理这些工程的最有教养的方式。在和普吕特－艾戈尔（Pruitt-Igoe）住宅工程（由世贸中心的建筑师山崎实［Minoru Yamasaki］所设计）努力相处16年之后，圣路易斯城将它夷为平地。

在所谓的发展中国家，环绕着城市中心的棚户区（shantytown）为西方的城市住宅工程提供了有益的对照。这些附属于利马（Lima）、墨西哥城、安卡拉（Ankara）和其他城市的区域尽管混乱不堪尘土飞扬，但它们并非只有污秽或全无教养，相反，它们甚至有自己的城市特质。原因在于，在棚户区有所有权，不管它多么不稳定多么卑微，而且这里还有希望，城市所特有的最初的乐观主义。

一位观察家说，“像利马这样一些城市中的城市穷苦大众能够通过住宅所有权寻求并找到生活的改善，虽然按照现代标准他们依然很穷。

---

[1]彼得·豪：《明日之城》，修订版（牛津：布莱克韦尔，1996年），第11页，亦见于第421页；康威茨也说：“如何将现代城市中优秀设计的机会最大化？和两个世纪以前这场现代运动的奠基者相比，在这方面我们几乎没有发现更多的东西。”（《城市一千年》，第156页）。亦可参见彼得·桑德斯（Peter Saunders）的批评，“城市生态”（Urban Ecology），载《城市研究手册》，尤其是第38、46、49—51页。

这一点当然是他们的乐观主义的主要原因。”❶城市人类学家索撒尔在论述20世纪晚期发展中世界的棚户区时写道：“它们有强烈的法律与秩序偏见，稍稍有点保守性，犯罪、乱交和家庭破裂现象比中心城市的贫民窟要少，人际关系也没有那么疏远，专注于辛苦的劳作和事业，是充满希望而非绝望的贫民窟，它们已经大大增加了人们自豪地拥有所有权的住宅，而政府的计划总是不能让穷人从中受益。”❷

苏丹贝利（Sultanbeyli）是伊斯坦布尔的一个棚户区，其中一位刚刚城市化的农村妇女这样解释她为什么住在那儿：“我们全家是农民。但种田再也没有出头之日了。我们来到城市，希望日子过得好一点。” 250
罗伯特·卡普兰（Robert Kaplan）在安卡拉的一个棚户区参观时发现，“与其说是贫民窟倒不如说是真正的邻区”。他这样描述它的内部：“由煤渣砌块、金属片和硬纸板墙所带来的建筑上的混乱感是骗人的。骨子里是一个**家**——秩序，即显示着尊严。……其他住户也是这样。虽然街道一下雨就垃圾成河，但它们还是流溢着庇护。……在这里，家庭内部及家庭之间的黏合力很强。……这些棚户里住满了雄心勃勃的人们，他们有着中产阶级的欲望。”❸

这些由居住者所建造的正式城市扩展区，城市地理学家把它们叫做未管制的周边邻区，而那些有能力住得更好的人们则称其为贫民窟，但不管怎么说，它们并不是第三世界独有的现象。每座城市可能都有棚户区。城市地理学家理查德·哈里斯（Richard Harris）认为，“棚户区曾经是魁北克以西每座［加拿大］大城市的特征……20世纪早期，多伦多等城市的形制和发展过程看来非常接近于……阿根廷首都布宜诺斯艾利斯（Buenos Aires）。”他相信，这些蓝领郊区展现了“移民工人不惜一

❶ J. F. C. 特纳（J. F. C. Turner）：《未受控制的城市居住地：国际社会发展评论》（*Uncontrolled Urban Settlements*, *International Social Development Reviews*）（纽约：联合国，1968年），第一卷，第360页。
❷索撒尔：《时空中的城市》，第294页。
❸罗伯特·卡普兰（Robert Kaplan）：《地球的尽头》（*The Ends of the Earth*）（纽约：兰登书屋，1996年），第133、135—136页。

切代价求得住家的愿望，倘有必要他们可以亲手筑窝”。在提到他们“因控制、建造和所有权而感到自豪”时，他认为很多人“肯定已经感到，他们正在开始第一次创造自己的命运”。这正是城市乐观主义的精髓。在城里，一间斗室可以成为兴旺发达的先兆。❶

我不想把发展中国家或其他地方的城市贫民的穷困潦倒缩小化（或给它抹上浪漫的色彩）。我的要点在于，他们并没有因为缺乏城市规划而处于更加糟糕的境地。各项工程所建造的住宅，没有人会打心眼里愿意且强迫最穷困的城市人口搬进去。城市规划公开违抗人们长期以来（可能是非正式）对城市街道与邻区的理解，仿佛现代建设的严格教条可以不顾以下要求：建筑物如果不能培育使用者之间的合作就会变成穷困脏污之地。我们已经看到结果，那就是城市史上最糟糕的贫民窟。❷

巴西新首都巴西利亚（Brasilia）是现代规划的里程碑。它建在荒野之上，那里不需要同任何已经建成的城市定居点妥协。然而，半个世纪之后我们已经看得很清楚，这座完全是规划出来的城市无法凭其自身、按照规划运行。一个完整的次级城市定居点已经在规划城市的周围发展壮大。这个未经规划的影子城不仅比规划城市更大，而且里头还住着巴西利亚70%的人口。正式城市的日常运行离不开这个未经规划的周边地带，它提供住房，完成无数未经规划、未曾预料、不守规则、但对于城市的运作又必不可少的功能。如果当今那儿还存在**一座**城市，那是因为

---

❶理查德·哈里斯：《未规划的郊区》（*Unplanned Suburbs*）（巴尔的摩：约翰·霍普金斯大学出版社，1996年），第222、284、139—140、266、232、286页。

❷“所谓的公共住房项目留下了混凝土丛林和高楼贫民窟，而旨在‘让每个美国人有一个体面的家’的项目所摧毁的住处是它所建造的住处的两倍。”索撒尔：《时空中的城市》，第372页。“实际的努力一直是不让最穷的穷人进入复兴的区域，而是把他们留在密度最高的贫民窟。”E. C. 班费尔德（E. C. Banfield）：《不是天堂的城市》（*The Unheavenly City*）（波士顿：小布朗，1970年），第16页。关于所谓发展中国家的城市的健康状况，参见安东尼·麦克迈克尔（Anthony McMichael）：《行星的超载：全球环境变化和人类的健康》（*Planetary Overload: Golbal Environmental Change and the Health of the Human Species*）（剑桥：剑桥大学出版社，1993年），第10章。

它的形成未经规划。❶

在规划旁遮普（Punjab）首府昌迪加尔（Chandigarh）期间的一次会议（1951年）上，勒-科布西耶说："昌迪加尔建在地形优越、自然美景遍布的开阔之地，它的城市布局与建筑规划将保护它免于卑劣的投机及其灾难性的必然后果：郊区。郊区在昌迪加尔不可能出现。"❷不到25年，不守规则的郊区已经在昌迪加尔精心规划的边界周围到处蔓延滋生。1977年，15%的城市人口住在非法建造的住宅区，没有人行道，没有下水道，没有供水，也没有学校。跟巴西利亚的情形一样，未管制的郊区收容了大师规划所忽视或排斥的一切行为与民众，但如果没有这些行为或民众，城市将无法运行。正当规划师想方设法解决这一规划的惊人尾巴之际，好几代人已经在这些"郊区"长大成人。规划师不太可能找到一个法子，除非他们抛弃规划。在未管制的郊区，每个人或每一事物的共同特点在于，或者没有能力负担规划的东西，或者跟它们不搭界。❸ 251

正如城市规划混杂着傲慢自大和如意算盘，"科学"农业也忽视了对城市—农村共生关系的破坏。城市的粮食供应依靠周边的农村、城市需要从农村进口所有食物，这一点在今天已经司空见惯，虽然它或许会让过去5000年间任何一位深思熟虑的城市规划专家感到诧异。我们很少想到，这是一个多么大胆的实验。支持肯尼亚从事咖啡出口而不是"非理性"地为本国城市种植庄稼国际金融体系一旦垮台，奈洛比（Nairobi）的居民吃什么？如果饥饿的城里人涌向农村，他们会在那

❶詹姆斯·斯科特：《国家的视角》（纽黑文：耶鲁大学出版社，1998年），第126—130、261页。巴西利亚的布局1957年出自卢西奥·科斯塔（Lú cio Costa）之手；建筑物的设计者则是勒-科布西耶的巴西信徒奥斯卡·奈尔迈亚（Oscar Nilemeyer）。
❷勒-科布西耶，引自玛杜·莎琳（Madhu Sarin）："居住之地昌迪加尔"（Chandigarh As a Place to Live In），载《开放的手》，第406页。
❸莎琳："昌迪加尔作为一个住人的地方"，第381、389—390、391页。

里干出什么事呢？靠土地过活需要知识和资源，这两样东西都已经遭到一种也是由城市孕育出来的贪婪的蹂躏。俗话说得好，每座城市都带着一点爱尔兰的特征。这是说，每座城市都面临着饥饿的威胁。❶

所谓的绿色革命可怕地证明了，我们已经学会通过破坏知识并代之以实证主义的权威的方式来赚钱。在整个第三世界，当地农民经数千年持续耕种曾调理出一种平衡性能良好、欣欣向荣的农业，但它现在已经被鼓吹“现代化”与“发展”的行动者所糟蹋。❷我们用肥料摧毁土壤，用杂交作物来摧毁自然发生的培育变种，并践踏了那种数千年来养育了数百万人的农业。作为回报，我们跟化肥、杀虫剂、除草剂以及农业机械缔结契约，粮食生产对能源的需求因此以令人无法估算的速度飞
252 速增长。前工业化时期，农耕对外在（非农业）能源的运用可以忽略不计。一旦工业设备、石油燃料和商业产品挤进来，能源的投入产出关系就颠倒过来了：农业产出还不及能源投入的1%。

农业投入的增长或许可以从相应的回报得到辩护，但令人难以置信

---

❶“世界上的人口超过了50亿，他们挤在只能赖金钱为生的城市里，而金钱则把城市的欲望传播到地球腹地。……但金钱之于我们就像土豆之于19世纪40年代的爱尔兰梅奥郡（Mayo）的佃农：不如一样东西耐久，却像所有事物那样容易失败。如果金钱在它的功能上失败，那些城市——开罗、东京、北京、圣保罗（São Paulo）、德里、利马、伦敦、德黑兰——它们将饿死；正如马克思所预见，每座城市都带着一点爱尔兰的特点。”詹姆士·布汉（James Buchan）：《冰冷的欲望：金钱的意义探究》（*Frozen Desire: An Inquiry into the Meaning of Money*）[伦敦：斗牛士（Picador），1997年]，第278页。关于城市农业，参见里克沃特（Rykwert）：《场所的诱惑》，第243、259页。

❷在绿色革命之前，印度大米的品种据说在3万种以上，它们都在各地投入使用并且有精心培育出来的小气候。但现在可能不会超过一小撮，甚至可能更少。范达娜·希瓦（Vandana Shiva）：《心灵的单一栽培》（*Monocultures of the Mind*）[伦敦：齐德书籍（Zed Books），1993年]，第67页。弗雷德里克·阿普费尔·马格林（Frédérique Apffel Marglin）和史蒂文·马格林（Steven Marglin）所编的两本集子记录了西方科学在第三世界殖民运动中的作用：《主宰知识：发展，文化和反抗》（*Dominating Knowledge: Development, Culture, and Resistance*）（牛津：牛津大学出版社，1990年），《知识的去殖民化》（*Decolonizing Knowledge*）（牛津：牛津大学出版社，1996年）。绿色革命的结果与官方的意图相左，它把第三世界国家变成了粮食净进口国，这是1981年之后才出现的现象。J. R. 麦克尼尔（J. R. McNeill）：《太阳底下的新鲜事：二十世纪环境史》（*Something New under the Sun: An Environmental History of the Twentieth-Century*）（纽约：诺顿，2000年），第225—226页。

的事实却是，工业化农业在能源上的回报是消极的，投入远远大于作为粮食的回报。商业包装的切片面包所需要的能量数倍于面包消费者所得到的能量。在美国，养牛所花费的可供人食用的食品六倍于如此产生的牛肉。据估计，生产一吨化肥需要消耗五吨石油。跟20世纪之前的农业不同，今天的工业化农业不可能无休止地持续下去。我们已经作出了一个或许无法逆转的选择：让世界粮食供应依赖于有限的、且日趋枯竭的石油储备。从短期来看，一些公司将为投资者赚回大把大把的钞票。从长期来看——好呀，没有“经济学”的长期——（正如凯恩斯［Keynes］所说的那样）我们都要死光光。但从中期（我们留给子孙后代的遗产）来看，人类可以期待处于饥荒、暴力和灭绝之中越来越艰难的生活。[1]

新的农业经济学给曾经多产的农业家庭与共同体——它们买不起机械、杂交种子和化肥——带来了悲惨的结果。这是现代饥荒的重要原因之一。的确有某些地方有大量粮食，但需要粮食的人又不在那里，因为我们供奉这样一个前提：哪里种植和运输粮食的经济利润高，就在哪里种植粮食。我们依靠庞大、昂贵、同时又并非不脆弱的金融、交通与商业网络把粮食送到需要的人们那里去。这整个事业之所以可能和必要，只是为了从杂交作物、化肥、杀虫剂和西方科学所赐福与西方投资所宣传的其他创新中赚钱谋利，这是拿世界上几十亿人口的粮食资源的可靠性作赌注（我们在下一章继续讨论农业）。

据说，“知识与力量的进步让真正的文明变得困难而不是容易了”。同

---

[1]“我们人类中间，越来越多的成员正开始依赖世界上遥远的地方，朦胧的陌生人在那里种植粮食出售。大量的人是天气、害虫、经济与政治反常以及战争的可能后果的人质。”阿尔弗雷德·克罗斯比（Alferd Crosby）：《生态帝国主义》（*Ecological Imperalism*）（剑桥：剑桥大学出版社，1986年），第307页。最后两段的事实声明引自西蒙斯：《改变地球表面》，第253—255、260页；希瓦：《心灵的单一栽培》，第139页；伊莱恩·蒙根（Elaine Morgan）：《土崩瓦解：城市文明的兴衰》（*Falling Apart: The Rise and Decline of Urban Civilization*）［伦敦：纪念品出版社（Souvenir），1976年］，第199页；史蒂文·莫尔纳（Steven Molnar）、伊万·M. 莫尔纳（Iva M. Molnar）：《环境变化和人类生存》（*Enviromental Change and Human Survival*）［新泽西州萨多河上游（Upper Saddle River）：普润第斯－霍尔，2000年］，第35页；以及麦克尼尔：《太阳底下的新鲜事》，第224页脚注。

时，“今天知识被更加有效地用来证明错误而不是防止错误”❶。行政规划、现代建筑、科技农业和医学——它们所动员的知识，以及它们凌驾于知识之上的规训权威——没有城市基地将是不可能的。只有在城市之中，我们才会如此漠视我们的人化物的真实结果——我们已经没有能力辨别什么是重要的东西，我们已经把纸上的等级与专业化系统同取得可靠的繁荣混淆起
253 来，或者说，把勒－科布西耶的强词夺理同知识的成就混淆起来。

这种适得其反的知识是真正的知识吗？以城市规划为例。规划师们有数据、个案历史、信息、指导原则、政治指示、模型，但他们有与其宣称及抱负相应的**知识**吗？没有，显然没有。因为，哪里有典型的人化物？哪里有完全规划出来的城市与郊区，或者，哪里有自愿选择它们因而证实知识成就的人们？❷那些建立城市规划“学科”的人宣称自己掌握知识，那是为了让人们拿他们当回事儿，而他们也的确达到了目的。每座城市都有它的规划师或官方规划。然而，如果我们寻找知识的成就，如果我们把他们的城市同埃比尼泽·霍华德（Ebenezer Howard）或勒－科布西耶之前的城市相对照，我们将看到，这些人及其追随者对城市的理解相当贫乏，同时却自居为他们并不具备的知识的权威。然而，他们的知识毕竟是知识的一种相反产物，因为，正是知识的成功与价值（由城市所放大）让强大者（他们只知道这个）倾向于混淆对知识的宣称与知识的成就。❸

---

❶艾伯特·施韦策（Albert Schweitzer）：《文明的哲学》（*The Philosophy of Civilization*），C. T. 钱皮恩（C. T. Champion）译［塔拉哈西（Tallahassee）：佛罗里达大学出版社，1981 年］，第 87 页；约翰·赖尔斯顿·索尔（John Ralston Saul）：《无意识的文明》（*The Unconscious Civilization*）［多伦多：阿南西（Anansi），1995 年］，第 44 页。

❷它们都不是按人造小镇模式设计出来的所谓新城市生活的社会［比如，北卡罗来纳州的南村（Southern Village），或者，佛罗里达的塞里布兰申（Celebrantion）］。关于新城市生活的城市特质可参见马歇尔在《城市如何运转》中的广泛讨论，以及科尔森的《大规划》，第 114—122 页。

❸城市规划是斯科特所说的“高度现代主义意识形态”的一个最主要的例子。20 世纪大多数国家工程都伴随着“高度现代主义意识形态”。从列宁的强迫集体化到勒－科布西耶的昌迪加尔，高度现代主义者“坚持认为他们垄断了有用的知识，而且他们已经迫使这种知识为灾难创造条件”（《看似一个国家》，第 247 页）。

其他案例没有这么直接。农业化学显然对氮循环有所知。价值尚未明确、人们还在争议之中的医学干涉（如耳蜗移植）动员了高层次的技术成就。但它们的知识是破碎、无意识、不负责任的，而且常常带来悲剧性的相反后果。我们在第一部分第二章曾经描述了评估知识成就的几个维度，即，适当性、设计质量、多产性和共生性。如果我们拿这些标准来评估我们一直在讨论的学科，那么，我们就会清楚地看到，它们的人化物虽然在一个或两个维度上不是没有成就，但是却严重缺乏多产性和共生性。基因工程种子、耳蜗移植或者郊区规划算不算卓越的人化物作为，这不能简单地用“是”或“否”来回答，虽然从它们适得其反的后果来看，它们给知识制造了很不公平的申诉者。我们没有办法跟它们生活在一起；它们的成本超过了所得。然而，它们仍然是我们知识文化的人化物。它们应当给我们敲响警钟：在普遍程度越来越高的情形下，这种文化怎么会变成适得其反之物。

普罗米修斯的命运警示我们文明化的知识可能产生的反作用力，一 254
种来自那些以神的名义而非从经验与知识出发说话的人（就像埃斯库罗斯戏剧中的赫耳墨斯）的反作用力。城市化历史学家斯皮罗·科斯托夫看到，“除了城市神圣起源的传统之外，似乎很早就有一个相反的传统：人类、普通人，他们主动趋于城市化，诸神对此并不感到开心”[1]。每一种

[1]科斯托夫：《成形的城市》，第 36 页。从一个悲观主义的立场出发，梅塞尔看到引向两种文明的两条道路。一是他所强调的路线：平等——多元主义——城市生活——共同体；另一条则是：等级制——阶级分层——城市生活——国家。《古老世界的早期文明》，第 343 页。因为普罗米修斯把知识作为礼物送给人类，所以宙斯把他用链条锁在高加索的山崖上，让老鹰啄食他的心肝。这个故事在埃斯库罗斯的《被缚的普罗米修斯》中有高度戏剧化的描述。戏剧的结局是普罗米修斯和赫尔墨斯之间的长期交换：“可以肯定的是：把我的不幸同你的苦役相比较，我不愿意交换。”赫尔墨斯是宙斯的神使，普罗米修斯称之为“诸神的马屁精”。《埃斯库罗斯 II，古希腊悲剧全集》（*Aeschulys* II，*Complete Greek Tragedies*），第二版，戴维·格利（David Grene）、理查德·拉铁摩尔（Richard Lattimore）编（芝加哥：芝加哥大学出版社，1991 年），第 175 页。

文明必须应付冻结美好事物的欲望与灵感：让它停止变化，把它变成木乃伊，仿佛通过意志的力量可以让某些东西天长地久。通过知识的成就我们可以乘风破浪，却不能够分开大海。权威与知识往往处于敌对的关系。因为，如果人们知道什么，他们就无须权威而知道它。面对有效的知识，权威要么承认个体自由，要么变成喧嚣的强制力，后者至多不过是一种短期策略，而不是文明的共同生活方式（modus vivendi）。这就是为什么独裁的政府怨恨知识，它更喜欢控制或管理知识，即使那样意味着把知识（以及它们自己）赶入死胡同。

看着自己的文明在西班牙征服者面前崩溃，印加的祭师走向人祭，他们赶在西班牙人（还有天花）之前杀身成仁。对于他们来说，这样的行为当然是绝对理性的。这就是信念在城市中的力量。那些最安全地隐藏在城市的庇护之下的人，隔离于他们的行动——包括他们对那些无法检验的信念（比如，神学信念）的疯狂培育——所引起的一切不幸。前一章曾经指出，仪式并不要求信念，虽然可能产生信念，正如它可能产生需要命名和畏惧的各路神仙。信念不是心灵的本土力量，在信念之先必须有很多经验与知识。信念——不仅是正式的宗教和神学，而且还包括**对信念的坚持**，对赞同与否认的命题态度——并不是跟心灵一样古老，它最初是随着定居点和第一批城市的出现而在人类文化中占据突出的地位。

旧石器时代晚期可能已经有了某种宗教，如果它出现的时间不可能再往前推的话（仪式当然要更早些）。洞穴岩画和其他早期艺术（包括葬礼）可能已经伴随着某种信念文化。[1]祭仪和信念在定居农耕时代无疑取得了进步。正是最初的农夫建造了史前巨石柱（Stonehenge）以及世界各地与此相似的新石器时代的纪念物。我们很难避开这样的印象：正是信念推动了他们的劳作。不管信念的具体的内容是什么，它肯定

---

[1]参见 D. 布鲁斯·迪克森（D. Bruce Dickson）：《信仰的黎明：旧石器时代晚期的宗教》（*The Dawn of Belief: Religion in the Upper Paleolithic*）（塔克森：亚利桑那大学出版社，1999 年），尤其是最后一章。

是严格意义上的宗教的先驱。所谓严格意义上的宗教，我是指正式的、有文字记载的、神学的、有神职人员的、以庙宇为基地的宗教。 255
这样的宗教当然从城市里开始。也正是自那以后，信念才从文化的一个有限方面——相当程度上是仪式的副产品——过渡到最初的政治意识形态的维度。❶

容易受到我们自己所想像的形态的感染，并忍受一种敬畏的能力，这可能是我们神经系统的一种倾向。在人类史前相当晚近的某个时候，人们以其他倾向性为代价，开始开发这种倾向性以便让自己过上更好的日子。已经有学者指出，"每一种世界早期文明出现时，意识形态便显得突出了。"❷意识形态和确信（conviction）随着城市生活的经验而兴起，它们培育了正统的信念且强化了权威。神话在庙宇中的形式化，神学与神权政治的发明，圣王的神圣意识形态，所有这些说明了，在早期城市里，人们**信仰的事物**何其丰富多彩。

为什么城市应当伴随着一种信念文化？其中一个原因在于，尽管

---

❶在美索不达米亚，祭司和庙宇出现的时间比勇士－国王早几个世纪。是庙宇而非勇士－国王催生了闪族人的城市，其模式可以概括为："一切质朴的城市国家的发展是通过相对和平的内在生长的机会，而不是作为战争或征服的结果。"索撒尔：《时空中的城市》，第34页。

❷安德鲁：《最初的城市》，第15页。沃尔夫讨论了阿兹特克建立过程中的意识形态，《想像权力》，第189页。关于早期罗马城市生活中的意识形态，参见约翰·斯塔姆鲍格（John Stambauge）：《古代罗马城市》（*The Ancient Roman City*）（巴尔的摩：约翰·霍普金斯大学出版社，1988年），第三章。索撒尔讨论了信念在玛雅城市中的强度，并说，在一切质朴的城市中，"存在着一种对于仪式、符号和僧侣的确定性的绝对需求，以便在日常生活可怕的反常中确保信心，并且保证对于神、圣王和人民的最高关系的信念。"《时空中的城市》，第46—47、51页。对于意识形态这个概念我得说几句。按照通常的社会学观点，多多少少由马克思所发明，把一个信仰描述为"意识形态"，首先就是拒绝认真对待它，相反，把它作为压迫的征候来对待；此外，则是用统治阶级的经济利益来解释意识形态的神秘可信性。这不是我在这里的理解或用法。按照我的理解，意识形态指的是人们**表达政治皈依**的信念和概念。正如奥韦尔所见，它有点像吹牛，只是话语可以激发且辩护大规模行动。一种意识形态与其说是一种理论（不管如何不一贯），倒不如说是一套口令，一种皈依的图腾，一种效忠的语言。"一种意识形态提供了语言上的指令，我们可以用它来确认一种身份认同。如果要进入一个团体或政党的忠诚的成员之间的特定关系，就必须有这种身份认同。"它所关注的理解"从本真的角度看到的"政治生活："某种珍藏或永远为之奋斗的东西。"《意识形态的形式》（*The Form of Ideology*），D. J. 曼宁（D. J. Manning）编［伦敦：乔治·艾伦和昂温（George Allen and Unwin），1980年］，第68、87、127页。

城市比早先的社会形式更加生机勃勃、更加豪华气派，但它相对说来却更加容易受到攻击（来自疾病、饥馑、移民、暴力和战争）。同时，技艺与知识在城市的集中引发了一种对无知的不安意识；在城里我们不仅发现我们知道多少或知识可以做多少事情，而且还发现存在于知识、界限与神秘事物之间的鸿沟。❶一种命令的回应——而非知识——可能是值得要的，因为它比感受到的知识缺乏要好。而且，因为城市做得最好的一件事，即庇护所，城里人有条件透彻思考那些跟他们没有直接关联的事情。神话与礼仪的理性的形式化对于城市艺术家的吸引力可能不亚于它对于发明它的庙宇神职人员的吸引力。在城里，人们可以耽于信念；这是城市的乐趣之一。针对一种由城市所引发的、对于弱点与无知的不安意识，信念在知识缺乏的情况下用确信取代了神话。

对于没有城市或书写的人们来说，神话的重要性一方面在于它作为一种口头档案的功能，它记录着有关联盟、生态等等信息；另一方面则是因为它能够满足把理解形诸言语的欲望（一个故事）。❷在这些文化条

---

❶“城镇里的人面对未知之物像孩童一样无助——未知之物把任何已知的用法扫到一边，留在身后的只是荒芜——虽然它是城镇的产物与创造物。”鲍里斯·帕斯捷尔纳克（Boris Pasternak）：《日瓦戈医生》（*Doctor Zhivago*），马克斯·海沃德（Max Hayward）、马尼亚·阿拉里（Manya Harari）译（伦敦：哈维尔出版社，1996 年），第 168 页。

❷在讨论澳大利亚阿纳姆（Arnhem）等地的甘维古（Gunwinggu）人时，罗纳德·伯恩特（Ronald Berndt）和盖瑟林·伯恩特（Gatherine Berndt）认为，他们的神话“包含了大量有关地形学和自然资源的材料，它们证实、记录和补充了日常经验”。他们提到，“集中在某几个地方或某一地带的故事像是在没有严格组织的情形下所收集的一批指南书，基本信息包含在对当地历史的准事实描述之中。它们并没有给出一幅完整的图景，而只是指点探访者可以期望在那里找到什么：何种地形、蔬菜、食物，何种困难或危险，昆虫是否会惹麻烦，哪些地表水旱季也不会干涸，是否必须掘地取水，如此等等。与半游牧式的生活相应，这些故事是传达一系列‘给旅行者的提示’的方便媒介”。他们还增加了一个重要的限制，那就是，这种信息不是静态的：“故事通过当代经验与时俱进。它们是指导与规则的一个源头，但它们的很多内容有待测试和检验。”《澳大利亚北部的人、土地和神话》（*Man, Land, and Myth in Northern Australia*）［东兰辛（East Lansing）：密歇根州立大学出版社，1970 年］，第 206、41、50 页。斯科特对传统农业有一个类似的看法：“原汁原味的农业实践远远不是永恒、静态而严格的，相反，它一直处于改变和调适之中”（《看似一个国家》，第 285 页）。

件之下，知识之间的鸿沟是看不见的。在城里，我们失去了这种有福的无意识状态。在城里，知识的限度和知识的成就一样显眼。培育出来的城市信念为了书面记录而悬置档案功能，但另一方面，它也放大了神话的感知功能。❶在城里，我们可以纵容一种感性欲望，一种对人们心目中的离奇之事的解释、语言翻译或合理化。正式的神学是书写的一种精神人化物，不仅因为它是写下来的，而且因为书写把档案与故事分离开了。一旦神职人员开始书写，档案就开始独立于神话可以记录的口头信 256
息。通过纵容对未经经验检查的理性的欲望，神学给形而上学的玄思戴上了桂冠。❷

非城里人的神话是故事，而不是信念——在理论意义上对命题态度的理性皈依。让一位土著告诉你当地人的故事，这并不是表达他或任何人的信念。虽然你可能从来不会从阅读唐纳德·戴维森、理查德·罗蒂或丹尼尔·丹尼特等人的著作出发猜测它，但是仅仅给你理性行事或运用语言这样的信念是不够的。同样必须有某种**文化**，某种关于信念的**文明**：实际的表达装置与表达词汇，以及对人们信念的习惯性关注或至少是好奇心。

或许有人会反驳说，我显然误解了认识论与认知科学所理解的信念概念。信念不是看法（opinion）、确信（conviction）或观念（notion），它可能从来无法表达为一个教义陈述。我很清楚这样的想法：主张有“纯粹认知”的信念，某种类似于**表象基础上追加（默会）接受**［representation-plus-（tacit）-acceptance］的东西，某种可以视为大脑的计算状态的东西。但是，这一结构的可靠性尚未建立。它不是一种“事实”，也不可能仅仅通过指出人们有信念这一明显的事实而获得确证。人们**拥**

---

❶5000年前，书写同最初的城市一起第一次出现在美索不达米亚。数百年来，它只是用作经济记录。后来，中国和中美洲各自独立发明的书写才被用作魔法、历法和祭祀。在汉语中，“civilization”对应于“文化”，它的字面义是指“书写的改变能力”。梅塞尔：《古老世界的早期文明》，第333页。

❷亨利·法兰克福（Henri Frankfort）主编：《古人的理智冒险》（*The Intellectual Adventure of Ancient Man*）（芝加哥：芝加哥大学出版社，1946年）。

有的信念大部分是城市生活的人化物。

大约12000年前，人们开始定居下来从事农耕，培育驯化的农作物——它们在野生状态下的成果人们已经收割了几百年。大约5000年以前，人们开始聚集在城镇里——不仅仅是定居点，它的历史和农耕一样久远，而是崭新的中心，人们在这里培育变成了文明的技艺与知识。农业和城市生活在更高的能源与组织层面重复了以前发生在旧石器时代晚期的“革命”所成就的东西。知识的培育是文化的一件伟大作品，这一点上它类似于农业与城市生活，但它又是后两者的前提条件。对于文明和最初的城市来说，除了新技术或新体系之外，新鲜的东西更在于：人们在由人化物与社会互补行为交织而成的城市庇护体中生活的集体能力跨过了一道门槛。

城市不是由人口、密度或政治功能来界定，因为，如果一座城市没有对繁荣程度的提高作出可靠的承诺，那么，所有这些都将无关紧要。城市与文明有共同之处：它们是人化物，是培育出来的知识的成就；它们或毁或立，这取决于它们的建筑存在的可靠性以及由此所激发的乐观
257 主义。它们还是我们存在时间最长的人化物。那些持久存在者具有与众不同的精神气质、城市特质和建筑。它们今天还保持着城市的最好品质。如果知识有希望满足我们对知识成就的超乎寻常的期许，那么，城市的美德值得培育。正常状态与推陈出新之间的恰当平衡很罕见，而且这种平衡即使在最有利的情况下也是不稳定的。这可能就是为什么最古老的城市失序依然伴随着我们：过度的行政管理，关于卓越庇护所滋养的信念的病理学，以及一种低估繁荣而非容忍它所需要的自由的独裁主义。

不管我们是否知道，我们对知识能做的东西投入越多，我们对知识的依赖程度也就越高。持久的城市生活不在我们的基因之中。如果我们从根本上实现了这一点，那必定是通过知识的成就，而这种知识将像以往一样永远不会受到检验。如今覆盖于地球之上的城市丛林类似于一种旋花植物：一种可靠的寄生者，它欢快的白色花朵绽放在寄主干枯的枝

丫上。这只是因为城市失去了它的文雅，变得过于庞大以至于难以为继，但这并不意味着我们可以像丢旧车那样丢掉它，然后住到别的什么地方去。让城市变得不但可以居住而且讨人喜欢，同时又不是邪恶的寄生物——这是文明和人类生存在我们这个时代所面临的巨大的未被承认的挑战。

第三章
终极境域

在人类所有的不幸中，最痛苦的莫过于知道很多却无力行动。

——希罗多德

259 本章是进一步的推导和最后的结论。在此之前，我们先总结一下前面的论证。

“认识论”进路是西方哲学考察知识的主流。我们讨论了这一进路的偏见：知识由命题级组成且必须为真。知识是表象，是信念，是某种信念基础上的追加。卓越的知识表达是口头的（陈述）、辩证的（得到辩护的主张）。针对这些偏见，我已经论证，知识不是信念基础上的追加，并非本质上为真，或者说本质上由真理来说明它的价值。知识是卓越的人化物作为的成就。这种成就既是艺术的又是技术的。

黑格尔曾讥讽康德想在开始认识任何事物之前认识他能够认识什么。自那以后，对认识论的反对与嘲弄已经成为一个现代传统。在黑格尔之后（海德格尔除外），反认识论的基调是实证主义。实证主义的“科学哲学”和实证主义的“知识社会学”自孔德以来就一代胜过一
260 代：马赫和涂尔干、杜威和曼海姆、卡尔纳普和纽拉特，蒯因和库恩。不过，我们已经看到，这些反认识论的论证携带着许多认识论辎重。

知识不能局限为语言所表达的东西，因为我们所讨论的每一样东西都默会地指向一个更广泛的人化物世界。一个可靠的主张站得住脚，所以可以表达为知识。对于那些为他们的知识要求一种制度权威的人来说，可靠性是他们的陈述所期许的价值。但是，真正的关于是什么的知识与瓷器或带绘画的洞穴相比并非特别能表达知识。我们尊重真理不是因为本体—逻辑的适当性，而是因为那些能够经受反驳的主张的辩证可靠性。这并不是说经受反驳是真理的标准或检验（真理的本性是另外的东西），而是说经受反驳——挺住，某种你可以依靠的东西——是真理本身的首要的善。

表达知识的作为至多是断断续续地付诸语言，虽然它动员了一个由其他人化物所组成的中介稠密程度不等的大合唱：工具、器械、媒介、材料，如此等等。人化物对于人类生活来说不可或缺，其中一个重要原因便是现代人类的神经系统本身就是人化物，在它200万年的进化过程中得到了日益增长的技术的庇护。正因为没有这样的进化经验，大约一千万年前和（原始）人类相揖别的黑猩猩才没有获得工具、文化或知识的可能性。工具是技术体系中的一个单位，而黑猩猩那里所谓的工具—使用是没有得到教育的支持的个体聪明。如果我们可以施魔法让引诱白蚁的木棒或砸坚果的石头消失，那么我想黑猩猩也不会想它们想得厉害——不像羚羊没有草，或人没有刀子与火。当然，没有一件工具或人化物是必不可少的——任何一次心跳也不是必不可少的。我们可以蹦几下，但不能蹦很多下或老是蹦着。人化物也是如此。这也就是它们跟黑猩猩的木棒或石头之间的差异。❶

西方关于知识的思想沿着两个方向走。对于哲学家来说，最上乘的知识是不带感情的玄思的知识，它的对象明确清晰地呈现于人的心灵。

---

❶长期以来，语言和工具相互争夺对我们的决定权。斯坦利·库布里克（Stanley Kubrick）的电影《2001太空漫游》的片头直接来自当前的人类学研究成果。可怕的南方古猿重演了雷蒙德·达特（Raymond Dart）关于原始的骨营养不良产业的理论。接着，在发现了工具之后，下一桩事情就是南方古猿变成我们，对此我们很开心。

理论知识（epistemē），最上乘的知识，认识论王冠上的宝石，是哲学对纯粹理论之超然无用的宝石的命名。然而，另有一种比哲学更古老的知识观从罗马时代一直到启蒙时代都遭人猜疑。按照它的看法，知识通过它的工作而被认知，但它的工作在西方历史的绝大多数时期是非法的。到 17 世纪，人们的观点发生了改变。从培根到牛顿，实验开始合法
261 化，并最终成为一种新的自然哲学的可敬实践。当时这种新的自然哲学在相当大的程度上依然独立于大学之外。实证主义作为大学中的体制性哲学的兴起与以下情形相应：大学再次主张，自己自中世纪以来就在西方的知识中居于领导地位。

尼采抗衡实证主义对知识的误解和对哲学的琐碎化。实证主义者希望知识变得简单、清楚、明显、普遍、常规、有系统、机械、服从算法。他们希望用一小撮办事精干的概念“分析”知识，并通过严格的专门化“规训”它。它们关心秩序甚于知识。尼采知道，知识是卓越的成功，因此它就像技艺一样无法化约为一个公式。他的运气也很好，无需阅读索绪尔或卡尔纳普。他可能已经看到，20 世纪以形式化、基础、逻辑、方法论、系统和结构为当务之急的做法必定是无果的。

福柯沉湎于 20 世纪某种更加炫丽的形式主义之中。他的“知识考古学”的方法论装备据说可以描述过去的知识（他在那里没有看到任何吸引人的价值），比如中世纪关于精神疾病的知识。但这一点实际上做不到。这种考古学从档案里挖掘出来的不是知识的成就；相反，它是对那种成就的主张，是曾经享有声誉的话语的痕迹，而不管它们在操作层面的效用如何，福柯对于后者完然无动于衷。虽然，假装漠不关心技术品质或作为效能就是忽略主张的知识与成就的知识之间的差异。一种克制自己作出评价或假装漠视真实成就的知识观必定像福柯一样走到下面一步：声誉良好的话语都一般好，都是真知识。

作为一位实用主义者，罗蒂或许保留了**认识**（connaissance）和**知识**（savoir）之间的二分法，或者说，保留了有时给福柯的工作带来负担的方法论装备。然而，商谈、话语、言语行为、语言游戏——这些仍然是

理解知识成就的终极境域。罗蒂承认福柯对知识与通过的东西（what passes）的区分，并且用种族中心主义的共识提供了一种解释。如果离开有价值的实例和令人赞赏的典范——令**我们**、罗蒂的种族中心的**我们**赞赏，“知识”这个抽象概念将没有任何具体意义。主张要想被当成知识，它必须通过正确的手、正确的权威、正确的批评的公共—推理程序，从而得到**我们**的权威、**我们**的专家、**我们**的制度和知识传统的许可。 262

罗蒂说，从根本上讲，知识是某种种族中心的共识，知识是哲学对它无话可说的某种东西——正因如此，这种哲学才说知识存在！他似乎对认识论的假定作了最保守的调整，以便同他对表象与真理符合论的反驳保持一致。罗蒂没有用真理来界定知识，因为真理隐含着偏见。相反，他找到一种新的、更令人满意的方式回到了原本隐含在真理之中的那种偏见。即使真理不过是对明显得到辩护的陈述的无意识恭维，但它还是从罗蒂的整个论证里作为知识的条件冒出来。❶

福柯沿着另一条道路得到了与上面相同的结论。知识是在一个话语体系中通过为真的东西（期待成为真理的东西或严肃的言语行为）。对于作为知识提出来的陈述来说，重要的不是它们**足以是知识**，而是它们的**流通**，即它们通过权威的鉴定而成为真理的能力。一个知识体系就是一个由陈述与真值组成的体系，它的基础只在话语之中。这种激进的唯名论是某些古老假设的诱人伪装。罗蒂和福柯所持有的是同一个知识观的不同变种，是对尼采的某种语言学化的误解。他们都会遇到以下批评（唯独尼采例外）：认识论偏见和对哲学价值的实证主义敌意。

人类的生存比以往任何时候都更加依赖于我们把它作为知识而区分出来的成就。这种依赖程度前所未有，因为自第一批城市出现以来就开始的全球城市化进程如今日进无疆，而城市世界、城市生态这一人化物对人

---

❶“如果我们不再把知识看成是操纵表象（Vorstellung）的结果，那么我想，我们可以回到亚里士多德简单的真理观，即把真理视为带着清楚意识的符合——因为现在它仿佛是无可争议的琐细之物。”理查德·罗蒂：《实用主义的后果》（明尼阿波利斯：明尼苏达大学出版社，1982 年），第 15 页。

的要求之苛刻、其不稳定性程度之高，在人类文化史上都是无与伦比的。要想运行良好，它需要一个成熟的知识文化。而且，考虑到我们对认知的空前皈依，看起来似乎应当由哲学来阐明知识对城市生存所带来的差异。正是在这一点上，后现代知识理论让我们陷入困境。20世纪思想的语言化无孔不入，与此相应，后现代知识理论给知识强加了任意的语言界限，它们用反笛卡尔主义的论辩所辩护的东西只不过是学者所关心的东西。

我并不认为，英语教给我们的“knowing-how”（关于如何做的知识）和“knowing-that”（关于是什么的知识）揭示了重要的知识种类差异或知识概念差异，所以我也不感到非得在两者之间作出区分不可。[1]这种知识二分法不是一个必须接受的中性的逻辑—语法事实。坚持这种二
263 分法就是坚持了以下假设：关于真理的命题知识是一个明晰而一贯的统一体，任何一种关于知识的哲学理论必须用它自己的术语加以区分和对待。“关于是什么的知识”不是核心知识或最重要的知识，我们也不可能在普遍的意义上很容易就把它同人化物的实用知识区别开来。需要知道一个命题为真的知识不是局限于任何数量的关于是什么的知识。实际上，“关于是什么的知识”根本不是**一种知识**。它是一种**表达**，一种作为，一种人化物。逻辑形式是表达（人化物）的一种品质，而不是表达可能确证也可能不确证的知识的一种品质；一个命题借以表达知识的作为品质和命题借以做其他事情的作为品质是同一种品质，非命题式的人化物（桥梁，外科手术，精致的制陶术）也可以表达知识。

一个人可能“知道现在是白天”或“知道雪是白的”，虽然很难想像，在某种情境之下这样的“知识”是一种恰当的作为并在哲学的意义上

[1]吉尔伯特·赖尔第一次作出这一区分的论文让他在英语哲学界名声鹊起。在那篇论文里，他认为“关于是什么的知识预设了关于如何做的知识”，而一名科学家“首先是关于如何做的知识的认知者，其次才是关于是什么的知识的认知者”。“关于如何做的知识和关于是什么的知识”（Knowing How and Knowing That）（1945年），载《论文集》（*Collected Papers*）[伦敦：哈钦森（Hutchinson），1971年]，第二卷，第224—225页。在《心的概念》（*The Concept of Mind*）（伦敦：哈钦森，1949年）的相应章节中，赖尔没有再提关于如何做的知识的优先性，而是集中讨论试图把关于如何做的知识描述为关于是什么的知识所导致的谬误。

表达知识。不妨考虑一下下面这一理解（可能是巴比伦人最早达到这样的理解）：晨星（金星）是暮星。认识、推导、演绎和证明晨星与暮星的同一性，我可以把它想像为一种知识成就，虽然这种知识在任何深刻或纯粹的意义上是“命题”知识。这一同一性的建构可能推动了历法的记录与计算技术，实际观察中训练有素的观看，以及对数据的诗意玄思。它不只是天文学命题的真理或合理性，而是所有这些“技术”实践的协同，正是这种协同**使得**巴比伦人的这个命题及其产生与流通成为一项知识成就。

至于我们所说的“关于如何做的知识”，它通常是对一件人化物的习惯性使用（知道如何使用筷子），而习惯性使用不可能是卓越的作为。一个人知道如何使用回形针或投币式公用电话，但这种“关于如何做的知识”只是正确的使用，完全不是知识，理由很简单：它没有做出卓越之事。日常生活中知道如何做，对日常人化物的日常使用，这是使用知识已经完成的东西，而不是知识得以培育的成就，或者说，不是那种把知识同正确的习惯和素朴的真理区分开来的价值。

我们在第三部分回顾了文明史前史，包括现代人类的进化过程，旧石器时代晚期的知识遗迹，农耕的兴起和最初的城市。200 万年来，人属的大脑经历了从一个种到另一种的不断形成过程，而现代人即居于脑形成过程的终点。我们头重脚轻的大脑被慢慢地填入人属中最轻的头颅之中，并且给了它手和舌头，从而使它的存在得以呈现。我们从这个进 264
化过程继承了一种神经系统上的不确定性与可塑性——倘若不是因为给人类带来了人化物或有效形式的文化，它们早就让人类毙命了。技术文化的进化并不仅仅平行于我们神经系统的进化，实际上，它们互相依赖、共同演进。技术强化了庇护所，在它的甲壳之下人脑得以增长变大，而人脑的作用反过来推进了文化的扩展。

如果人化物像我所说的那样是作为或目的行为所产生的效果，包括事先看到或未预料到的副产品和后果，那么，现代人类神经系统就是一种产生于进化过程的人化物，一种由前辈人种的人化物所产生的人化物。而且，如果我们的神经系统是人化物，那么，它特有的产物如感知、概念和思想也是人化物。**看起来**，它们在一定程度上是很久以前就已经完成的技艺的一个结果。完成技艺的是其他生物，一个跟我们非常接近的人种，他们根本没有意识到他们的行为在进化过程中产生的效果。自然的美丽是一种人化物，是文化与进化时标上在先的人化物所产生的一种感知一效果。

旧石器时代晚期文化第一次（或第一次持续）发现对人化物与知识能行之事的偏好。经过培育过程的放大，这种偏好发动了现代人类技术的引擎。如果从一个进化的时标来看历史，那么，后来成为（文化）继承所得的生命条件有很多是由偏好与选择所引发。❶农业和城市化通常被描述为革命，但可能把它们理解为顶点更为恰当，它们是我们对人化物间的一致性、对能够提高控制水平的发明的独创性的喜好所带来的高度协同的后期效果。

偏好是中性的不确定性的另一面。做任何一件**必须**做的事情之时，我们几乎都可以自由选择如何做的方式。当然，自由可以大幅度拓展。关键一点在于，基因遗传并不足以带给我们诸如一种可行的神经系统这样的东西。如果没有人化物，那些基因就像一张没有长腿的桌子。自由不是一种超越的力量，而是一种短缺与匮乏，是基因及其进化所未能解决的广泛的不确定性。❷偏好产生于和人化物环境之间的相互作用。它

---

❶达尔文论述了偏好的进化功效："勇气，好斗，保存，身体的力量与体形，各种武器，音乐构件，包括嗓音与乐器，亮丽的颜色与饰物——所有这些都间接来自男性或女性，通过行使选择、爱或妒忌的影响、以及对声音、颜色或形式的欣赏。"《物种起源与人类由来》（纽约：现代图书馆，1936 年），第 918 页。卡尔·波普尔认为，"大多数［适应］问题主要不是生存、而是由偏好所造成。"所谓的鲍尔温效应（Baldwin Effect）隐含了这样一层意思："生物体，通过它的行动与偏好，可以部分地选择那种将会影响它及其后代的选择压力。"《无穷的探索》（*Unended Quest*）（伦敦：劳特利奇，2002 年），第 207，210 页。

❷"我们的大脑，双手和舌头使我们离不开外在世界的很多惟一的主要特性。我们的生物学已经使我们变成了这样一种生物：它不断重建自己的精神环境与物质环境，它的个体生命是交叉的因果路径的非凡多样性的产物。因此，正是我们的生物学赋予我们自由。"史蒂文·罗斯（Steven Rose）、理查德·勒旺廷、利昂·卡民（Leon Kamin）：《不在我们的基因之中》（伦敦：企鹅，1990 年），第 290 页。"事实上，那种如此喜欢为自己的状况感到极度痛苦的物种是没有过的惟一物种。"伊恩·塔特索尔：《成为人类》（纽约：哈考特－布雷斯，1998 年），第 197 页。

从根本上说是审美的，是一种**美感**，是更喜欢或正确的感觉。如果我们是理性的动物，那是因为我们在更为根本的层面是有识别力、有偏好、能选择、能感觉的审美动物。说到偏好和选择，这并不意味着任何曾经被偏爱的选择可以随心所欲地加以取消或搁置。选择不易更改，今天的偏好决定明天的必要条件，因为后代将从业已改变的人化物环境中接受今天的偏好所宣告的一致性。

人之本性（human nature）这一概念已经在艰难时期倒台了。我们越是理解我们从何而来，我们就越加感到，回归人之为人（humanness）必须搁置固定的、确定的本性观念。人类与其说是猎手倒不如说是工具制造者；与其说是理性的说话动物倒不如说是舞者、文饰身体者。让我们成为人、让我们有可能谈论人之为人的东西是共同的进化与亲缘关系，即使我们所继承的东西足以保证我们在无数的方面与众不同。 **265**

如果没有进化观念，生物学便说不出有意义的东西。不仅生物学如此。不过，从进化的角度理解知识将意味着什么呢?“进化认识论”诸种理论通常采取了一种新达尔文主义。我们可以从新达尔文主义的前提预测它们的主张。知识将被称作适应能力。我们将听到，知识的价值在于帮助人幸存于世，而这种价值又将被描述成对基因适宜性的贡献，并且被用来解释如同盲人钟表匠的自然选择过程如何一点一点产生出处理信息与利用知识的动物。然而，这样的认识论以一种很不可靠的生物学为基础。适应能力和自然选择不足以解释生命的进化，因此也不能假定它可以解释知识的进化。如果我们关注证据，我想我们就会看到，人类的知识能力并非起源于自然选择或任何猜想的适应能力的提高。

我们培育知识的能力是一个拱肩，是一种超乎适应的潜能，是我们适应自然选择之后很久才发现的偏好。我们可以肯定知识不是自然选择的结果的理由在于，在现代人类史前史的最初 5 万年（或更久）我们没有把它培育成与众不同之物（知识按其定义就应当是与众不同的）。我们显然并不是**必须**成为技术上早熟的物种。进化过程没有像让牛反刍那样让我们成为那样的动物。我们并不是**必须**在地球上开疆辟土，居于地球上食物链的顶端，或成为全球生态中的一种势力。这一切都通过一种几率很低的偶然性喷发而发生——那已经是现代人类出现 5 万年之后的事儿了。

旧石器时代晚期文化是知识最初的伟大成就，这一时期的岩画就是证明其成就的最好证据之一。一点儿也不奇怪的是，肖维岩洞既是迄今已知的世界上最古老的绘画，同时它的艺术成就也是最高的，也就是说，它达到了——如果不说实际上超过的话——比它迟很多的拉科斯或阿斯塔米拉岩画的艺术成就。要画出他们所画的东西，他们必须对动物有深刻的认知。这意味着认知生态整体，而生态整体则意味着以弓、
266 针、鱼梁、毒药、信仰等人化物为媒介的相互作用。一个人要想熟练使用人化物，他必然需要获得关于人化物运作其间的环境的知识，而且必然需要知道：他知道他能够操作，同时享受着成功在握的感觉。

成熟的农业意味着动植物的驯化、贮藏的技术和固定的居所。它同时还意味着一个新工具箱，也就是说，在手抓刀片之外添置了细石器制成的镰刀和石头打磨而成的带柄斧头——一个农夫的装备。农业是我们发现自己能做的一个选择。它提供了打猎采集之外的另一种可能性，正如白昼觅食腐肉可能曾经是提供给昆虫的另一种可能性。由于各方面的原因，我们可能永远无法充分了解我们的老祖宗究竟如何发现自己对农耕的偏好甚过已知或想像的其他可能性。晚近出现的城市也是如此。那些不想要它的人已经被湮没了。“文明化的世界”现在跟全球人类生态有效共存。我们遵照它行事，不是把它视为一个个独立的共同体，而是视为一种和谐的全地球的力量。

农耕曾经只是少数人喜欢的一种选择。现在它是人类的生存条件之一。城市也曾经是任意的选择，而现在它也是人类的生存条件之一。如果没有文化的庇护，我们便已经一直处于无助状态——不过，对于文明我们可不能这么说。凡是人类生存的地方总是有某种文化，但文明——城市中的生活——人类遵以行事不过 5000 多年，只占了人类在地球上已生存时间的 5%。文明的偶然性并不意味着我们无须忍耐文明及其人

化物：城市。毫不夸张地说，任何一座城市在某种程度上是手工制作的。一座城市就是一种建筑的实在，一种无限复杂的物理人化物。而今天我们已经没有可能处身城市网络之外。没有外部。就我们所能看到的而言，人类的未来离不开城市。

艾伯特·施韦策责备哲学家“对每样东西进行了哲学探讨——唯独文明除外”[1]。在他看来，西方哲学陷入了它自己的理想所设下的圈套。它始于以下观念：知识、最好的知识、哲学家的理论知识（epistemē）保证了文明的诸种善。接下来的推论似乎是，不仅哲学家要做王，而且更好的知识将带来更好的道德和更幸福的生活。科学的实际发展没有满足这种期许。现代科学继续发布自伽利略以来的同样的消息。知识越完善，它对道德与幸福之类的东西就越冷漠。面对这种令人感到羞辱的前景，哲学家从对自身文明的乐观主义信念退到了士气消沉 267 的文化反省。这种反省始于尼采，并一直延续到海德格尔、福柯、德里达、罗蒂和其他哲学家。

施韦策或许会赞同加缪（Camus）的以下说法：哲学归根到底是自杀问题。[2]对于施韦策来说，承认科学不能确保找到这个问题的答案，这只是科学的成熟。知识老是没有办法从事物的本性中找到让任何一个人继续往前走的一个原因。然而，我们在继续前行，我们中的大多数在继续前行。他认为，道德是文明强加在这种生存意志（will-to-live）的冲动之上的社会控制。我们超越我们的兽性，进入文明、社会与文明的合作。理想的道德原则将推动自我限制而无须诉诸任意的权力。施韦策相信，对生命的无条件敬畏就是这样一条原则。除了其他作用之外，这

---

[1]艾伯特·施韦策：《文明的哲学》，第8页。

[2]艾伯特·加缪（Albert Camus）：《西西弗斯的神话》（*The Myth of Sisyphus*），贾斯丁·奥布来恩（Justin O'Brien）译（纽约：克诺普夫，1955年），第3页。

条原则应当把每个人统一在实现最充分的人类潜能这一目标之下。一切文明的理想是“在发现与创新方面、在人类社会的安排方面实现一切可能的进程，并且看到，它们为了个体的精神的尽善尽美而相互合作”。文明号召我们“把我们自己作为人类致力于获得人类种族的尽善尽美，并实现人性环境与客观世界中的每一种进步”。❶

这种观念的某些部分或许让我们想起弗洛伊德和诺伯特·埃利亚斯。前文化的个体是一个由盲目的生存意志所驱使的狂暴的皮球，照它的性子不适合过复杂精致的社会生活。我们具有孤独动物的本能，于是便制造出反对我们本性的文化。对这一看法的反驳，首先一点就在于，在生物学的层面上它是胡说八道。文化不可能反对本性，否则它就不可能是整个有机体进化过程的一个产物。而且，像我们这样一种在发展上早熟的生物具有反社会本能，这在生态学的层面是不可能的。一种具有丰富的精致人化物的文化，一种由社会互补行动所支撑的文化，它构成了人种突变的进化环境的一部分，人种突变的活力正以这种文化为前提。反对社会的暴力本能，这个说法从自然—社会的意义上也是一派胡言。暴力不属于动物，它不是我们与野兽之间的公分母。这也是实证主义的胡说，是实证主义对法律与秩序之重要性的典型夸大。尽管讨好科学主义，知识对于实证主义来说肯定是次一级的。按照孔德“实证主义社会思想”的描画，“进步不过是秩序的逐步发展”。❷但是，规训不是文明的本质。某些层面的秩序显然是需要的，但它不是第一位的，不是
268 源初的，不是文明由之开始或扩展文明的根本成就。

❶施韦策：《文明的哲学》，第331，x iii 页。L. W. 贝克（L. W. Beck）编［印第安纳波利斯：鲍勃斯－梅里尔（Bobbs-Merrill），1963年］，第11—26页。

❷格特鲁德·伦齐特编：《奥古斯特·孔德与实证主义：基本作品》（纽约：哈珀&罗出版社，1975年），第391页。巴西国旗上的题词“秩序与进步”（Ordem e Progresso）是在向孔德致敬。费尔南德·布罗代尔：《文明史》，理查德·梅恩译（纽约：企鹅，1993年），第455页。这也是勒－科布西耶建筑的精神：“哪里秩序居于统治地位，哪里就有安宁。”《通往一种新建筑学》（*Towards a New Architecture*），F. 埃切尔斯（F. Etchells）译［纽约：佩森与克拉克（Payson and Clarke），1929年］，第54页。F. 埃切尔斯译（伦敦：John Rodler，1929年），第220、214页。

施韦策对现代科学没有揭示如何生活感到失望，这时他发现，孔德对权威秩序的追求分享了柏拉图式的偏好。尽管有知识，善必须由权威来评判、要求、推动，权威可以逆知识而行。可以叫我们放心的是以下信念或确信：这种权威将受到无条件敬畏生命这一伦理要求的驯服。当然，我们还是有这样的担忧：权威无法维持文明，不管它的理想或原则是什么。20世纪德国国家社会主义和东欧社会主义的实验表明，意识形态（信念、教义、确信、团结）不可行。究竟**何种**意识形态占据优势，这一点无关紧要。它无法统治，它的统治不能带来繁荣，也不能持久。试图**让**它统治，我们就会摧毁我们的社会、文明、城市及其周边环境。由实验自由、宽容的社会异质性以及技术与知识的协同所组成的古典的城市混合物带来文明的繁荣。不需要额外的关于如何正确生活的“知识”——僧侣的知识，如果曾经有的话。这种“知识”诅咒城市特质，诅咒那种使文雅与知识得以繁荣的宽容。

之所以需要伦理学，不是为了审查内心的兽性。对伦理学的需求就是一种对决定的需要，就是一种冷漠——对它来说，选择是解决方案，而自由是题中应有之义。否认自由是没有意义的，问题是要阐明它而不陷入形而上学的混淆。有人认为，休谟把自由定义为按照自己的选择来行事的权力，这时他就陷入了这样的混淆。[1]你做某事是因为你想这样做并选择了它，那么，你的行动就是“自由”的——这就是“自由”一词唯一有意思的用法。自由关系到你需要什么、期许什么。一个行动是自由的或是受限制的，这跟运动与静止的玄思的终极原因丝毫没有关系。

对休谟的一个常见反驳是，自由不仅要求一个人对行动的选择，而且要求他**本可以用别的方式作为**。这种“反事实”的可能性（做你实际上未做之事的可能性）是一种人化物。我们从偏好出发来做事，这时我

---

[1] 大卫·休谟：《人类理解研究》，查尔斯·亨德尔（Charles Hendel）编（印第安纳波利斯：鲍勃斯-梅里尔，1955年），§8。

们就把这些可能性作为我们所做之事的副产品而创造出来了。偏好先行，然后是用别的方式去做事（或已经做了）的“可能性”。有一些你本可以或本应当选择的事情，那是因为你和很多其他人实际选择了很多事情。反事实的可能性及其自由（前者是后者的一个指标）取决于偶然存在着这样一些动物，它们的进化路线使它们迫切需要内在的神经系统的一致性。任何东西，如果它从基因的天赋上来说是未决定的，因而指
269 望文化来完成它、帮助它达到活跃的功能，那么，它本可以是另外一番样子，也可能在另外某处呆着。我们所做的任何东西在任何一点上都可能被做成另一番样子，可能更好也可能更坏。对于一种从偏好出发的选择，你知道**可能有**另外的可能性（虽然它可能是错的），而这种可能性不能离开正确选择的气质和教育而独立存在。

正确的选择——融贯、风格、道德——使得一种文化吸引参与者并让它清晰地呈现在观察者面前。我们对风格所提供的自我识别的需求几乎不亚于对文化本身的需求。我们在第二部分第一章曾讨论了一件欧洲旧石器时代早期文化的特大型两面器（参见图3.1.4）。我们看到，它所包含的东西似乎并不亚于生存的重要性。我曾经解释，为什么人们制造它不可能是出于使用的目的。那它究竟是什么？没有人说得上来。不过，在这种带着鲜明的程式化特征的雕刻样式的出色展示中，必定有某种与人类接近的满足感，因为它明显指向那些对于制造者在世的熟悉感极其重要的人化物。❶

由基因所“决定”的东西即使有的话也是非常之少，而最不可能的就是人类神经系统的分布了。这种免于决定的相对自由并不是一种积极的形而上学力量，可以发动自因行为，相反，它是一种**需求**，对所缺乏

---

❶关于风格，参见拉什顿·库尔伯恩（Rushton Coulborn）：《文明社会的起源》（*The Origin of Civilized Societies*）（新泽西州普林斯顿：普林斯顿大学出版社，1959年），第173—174页；阿瑟·克罗伯（Arthur Kroeber）：《风格与文明》（*Style and Civilization*）（纽约州伊萨卡：康奈尔大学出版社，1957年）；以及皮埃尔勒·莫尼耶（Pieere Lemonnier）：《科技人类学的要素》（*Elements for an Anthropology of Technology*）（安阿伯：人类学博物馆，密西根大学，1992年），第85—103页。

的决定的需求。由什么来满足这种需求？一言蔽之，**文化**。而且，文化满足需求不是通过实施另一种“决定”，而是通过提供人化物，人化物的用途则是个体通过它们来构成的东西。文化是人类到处碰到的一个普遍问题的回应。文明就不一样了。它的城市特质和建筑所回应的问题较为晚近，它们是在城市中兴起的。“文明”是一个综合概念，它涵括了城市与城市生活的效果，以及我们满足城市要求、追求城市潜力的努力所产生的效果。它命名城市生活的一种伦理品质和城市的一种建筑品质。以它们自己的方式，在它们自身的限度之内，所有的城市与文明庇护实验的自由和宽容的异质性，培育技艺与知识之间的协同。

根据人化物对使用者的作为能力（或知识）的敏感性或冷漠程度，我们可以把它们安排在一个连续统之内。回形针和汤勺居于**极冷漠**的一端，小提琴或电焊机居于**极敏感**的一端。对使用者的知识相当冷漠的人化物是那些人人能够很好使用的东西。这样的人化物对使用者之间的差异漠不关心，这样一来，通过对它们的运用来培育知识的可能性很小。其他人化物需要很多成就才能很好地使用它们，通过它们所得到的结果的好坏取决于使用者的知识能力。这样的人化物需要很多前提，但它们也做了很多事情。它们需要一种知识能力，但它们也培育并提高了知识。 270

一件人化物不管它对使用者的知识如何冷漠，它总是一个知识单元，只要它的设计和制造集中于、聚焦于知识的求索。[1]不妨想一想在很多零售出口处使用的条形码扫描仪。就像一枚回形针一样，这种工具如果按照通常所要求的方式来使用，那是不可能达到卓越的程度的。你不可能成为一名艺术品鉴赏家；所能展示的东西只能是最小的能力；最小的能力**是**最理想的能力。这个装置凝结并转化了很多知识成就，但它

---

[1]关于一直延伸到纸夹的工程，参见亨利·彼得罗夫斯基：《通过设计的发明》（麻省剑桥：哈佛大学出版社，1996 年），第二章。

并不需要使用者有很多知识，同时也不会向使用者回报很多知识。它属于历史上相对晚起的人化物之列。它似乎是专为抑制或挫败使用者的作为能力而设计的。任何人只要稍加经手就能够操作这种扫描仪。你所会的东西人家都会。

并非只有条形码扫描仪对使用者的知识漠不关心。在我们最富生产能力（在会计师的意义上）的工具中，有很多也是如此。最“富有生产能力”的工具和系统对操作者的要求越来越少，对社会的要求越来越高，而管理错误、保险和无能所导致的成本升高则让社会陷入困境。不妨把条形码扫描仪同小提琴、电焊机或帆船作一下比较。条形码扫描仪的技巧顶多几分钟就掌握了，而其他工具则需要数年时光。在过去，我们最富生产能力的工具在机械层面很简单，但掌握起来很困难。今天，它们在机械层面取得了长足进步，而用起来却很容易。有一句话人们已经说滥了，那就是，工具能够或应当是“使用者友好型”的。抓起一件工具几分钟之内就可以用它“富有生产能力”地做事，我们认为这很好。但对于谁来说是好事呢？富有生产能力地生产什么呢？

任何一件工具，用得**很棒**都不容易。工具越是容易，其带来的结果越是无关紧要，而我们越是依赖这样的工具，我们的体系对于我们自身繁荣的前提就越不关心。我们能够更有效地做阿猫阿狗都能做的易事，这时，我们真正生产了什么？它不可能是财富。股票市场上的激烈交换也没有真正的生产力。它可以产生金钱，但不可能产生繁荣；如果某人受了损失，那她/他也只是失去金钱——财富、繁荣，她/他未曾想过：

> 财富不是、未曾是一件跟盈余、富余、收益或任何形式的利润有关的事；从功能上说，它必然是一件跟充足、跟产品提
> 271 升生活的持久价值有关的事。……人化物的持久品质，良好的生态、人们的创造活力与雄心，所有这些的总和构成了一个民族的真正财富。任何一个经济体系，如果它名副其实的话，那么，它就不仅允许、而且通过这些构成文明之真正财富的品质

的提升与拓展。❶

今天，大多数人造物的制造不是因为制造者发现它们有用或漂亮，或者对它们有需求或偏好，而是因为其他人付给他们劳动报酬。我在前面提到了农业。人们种植粮食不是要把其中的相当一部分用于自我消费；生产粮食是因为它有市场——比如，因为有世界上最大的牛肉购买商麦当劳在那里。出于同样的原因，粮食的生产地是生产最“经济”的地方，而不是需要粮食的地方。饥荒对于人类来说也许不是新鲜事，但是，其范围之广难以想像的饥荒很可能是工业化农业综合企业（agribusiness）所造成的后果。我们越是在生产“经济”的地方种植粮食，有粮食的地方和需要粮食的地方两者之间的鸿沟就越加危险。

现代西方文明是迄今为止技术最密集的文化。其他文化都没有如此这般投入、如此这般富有创造力地重新改变世界。同样的东西——人化物与使用者之间的稠密中介——使我们容易受到任何与知识文化相妥协的东西的影响。现代技术文明的全球结构何其广阔脆弱，我们把宝押在预测、预报与揣测之上的做法又何其随便。如果意识到这一些，我们一定会心有不安。不妨想一想你的咖啡早茶。我们可以追思它的踪迹，从肯尼亚开始，咖啡长在那儿的一家种植园里。它应用了最先进的农业科学，靠了世界银行的追加投资，又通过由布鲁塞尔一间办公室所监控的洲际运输网络，咖啡从非洲走到了你的餐桌。每一步当中，人们对咖啡豆所做的事似乎都对操作者的知识漠不关心（把咖啡豆换成飞行员，情形也越来越接近）。然而，整个计划却有赖于中介程度很高且联系紧密的技术前提，它要求各种因素之间的流畅互动，其中包括微芯片、计算机软件、化肥、杀虫剂、飞机、轮船、航运和燃料。与此同时，我们把那么多的赌注押在如此发达的技术前提之上，我们在自己周围培植了这

---

❶格兰特·沃特莫：“金钱，机器，能源和财富”（Money，Machine，Energy，and Wealth），载《与地球相依为命》（*Living with the Earth*），肯特·皮科克（Kent Peacock）编（多伦多：哈考特－布雷斯，1996 年），第 366 页。

样一个体系：知识被随随便便地废弃，为了无须创新的新鲜之物，为了有计划的退化，为了强迫接受统一的标准。

今天，最好（或者至少是资金最充足）的研究成果往往通过私人企业的投资走向世界。科学研究（“知识产权”）的商业化是当今世界创造商
272 机的基本资源，附加值和竞争优势也主要来自科技产品的贡献。❶人们欢欣鼓舞，以为商业化必然泽被知识的效用与效率。诚然，从来没有人像公司资本的代言人那样热烈鼓吹创新，但他们的话语是不真诚的，或至少是暧昧不清的。真正欲求的不是创新，尤其显然不是根本性的创新，而是对创新的**控制**，即使以颠覆创新为代价也在所不惜。一种新的可能性，如果我们无须向那种赋予知识以价值的品质（作为）妥协就可以达到它或预测到它，那么，它就不是真正的新的可能性。❷在任何情况下，公司思维就肯定永远不能提供真正的新的可能性，如果窒息创新、挫败知识（多多益善）的法子比其他法子更廉价、更容易管理。专利法的操作给研究设置阻碍只是其中的一个例子。从中不难看出，创新、知识，甚至还有公民权利如何臣服于寄生工业的短期算计之下。我们总是把寄生工业混淆于它所开发的真实系统。市场不是、也不可能是生活的首要系统；相反，所谓的自由市场及其假设——它的短期思维和残忍的抽象——颠覆了首要的东西。❸

❶莫里斯·斯特朗（Maurice Strong）：《我们究竟何去何从?》（*Where on Earth Are We Going*?）（多伦多：加拿大克诺普夫，2000 年），第 30—31、369 页。

❷经济历史学家内森·罗森堡（Nathan Rosenberg）的研究证实了约瑟夫·熊彼特（Joseph Schumpeter）的观点：“创新过程的本性，激烈地偏离现有的常规，从根本上讲不能仅仅化约为计算。”《探索黑匣子：技术、经济学和历史学》（*Exploring the Black Box*：*Technology*，*Economics*，*and History*）（剑桥：剑桥大学出版社，1994 年），第 53 页。

❸“我们的经营是相对短见的事业，它们在本性上不可能注意人类长期的利益。”诺伯特·威纳：《创造发明》（麻省剑桥：麻省理工出版社 1993 年），第 119 页。“子孙后代的需求不能在时下的市场得到反映，今天的人类活动对将来环境的影响……无法精确地预测——因而无法定价。”丹尼尔·萨威茨：《幻觉的边境：科学、技术和进步政治学》（费城：天普大学出版社，1996 年），第 194 页。关于虐待父母，参见乔治·巴萨拉（George Basalla）：《技术的演进》（*The Evolution of Technology*）（剑桥：剑桥大学出版社，1988 年），第 119—124 页；卡罗尔·奎格利（Carroll Quigley）：《文明的演进》（*The Evolution of Civilization*）［印第安纳波利斯：自由基金（Liberty Fund），1979 年］，第 378 页；威纳：《创造发明》，第 10 章。

第三部分第二章开头的题铭引自何塞·奥尔特加·伊·加塞特："保存我们现有的文明，这看似简单，实际上却最为复杂，并且需要无数精微的能力。"他在另一处说道："当代人类没有充分认识到，对于我们今天所拥有的几乎每一样帮助我们从容应付生存的东西，我们都要感激过去；因此，我们在跟它打交道的时候要有极大的关注、机智和洞见；而且，我们首先必须高度重视它，因为，严格说来，它是我们的遗产。遗忘过去，背对过去，由此带来的后果我们今天已经亲眼目睹：人类正在重新变成野蛮人。"[1]我们对文明的基本质料与资源（一切东西，从淡水、沃土到知识）熟视无睹，仿佛它们是自然的恩赐。我们以为，满足我们的要求，这桩事情仅仅关系到如何管理自然所提供的东西。它就在那儿等我们去拿。把它拿过来，把它转化成资本，转化成赢利的工具，（我们以为）这就是我们所能做的最富生产力的事情了。

大地上肥沃的土壤来自自然界的恩赐——这么想就错了。人们产生了控制土壤现有条件的想法，而不是依靠野生植物的固定状态。只有这样一来，人们才可能发现，某些土壤胜过别处，而自己则可以让土壤变肥沃。他们发现，只要正确地做一点点简单的事情，这种新创造的土壤 273
就可以越来越好，越来越肥沃，可以收获越来越多营养价值越来越高的产品。早期的农耕中心有时候居于江河流域，比如埃及的尼罗河流域。尼罗河有名的大水每年发一次，它总是要留下厚厚一层淤泥。这种恩赐给埃及带来了繁荣昌盛。然而，仅有尼罗河及其大水还不足以产生肥沃的土壤。大水退去，厚厚的泥浆给大地抹上了一层釉面。这便是最初的结果。这时的大地实际上很贫瘠，除非人们破开它，让它暴露在空气中。尼罗河及其一年一度的大水将毫无价值，除非人们知道了怎样通过干预让它变成一种恩赐。埃及的繁荣栖居于人化物，首先是他们的著名沃土。最初的农学家没有发明天然沃土。他们发明了培育的技艺，以及

---

[1] 何塞·奥尔特加·伊·加塞特：《大众的革命》（纽约：诺顿，1932 年），第 67 页；《何为知识?》，乔格·加西亚－戈麦斯译（奥尔巴尼：纽约州立大学出版社，2002 年），第 192—193 页。

它的主要产品：不是粮食，而是肥力。粮食只是后者的副产品。❶

市场有办法摧毁它们所开发的东西。在这方面，知识的遭遇不亚于耕地。我们糟蹋知识不亚于糟蹋水土。我们对待它就像对待长在树上的果实，同时却不知道这有什么不对劲。但这样做的效果，却像一个果园，里面的水果因为长期缺乏培育而退化。奥尔特加的要点或许在于：我们的行动有欠考虑，仿佛文明——我们的城市、政府、法律、宗教制度与公共制度、城市特质、文雅、技艺和知识——像空气与水一样，可以自由地开发。我们已经知道，我们所能取用的空气和水是有限度的，同样，城市与文雅的中心所能取用以支持开发者的东西也是有限度的。

我们期望从知识取得很多东西，然而，像任何资源一样，它也有肥沃的条件与荒废的条件。知识是培育出来的，流转于每一代人的系统之间。通过当下的知识的加工，过去知识的人化物变成了未来的人化物。知识在流转中的保存不是一种自然法则。保存需要典范的作为，向着优雅、创新、多产和真正新的可能性的方向超越空洞、陈腐和庸常。作为成功的一种形式，知识只有在得到**非常棒**的实行的情形下才能被无损失地保留下来。“**棒**”意味着超过了足够好，实用理性只能做到足够好。我们不可以满足于现有的知识而没有获得更多知识的抱负；如果我们只是依赖其他人的已有成就，我们不可能保持一种知识水平。

“气质”指的是分布广泛的习惯、共同实践和一种跟传统与义务相
274 适应的伦理规训。某些人对于某种知识成就的传统（不管是在大学、实

❶从某一方面看，的确有天然的沃土这样的东西，但它几乎无关乎农业的起源和未来。黄土地在中国特别突出，虽然在北美和世界其他地方也有一些。它是这样形成的：风把表层土从一个地方刮到另一个地方，这样的过程如果持续几个世纪，就会在某些地方积累起有时厚达数米的表层土——当然，风把另一些地方变成了荒漠。黄土地在相当大的程度上可以无限地耕种下去。事实上，中国人已经在上面劳作了3000年之久。然而，地球上这样的土地很少见。我们不能靠它养活全世界，而不能养活全世界的土地就得把它的肥力归根于人类的介入。

验室、专业行当或其他地方）负有责任，他们的伦理文化便构成知识的气质。我想探究一下，哪怕很零碎，现代知识中的这种技术文化究竟有怎样的断裂结构。同时我还要讨论一些来自我们实践的实例。

入选英国造船学会（Institute of Naval Architecture [INA]），这是该领域的专业人士所能获得的最高信任状了。然而，学会的存在是为了保存造船学的知识，而不是为了成员的便利。倘若一名成员的船只在海上失灵，同时又全然没有可使罪行减轻的情节，那么，他的专业信誉必定荡然无存。[1]造成"泰坦尼克号"沉没的不是冰山，而是错误的设计。那天晚上，造船工程师（这位乘客是造船学学会的成员）和船长一起在酒吧。这是毫无意义的苛刻吗？除了那些践行知识性命之所系的规训的人之外，还应当由谁来呵护知识？然而，另有一种倾向与这种气质相左：把专业认定视为一种特权，能力是它的题中应有之义，因此一旦出事，专业人士是**最后**受到责难的因素。美国土木工程界发生的一次事件就明显地反映了这种相反的气质。

1940 年，塔科马纽约湾海峡大桥（Tacoma Narrows Bridge）开始通车。当时，美国的土木工程师绝大多数认为该大桥是 20 世纪最好的工程，是一件出自设计大师之手的作品。一些专业人士即使在这座长 1500 米的吊桥通车四个月后倒塌之后仍然这样认为。导致大桥出事的，是设计者本可以、显然也是本应当考虑到的一个因素。但是，美国的工程专家在大桥设计上采用了一种过分简单化的苗条美学，它由一种似是而非的数学分析加以合理化，这种数学分析很少有人看得懂，但它足以迷惑设计者，让他没有看到本应当看到的风力对悬空的覆盖物的影响。

虽然导致塔科马纽约湾海峡大桥倒塌的罪魁祸首就是这种气动效果，但是，工程专业的一位观察者已经指出，如果空气动力学对于桥梁

---

[1]这个信息我得来美国造船学会的格兰特·沃特莫。船只失灵当然得区别于船员所造成的船只失事，或者船只遭到爆炸的打击。

设计的相关性由“一流土木工程师”（他们不相信这种相关性）圈子之外的某个人提出来，那么，人们认为他的建议是专横的、无关的，而且显然是错误的。事实上正是如此。在大桥倒塌之后不久，有人在《工程快讯》（*Engineering News-Record*）上撰文指出，设计师（利昂·莫伊塞弗［Leon Moisseiff］）如果事先重视关于欧美一些类似桥梁因风倒塌的系列记录，那么，他可能已经修改他的设计而防止事故发生。两周之后，土木专业界要求收回所说的话：“（那篇批评文章对）善于因果推理
275 的读者可能推出……鉴于以前的多次桥梁倒塌，现代桥梁工程师玩忽职守。……作者……没有暗示或希望读者听出弦外之音：现代工程师本应当知道早先灾难的细节。”❶

50年之后，土木专业的两位顶梁柱（一位工程教授，一位咨询工程师）仍然为那位设计师辩护：“当时，即使像利昂·莫伊塞弗这样的伟大桥梁设计师也不知道吊桥的气动震荡。”爷爷辈的约翰·罗布林（John Roebling）早就已经知道这种气动震荡了，并且独创性地运用缆索来防止他所设计的布鲁克林大桥（Brooklyn Bridge）（1883年）的共振放大作用。同一拨权威还啧啧称赞建筑师赫尔穆思·扬（Helmuth Jahn）为堪萨斯城（Kansas City）所设计的一座舞台结构“气派”、“构思精巧”，即使在叙述舞台的屋顶如何倒塌（当时它刚刚主办了一次美国建筑学会［American Institute of Architect］大会）时也是如此。❷专业知识被弄成一种特权且用来为成员的便利服务，还有比这更具有讽刺意味的事例吗？

---

❶ E. S. 弗格森（E. S. Ferguson）：《工程和心眼》（*Engineering and the Mind's Eye*）（麻省剑桥：麻省理工出版社，1992年），第190—192、227页。关于塔科马纽约湾海峡（Tacoma Narrows）的失事及其在工程专业造成的后果，参见亨利·彼得罗斯基（Henry Petroski）：《怀梦的工程师：大桥建设者和美国的贯通》（*Engineers of Dreams: Great Bridge Builders and the Spanning of America*）（纽约：克诺普夫，1995年），第294—308页。布赖恩·马丁编：《与专家面对面》（*Confronting the Experts*）（奥尔巴尼：纽约州立大学出版社，1996年），第27页。

❷马西斯·利维（Matthys Levy）、马里奥·萨尔瓦多里（Mario Salvadori）：《建筑物为什么倒塌》（*Why Buildings Fall Down*）（纽约：诺顿，1992年），第120、57—59页。

大大小小的建筑该怎么造，建筑规范在这方面设置了很多限制。这些规范常常要求精确符合详细的建筑程序，从而有效地禁止了创新——作为合法的代价。新的或未曾预料到的可能性使得规范的规定变得多余，但它们却被建构为不符合规范的东西，即违法乱纪的东西。看一下加拿大安大略省（Ontario）的建筑规范将大有裨益。规范的前言说了一堆冠冕堂皇的话："建筑规范是一种由建筑活动要求必备的条件所构成的规章，旨在把建筑事故、火灾或健康危害所造成的人身伤害与财产损失降到最低。"[1]依据其中的4.1.1.4（1），"建筑及其结构部分应当按照以下几种方法中的一种来设计"：

（a）标准设计程序。

（b）下列设计基础中的一种：

（ⅰ）基于已经成立的理论的分析。

（ⅱ）通过负荷测试来整体评估建筑物或原型。

（ⅲ）对模型相似物的研究。

听起来不错；看起来已经给测试实验和可能的创新结构留下了很大的空间。但如果参考已授权立法的《建筑法规法案》，就会发现事情有点不对头。《法案》5（1）声明："在未经本市首席官员专门批准的情况下，任何人不得在本市从事或促成建筑物的建造或拆除活动。"因此， 275
按照其中4.1.1.4（1）（b）（ⅱ）—（ⅲ），一项创新设计在经过对原型或模型结构的测试之后，或许可能获得批准。但是，测试要求人们首

---

[1]《建筑规范》，安大略管理条例925/75（多伦多：安大略住宅建设部，1977年），前言（无页码标注）。

先**建造**某种东西，一个**建筑物**。按照《建筑法规法案》，这是需要得到批准的。但是，得到批准是需要符合规范的。

你必须在某个地方建造原型或模型结构，而在安大略，无处不在建筑规范的权限之内，即便国家研究委员会（National Research Council）设在渥太华（Ottawa）的实验室也不例外。[1]你不能由着自己的性子去非法地建造原型或模型结构，即便你没有任何不良图谋；你不能通过在法规看来是非法的行为来捍卫跟规范的符合。因此，只有已经符合规范的原型或模型才可以进行合法的测试。一种改变即使可能改善住宅以及公众可以获得的其他建筑物，人们也决不允许它扰乱加拿大社会中内在于建筑规范、工程课程、抵押银行业和工会政策的那些假设。这种对知识的冷漠让我们付出了代价，那就是建筑品质的下滑和竞争性的行业知识的衰竭。那种知识曾经让我们足以大量供给富有吸引力的耐用住房。

建筑规范没有带来更安全的建筑物。通过框定义务的范围和条款，它们让投资更加安全。建筑规范的兴起相应于保险业与抵押银行业在20世纪的兴起。规范的基本功能是打消投资巨头（银行及其他）的疑虑，用它们所能理解的术语来打消其疑虑，今天它们是绝大部分建筑的真正主人。可惜，很不幸的是，这些术语跟我们建造的任何一样东西的建筑质量几乎没有关系。如果一个社会真的关心它的建筑物的质量，它不需要一种建筑规范。它所需要做的，不过是不断奖赏卓越的建筑，偏爱并赞赏那些造得很棒的大楼，同时谴责那些建得不好的大楼。然而今天，人们盖大楼是因为它们有资金支持，而资金支持的决策很少取决于对设计及其后果的一种现实主义的、向社会负责的、精于建筑之道的评价。

建筑规范不仅仅是对建筑的一种技术指导。它是整个系统和建造出来的环境。如果符合规范成了一切被建之物的条件，那么它就会改变建

---

[1]即使奥斯威辛火葬场的设计也是严格遵守城市建筑规范。参见德博拉·德沃克(Debórah Dwork)、罗伯特·扬·范佩尔特（Robert Jan van Pelt）:《奥斯威辛：从1270年到今天》(*Auschwitz* 1270 *to the Present*)（纽约：诺顿，1996年），文本背面图版1（无页码标注）。

筑实践的气质。在最初的建筑规范，比如纽约保险商的建筑规范中，还有可能规定说，可以“根据可靠的实践”来做。你不必讲得很清楚。跟 277 建筑有利害关系的每个人——业主、设计师、承包人、零售商、房客——都明白它所说的意思。而且，任何创新或作为水平，如果它能够通过一种新的或成本较低的途径来达到或超过现有的高标准，那么人们对它都会给予一种内置的奖赏。[1]

建筑规范的权力推翻了建筑通过可靠的实践所达到的自治。没有对创新的奖赏——或者，恰恰相反，唯一获得奖赏的创新提高了建筑相对于规范的收益率。建筑者如果因为建筑出问题而受到责问，那么，他就会向律师求援并同律师一起捍卫自己的工作。他不会想到正在参与实际工作的工程师。一般由大承包商和大建材制造商推动的规范修改也是出于私利算计的驱使。出资方关心，建筑物的寿命如何挨过抵押的期限；而建设方则关心，如何朝着有利于自己的方向利用建筑规范。严肃的建筑或结构创新在这里没有位置。任何水平的努力和技巧，如果没有兑现规范，那么它们就不会受到奖赏。泥瓦匠、木匠、管道工、电工等只需要最低限度的能力。再说一遍，按照建筑规范的定义，最低限度的能力**是**最理想的能力。

必须预料到行业知识的退化。而且，随着统一的行业在实践过程中不再追求竞争力，设计必定蒙受打击。[2]设计出来的东西即使只具

---

[1]我们再来看另一个例子。1813 年美国海军制造“孔雀号”单桅帆船战船的条款写道：“上述建造者应当以充分的、精巧的方式建造上述船只，遵照海军部所提供的设计方案，遵照以下所附两页纸的书面指导……不得在任何细微之处以任何细微的方式作任何变动。……船只必须用最好的材料建造。”设想一下，我们今天怎么可能用两页纸来具体规定一艘哪怕不那么复杂的船！想像一下，一位企业律师会拿“充分的、精巧的方式”或“最好的材料”怎么办。合同的文本（以及两页具体规定）载于霍厄德·夏佩尔（Haward Chapelle）：《美国帆船史》（*The History of American Sailing Ships*）（纽约：诺顿，1935 年）。这里的引文出自该书第 365 页。

[2]贸易的退化已经成为现代建筑业中的一个问题。参见保罗·谢泼德（Paul Shepheard）：《何为建筑?》（*What Is Architecture*?）（麻省剑桥：麻省理工出版社，1994 年），第 21—24 页；罗杰·科尔曼（Roger Coleman）：《工作的技艺：技巧的碑铭》（*The Art of Work: An Epitaph to Skill*）［伦敦：普鲁托（Pluto）出版社，1988 年］，第 8 章。

有最低限度的能力的工人也**能够**建造，这已经变成了设计师的义务。而这样的设计，所有的设计师都能做。任何创新、任何严肃的新的可能性具有技术上的挑战性，而且还要求建造者掌握某种已知的能力。这样的创新或可能性或许不值得人们花费心力详加描述。在这样一个系统下，蒙受打击的不仅仅是建造出来的环境。在企业权威和私利的名义之下，那种原本可能允许我们缓和或翻转困境（这里不涉及我们的后代，对于他们来说进退维谷的状况更加棘手）的知识被废弃了。

建筑规范没有确保更好的建筑。在现在的形式之下，它们推动了以下建筑进路：短期思维和对私人利益率的考量压倒了公众可以获得设计质量与建筑质量。为此付出的代价则是导致了一种贫困琐碎的建筑学，它正在侵蚀着我们城市、文雅与文明的人化物基础。

---

19 世纪 30 年代，科学研究开始卷入农业。1840 年，贾斯特斯 · 冯 · 李比希（Justus von Liebig）发表专著《化学在农业与生理学上的应用》（*Chemistry in Its Application to Agriculture and Physiology*）。他说，植物
278 的营养不是靠表面土；所有的一切取决于土壤中的化学物质。我们可以直接给植物补充化学物质而无须泥土。这就是化学施肥实践背后的理论——一个在精心建造的示范区很容易得到证明的理论（控制实验的人对此很满意）。

但是，这些实验没有办法代代延续；而农耕共同体必须代代延续。化肥的恩惠不能持久。这些化肥实际上是人造的刺激物；通过造成可溶解矿物质的直接盈余，它们加速了植物生长，从而相应地提高了产量，但这在短期内有效。化学物质最终毒害土壤的微观生命，农产品的营养品质下降，庄稼容易生病，土壤也失去了肥力。奥尔多 · 利奥波德已经指出，“最近几十年来惊人的技术进步是对泵的改进，而不是对井的改

进。越来越多的土地几乎已经没有办法弥补肥力的下降。”❶

化肥**灼伤**土壤，接着留下废渣，就像工厂里烧煤一样。化学物质没有办法维持一种可以无限持续的农业，一种人们可以永远实行并带来可靠的富足的农业。这样一种农业**是可能的**。它不是虚幻不实的乌托邦。大多数传统农业**就**已经成就了这样的农业，比如在埃及、中国、日本和中世纪的欧洲。20 世纪后期，为了追逐农业综合企业的经济合理性，我们放弃了这种农耕方式。由此带来的一个结果，如今整个人类的粮食实际上只依靠 10 到 15 种植物，主要是草本植物。种子储备在基因上越来越单一。没有多样性，没有办法保证：不管事情怎么糟糕，总会有可以收获的东西在那里。如果某一种植物容易感染什么疾病，全体农作物都会受到威胁。它会要求应用从未有过的新的化学混合物，我们便被锁定在一个毒性不断上升的循环之中，而毒性对环境的影响尚未可知。❷

所谓的高产量品种——聪明的西方科学家发明出来供养世界数十亿人口的神奇种子——是学院农业带来的另一种混合的祝福。❸公众欢欣鼓舞，以为科学已经发明出种在传统的土地上就可以有更多收获的种子。如果这样就妙了，可惜高产量品种不是这么一回事。它们不具备内

---

❶奥尔多·利奥波德（Aldo Leopold）：《沙郡岁月》（*Sand County Almanac*），载皮科克编：《与地球相依为命》，第 224 页。人类使用的肥料半数以上渗入当地及深层水源。不仅如此，“人类已经在地球上最好的农耕地上打肥料牌，进一步的氮和磷酸盐负担已经不再可能增加产量”。J. R. 麦克尼尔：《太阳底下的新鲜事：二十世纪环境史》（纽约：诺顿，2000 年），第 26、49 页。这一切图什么？爱德华·坦纳（Edward Tenner）看到，“尽管农业的产量自中世纪以来有了大幅度的提高，因昆虫、疾病和伴生的杂草所导致的损失的比例在过去五千或五百年间没有丝毫变化：保持在三分之一左右”。他还指出，农业研究大多数情形下“只是为了维持，也就是说，为了保持我们已经得到的收获：应付水质恶化，应付成本增加，弥补生物学上的奇袭（比如新害虫的出现）所造成的损失”。《为什么会此涨彼消：技术及其不期然而然的后果的报复》（*Why Things Bite Back*：*Technology and the Revenge of Unintended Consequences*）（纽约：文蒂奇，1997 年），第 139—140、353 页。

❷1970 年，南部玉米叶枯病迅速横扫美国玉米地。究其原因，在于当时广泛种植的杂交玉米出自单一的遗传世系，这就导致玉米很容易受到感染。那一年美国种植的这一类玉米至少占到总数的 80%，所以特别脆弱。

❸关于高产变种的讨论引自范达娜·希瓦：《心灵的单一栽培》（*Monocultures of the Mind*）（伦敦：齐德书籍，1993 年）。

在的高产性：农人只要把它种起来，在原来的田里，用原来的方法，然后就可以有更大的产量——这是不可能的。它的产量靠的是其他新要求的、通常又很贵的投入，包括化肥、除草剂、杀虫剂和机械。没有这些额外的投入，“高产量”品种的表现还不如原来的种子。这些新的投入
279 不仅大幅度提高了粮食种植的成本；它们还破坏生态，用致命的短期的权宜之计颠覆了真正的农业。

农学家是如何计算品种的“高产量”的？农民可以拿到市场上换成现金的农产品的数量，仅此而已。按照这样的算法，我们一开始就知道以下结论：传统的土生土长的农耕不如农业综合企业的种植产量高。但是，农民或许会认为，这种带有偏见的产量概念于已不利。它带着残忍的简单化。对于它来说，混合种植、种物的非商品部分、对维持土壤的贡献、对耕地与种子的多样性的需求以避免害虫与疾病的伤害，所有这些东西全无价值。对于农民来说，稻子或小麦不仅仅意味着多少蒲式耳的产出；它们还意味着稻草或麦杆，可以用来盖屋顶、编织器具、饲养牲口，也可以用作燃料。从学院/商业的观点看“没有收益”或“多余的”东西在生态上对于可持续农业来说却是必不可少的。

高产量品种、单一栽培、化学杀虫剂和化肥，这些都不是长期农耕经验的产物。它们的生存、尤其是它们在农业生产中的无处不在得归功于某些人的会计学决定，他们不知“长期”为何物且对农耕又所知甚少。从世界农业的角度看，“长期”不能少于一千年。这就远远超出了企业会计学的视野。[1]经由学院农业的合理化，以市场驱动为导向的产

[1]“忽略社会成本，这是经济学家专业上的畸变。它已经成为整个体系的律令。”约翰·格雷：《伪造的破晓：全球资本主义的错觉》（纽约：新出版社，1998 年），第 83 页。经济学家罗伯特·索洛（Robert Solow）已经认到这种遗漏。他写道：“如果可持续性不仅仅意味着一种暧昧的情感寄托，那么，我们就必须要求，某种东西必须长期得以保存。非常重要的一点是，如何理解这里的某种东西：我想，它必须是一种生产经济的福利的普遍能力。”《迈向可持续性的近乎可行的一步》（*An Almost Practical Step towards Sustainbility*）[华盛顿特区：面向将来的资源（Resources for the Future），1992 年]，第 14 页。很难想像，土壤的肥力如何不被包括在内。土壤的肥力甚至应当居于突出的地位。

量概念完全漠视任何农业生产得以可能的根本生命进程。传统农耕的产物之一，便是维持农业生产力的条件，持久的土壤肥力可能是最重要的农业人化物——甚至比收获还要重要，收获只是肥力带来的可靠的副产品。既有农作物，又饲养各种动物，以及由此组成的循环交替，这便是土生土长的农业常见的状况，这时几乎不需要外在的（商品）输入。实际上，农民所需要的一切东西都是农庄里生产出来的。种子由采集而来，害虫的控制靠的是多样性和循环交替，留在地里的东西可以增加土壤肥力，它跟人们从作物身上拿走的东西具有同等的重要性。农学试验区把所有这些排除在外。无论是农业综合企业的投资者还是学院科学家，他们都不会欣赏以下这种深刻的合理性：接受较低产量的作物，为的是同一块地里混合多样性所带来的长期利益。玉米和大豆、南瓜同长在一块地里，这比单一栽培玉米具有更高的长期价值。混合种植的田地具有可靠的生产力，可以永远耕种下去；而骄傲地采用单一栽培的田地，它的种植成本越来越高，并最后趋于贫瘠。❶

城里人可能会猜想，农业上的害虫和疾病本来就已经在那里了，如 **280**
果我们想种庄稼，它们必然要来侵犯。非也。农民疯狂使用工业药剂来对付的疾病常常是发达的化学农业所意想不到的副产品。害虫、杂草和疾病并不是导致农业贫困的**原因**，它们属于农业贫困的后果，而且如果我们能够把土壤照顾得好一点，那么，它们在很大程度上可以得到自我抑制。化学家对土壤肥力的错误理解令人心忧，它所依靠的不是化学物质而是土壤所支撑的微观生命。肥沃的土壤是植物根部和生活在表层土的真菌之间的菌根共生关系的副产品。植物和微生物，每一方都因为另一方的活动而欣欣向荣，由此构成的地下系统对于持续的农业来说不可或缺。培育这种共生关系，那么作物在相当大程度上就可以自己照顾自

---

❶“最能说明高度现代主义的农业的信条是近视的……莫过于它对单一栽培之优越性的近乎无可动摇的信念……无须进一步实验调查，专家们就知道，[土生土长的，混合的] 作物的明显无序是落后技术的症状。”詹姆斯·斯科特：《国家的视角》（纽黑文：耶鲁大学出版社，1998 年），第 273 页。

己，既不需要化肥，也不需要对付害虫与杂草的毒药。

今天，大多数农耕是工业生产的一种形式，通常由企业利益及其底线所控制。农场本身已经成为贪婪的工业消费者，它的产出越来越不足以补偿它所消费的东西。12000 年以来，农业第一次成为一个耗尽生态系统的网络。农业综合企业的农耕方式经不起精细农业的基本检验。精细农业能够可靠地生产出比需要更多的东西，而且可以永远实行下去。古老的农耕方式（尤其是农作物与动物相混合的方式）逐步提升它们的资源。土壤得到改善，农作物的适应能力更强，农产品的营养价值更高。这是慢慢发生的，而不是剧烈的，也不可以通过化学刺激来加快速度。这是一个**培育**生态平衡的问题。这就是农业文化——农耕的技艺——的全部内涵。

今天的农业生产力并没有比一千年前高出很多，这样的看法或许不恰当。现在当然不用像过去那样费力，而且，至少在第一世界，粮食储备之充足也是前所未有的。但是，传统的农民不仅仅生产农作物，他们还生产农庄、农夫、农耕共同体和肥沃的土地。农业综合企业并没有像设想的那样给农庄带来更有效的生产方式。自由市场是我们对那种失常的贪欲的古怪称呼，而农业综合企业就是这种贪欲的另一次轻率的冒险。在浪费了不可想像的钢铁、石化和木材储备之后，企业商业主义现在又要对农业做同样的事情。它掠夺平民（肥沃的土地），再向公众回销做好的商品以牟利。

艾伯特·霍华德（Albert Howard），这位 20 世纪最重要的农学家把科学农耕称为“巨大且昂贵的失败”。其原因在于，“承担调查研究工作的是专家。各种疾病问题没有被作为一个整体加以研究，而是把它们从
281 实践中剥离出来，分裂开来，被划归不同的部门，被限制在不同的专家手里。专家只熟悉科学的特定片断，它处理与疾病相关的某些生物体”。他对达尔文或巴斯德的命运感到困惑：“如果环境当时已经迫使他们呆在这样的一种机构之中研究科学的某个片断，研究的过分部门化怎

么可能提供那种让科学进步成为可能的自由?”❶

把农业纳入到学院—科学技术的综合体，让它脱离农耕实践，成为大学和研究中心的一个专业化领域，这已经造成很大浪费，而且还是破坏性的。世界粮食从来没有像今天这么脆弱。从来没有这么多人天真地依赖资源，而我们同时又在摧毁资源，让它变成越来越不可靠。农业的首要目的不应当是工业利润。世界上数十亿人口的粮食安全更加重要。我们不能为了短期的私利而拿它冒险。精明的城里人很容易忘记他们吃的东西从何而来。如果土地抛弃我们，那我们就只有死路一条。没有农业的繁荣，城市必定挨饿。那些没有被饥馑夺走生命的人将会倒在暴力之下。

“故意漠视科学、技术和社会之间越来越复杂的联结，这似乎是现代文化的一个主题。”❷这也是我通过上面这些事例的讨论所得出的印象。我们比以前知道得更多，然而却不能或不愿意把我们知道的东西放在一起。把已有学科破碎、裂变成新的专业，这是20世纪学术研究的主导模式。❸这些专业对彼此的问题鲜有了解，也很少有人试图追求一

---

❶艾伯特·霍华德(Albert Howard):《农约》(*An Agricultural Testament*)(牛津:牛津大学出版社，1943年)，第169、189—190页。农业研究说明了20世纪技术文化的一个倾向:“随着知识的增长，我们对所知的评价似乎变得越来越片面，结果，我们接受了既昂贵又危险的半吊子技术的发展并视之为进步。”阿诺德·佩西(Arnold Pacey):《技术文化》(*The Culture of Technology*)(麻省剑桥:麻省理工出版社，1983年)，第43—44页。对于科学的工业细分的缺点和谬误，诺伯特·威纳有精彩的论述，参见《创造发明》，第81、87、96—97、145—146页。

❷丹尼尔·萨威茨:《幻觉的边境》，第175页。

❸参见约翰·赖尔斯顿·索尔(John Ralston Saul):《无意识的文明》(*The Unconscious Civilization*)[多伦多:阿南西(Anansi)，1995年];以及埃伦·梅瑟-达维多夫(Ellen Messer-Davidow)、戴维·沙姆韦(David Shumway)、戴维·西尔万(David Sylvan)编:《诸种知识:对学科性的历史性与批评性研究》(*Knowlesges: Historical and critical Studies in Disciplinarity*)[夏洛茨维尔(Charlottesville):弗吉尼亚大学出版社，1993年]，尤其是第192、234页。彼得·伯克(Peter Burke)把专业化导致的破碎追溯到了早期现代欧洲的“知识的危机”。《知识社会史:从古腾堡到狄德罗》(*A Social History of Knowledge: From Gutenburg to Diderot*)(剑桥:政治出版社，2000年)。

种更加融贯的理解。可悲的是，相当多的责难指向大学，那里的专业化信徒保证了多数研究互不相干。“出色”，这在学科的行话里头意味着专业化。培育“出色”就是繁殖专家。这是大学所庇护和奖赏的事情。大学把完全阻碍技艺与知识之协同的用人、认定、晋升和地位体系制度化，而且，这种制度已经成了反对城市特质、文雅甚至知识本身的反作用力。❶

有必要区分专业化原则和可能由这个原则所构成的用法。按其定义，专家能做的事不是任何人都能做的，因此，知识的成就要求这种超越性，知识内在地具有专业化，比如，专家、艺术家、师傅、技师
282 等人的知识。但是，任何东西（尤其是在老师那里）都没有说**光有**专业化就**够了**。现代研究型大学偏偏添加了这样的东西，为此付出的代价是大学教育。大学研究生所接受的博雅教育、可以伴随一生的记忆以及理解以后人生道路的伦理背景从来没有像现在这么少。这是教育的失败，文化的失败，那些以知识为己任的精英人士的失败。

对待知识，专业组织不是呵护它，而是把它当成一种特权；哲学家教导说，知识就是你可以通过言说侥幸取得成功的东西。经济和技术因为一堆我们错当成宝贝的垃圾而倍受称赞——我们可以发现，在严肃思考与构想我们在地球上的生存条件方面，我们是多么无能。我们似乎注定要把自己赶入灭绝的境地，因为我们无意中漠视了自己的行动及其后果，即使我们是唯一一种不是注定要灭绝的生物。我以为，很有可能，我们思维方式上的某种哲学改变将产生重大影响。当然，另一方面我也

❶“出色”这一行话“允许大学完全用企业管理的结构来理解自身……出色理念空洞无一物，这使得行为的整合变成了纯粹的管理功能……‘出色’之所以有效，那是因为没有人必须追问它的意思”。比尔·雷丁斯（Bill Readings）：《沦为废墟的大学》（*The University in Ruins*）（麻省剑桥：哈佛大学出版社，1996 年），第 29、152、160 页。彼得·豪则说，以为官僚化对于创新来说是致命的，这一理解是“没有根据的偏见”。《文明中的城市》（*Cities in Civilization*）（纽约：潘塞恩，1998 年），第 497 页。

体会到皮埃尔·哈多特所说的哲学家的残酷意识：哲学家残酷地意识到："孤独，无力，两种无意识状态撕拆着世界：一种来自金钱的崇拜，一种起源于面对悲伤，面对人类数十亿人口的痛苦……因此，做哲学家意味着忍受这种孤独与无力。"❶

俄狄浦斯神话包含了对知识的洞见：知识不能消除悲剧；如果认为它能够做到这一点，那将会很危险。凭着他的认知登上王位的俄狄浦斯渴求知识，他指望以此拯救城邦。**底比斯（Thebes）为什么有瘟疫？谁是我们中间不洁净的人？**他获得了这方面的知识。然而，它没有克服任何东西，它只是把神谕预言的悲剧推向了极至。这个神话似乎想说，知识固然是个好东西，但别指望靠它来掌控环境，靠它来统治国家，靠它来指挥江河如何流淌，或者，海水如何涨落。别指望知识能够做只有牧师才会许诺、只有神才能完成的事情。如果能够用知识来应对偶然性敢情好，但是，正如埃斯库罗斯笔下的普罗米修斯所言，"必然性强过技艺"。知识是终有一死者，它太人性了，不可能篡夺悲剧与死亡的统治权。

古代哲学家可不想听到这样的话。按照他们修正主义、理性主义和玄思的知识观，知识是漠然、超越、神性的获得之物。为了确保它的高贵与纯洁，哲学家让知识独立于有形有象的效果。认知者对存在的观察超越任何特定的立场，他的心灵是真正的自然之镜。在这玄思的时刻，我们与永恒者相接，由此证明我们也是永恒者——不同于感 283
觉与悲剧的呈现。现代思想家如培根、笛卡尔、边沁、康德和孔德也没有悲剧哲学的倾向。对于他们来说，悲剧是科学史前史的一个迷信的化身。悲剧的"意外事件"并非人类的条件，相反，它们是可恶的偶然性，有待我们凭借理性的建制加以克服。在康德看来，"实现人类的基本权力，即掌握自己命运"是"宇宙历史的一个关键转折点"。

❶皮埃尔·哈多特：《什么是古代哲学?》，麦克尔·蔡斯译（麻省剑桥：哈佛大学出版社，2002年），第281页。

欧洲的启蒙运动是“自然放弃对人类计划的控制并把历史的平衡交于自由之手的时刻”[1]。

西方哲学很少偏离从古希腊继承而来的理性主义，以为未来的轮廓线应当由理性来划定。唯一的“悲剧”是失去控制。但这样的态度本身是可悲的傲慢。悲剧是一种前科学的迷信，我们越是危险地指望这一假定，科学便越是受控于那些无法抑止的、预示着最终悲剧的力量。一些太人性的欲望——生活在城里，开车，享受空调和快餐——已经进入全球生态的权力圈。人类培育知识 4 万载，最后的结果却是让我们有能力促使地球环境走向无可挽回的退化。我们的行为会给全球生态带来怎样的后果，将会怎样影响地球上的空气、水、辐射层、平均气温，以及像土壤荒漠化与物种灭绝这样的进程，对此我们极其无知。而且，面对这种无知，我们的实践充满险恶的傲慢。

20 世纪所消耗的能源比人类过去一切时期所消耗的还要多；20 世纪的城市化运动“影响了人类事务的方方面面，而且造成同过去历史的断裂”；“20 世纪经济行为的狂热步伐”已经“把一切生态系统前所未有地系统联系起来，由此带来的生物后果我们在很多情况下只能朦朦胧胧地感觉到”——通过这些观察，环境历史学家 J. R. 麦克尼尔（J. R. McNeill）得出结论说，到 21 世纪，“我们已经创造了一个充斥着永久性生态扰乱的王国”[2]。对于一个以漠不关心长效后果为前提的系统来说，“永久性”或许是一个错词。有些人显然相信，靠着我们现在还无法想像的奇妙发明，科学和技术会把我们从悬崖边救回来。然而，没有东西，尤其是**需求**，可以保证对我们非凡的“经济学”所引发的任何问题给出一个“经济的”回答。指望科学技术把我们从一个根本上难以为继的体系中拯救出来，这是对免费午餐的致命幻想。仿佛知识
284 可以保持富足和创造性，即使它周围的一切已经虚弱垮塌。知识做不到

---

❶约翰 · 扎米托（John Zammito）：《康德〈判断力批判〉的起源》（*The Genesis of Kant's 'Critique of Judgment'*）（芝加哥：芝加哥大学出版社，1992 年），第 333 页。

❷麦克尼尔：《太阳底下的新鲜事》，第 15、281、228、x x iv 页。

这一点。仅有未知的需求无法培育出知识的成就；知识不能在不确定性或绝望之下成长，它的成长要有实实在在的信心相陪伴。❶我们太人性的欲望一旦跨过意味着临界点、自此以后无可挽回的生态门槛——到那时，再指望一个已经束手无策、萎靡不振的知识文化迸发活力，那就为时太晚了。

写作本书的时候，我抱着很多目标。我希望将不满撒向西方知识理论中的学究气的、玄思的和理想主义的偏见，并把知识带回到技艺与实践。知识从一种实践的人化物开始，这种实践在本源上是物质性的，后来得到了信号与符号系统的补充，信号与符号系统本身又从来没有完全脱离物质躯壳，而是一直捆绑于记录、交流、教育和技艺的物质人化物。我希望提出，知识既是技艺与人化物成就，又是文化成就，而且，它既不是某个正常运行的器官的正常结果，也不是规则与规章的正常结果。在这个意义上，知识不是“长在树上”。它是一件普罗米修斯的礼物，一种拱肩，由偏好所选择，而不是由必要性所强加。它不是起源于无心的自然选择，而是起源于对审美偏好的培育，以及让这种培育得以扩展和复制的实践规范、理想和传统。

我希望把知识理解为一个存在问题而非“本质”（是什么？）问题：它如何**是**？它如何可能**是**？知识存在的条件是什么？从这个存在的角度出发，城市生活和生态的重要性映入眼帘。同时我们还看到了一个正在展现的新视阈：哪里有人类生态，哪里就有城市网络。世界人口现在超过了60亿，其中一半以上生活在城市里，而这种趋势并没有颠倒过来

---

❶罗森堡不承认经济萧条和物质上或精神上的绝望可以激发创新：“情愿从事社会实验或技术实验，它的一个前提在于，万一冒险的事业失败，由此带给个人的消极后果应当有某种限制。……萧条将使企业家和管理者（以及金融资本的资源）过度谨慎，他们投入资源的那些项目只能在短期内给现有技术带来边边角角的改善。”《探索黑匣子》，第97、81页。

的迹象。如今，城市人化物（比如切尔诺贝利核辐射）在全球生态中回响。**我们**引发的生态不稳定性，全球城市体系的人化物，将成为过去200万年以来对人类生活的最可怕的威胁。因此，当下的文明可能在劫难逃。崩溃并不稀奇——每一种文明最终都会崩溃。不过，“崩溃”隐含着崩溃之后回到某处，回到人类生存的较低水平。问题在于，文明崩溃之后，留给我们的只是人类这一物种在地球上的消亡。

285 除非有人相信还有一位神会来插手，我认为我们已经找到了理解知识的终极境域。它就是人化物作为的生态境域。它不是一个关于科学、话语或形式合理性的境域，而是一个关于现代人类全球生态的境域，一个关于知识成就所运作的人化物生态的境域。

鸣　谢

此项研究计划草创之际，与理查德·罗蒂的讨论具有无可估量的价值。感谢肯特·皮克特、杰弗里·帕尔（Jeffrey Perl）、卡洛斯·普拉多（Carlos Prado）、贾森·罗伯特（Jasom Robert）、玛丽·罗蒂（Mary Rorty）、迈克尔·鲁斯、斯泰利奥斯·弗维达基斯（Stelios Virvidakis）的友谊与鼓励。

本书初稿曾在麦克米伦大学的一门研究生讨论课上讲授过，他们的认真阅读提供了有益的线索，让我知道哪些论证还需要加强。受惠于戴维斯女士研究人员信托基金（Lady Davis Fellowship Trust）的支持，本书部分内容曾在雅典、耶路撒冷、安卡拉、伊兹密尔、伊斯坦布尔等地作过演讲。听众的提问也无疑有助于思考的深化。

本书很多内容最初发表在《考察家》（*The Examiner*）每月的专栏上。这是一份非同寻常的地方性报纸。感谢莎拉（Sarah）让我有机会参与她的大胆实验，以及所有其他的一切，尤其是马克斯（Max）。非常感谢凯瑟琳（Kathleen）。从启动这项哲学实验的那些对话开始，她，还有格兰特，一直跟我在一起。

索 引

（条目后数字为原书页码，即本书边码）

A

B

C

as ecological strain（成为生态污染的城市），235，245，247，267，283 - 284
housing projects（住宅工程），249
knowledge and（知识与城市），88 - 89，246
medieval Europe（中世纪欧洲），242 - 243
Mesopotamia（美索不达米亚），233，236
middle landscape（中央景观），244
morality and（道德与城市），235
Nietzsche and（尼采与城市），115
optimism and（乐观主义），240 - 241
past/present（今/昔），233 - 245
preference of（城市偏好），236 - 241，266
shantytowns/unregulated neighborhoods（棚户区/无管制的邻区），249 - 250，251
slums（贫民窟），249，250
suburbs（郊区），244
technology and（技术与城市），90，242 - 243
urban planning and（城市规划与城市），247 - 249，250 - 251，253
world cities（世界城市），244 - 245
Civilization（文明）
architecture and（建筑与文明），218，229，241
artifacts and（人化物与文明），89 - 90，231
citics and（城市与文明），218，220 - 221，234
civilizing process（文明进程），221 - 229
civilizing process levels（文明进程的水平），222
clash of civilizations（文明的冲突），229 - 233
criteria for（文明的标准），234
culture vs.（文化 vs. 文明），218 - 221，230，269

D

E

F

G

H

I

J

K

L

M

N

O

Q

R

S

T

U

V

W

Z

译后记

近三年来，因诸种机缘，研事荒芜，倒是花了不少时间精力跟语言、翻译等工作打交道。

2003 年秋，杨国荣师安排我接待到访华东师范大学哲学系的 Barry Allen 教授。在华九月，Allen 习太极，学中文，游历名山大川，走访各地贤达。其间与海贞喜结连理，更是成就一段跨越国界的姻缘佳话。回加拿大之前，Allen 以译事相托。如今《知识与文明》译稿即将付梓，抚今忆昔，甚感欣慰。

翻译工作得以完成，离不开很多人的支持和帮助。Allen 帮忙解决了原书中若干拉丁文和希腊文词句。知己芥末在术后最需要休养将息的日子里，绷带裹胸奋战在电脑前。回想当时的情景，感激者有之，愧疚者有之，甜蜜者亦有之。吾友晓番提供了颇有启发的参考材料，并在紧张的研修之余通读初稿，提出了很多宝贵意见。

某些关键术语的厘定曾请教时下正以默会知识论为工作重点的西学蒙师郁振华教授。原书中有短语“go all the way down”，最初译作“一路走到底”，修改稿中译为“决定一切”，但终觉不妥。后来收到郁老师的建议：“一气贯下”，顿觉眼前一亮。这个词既表达了原文的字面义与喻义，同时又富有汉语神韵，甚妙。

浙江大学出版社启真馆公司的景雁和朱岳先生在推动翻译、审校译稿等方面付出了辛勤劳动，如果不是他们的一再督促，也许我的翻译将一拖再拖。对此，表示衷心的感谢。《知识与文明》一书，学术价值如何？罗蒂在序言中说得明白：Allen 拈出“人化物”（artifact）一词作为理解知识的基本概念，以返回前苏格拉底、返回“前”哲学的方式对西方知识论主流下一转语，可谓别开生面。罗蒂这是从 Allen 的总体思路立说。就细部而言，Allen 此书亦有不少启人深思之处。比如，译者数年前初读赖尔关于“knowing how”与“knowing that”之别，叹其高明，以为至矣，尽矣，不可以复加矣。而 Allen 在书中则从自己的立场出发细加批判，其言甚辩。

然诚如 Allen 在中译本序中所言，本书尚属于西方思想传统内部的讨论。倘若有其他思想资源——比如中国传统思想——的介入，情形又复如何？译者三年前研读王船山，以为在船山那里，知为天人之际，而由“际”这一源始视阈出发，可以更好地解决心物问题。然而，这样的思路究竟有多大价值？检验之法即在于：它在多大程度上可以参与时下世界范围内关于知识的讨论，并提出自己有生发性的见解？

这一想法或多或少基于对中国现代思想的检讨。近代以降，中国思想有不少创获。然而，其中很多东西只是对中国文化本身的现代转型有意义。倘若放入世界范围之内加以考量，便多少显得黯淡无光。借用冯友兰先生的说法，中国文化依然处于“贞下起元”的阶段。网上浏览时贤文章，持“民族的乃是世界的”之论者甚多。然另一方面，世界的才是民族的，即，中国思想真正有生命力的民族特色必须在参与时下世界对话的过程中活泼泼地生长出来。换言之，中国哲学在成其为世界哲学的过程中成其为中国哲学：从史的角度说，在世界思想大势之中思考、衡定中国思想的价值；从思的角度说，以天下之问题为我之问题，而天下之文化资源，无论中国、希腊、印度，皆为我之文化资源，从而以“天下人”的立场治“天下哲学”，返本开新，参与时下世界范围内的思想探讨，以自己的独特价值担当更多的文化责任。

译事非易事。水平有限，错误难免。时下译者如云，译著如潮，除非翻译的原本是传世经典，译者又是名家，否则恐怕很难够上挨批评的份。因此，若有读者肯费神指正，则本书幸甚，译者幸甚。

归去来兮。田园将芜，胡不归。

2009 年春日，译者记于莱茵/美茵河畔

图书在版编目（CIP）数据

知识与文明 / （加）艾伦著:刘梁剑译·—杭州:
浙江大学出版社，2009.11
书名原文:Knowledge and Civilization

ISBN 978-7-308-07156-7

Ⅰ.知… Ⅱ.①艾…②刘… Ⅲ.知识学 Ⅳ.G302

中国版本图书馆 CIP 数据核字（2009）第 194842 号

知识与文明
（加）巴里·艾伦著　刘梁剑译

策　　划　景　雁
责任编辑　王志毅
文字编辑　朱　岳
装帧设计　王小阳
出版发行　浙江大学出版社
（杭州天目山路 148 号　邮政编码 310028）
（网址：http：//www.zjupress.com）
排　　版　北京京鲁创业科贸有限公司
印　　刷　北京中科印刷有限公司
开　　本　635mm×965mm　1/16
印　　张　28.25
字　　数　392 千
版 印 次　2010 年 1 月第 1 版　2010 年 1 月第 1 次印刷
书　　号　ISBN 978-7-308-07156-7
定　　价　58.00 元

浙江省版权局著作权合同登记图字：11-2008-55号